普通高等教育"十五"国家级规划教材
"十三五"国家重点出版物出版规划项目
现代机械工程系列精品教材

机械设计基础

第 6 版
（少学时）

主　编　王　喆　刘美华
副主编　朱殿华
参　编　曲玉峰　彭　伟　李建功　张海兵
主　审　范顺成

机械工业出版社

本书是按照教育部颁布的《机械设计基础课程教学基本要求》编写的，其第4版被评为普通高等教育"十五"国家级规划教材。本次修订在内容上又做了一定的补充和修改，更新了部分国家标准。全书始终贯穿从认识机械入手，分析机器的组成，常用机构的运动特点及设计方法，通用零部件的功能、结构与设计，直至完成传动装置设计的指导思想，并且对本课程所讲授的知识与方法在产品全生命周期设计中所处的地位也进行了论述。这样的编排，有利于提高学生综合分析问题和进行复杂机械设计的能力。

全书共十五章：第一章概括了机器的组成、零部件的设计要求、材料的选择；从第二章到第五章讲述了常用机构的运动特点和设计要求；从第六章到第十四章讲述了通用零部件的设计与计算；第十五章综合了机械传动装置的设计方法。在各章中均有重点学习内容指引，配有相应的例题、习题。本书还有开式传动装置设计题目和必要的数据资料，基本可以满足课程对习题和课程设计作业的使用要求。另外，在附录中分别给出了钢的常用热处理工艺、润滑剂的性能及其选用原则，以及开式传动装置设计图例，供广大读者参考使用。

本书可作为高等工科院校非机械类各专业"机械设计基础"课程的教材，也可供有关工程技术人员和大、中专学生参考使用。

图书在版编目（CIP）数据

机械设计基础：少学时/王喆，刘美华主编. —6版. —北京：机械工业出版社，2018.8（2025.6重印）

普通高等教育"十五"国家级规划教材　"十三五"国家重点出版物出版规划项目　现代机械工程系列精品教材

ISBN 978-7-111-60940-7

Ⅰ.①机… Ⅱ.①王… ②刘… Ⅲ.①机械设计-高等学校-教材 Ⅳ.①TH122

中国版本图书馆 CIP 数据核字（2018）第 215153 号

机械工业出版社（北京市百万庄大街22号　邮政编码100037）
策划编辑：余　皡　　责任编辑：余　皡
责任校对：刘雅娜　　封面设计：张　静
责任印制：李　昂
涿州市京南印刷厂印刷
2025年6月第6版第13次印刷
184mm×260mm・19.25 印张・471 千字
标准书号：ISBN 978-7-111-60940-7
定价：49.80元

电话服务　　　　　　　　　网络服务
客服电话：010-88361066　　机　工　官　网：www.cmpbook.com
　　　　　010-88379833　　机　工　官　博：weibo.com/cmp1952
　　　　　010-68326294　　金　书　网：www.golden-book.com
封底无防伪标均为盗版　　　机工教育服务网：www.cmpedu.com

前　言

本书是在普通高等教育"十二五"规划教材《机械设计基础》第 5 版的基础上修订的，符合教育部高等学校机械基础课程教学指导委员会新修订的《机械设计基础课程教学基本要求》的精神。

本次修订基于二十大报告中关于"深入实施人才强国战略，坚持尊重劳动、尊重知识、尊重人才、尊重创造"的要求，在详细讲授基础理论知识的同时融入探索性实践内容，以增强学生的自信心和创造力，即用学科理论知识促进学生活跃思维、敢于创新，尽可能地将新思路在实践中进行创造性的转化，推动科学技术实现创新性发展。

同时本次修订保留了第 5 版的特色和优点，主要对部分内容做了适当的更新和重新编排，重点更突出，力求基本概念阐述准确，突出各类零件的设计综合性、系统性，符合国家最新标准，注重学生现代工程设计能力的培养。此次修订的重点工作有以下几方面：

1）对教材的章节顺序进行了调整，将平面连杆机构、凸轮机构和间歇运动机构调整至连接之前，便于学生对机械设计研究内容的认知和理解。

2）对绪论中的内容进行了调整，将机构的结构分析的内容从第一章"绪论"中移出，单独设为第二章"平面机构的结构分析"，便于学生对结构分析知识点的理解和掌握，并增加和修改了机构运动简图绘制中有关的简明表达符号。

3）将齿轮机构和齿轮传动合并，重点论述，加深学生对齿轮传动的理解与应用。

4）对书中插图进行了修改和增减，使其表达的含义更加准确、清晰。

参加本书修订的有天津大学王喆（第一、二、三、四、五、七章），天津大学朱殿华（第六、八、九、十五章，附录 A、B、C），天津商业大学刘美华（第十、十一、十二、十三、十四章）。曲玉峰、彭伟、李建功、张海兵也参与了本次修订工作。

本书由天津大学王喆，天津商业大学刘美华担任主编，天津大学朱殿华担任副主编，河北工业大学范顺成担任主审。

编　者

目　　录

前言
第一章　绪论 ………………………………… 1
 第一节　机器的组成和本课程研究的内容 …… 2
 第二节　机械零件的常用材料 ………………… 5
 第三节　机械零件的工作能力和
    计算准则 ………………………………… 8
 第四节　机械零件结构设计的
    基本要求和"三化" …………………… 12
 习　题 …………………………………………… 14

第二章　平面机构的结构分析 ………………… 15
 第一节　平面机构的运动副及分类 …………… 16
 第二节　平面机构运动简图绘制 ……………… 18
 第三节　平面机构具有确定运动的条件 ……… 21
 习　题 …………………………………………… 24

第三章　平面连杆机构 ………………………… 26
 第一节　铰链四杆机构及其演化 ……………… 27
 第二节　平面四杆机构的运动特性 …………… 33
 第三节　平面四杆机构的设计 ………………… 37
 习　题 …………………………………………… 39

第四章　凸轮机构 ……………………………… 41
 第一节　凸轮机构的应用和分类 ……………… 42
 第二节　从动件的常用运动规律 ……………… 43
 第三节　用图解法绘制盘形凸轮工作
    轮廓 ……………………………………… 46
 第四节　凸轮机构设计中应注意的问题 ……… 49
 习　题 …………………………………………… 51

第五章　间歇运动机构 ………………………… 53
 第一节　棘轮机构 ……………………………… 54
 第二节　槽轮机构 ……………………………… 58
 习　题 …………………………………………… 60

第六章　连接 …………………………………… 61
 第一节　概述 …………………………………… 62
 第二节　螺纹参数 ……………………………… 63
 第三节　螺旋副的受力、效率与自锁 ………… 65
 第四节　螺纹连接和螺纹连接件 ……………… 69
 第五节　螺纹连接的强度计算 ………………… 71
 第六节　螺纹连接的结构设计 ………………… 79

 第七节　螺旋传动简介 ………………………… 82
 第八节　键、花键和过盈连接 ………………… 86
 习　题 …………………………………………… 90

第七章　齿轮传动 ……………………………… 98
 第一节　概述 …………………………………… 99
 第二节　渐开线及渐开线直齿圆柱齿轮 …… 100
 第三节　渐开线齿轮传动及齿廓啮合
    特性 …………………………………… 104
 第四节　渐开线齿轮正确啮合和连续
    传动的条件 …………………………… 105
 第五节　渐开线齿轮轮齿的切削加工 ……… 107
 第六节　轮齿的失效形式和齿轮材料 ……… 110
 第七节　直齿圆柱齿轮传动的强度计算 …… 113
 第八节　斜齿圆柱齿轮传动 ………………… 118
 第九节　直齿锥齿轮传动 …………………… 125
 第十节　齿轮的结构 ………………………… 129
 习　题 ………………………………………… 131

第八章　蜗杆传动 …………………………… 133
 第一节　概述 ………………………………… 134
 第二节　蜗杆传动的主要参数和几何
    尺寸计算 ……………………………… 135
 第三节　蜗杆传动的相对滑动速度、
    效率和润滑 …………………………… 139
 第四节　蜗杆和蜗轮的材料及结构 ………… 140
 第五节　蜗杆传动的受力分析 ……………… 141
 第六节　蜗杆传动的失效形式和工作能力
    计算 …………………………………… 143
 习　题 ………………………………………… 147

第九章　轮系 ………………………………… 148
 第一节　定轴轮系及其传动比计算 ………… 149
 第二节　周转轮系及其传动比计算 ………… 151
 第三节　轮系的功用 ………………………… 155
 习　题 ………………………………………… 158

第十章　带传动和链传动 …………………… 160
 第一节　带传动概述 ………………………… 161
 第二节　普通V带传动的结构及尺寸参数 … 163
 第三节　带传动的工作原理 ………………… 167

第四节　普通 V 带传动的设计计算 ……… 170
　　第五节　带传动的张紧装置及安装维护 …… 176
　　第六节　链传动及其结构 ……………………… 178
　　第七节　链传动的运动特性与受力分析 …… 182
　　第八节　滚子链传动的设计计算 …………… 184
　　第九节　链传动的正确使用和维护 ………… 190
　　习　题 ……………………………………… 192
第十一章　轴 …………………………………… 193
　　第一节　概述 ……………………………… 194
　　第二节　轴的结构设计 …………………… 197
　　第三节　轴的强度计算 …………………… 202
　　习　题 ……………………………………… 207
第十二章　轴承 ………………………………… 209
　　第一节　概述 ……………………………… 210
　　第二节　非液体摩擦滑动轴承的
　　　　　　结构和材料 ……………………… 210
　　第三节　滑动轴承的润滑 ………………… 214
　　第四节　非液体摩擦滑动轴承的
　　　　　　设计计算 ………………………… 216
　　第五节　液体摩擦滑动轴承简介 ………… 218
　　第六节　滚动轴承的结构、类型和代号 …… 219
　　第七节　滚动轴承类型的选择 …………… 224
　　第八节　滚动轴承的组合设计 …………… 225
　　第九节　滚动轴承的失效形式和计算 …… 229

　　习　题 ……………………………………… 235
第十三章　联轴器和离合器 ………………… 241
　　第一节　常用联轴器 ……………………… 242
　　第二节　离合器 …………………………… 250
　　习　题 ……………………………………… 252
第十四章　弹簧 ………………………………… 258
　　第一节　弹簧的功用、类型及材料 ……… 259
　　第二节　圆柱螺旋压缩（拉伸）弹簧的
　　　　　　结构、制造与设计 ……………… 261
　　习　题 ……………………………………… 270
第十五章　机械传动装置设计综述 ………… 271
　　第一节　机械设计的基本要求和一般过程 … 272
　　第二节　电动机的选择 …………………… 273
　　第三节　机械传动方案的选择 …………… 275
　　第四节　机械传动的运动和动力计算 …… 277
　　第五节　机械传动装置设计实例解析 …… 282
　　习　题 ……………………………………… 285
附　录 …………………………………………… 289
　　附录 A　钢的常用热处理工艺 …………… 290
　　附录 B　润滑油和润滑脂 ………………… 291
　　附录 C　机械设计课程作业图例 ………… 298
参考文献 ………………………………………… 300

第一章 绪论

> **重点学习内容**
>
> 1. 零件、构件、机械、机构、机器等名词的涵义
> 2. 本课程研究的内容
> 3. 机械零件的工作能力判定条件和结构设计基本要求

第一节　机器的组成和本课程研究的内容

机器是人类经过长期生产实践创造出来的重要工具。利用机器进行生产，可以减轻或代替人的体力劳动，大大提高劳动生产率和产品质量，便于对生产进行严格分工与科学管理，实现机械化和自动化生产。随着科学技术的发展，使用机器进行生产的水平已经成为衡量一个国家技术水平和现代化程度的重要标志之一。

一、机器的组成

如图 1-1 所示，颚式破碎机是由电动机 1 通过 V 带传动（包括带轮 2、4，V 带 3）把运动和动力传给偏心轴 5，偏心轴 5 转动带动动颚 6 在肘板 7 的支持下作平面运动，从而可使夹放在动颚 6 与定颚 8 之间的石块被逐渐挤碎下落，如图 1-1b 所示。

偏心轴是指几何轴线与回转轴线不重合的轴。颚式破碎机中偏心轴 5 的结构如图 1-2 所示。

进一步分析颚式破碎机的组成可知，机器中不可拆的单元体是制造单元，称为零件。但是，把零件作为组成机器的基本单元不能有效地表达机器中各部分的相对运动关系。因为零件有的是以单个形式参加机器的运动，如图 1-1 中的带轮、偏心轴、肘板等；而有的则是将多个零件刚性连接，作为一个整体参加机器的运动，如图 1-3 所示的动颚就是动颚体 1 和动颚板 2 用压板 3 和螺钉 4 固定在一起的刚体，这样的结构便于选取材料及热处理工艺（动颚板的材料应有很高的耐磨性）、加工和安装。为了表达机器中各部分的相对运动关系，把在机器中能作相对运动的实体称为构件。显然，构件和零件的区别在于：构件是运动的单元，而零件是制造的单元。

根据破碎机中构件间的相对运动关系画出碎石部分的机构简图，如图 1-1c 所示。由图可以看出，机构有两个特征：第一个特征是机构由多个构件组成，第二个特征是各构件间具有确定的相对运动。对机器而言，除具备机构的这两个特征外，还有第三个特征，即能够完成有效的机械功（如颚式破碎机粉碎矿石）或进行能量转换（如内燃机把热能转换成机械能）。因此，从其组成、运动特性、受力状况等方面进行分析，机构和机器没有区别。为使研究的问题简化，常将机构和机器统称为机械。

一台机器可以只含有一个机构，如图 1-1 所示颚式破碎机就只含有一个曲柄摇杆机构（图 1-1c）；也可以由数个机构组成，如图 1-4 所示牛头刨床的主传动系统（切削和进给运动），是由齿轮机构（5、6、13）、（10、11、13），导杆机构（6、7、8、13、14），曲柄摇杆机构（11、12、17、13），间歇运动机构（17、16、13）等组成的。这里需要注意的是，在一台机器中，纵然可以有若干个机构，但各机构的机架，即固定构件都是共同的。如图 1-4 中多处细实斜线

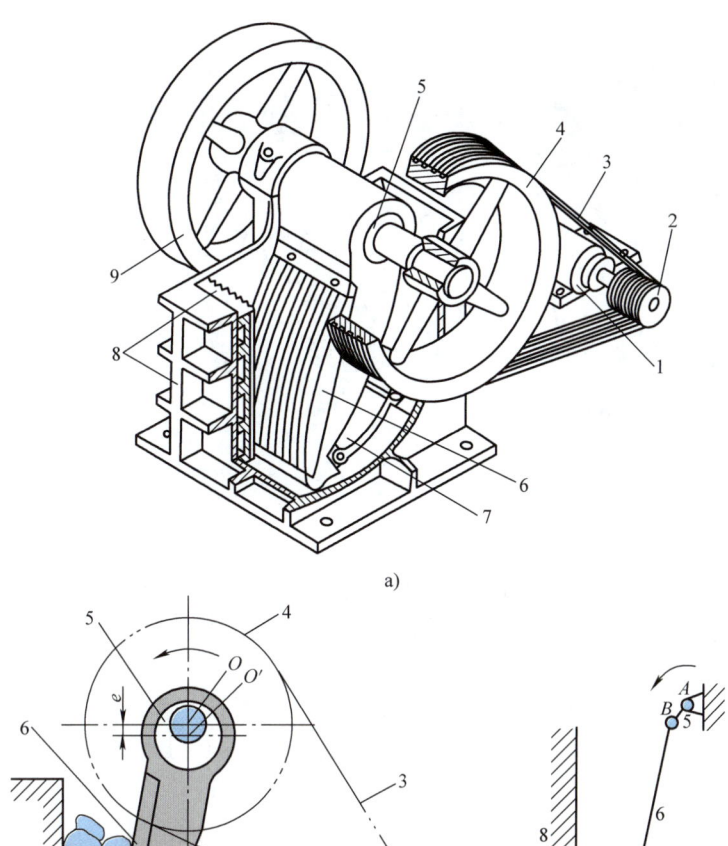
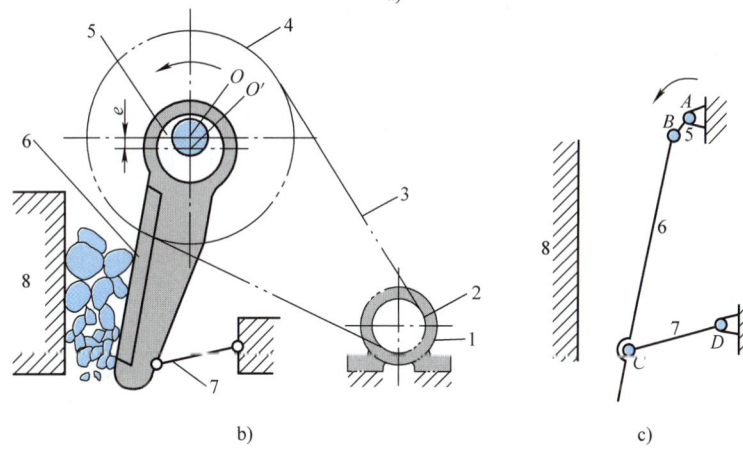

图 1-1 颚式破碎机

a）立体图 b）传动简图 c）机构简图

1—电动机 2、4—带轮 3—V 带 5—偏心轴 6—动颚 7—肘板 8—定颚 9—飞轮

表示的机架，都属于固定构件13的一部分。

机器的种类繁多，其结构型式和用途各不相同。然而，一台完整的机器就其基本组成来讲，一般都有下面三个部分：

图 1-2 偏心轴

1）原动机部分，它是驱动整台机器完成预定功能的动力源。各种机器广泛使用的动力源有电动机、内燃机等。通常一部机器只用一个原动机，对于复杂的机器也可能有两个或几个原动机。每个原动机的运动和动力参数都是有限的，而且也是确定的。

2）执行部分（又称工作部分），它是机器中直接完成工作任务的组成部分，如起重机的吊臂和吊钩、车床的刀架、磨床的砂轮架、轧钢机的压辊等。机器的运动形式依据其用途不同，可能是直线运动，也可能是回转运动或间歇运动等，而且运动和动力参数也不尽相同。

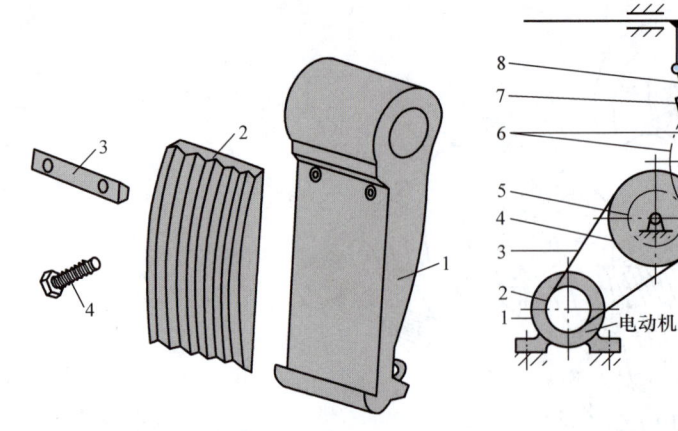

图1-3 颚式破碎机的动颚　　　　　　　图1-4 牛头刨床主传动系统简图

1—动颚体　2—动颚板　3—压板　4—螺钉

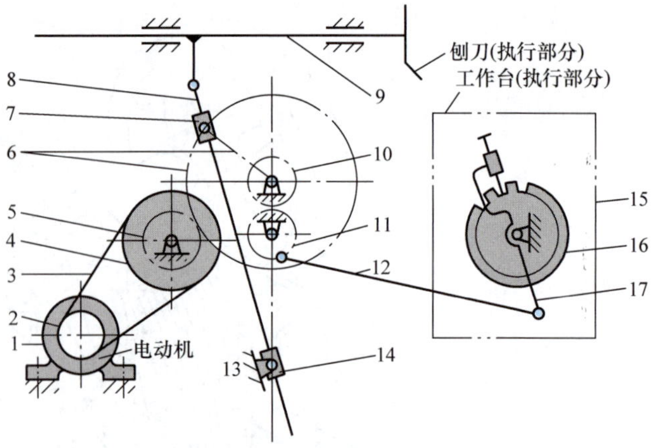

3) 传动部分，它是机器中介于原动机和执行部分之间，用来完成运动形式、运动和动力参数转换的组成部分。利用它可以减速、增速、调速、改变转矩，以及改变运动形式等，从而满足执行部分的各种要求。

综上所述，机器的基本组成和相互关系可用图1-5来表示。

图1-5 机器的基本组成

在图1-1所示颚式破碎机中，原动机部分是电动机，执行部分是颚头（定颚、动颚），传动部分包括V带传动和由偏心轴、动颚、肘板以及机架组成的连杆机构。

简单的机器都可以由上述三部分组成，有的甚至只有原动机部分和执行部分，如水泵、排风扇等。但是，对于较复杂的机器，除具有上述三个基本组成部分外，根据需要可另设置控制装置或控制系统、润滑装置、照明装置等。

二、本课程研究的内容

由机器的组成可知，传动部分一般都是机器的主体。常用的传动系统有机械传动、液力传动、电动和气动等，其中以机械传动应用最广。机械传动通常是由各种机构（如连杆机构、凸轮机构、间歇运动机构、齿轮机构等），以及各种零件（如摩擦轮、带轮、带、链轮、链、轴、轴承、联轴器等）组成的。

机械中的零件分为两类。一类是通用零件，它在各种类型的机械中都可能用到，如螺栓、键、齿轮、弹簧等；另一类是专用零件，只用于某些类型的机械中，如电动机中的转子、叠片、笼条等，内燃机、蒸汽机中的曲轴、活塞等。此外，机械设计中还把为完成同一使命、彼此协同工作的一组零件所组成的组合体称为部件，如滚动轴承、联轴器、减速器等，所以有时也通称为机械零部件，它包括了零件和部件。

机械设计基础主要研究常用机构和通用零部件的工作原理、结构特点、基本设计理论和计算方法。同时，还将扼要介绍与本课程有关的国家标准、规范以及一些标准零件、部件的选用原则，以及简单机械传动装置的设计方法。

机械设计基础是高等学校工科相关专业的一门重要技术基础课。通过本课程的学习，可以使学生获得正确使用和维护机械设备的基本知识，初步培养学生运用有关设计资料设计简单机械传动装置的能力，为学习有关专业机械设备课程以及参与技术革新奠定必要的基础。

三、本课程的学习方法

本课程是一门实践性和综合性很强的课程，整个学习过程涉及机械制图、理论力学、材料力学、工程材料、金属工艺学以及互换性与技术测量等多学科知识。本书内容的安排是从认识机械入手，分析机器的基本组成、传动系统及零部件的功能，进而引深到机械零部件的设计与计算、机械传动装置设计的一般方法和过程以及常用机构的运动分析和设计。在本课程的学习过程中，对于机械零件，除合理选择材料外，还应着重掌握其工作能力计算和结构设计方法。

对工作能力计算，应重点分析各种零件的工作情况和可能出现的失效形式，确定零件工作能力的计算准则、计算方法和公式。对于公式中出现的各种系数、参数，要理解其物理意义和对设计结果的影响，掌握其使用条件和选取原则。同时应该注意，由于影响零件功能的因素很复杂，而且许多数据是由试验得来的，因此零件尺寸的确定有时不能单纯依赖理论公式计算，还会用到经验公式、半经验公式，甚至采用试算法。

在结构设计方面，要满足结构设计的基本要求，并充分重视结构设计在确定零件形状和尺寸方面的重要性，多做结构设计练习。对于相当多的初学者来讲，结构设计往往难于理论计算，其主要原因是缺少实际锻炼。

此外还应该注意，大部分零件的设计会由于所选材料不同、结构设计差异等诸多因素导致多种设计结果，即可用多种方案来完成同一功能要求。因此，要不断提高综合分析与解决问题的能力，学会从多种可能的解答中通过评价找出最佳的设计方案。

对于连杆机构、凸轮机构等常用机构，应注意其非匀速传动的特点，重点分析其运动特性，掌握实现其运动规律的设计方法。

第二节　机械零件的常用材料

机械零件的常用材料分为金属和非金属两大类。其中，金属材料应用最广，非金属材料以其独特的性能也日益显示出广阔的应用前景。金属材料包括黑色金属（钢、铸铁）和有色金属，前者应用最多。此外，近年来复合材料的研究与开发，也已成为材料科学的一个新方向。下面简要介绍机械零件的常用材料及其应用。

一、钢

钢的品种多、性能好，是机械零件最常用的材料。根据化学成分的不同，钢可分为碳素钢和合金钢。

1. 碳素钢

碳素钢的性能主要取决于碳含量，即碳的质量分数。碳含量越高，钢的强度越高，塑性越低。由于碳素钢生产批量大，价格低，供应充足，一般的机械零件应优先选用。

碳素钢分为碳素结构钢（GB/T 700—2006）和优质碳素结构钢（GB/T 699—2015）。前者主要用于受力不大且基本承受静载荷的零件，其中以 Q235、Q275 较为常用。这类钢一般用于强度要求不高的零件，故通常不进行热处理。优质碳素结构钢含磷、硫等杂质较少，其性能优于碳素结构钢，常用于受力较大，且受变载荷或冲击载荷作用的零件。

在 GB/T 699—2015 中，优质碳素结构钢的牌号用两位数字表示，代表钢中碳的质量分数的平均万分数。如 45 钢，其碳的平均质量分数为 0.45%。对于锰含量较高的优质碳素结构钢，其牌号还要在碳含量数字之后加注符号"Mn"，如 40Mn 等。碳的平均质量分数低于 0.25% 的钢称为低碳钢，其抗拉强度和屈服强度低，而塑性好，适用于冲压、焊接加工；碳的平均质量分数在 0.25%～0.60% 的钢称为中碳钢，中碳钢既有较高的强度，又有一定的塑性和韧性，综合力学性能较好，常用来制造螺栓、螺母、齿轮、键和轴等零件；碳的平均质量分数高于 0.60% 的钢称为高碳钢，它具有很高的强度和弹性，是弹簧、钢丝绳等零件的常用材料。

2. 合金钢

为了改善钢的性能，根据不同要求加入一种或几种合金元素而形成的钢，称为合金钢。不同的合金元素，使钢获得不同的性能。如：铬能提高硬度、高温强度和耐腐蚀性；镍能提高强度而不降低韧性；锰能提高强度、韧性和耐磨性；硅可提高弹性极限和耐磨性，但降低韧性。应当指出，合金钢的性能不仅与化学成分有关，在很大程度上还取决于适当的热处理工艺。由于合金钢价格较高，通常只用于制造重要的或具有特殊性能要求的机械零件。

合金钢分为普通低合金钢、合金结构钢、合金工具钢和特殊合金钢。机械零件常用的是合金结构钢。在 GB/T 3077—2015 中，合金结构钢牌号的表示方法是用两位数字表示碳的质量分数的平均万分数，并在其后加注所含各主要合金元素的符号及其质量分数的平均万分数，而且规定：合金元素平均质量分数低于 1.5% 时，不注含量；当平均质量分数在 1.5%～2.5%，2.5%～3.5%，3.5%～4.5%……时，以相应数字 2、3、4……表示。例如 40SiMn2，其成分的平均质量分数为：碳 0.40%，硅低于 0.15%，锰 1.5%～2.5%。

3. 铸钢

铸钢主要用于制造承受重载荷的大型零件或形状复杂、力学性能要求较高的零件，如承受重载荷的大型齿轮、联轴器等。铸钢包括碳素铸钢和合金铸钢。铸钢的力学性能与锻钢基本接近，但其减振性和铸造性能均不及铸铁。在 GB/T 11352—2009 中，铸钢牌号的表示方法是在符号"ZG"后加注两组数字，如 ZG 310-570，表示屈服强度最低值为 310MPa，抗拉强度最低值为 570MPa。

二、铸铁

铸铁和钢都是铁碳合金，区别在于碳含量不同。碳的质量分数高于 2% 的铁碳合金称为铸铁，反之称为钢。铸铁是脆性材料，其抗拉强度、塑性、韧性均较差，不能进行碾压和锻造；但其减振性和耐磨性较好，成本较低。另外，铸铁具有良好的液态流动性，因此常用于铸造各种形状复杂的零件。常用铸铁有灰铸铁和球墨铸铁。

1. 灰铸铁

灰铸铁是应用最广的一种铸铁，碳以片状石墨存在于铁的基体中，因此其断口呈灰色。

灰铸铁的抗压强度高于抗拉强度，切削性能好，但不宜承受冲击载荷，常用于制造受压状态下工作的零件，如机器底座、机架等。在 GB/T 9439—2010 中，灰铸铁牌号的表示方法是在符号"HT"后加注一组表示抗拉强度的数字，如 HT200，表示抗拉强度最低值为 200MPa。

2. 球墨铸铁

球墨铸铁中的碳以球状石墨存在于铁的基体中，故其力学性能显著提高。除伸长率和韧性稍低外，其他力学性能基本与钢接近，同时兼有灰铸铁的优点；但是球墨铸铁的铸造工艺性能要求较高，品质不易控制。用球墨铸铁制造的曲轴、齿轮等，其成本低于锻钢件。在 GB/T 1348—2009 中，球墨铸铁牌号的表示方法是在符号"QT"后加注两组数字，如 QT400-15，表示抗拉强度最低值为 400MPa，伸长率最低值为 15%。

三、铜合金

铜合金是机械零件中最常用的非铁材料（有色金属）。

1. 铸造黄铜

铸造黄铜（ZCuZn38 等）是以锌为主要合金元素的铜合金。它具有一定的强度和较高的耐腐蚀性能，常用于制造管件、散热器、垫片以及化工、船舶等行业使用的零件。

2. 铸造青铜

铸造青铜包含铸造锡青铜和铸造铝青铜、铸造铅青铜等。铸造锡青铜（ZCuSn5Pb5Zn5 等）的减摩性、耐磨性、导热性均良好，常用于制造蜗轮、对开螺母、滑动轴承中的轴瓦等零件。铝青铜（ZCuAl10Fe3 等）的耐磨性和耐腐蚀性较好，常用于制造蜗轮、在蒸汽和海水条件下工作的齿轮等零件。铅青铜（ZCuPb30 等）具有很高的导热性和抗疲劳强度，可用于制造高速、重载滑动轴承的轴瓦。

在 GB/T 1176—2013 中，铸造铜合金牌号的表示方法是在符号"ZCu"后面加注所含各主要合金元素的符号及其平均质量分数（%）。

四、非金属材料

橡胶、塑料、皮革、陶瓷、木材、纸板等，均属非金属材料。橡胶除具有弹性并能缓冲、吸振外，还具有耐磨、绝缘等性能，广泛用于制造胶带、轮胎、密封垫圈和减振零件等。塑料具有耐磨、耐腐蚀、质量轻、易于成形等优点，因此近年来得到了广泛的应用。

五、复合材料

复合材料是由两种或两种以上的金属或非金属材料复合而成的一种新型材料。例如，用金属、塑料、陶瓷等材料作为基材，用纤维强度很高的玻璃、石墨、硼等非金属材料纤维，可把纤维与基材复合成各种纤维增强复合材料，又称纤维增强塑料，可用来制造薄壁压力容器、汽车外壳等。又如，在普通碳素钢板表面贴附塑料或不锈钢，可分别获得强度高而又耐腐蚀的塑料复合钢板或金属复合钢板。复合材料目前成本尚高，供应较少，但它是材料工业发展的方向之一，随着科学技术的进步将获得广泛应用。

选择材料是设计机械零件的重要环节之一，也是一个复杂的技术经济问题。一般应考虑零件的使用要求（如强度、刚度、冲击韧度、导热性、耐腐蚀性以及耐磨性、减振性等，通常以强度为主)、工艺要求(从毛坯到成品均便于制造)和经济性要求(材料及其加工成本均比较低,而且供货方便),并对各种要求进行综合分析比较,选出适宜的材料。各种材料的力学性能及应用均可从《机械设计手册》中查取,本书也在有关章节中作了适当的介绍。

有关钢的常用热处理工艺见附录A。

第三节 机械零件的工作能力和计算准则

机械零件丧失工作能力或达不到设计要求的性能时,称为失效。在不发生失效的条件下,零件所能安全工作的限度,称为工作能力。零件失效常见的形式有断裂、过大的弹性变形或塑性变形,摩擦表面的过度磨损、打滑、过热,连接松动以及运动精度达不到要求等。这里应当注意,零件的失效和损坏是两个不同的概念。例如,装有齿轮的转轴,工作时若弹性变形过大,不但影响齿轮的正常啮合,而且加速轴承的磨损,大大降低轴承的旋转精度,严重时会发生轴承抱死、机器停转的事故。此时,对轴而言并未损坏,但却不能正常工作,即失效了。反之,若零件被损坏,则一定不能正常工作,即零件损坏时一定为失效。对于某一具体零件,可能产生的失效形式由其工作条件和受载情况决定。针对各种不同失效形式,所列判定零件工作能力的条件,称为工作能力计算准则。这些准则主要有强度、刚度、耐磨性、耐热性以及振动稳定性等。下面主要讨论零件的强度、刚度条件及耐磨性,其他工作能力判定条件,必要时可查阅相关机械设计参考书。

一、强度

1. 名义载荷与计算载荷

根据名义功率用力学公式计算出作用在零件上的载荷,称为名义载荷。它是机器在理想平稳的工作条件下作用在零件上的载荷。计算载荷是考虑实际载荷随时间作用的不均匀性、载荷在零件上分布的不均匀性以及其他因素的影响而得到的载荷。计算载荷等于载荷系数K与名义载荷的乘积。机械零件的设计计算一般按计算载荷进行。

2. 强度条件

强度条件是机械零件最基本的计算准则。如果零件强度不够,工作时会产生断裂或过大的塑性变形,使零件不能正常工作。设计时必须满足的强度条件为

$$\sigma \leqslant [\sigma], \tau \leqslant [\tau] \tag{1-1}$$

式中,σ、τ分别是危险截面处的最大正应力和最大切应力,是按照计算载荷求得的应力;$[\sigma]$、$[\tau]$分别是材料的许用正应力和许用切应力。

3. 许用应力

许用应力是零件设计的条件应力。正确地确定许用应力,可以使零件在具有足够强度和寿命的前提下,做到尺寸小、质量轻。许用应力的确定,本书主要采用计算法,其基本公式为

$$[\sigma] = \frac{\sigma_{\lim}}{S}, [\tau] = \frac{\tau_{\lim}}{S} \tag{1-2}$$

式中，$\sigma_{\lim}$、$\tau_{\lim}$ 分别是材料的极限正应力和极限切应力；S 是安全系数。

由式（1-2）可知，许用应力的确定主要是确定材料的极限应力和安全系数。

（1）极限应力　极限应力的确定与应力的种类有关。常见的应力如图 1-6 所示。在静应力下工作的零件主要失效形式是断裂或塑性变形。因此，对于塑性材料，取材料的屈服强度作为极限应力 σ_s；对于脆性材料，取材料的抗拉强度作为极限应力 σ_b。在变应力下工作的零件主要失效形式是疲劳断裂。因此，在对称循环变应力作用下，取材料的对称循环疲劳极限 σ_{-1} 作为极限应力；在脉动循环变应力作用下，取材料的脉动循环疲劳极限 σ_0 作为极限应力。在非对称循环变应力作用下，可通过疲劳试验或极限应力图（见机械设计教材）确定材料的疲劳极限，即极限应力。作简化计算时，在一般变应力作用下可近似取与之相近的 σ_{-1} 或 σ_0 作为材料的极限应力。

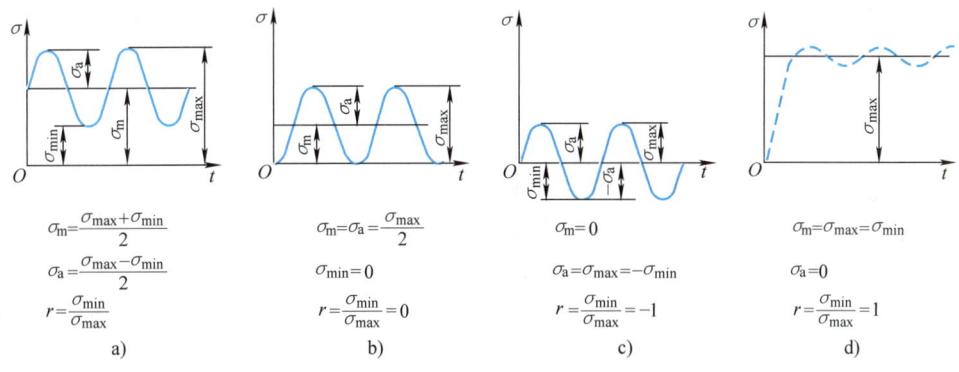

图 1-6　应力

a）非对称循环变应力　b）脉动循环变应力　c）对称循环变应力　d）静应力

（2）安全系数　对于安全系数，本书主要采用查表法确定。这类表格是不同的机械制造部门经过长期生产实践，总结制定出的适合本行业的安全系数（或许用应力），具有简单、具体、可靠等优点，所以应用较广；缺点是适用范围较窄。查表法的取值已列在各章具体表格中。在无可靠资料直接确定安全系数的情况下，可用下式计算总的安全系数，即

$$S = S_1 S_2 S_3 \tag{1-3}$$

式中，S_1 是考虑载荷及应力计算的准确性系数，$S_1 = 1 \sim 1.5$；S_2 是考虑材料的均匀性系数，锻钢或轧钢零件的 $S_2 = 1.2 \sim 1.5$，铸铁零件的 $S_2 = 1.5 \sim 2.5$；S_3 是考虑零件重要程度的系数，$S_3 = 1 \sim 1.5$。

二、接触强度

前面所述机械零件的强度为整体强度。所谓整体强度，是指零件受载时在较大的体积内产生应力，零件的破坏也发生在较大的体积范围内。此外，对于理论上点接触或线接触的两个零件，当有载荷作用时，由于局部变形使接触处形成小的接触区，在面积很小的接触区表层产生很大的应力，称为接触应力。接触应力的分布如图 1-7 所示，其最大值用 σ_H 表示。在接触应力作用下零件的强度称为接触强度，它属于表面强度。

机械零件的接触应力一般都是交变应力，通常按近似脉动循环处理。如摩擦轮传动、齿轮传动、滚动轴承等，在交变应力的反复作用下，零件表层先是产生疲劳裂纹，如有润滑油

进入疲劳裂纹，在裂纹口被压封的情况下，裂纹中产生极高的油压而迫使裂纹加速扩展，直至表层金属成小片状剥落下来，在零件表面形成小坑（图1-7），这种现象称为疲劳点蚀，简称点蚀。点蚀的出现使得零件接触面积减少，失去光滑的表面，不但降低承载能力，还会引起振动和噪声。因此，它是润滑和密封均良好的零件的常见失效形式。设计时应该满足的强度条件为

$$\sigma_H \leqslant [\sigma_H], [\sigma_H] = \frac{\sigma_{Hlim}}{S_H} \quad (1\text{-}4)$$

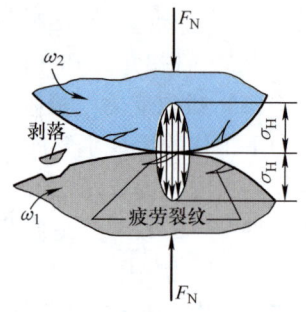

图1-7 接触应力与疲劳点蚀

式中，$[\sigma_H]$ 是材料的许用接触应力；σ_{Hlim} 是试验材料的接触疲劳强度极限；S_H 是接触疲劳强度安全系数，考虑接触应力的局部性及离开接触中心应力迅速减小等因素，可取 S_H 等于1或稍大于1。

三、刚度

刚度是指零件在载荷作用下抵抗弹性变形的能力。某些零件如机床主轴、高速蜗杆轴等，刚度不足将会产生过大的弹性变形，影响机器的正常工作。设计时应满足的刚度条件为

$$y \leqslant [y], \theta \leqslant [\theta], \varphi \leqslant [\varphi] \quad (1\text{-}5)$$

式中，y、θ、φ 分别是零件工作时的挠度、转角和扭角；$[y]$、$[\theta]$、$[\varphi]$ 分别是相应的许用挠度、许用转角和许用扭角。

提高零件刚度的措施有：适当增大截面尺寸，改进零件的结构，减小支点间距离等。

四、耐磨性

在各种机械中，凡是具有相对运动，或具有相对运动趋势的接触表面间都存在摩擦。摩擦表面物质在相对运动中不断损失的现象称为磨损。零件抗磨损的能力称为耐磨性。据统计，世界上约有1/3的能源消耗在摩擦上；在各种报废的机械零件中，约有80%是由于磨损而引起的。因此，研究摩擦、磨损，提高零件的耐磨性，对延长机器的使用寿命有着十分重要的意义。

1. 磨损过程

相对运动的接触表面间的磨损是不可避免的。在正常情况下，一个零件的磨损过程大致可以分为图1-8所示的三个阶段。

（1）磨合磨损阶段 该阶段是新机器在运转初期，通过逐渐增加载荷而迅速磨去零件接触表面制造时遗留下来的波峰尖部。随着波峰高度的逐渐降低，摩擦副的实际接触面积加大，磨损率 $\varepsilon = \Delta q/\Delta t$ 逐渐减小，零件进入稳定磨损阶段。

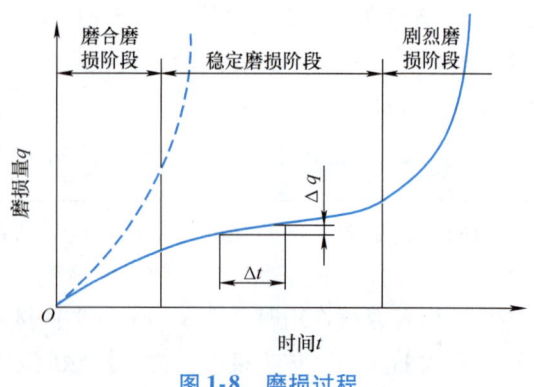

图1-8 磨损过程

（2）稳定磨损阶段 该阶段的磨损率 $\varepsilon \approx$ 常数，零件以平稳而缓慢的速度在磨损，相应

的时间即为零件的使用寿命。

（3）剧烈磨损阶段　当磨损率超过机械正常运转的许可磨损率时，零件便进入剧烈磨损阶段。这时，两个摩擦零件间的间隙很快增大，温度升高，机械效率迅速下降，产生异常的噪声和振动，应该停机检修，更换零件。

上述的三个阶段是正常情况下零件的磨损过程。但若压力过大、相对速度过高或润滑不良，都会导致磨合磨损阶段的磨损加剧，并直接转入剧烈磨损阶段，如图1-8中虚线所示，使零件很快报废。

2. 磨损的基本类型

按磨损机理分，磨损主要有磨粒磨损、黏着磨损、表面疲劳磨损和腐蚀磨损四种基本类型。

（1）磨粒磨损　硬质颗粒进入摩擦表面，或硬表面上的凸峰在摩擦过程中引起表层材料脱落的现象，称为磨粒磨损。

（2）黏着磨损（胶合）　摩擦表面的接触实际上是高低不平的微凸体接触。高速、轻载时的温升使得接触区润滑油膜破裂，低速、重载时则不易形成润滑油膜，这都将导致接触处发生黏着。在这种情况下，两表面相对滑动，黏着撕脱，材料从一个表面转移到另一个表面，这种现象称为黏着磨损，也称为胶合。严重的黏着磨损会导致两个摩擦零件咬死。

（3）表面疲劳磨损（疲劳点蚀）　疲劳点蚀发生在零件表层，属于表面磨损范畴，故称表面疲劳磨损。

（4）腐蚀磨损　在摩擦过程中，摩擦表面与周围介质发生化学反应或电化学反应的磨损，称为腐蚀磨损。

3. 减少磨损的主要措施

磨损是一个相当复杂的现象，影响因素也很多。除疲劳磨损外，目前尚无可靠的计算方法，通常采取下述措施减少磨损：

1）选取减摩性和耐磨性较好的材料。

2）对摩擦表面进行润滑。选用适当的润滑剂和润滑方法是减少摩擦和磨损的最有效途径。润滑方法需根据不同的工作条件和部位而定。润滑剂有液体、脂状、固体、气体四种。液体润滑剂主要有润滑油、水和液体金属等，其中最常用的是润滑油，尤以矿物油应用最广。润滑脂俗称黄油，它是在润滑油中加入稠化剂（如钙皂、钠皂、锂皂等）调制而成，常温下呈油膏状。润滑脂的黏度大，不易流失，承载能力高，但摩擦功耗大。固体润滑剂有石墨、二硫化钼等。气体润滑剂有空气、氮气、二氧化碳等。气体的黏度低，摩擦阻力极小，温升很小；但承载能力较低，适用于高速、轻载的场合。各种机械中常用润滑油和润滑脂的主要性能指标及用途见附录B。

3）进行耐磨性计算。摩擦表面间的耐磨性计算目前也是条件性的，通常是限制摩擦面间的压强 p 和 pv 值（详见第十二章第四节）。

4）提高零件的加工精度和表面质量。

5）完善密封，正确使用与维护等。

第四节　机械零件结构设计的基本要求和"三化"

机械的功能是靠零件具体结构实现的。即使零件工作能力满足要求，但结构设计不当，同样不能实现预期的功能。事实上，在设计中常常需要先进行初步的结构构思，然后将其抽象为数学模型才能进行零部件的计算。例如，受弯曲应力作用的轴，计算所需力的作用点位置、支点距离等，通常都是由初步结构设计确定的。因此，结构设计与零件工作能力计算同等重要。下面主要介绍零件结构设计的基本要求和"三化"概念。

一、机械零件结构设计的基本要求

（1）构形简单　这是指在实现零件预期功能的前提下，尽可能采用较少的几何量和简单的形体要素，以简化零件的结构。这样的结构既便于零件毛坯的成形，又易于提高加工质量。例如，平面、圆柱面都易于制造并可得到较高的加工精度。

（2）工艺性好　工艺性之一是指制造工艺，即要求零件从毛坯制造到机械加工整个过程都能方便、经济地制造出来，尤其要杜绝不可制造的设计结果产生。毛坯制造方法有铸造、锻造、焊接等，应根据零件的使用要求、生产批量及制造条件选择。不同的制造方法有其特有的制造要求，零件的结构要满足毛坯制造方法的要求。例如，铸造零件要求壁厚均匀，壁的连接处设置较大的过渡圆角等。此外，还应考虑有利于造型、起模、清理等环节，力求既工艺简单，又可保证铸件的质量。对于机械加工，首先应考虑到零件加工的可行性和在机床上装夹的方便性。图 1-9a 所示为难以在机床上固定的结构，而图 1-9b 所示结构则便于在机床上固定，进行机械加工。如图 1-10a 所示零件上的螺纹孔无法加工，而图 1-10b 所示则为可加工结构。就机械加工而言，结构设计还应考虑如何保证零件的加工精度、减少加工面积以及减少刀具的规格和更换次数等因素。

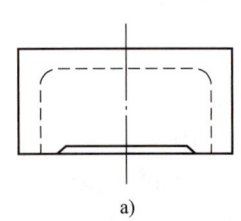
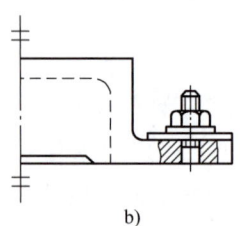

a)　　　　　　　　　　　　b)

图 1-9　避免难以在机床上固定的结构

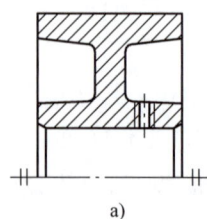
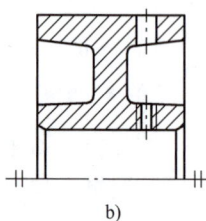

a)　　　　　　　　　　b)

图 1-10　避免无法加工的结构

工艺性之二是指装配工艺，即要求零件的组合结构装拆方便。图 1-11a 所示零件结构因螺钉安装空间不够而无法装配，图 1-11b 所示则为合理结构。图 1-12 所示为气缸盖与缸体的连接，显然图 1-12b 所示结构拆卸要容易得多。

总之，良好的结构工艺性既可降低产品的制造成本，又有利于提高产品的质量。

（3）受力合理　零件合理的受力包括受力平衡，传力路线简捷、合理，符合等强度原则，应力集中小以及满足刚度要求等。受力合理可以减小零件的尺寸和质量，并使材料得到充分利用。

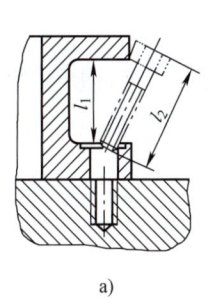 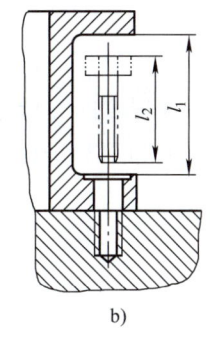 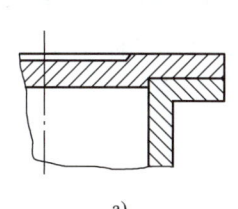 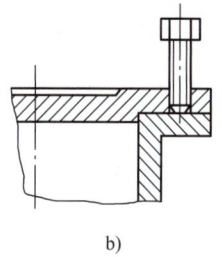

图1-11 避免无装配空间的结构　　　　图1-12 避免无法拆卸的结构

(4) 充分利用不同材料的性能　这是要求零件的结构应有利于材料性能的发挥。例如，在蜗杆传动中，人们常把尺寸较大的蜗轮设计成组合式结构。轮心用抗压强度较高而价格较低的铸铁制作，轮缘齿圈用减摩性好、抗胶合能力强但价格较贵的青铜制作，从而既较好地满足了铜蜗轮与钢蜗杆啮合时对减摩性和抗胶合能力的要求，又节省了贵重金属材料。

(5) 工作可靠　这是指在正常使用条件下，零件的工作能力足够，并在其工作环境中保持机器性能稳定，且具有一定的使用寿命。

(6) 安全性高　这一方面是对机器或零件而言，有时候要求机器在发生非正常使用时，如过载或操作失误等，具有自身安全保护的功能；另一方面是对人而言，在机器的制造和使用过程中，应力求避免对人造成伤害。对零件的某些边、角进行倒角或倒圆，以及在带传动、链传动和啮合传动中设置防护罩等，都是基于人身安全考虑的实例。此外，对人的安全还应当包括环境安全，如结构设计必须保证机器的噪声、排放物等符合环境保护规范的要求。

影响零件尺寸的因素很多，结构设计方案也不唯一，合理的结构设计来源于丰富的实践活动。注意经验的积累、归纳和总结，掌握设计中的规律以及借鉴前人成功的设计经验等，都有助于提高设计质量。

二、标准化、系列化和通用化

标准化、系列化和通用化简称"三化"。其中，标准化、系列化是指在不同类型、不同规格的机器中，将相当多相同的零件加以标准化，并按尺寸不同加以系列化，设计者可直接从有关手册和标准中选用（如螺栓、螺母、键、滚动轴承等），无须重复设计。通用化是指在系列之内或跨系列的产品之间采用同一结构和尺寸的零部件（如减速器等），以减少企业内部零件的种数，从而简化生产管理，获得较高的经济效益。

"三化"是长期生产实践和科研成果的可靠技术总结。采用"三化"具有如下重要意义：

1）减轻了设计工作量，有利于设计人员将主要精力用于关键零部件的设计。

2）便于安排专业厂家进行规模型生产，从而利于合理使用材料、缩短生产周期、提高产品质量和降低成本。

3) 增大了互换性，便于维修。

4) 有利于改进设计，增加产品品种和产量。

"三化"是我国现行的很重要的一项技术政策，其程度的高低也常是评定产品质量的指标之一。我国现行的标准分为国家标准（GB）、部颁标准和行业标准等，新产品和出口产品则应采用国际标准（ISO），国家标准将逐步与国际标准接轨。

习　题

1-1　本课程研究的内容是什么？

1-2　机械零件加工制造时，材料选择应考虑哪些要求？

1-3　失效的定义是什么？它与损坏的关系？

第二章 平面机构的结构分析

> **重点学习内容**

1. 平面运动副的分类及其表示方法
2. 机构运动简图绘制的目的、方法和步骤
3. 平面机构具有确定运动的条件。

第一节　平面机构的运动副及分类

机构是若干具有确定运动的构件组合，但是若干构件的任意组合，并不一定能成为机构。构件组合必须具备一定的条件才能成为机构。对平面机构进行结构分析的具体内容包括：①认识机构的组成；②绘制机构运动简图；③分析计算机构具有确定运动的条件。

一、运动副的分类及其表示方法

两个构件直接接触形成的可动连接，称为运动副。只允许被连接的两构件在同一平面或相互平行的平面内作相对运动的运动副，称为平面运动副，平面机构中的运动副都属于平面运动副。例如，图 1-1 中偏心轴与动颚、动颚（板）与肘板、肘板与机架、机架与偏心轴之间的连接都是平面运动副。

一个作平面运动的自由构件有 3 种独立运动的可能性，即 3 个自由度。如图 2-1 所示，在坐标系 xOy 中，构件 S 可随其上任一点 A 沿 x 轴、y 轴方向移动和绕 A 点转动。当构件用运动副连接后，其独立运动便受到约束，自由度也随之减少。

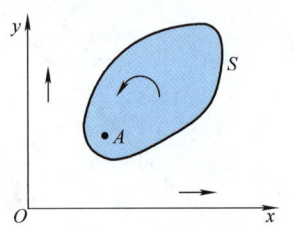

图 2-1　平面自由构件的自由度

两构件可以通过点、线或面接触组成运动副。按照接触特性，平面运动副可分为低副和高副两类。

1. 低副

两构件通过面接触组成的运动副称为低副。根据两构件间的相对运动形式不同，低副又分为移动副和转动副。组成运动副的两构件只能沿某一直线相对移动的运动副称为移动副（图 2-2）。移动副使构件失去沿一轴线方向的移动和在平面内的转动两个自由度，只保留了沿另一轴线方向移动的自由度。组成运动副的两构件只能绕同一轴线作相对转动的运动副称为转动副或铰链（图 2-3）。转动副使构件失去两个沿轴线移动的自由度，只保留了一个在平面内转动的自由度。移动副和转动副的常用图形符号见表 2-1。

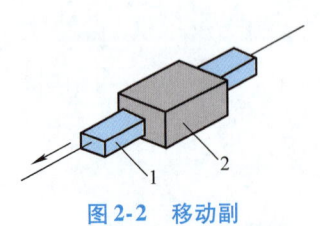

图 2-2　移动副

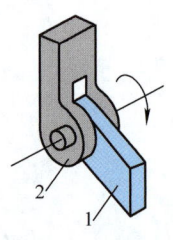

图 2-3　转动副

2. 高副

两构件通过点接触或线接触所构成的运动副称为高副。如图2-4a中所示的凸轮1与杆件2，图2-4b中齿轮1与齿轮2在接触点A处组成的运动副都是高副。高副使构件失去了沿接触点公法线n—n方向移动的自由度，保留了绕接触点A转动和沿接触点公切线t—t方向移动的两个自由度。用图形符号表示高副时，一般需把两构件在接触点处的曲线轮廓画出（图2-4a），但对于齿轮机构，习惯上只画出两齿轮的分度圆，见表2-1。

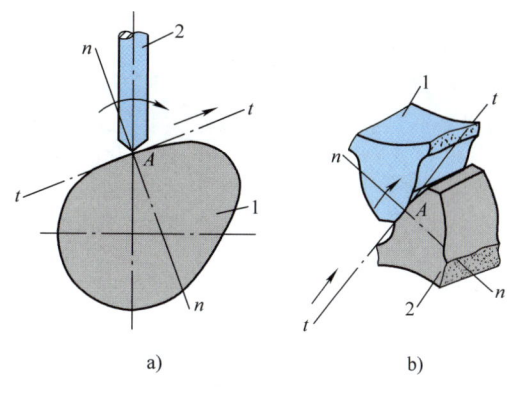

图 2-4　高副

表 2-1　常用构件和平面运动副的图形符号

名称	内　　容	常　用　符　号
构件	机架（固定构件）	
	同一构件	
	两副构件	
	三副构件	
运动副	移动副　两个活动构件	
	移动副　一个活动构件	
	转动副　两个活动构件	
	转动副　一个活动构件	
	平面高副　两个活动构件	

（续）

名称		内容	常用符号
运动副	平面高副	一个活动构件	

二、构件的分类及其表示方法

组成机构的构件按其运动性质可分为固定件（机架）、原动件和从动件。固定件是用来支承活动构件的构件。如图 1-1 中所示的定颚 8 就是固定件，它用以支撑偏心轴 5、肘板 7 等。研究机构中活动构件的运动时，常以固定件作为参考坐标系。在任何一个机构中，都有一个构件被当作相对固定的构件。例如，汽车发动机的机体虽然随着汽车运动，但在研究发动机中各构件的运动时，仍将机体当作固定件。原动件是运动规律已知的活动构件，其运动规律是由外界给定的。在一个机构中，必须有一个或几个原动件，如图 1-1c 所示颚式破碎机中机构的原动件是偏心轴 5。机构中随着原动件的运动而运动的其余构件是从动件，如图 1-1 中所示的动颚（板）6、肘板 7 等都是从动件。

实际构件的外形和结构可以是各式各样的。在绘制机构运动简图时，构件的表达原则是撇开那些与运动无关的构件外形和结构，仅把与运动有关的尺寸用简单的线条表示出来。例如，图 2-5a 中所示的构件 3 与滑块 2 组成移动副，构件 3 的外形和结构与运动无关，因此可用图 2-5b 所示的简单线条来表示。如图 2-6a 所示偏心轮机构中的偏心轮 2 和连杆 3，它们的外形和结构与机构运动无关，与机构运动有关的只是 A 与 B 及 B 与 C 之间的距离，因此构件 2、3 可以用图 2-6b 所示的简单线条表示。表示构件的常用图形符号见表 2-1。

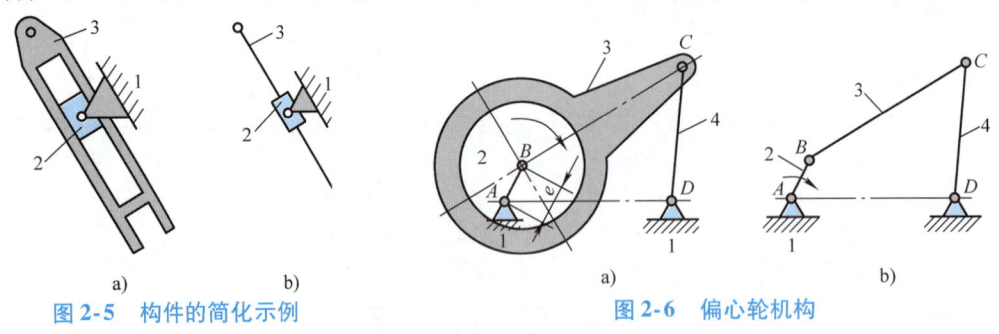

图 2-5　构件的简化示例　　　　图 2-6　偏心轮机构

第二节　平面机构运动简图绘制

用构件和运动副的特定图形符号绘制的表示机构各构件间相对运动关系的简单图形，称为机构示意图。按一定的长度比例尺绘制的机构示意图，称为机构运动简图。常用机构运动简图的图形符号见表2-2。机构运动简图不仅可以用来简明地表达原机构的运动特性，而且可以用来对机构进行运动和动力分析。

表2-2　常用机构运动简图的图形符号

名称	符号	名称	符号
凸轮机构（直动从动件盘形凸轮）	尖底从动件　滚子从动件	向心普通轴承 向心滚动轴承	
棘轮机构（外啮合)		单向推力普通轴承 推力滚动轴承	
槽轮机构（外啮合）		向心推力滚动轴承	
联轴器 弹性联轴器		带传动（V带）	
单向啮合式离合器 单向摩擦离合器		链传动（滚子链）	
螺杆传动（整体螺母）		圆柱齿轮传动（外啮合）	
圆柱齿轮传动（内啮合）		圆柱蜗杆传动	

(续)

名称	符号	名称	符号
齿轮齿条传动		压缩弹簧	
		拉伸弹簧	
锥齿轮传动		装在支架上的电动机	

注：表中未列出的其他机构运动简图符号可查 GB/T 4460—2013。

长度比例尺用 μ_l 表示，在机械设计中约定

$$\mu_l = \frac{实际长度}{图示长度} \quad （计量单位常用 m/mm 或 mm/mm）$$

因此
$$图示长度 = 实际长度/\mu_l$$
$$实际长度 = \mu_l \times 图示长度$$

机构运动简图的绘制方法和一般步骤见例 2-1。

例 2-1 绘出如图 2-7a 所示抽水唧筒的机构运动简图。

解 1. 分析机构的运动，判别构件的类型及数目

图示抽水唧筒由手柄 1、杆件 2、活塞杆 3 和抽水筒 4 等构件组成，其中抽水筒 4 是固定件，手柄 1 是原动件，其余构件是从动件。

2. 分析各构件间运动副的类型和数目

手柄 1 和活塞杆 3（与活塞固连在一起）、杆件 2 分别在 A 点和 B 点构成转动副。杆件 2 和抽水筒 4 在 C 点也为转动副连接。活塞杆 3 上的活塞与抽水筒 4 之间则以移动副连接。

3. 选择视图平面

为了能清楚地表明各构件间的相对运动关系，通常选择平行于构件运动的平面作为视图平面（图 2-7b）。

4. 确定比例尺

比例尺应根据实际机构和图幅大小适当选取。

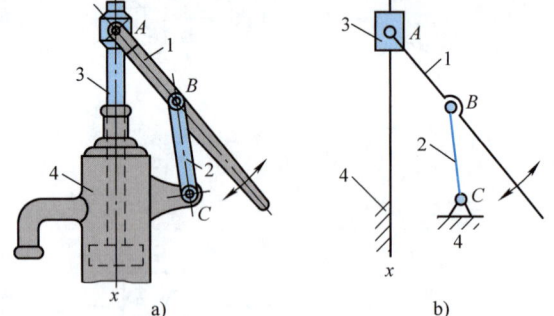

图 2-7　抽水唧筒及其机构运动简图
1—手柄　2—杆件　3—活塞杆　4—抽水筒

5. 用规定的构件和运动副图形符号绘制机构运动简图

先画出固定件抽水筒 4 和手柄 1 的转动副中心 A 及活塞杆 3 的移动导路直线 Ax，然后按比例画出手柄 1 和杆件 2 的转动副中心 B 及杆件 2 和固定件抽水筒 4 的转动副中心 C，最后用构件和运动副的图形符号把各点连接起来，并在原动件上用箭头标明运动方向。图 2-7b 所示即为所绘制的机构运动简图。

对于简单的空间机构，如锥齿轮传动、蜗杆传动等，其机构运动简图也可以用一个示图

平面表达，见表2-2。

应当指出，在绘制机构运动简图时，选择机构的瞬时位置不同，所绘出的机构运动简图位置也不同。若选择不当，则会出现构件间相互重叠或交叉现象，使得简图既不易绘制，也不易辨认。因此，要想清楚地表达各构件间的相互关系，还须恰当选择机构运动的瞬时位置。

总之，画机构运动简图是一个反映机构结构特征和运动本质，由具体到抽象的过程。只有结合实际机构多加练习，才能熟练地掌握机构运动简图的绘制技巧。

第三节　平面机构具有确定运动的条件

两个以上的构件用平面运动副连接起来组成构件系统（又称运动链），如将其中某一构件固定为机架，而且当另一构件（或少数几个构件）按给定的运动规律相对于机架运动时，其余构件也都随之作确定的运动，这时构件系统则成为机构。为了保证所设计的机构具有确定的相对运动，必须使其符合机构具有确定运动的条件；而机构具有确定运动的条件又与机构的自由度有关。

一、平面机构的自由度

设平面机构中构件总数为 N，活动构件数为 n（$n = N - 1$），低副和高副数分别为 P_L 和 P_H。全部活动构件具有 $3n$ 个自由度，而用运动副连接后约束掉 $2P_L + P_H$ 个自由度，所以机构所具有的自由度为

$$F = 3n - 2P_L - P_H \tag{2-1}$$

例如，在图2-7b所示的平面机构中，$n = 3$，$P_L = 4$，$P_H = 0$，则

$$F = 3n - 2P_L - P_H = 3 \times 3 - 2 \times 4 - 0 = 1$$

即该机构的自由度为1。

显然，要使机构运动，须有 $F > 0$。否则，构件系统将成为一刚性桁架（图2-8a）或超静定桁架（图2-8b），而不是机构。

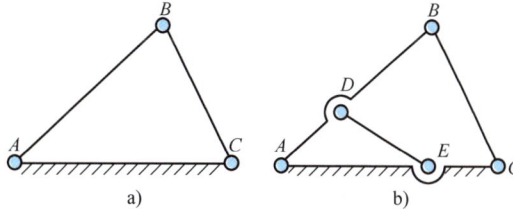

图2-8　平面桁架

二、机构具有确定运动的条件

为了使机构具有确定的运动，还须使给定独立运动规律的数目等于机构的自由度数。而给定的独立运动规律是通过原动件提供的，通常每个原动件只具有一个自由度。因此，机构具有确定运动的条件是：

1）机构的自由度大于零，即 $F > 0$。
2）机构的原动件数等于机构的自由度。

在图2-7b所示的机构中，原动件数为1，等于机构的自由度，所以该机构具有确定的运动。

在图2-9所示的机构中，$n=4$，$P_L=5$，$P_H=0$，则
$$F = 3n - 2P_L - P_H = 3 \times 4 - 2 \times 5 - 0 = 2$$
为了使该机构有确定的运动，需要两个原动件。

根据机构具有确定运动的条件可以分析和认识已有的机构，也可以计算和检验新构思的机构能否达到预期的运动要求。

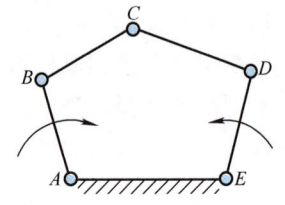

图2-9 具有两个自由度的平面机构

三、计算平面机构自由度时应注意的事项

应用式（2-1）计算平面机构自由度时，应注意以下三个问题。

1. 复合铰链

两个以上的构件在同一轴线上用转动副连接起来就形成复合铰链。图2-10a所示为3个构件组成的复合铰链。从图2-10b可见，它们共组成两个转动副。当K个构件组成复合铰链时，其转动副数为$K-1$。

例2-2 计算如图2-11所示平面机构的自由度，并判断该机构是否具有确定的运动。

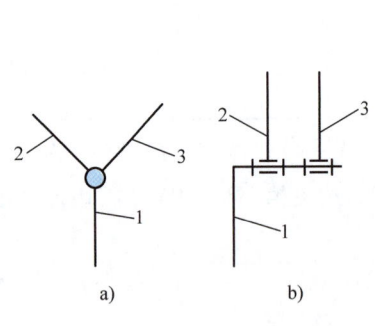

图2-10 复合铰链

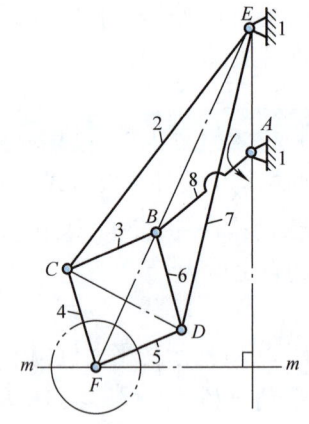

图2-11 具有复合铰链的平面机构

解 机构中有7个活动构件，即$n=7$，另外B、C、D、E处都是由3个构件组成的复合铰链，计算机构自由度时不可忽视，所以机构中有10个转动副，即$P_L=10$；没有高副，$P_H=0$。该机构的自由度为
$$F = 3n - 2P_L - P_H = 3 \times 7 - 2 \times 10 - 0 = 1$$
构件8是原动件，原动件数等于机构的自由度，所以该机构具有确定的运动。

2. 局部自由度

与机构整体运动无关的自由度称为局部自由度，计算机构自由度时应除去不计。

例2-3 计算如图2-12a所示机构的自由度，并判断该机构是否具有确定的运动。

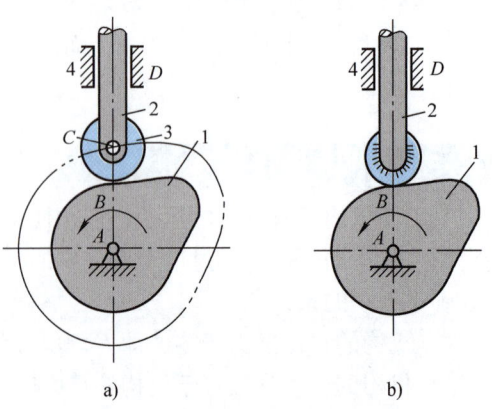

图2-12 具有局部自由度的平面机构

1—凸轮 2—从动杆 3—滚子

解 这是一个滚子从动杆盘形凸轮机构，滚子 3 绕其轴线 C 的转动不影响凸轮 1 与从动杆 2 的运动关系，所以是局部自由度。可以设想将滚子 3 与从动杆 2 固连成一体，C 处的转动副则随之消失（图 2-12b）。这样在该机构中，$n=2$，$P_L=2$，$P_H=1$，其自由度为

$$F = 3n - 2P_L - P_H = 3 \times 2 - 2 \times 2 - 1 = 1$$

构件 1 为原动件，原动件数等于机构的自由度，所以该机构具有确定的运动。

局部自由度虽然不影响整个机构的运动，但可使高副接触处的滑动摩擦转变为滚动摩擦，减小摩擦和磨损，所以在机械中常有局部自由度存在。

3. 虚约束

有些运动副引起的约束对机构运动的限制是重复的，这些重复的约束称为虚约束，在计算机构自由度时也应除去不计。

例 2-4 计算图 2-13a 所示机车车轮联动装置的自由度，并判断其是否具有确定的运动。

解 通过分析可知，机车车轮联动装置实际上是一个平行四边形机构。如简单地按图 2-13b 所示的机构运动简图计算其自由度：其中 $n=4$，$P_L=6$，$P_H=0$，则

$$F = 3n - 2P_L - P_H = 3 \times 4 - 2 \times 6 - 0 = 0$$

表明机构不能运动，显然结论与事实不符。

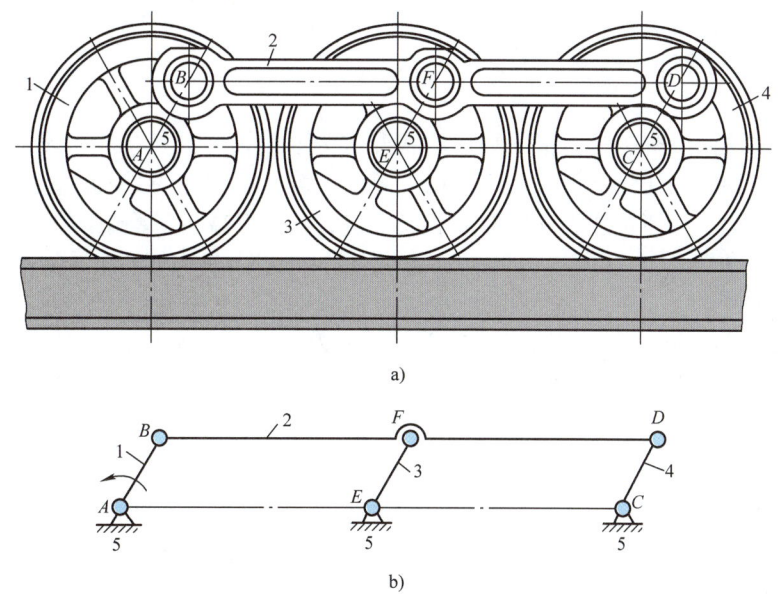

图 2-13 机车车轮联动装置

实际上，由于 $l_{AB} = l_{CD} = l_{EF}$，$l_{AE} = l_{BF}$，$l_{CE} = l_{DF}$，当去掉构件 3 时，构件 2 上 F 点的轨迹仍然是以 E 为圆心、以 l_{EF} 为半径的圆。这表明构件 3 和转动副 E、F 存在与否，对整个机构的运动并无影响。但若在计算机构自由度时把它们计算在内，则会因一个构件带进 3 个自由度，两个转动副约束掉 4 个自由度而产生虚约束。因此，在计算机构自由度时应将其除去不计。去掉虚约束后，$n=3$，$P_L=4$，$P_H=0$，机构的自由度为

$$F = 3n - 2P_L - P_H = 3 \times 3 - 2 \times 4 - 0 = 1$$

以构件 1 为原动件，原动件数目等于机构的自由度，故该传动装置具有确定的运动。

平面机构的虚约束还常出现在下列场合：

1) 两个构件之间组成多个导路平行的移动副时，只有一个移动副起作用，其余的都是

虚约束（图 2-14a）。

2）两个构件之间组成多个轴线重合的转动副时，只有一个转动副起作用，其余的都是虚约束（图 2-14b）。

3）机构中对传递运动不起独立作用的对称部分也引起虚约束。如图 2-15 所示轮系，太阳轮 1 经过两个对称布置的小齿轮 2 和 2′驱动内齿轮 3，其中一个小齿轮对传递运动不起独立作用，引起虚约束。

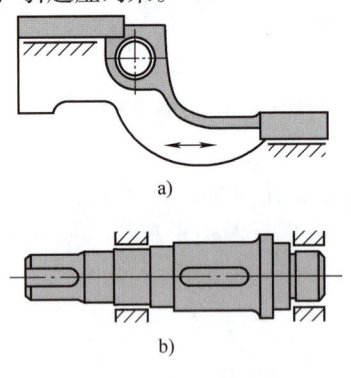

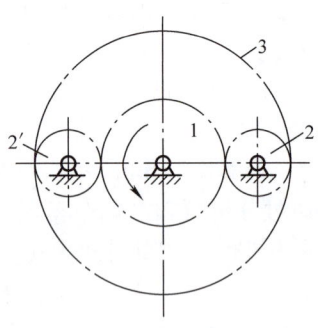

图 2-14 虚约束示例

a）移动副虚约束 b）转动副虚约束

图 2-15 对称结构的虚约束

虚约束往往可使机构的受力情况和运动状况大为改善，因此机构中经常有虚约束存在。但是虚约束有其特定的几何条件和较高的精度要求，若达不到这些要求，虚约束则可能成为运动的障碍。因此，从便于加工和安装的意义上讲，应尽量减少机构中的虚约束。

习 题

2-1 绘制如图 2-16 所示液压泵的机构示意图，构件 1 为原动件，绕回转中心 A 转动。

2-2 绘制如图 2-17 所示手动冲压机的机构运动简图（构件 2 为原动件），计算该机构的自由度，并判断其运动是否确定。

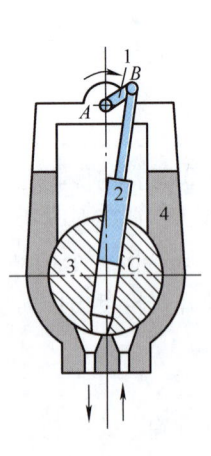

图 2-16 习题 2-1 图

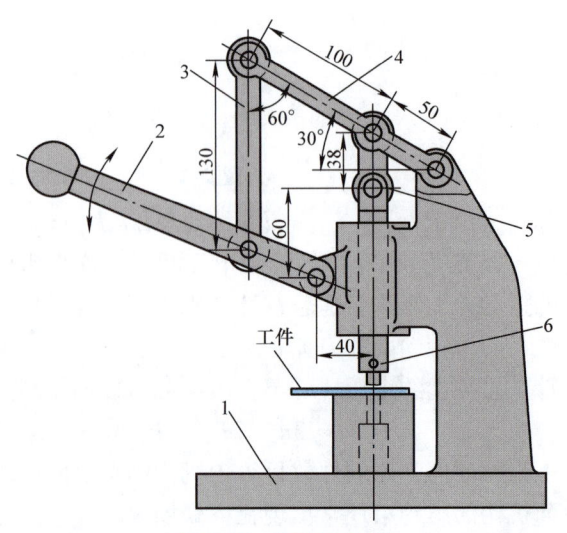

图 2-17 习题 2-2 图

2-3 计算如图 2-18 所示各机构的自由度，指出其中的复合铰链、局部自由度和虚约束，并检验所给机构是否具有确定的运动。

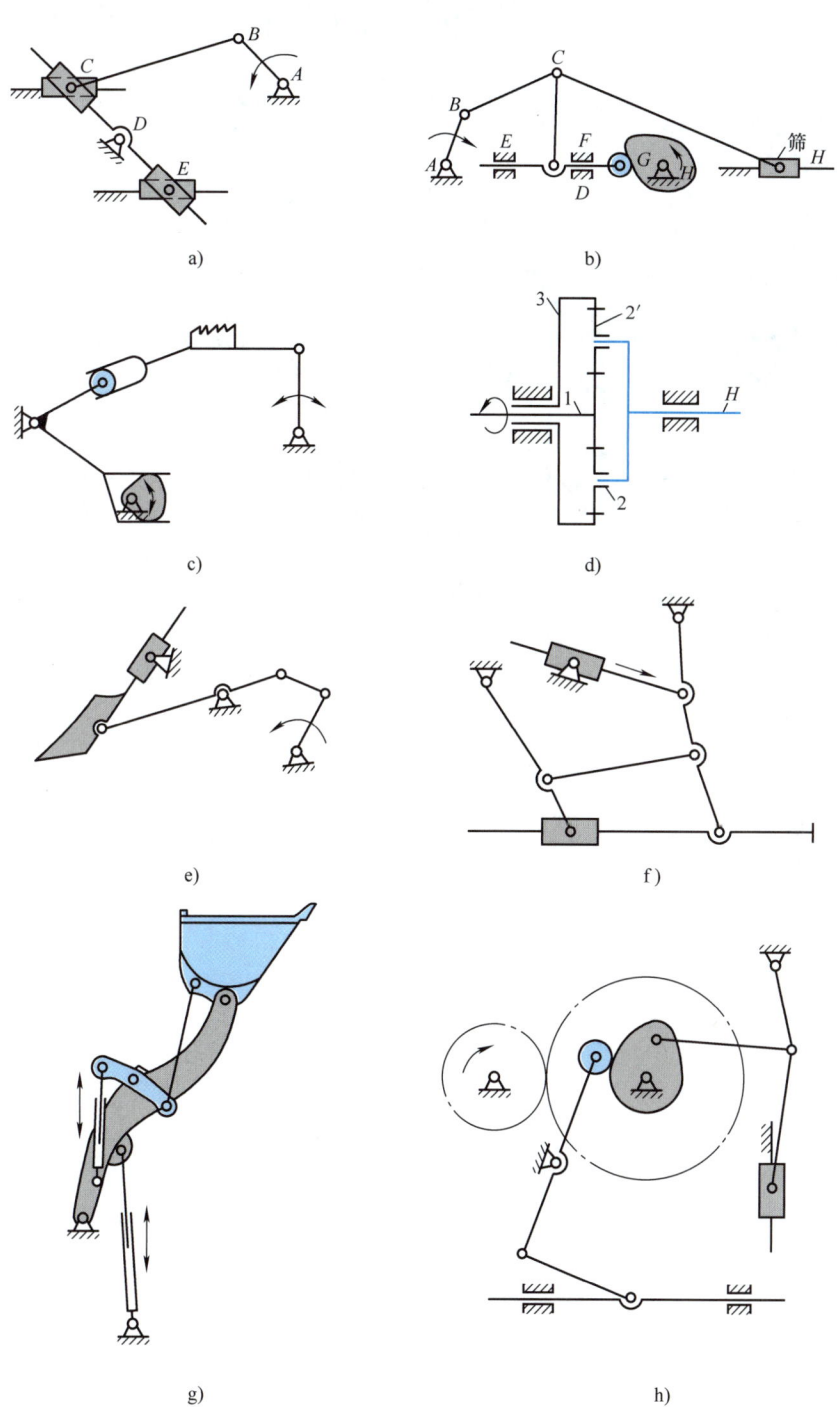

图 2-18 习题 2-3 图

第三章 平面连杆机构

> **重点学习内容**

1. 铰链四杆机构的基本类型、判别与演化
2. 曲柄摇杆机构的运动特性
3. 按照给定条件设计平面四杆机构

平面连杆机构是由若干构件用低副连接而成的平面机构，具有下述优点：①能够实现运动形式的转化，从动件可以获得多种运动规律、运动轨迹；②能够实现力的传递和大小的变换；③构件间均为面接触，运动副中压强和磨损较小；④结构简单，易于制造。因此，平面连杆机构广泛应用于各种机械及仪器中。缺点是：①运动副中存在间隙，当构件数目较多时，从动件的累积运动误差较大；②力的传递经过多个摩擦副，系统传动效率较低；③高速运转时动载荷较大；④不容易精确地实现复杂的运动规律，机构设计比较复杂。

简单的平面连杆机构是平面四杆机构，它不仅应用最广，而且是组成多杆机构的基础。在平面四杆机构中，又以铰链四杆机构为基本形式，其他形式均可以由铰链四杆机构演化而得到。因此，本章将以铰链四杆机构为主要研究对象，讨论平面四杆机构的运动特性和设计方法。

第一节　铰链四杆机构及其演化

全部用转动副连接的平面四杆机构称为铰链四杆机构。如图 3-1 所示的铰链四杆机构中，构件 4 为机架；与机架相连的构件 1 和 3 称为连架杆，其中能作整周转动的称为曲柄，不能作整周转动的称为摇杆；不直接与机架相连的构件 2 称为连杆，连杆作复杂的平面运动。

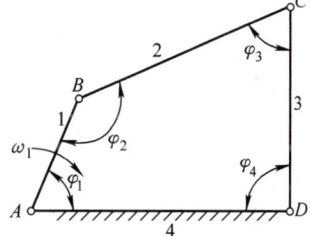

图 3-1　铰链四杆机构

一、铰链四杆机构的基本类型及应用

根据连架杆的不同运动形式，铰链四杆机构可分为曲柄摇杆机构、双曲柄机构和双摇杆机构三种基本类型。

1. 曲柄摇杆机构

一个连架杆为曲柄，另一个连架杆为摇杆的铰链四杆机构称为曲柄摇杆机构。图 3-1 所示机构为曲柄摇杆机构，其中构件 1 是曲柄，构件 3 是摇杆。因为曲柄能作整周转动，所以角 φ_1、φ_2 的变化范围都是 0°~360°；而摇杆不能作整周转动，所以角 φ_3、φ_4 的变化范围一定小于 360°，实则小于 180°。

图 3-2 所示为雷达天线俯仰角调整机构、图 3-3 所示为脚踏砂轮机构，都是曲柄摇杆机构的应用实例，前者以曲柄为原动件，后者以摇杆为原动件。

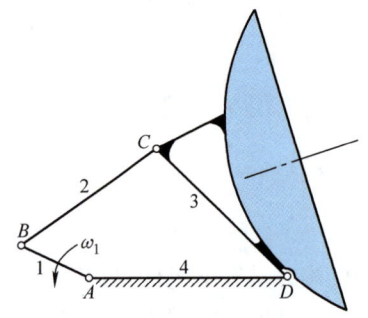

图 3-2　雷达天线俯仰角调整机构

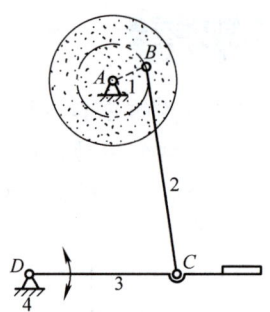

图 3-3　脚踏砂轮机构

2. 双曲柄机构

两连架杆均为曲柄的铰链四杆机构称为双曲柄机构。在图 3-4 所示的惯性筛机构中，由构件 1、2、3、6 构成的铰链四杆机构为双曲柄机构。原动曲柄 1 匀速转动，从动曲柄 3 则作周期性变速回转运动，通过连杆 4 使筛子在往复运动中具有所需的加速度，从而达到筛分物料的目的。

在铰链四杆机构中，当不相邻的两组构件分别平行并且相等时，该机构称为平行四边形机构。如图 3-5 所示，不论以哪个构件为机架，平行四边形机构都是双曲柄机构。因此，可将平行四边形机构视为双曲柄机构的特例。如图 3-6 所示移动摄影台的升降机构就是平行四边形机构的应用实例。

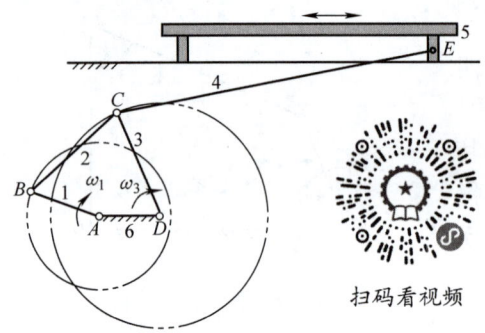

扫码看视频

图 3-4　惯性筛机构

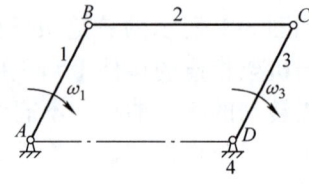

图 3-5　平行四边形机构

平行四边形机构的运动特点是：两个曲柄以相同的角速度同向转动，连杆作平动。但当曲柄转动到与机架共线的位置时，机构处于运动不确定状态，可能会出现如图 3-7 所示的反向双曲柄机构。在反向双曲柄机构中，当原动件曲柄 1 以等角速度 ω_1 转动时，从动曲柄 3 则以变角速度 ω_3 反向转动。为防止出现反向双曲柄机构，可采用图 3-8 所示增加构件（EF）的方法，也可利用惯性维持从动曲柄转向不变。

3. 双摇杆机构

两连架杆均为摇杆的铰链四杆机构称为双摇杆机构。如图 3-9 所示的鹤式起重机中的四杆机构 ABCD 即为双摇杆机构。当主动摇杆 AB 摆动时，从动摇杆 CD 也随之摆动，而且可以通过设计找到某点 E，其运动轨迹近似为水平直线。将 E 点作为起吊滑轮转动中心，可避免在移动重物的过程中因不必要的升降而消耗能量。

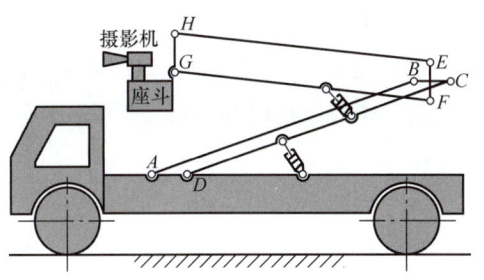

图 3-6　移动摄影台的升降机构

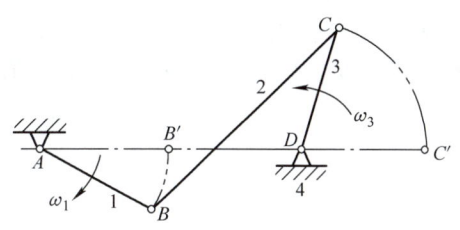

图 3-7　反向双曲柄机构

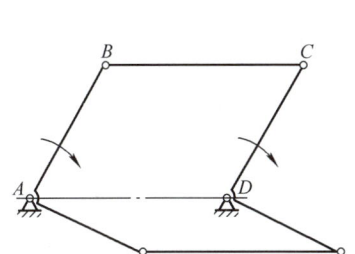

图 3-8　防止出现反向双曲柄机构的方法

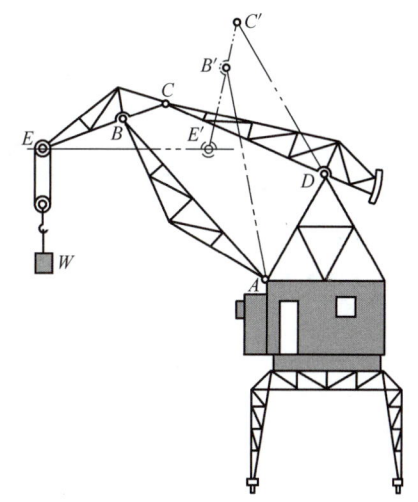

图 3-9　鹤式起重机

在双摇杆机构中，如果两摇杆长度相等，则称为等腰梯形机构。如图 3-10 所示的汽车前轮转向机构 ABCD 即为等腰梯形机构。当车轮转弯时，两个与车轮固连在一起的摇杆 AB 和 CD 的摆角不等。通过适当的设计，可近似实现两前轮轴线与后轮轴线交于一点，即汽车转弯时的瞬时转动中心 P，从而避免轮胎因在地面上滑动引起的磨损。

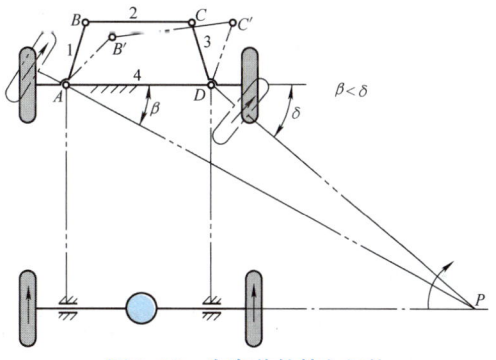

图 3-10　汽车前轮转向机构

二、铰链四杆机构类型的判别

在图 3-1 所示的曲柄摇杆机构中，若把曲柄 1 改作机架，则可得到双曲柄机构；而若把摇杆 3 作为机架，则可得到双摇杆机构。由此可见，取不同的构件作为机架，同一铰链四杆机构有可能转换为不同的类型。铰链四杆机构三种基本类型的主要区别就在于有无曲柄和有几个曲柄存在，这也是判别铰链四杆机构类型的依据。

1. 曲柄存在的条件

在图 3-11 所示的铰链四杆机构中，各杆长度分别为 l_1、l_2、l_3、l_4，杆 4 为机架，1、3

为连架杆。以图 3-11a 所示为例，此处 $l_4 > l_1$，如果连架杆 1 能作整周转动，即为曲柄，那么在机构运动中始终有 △BCD 存在，极限情况下连架杆 1 也应能顺利通过与机架 AD 共线的两个位置 AB' 和 AB''，分别构成 △$B'C'D$ 和 △$B''C''D$。根据三角形构成原理可知，在 △$B''C''D$ 中有

$$l_2 \leq (l_4 - l_1) + l_3$$
$$l_3 \leq (l_4 - l_1) + l_2$$

即
$$l_1 + l_2 \leq l_3 + l_4 \tag{3-1}$$
$$l_1 + l_3 \leq l_2 + l_4 \tag{3-2}$$

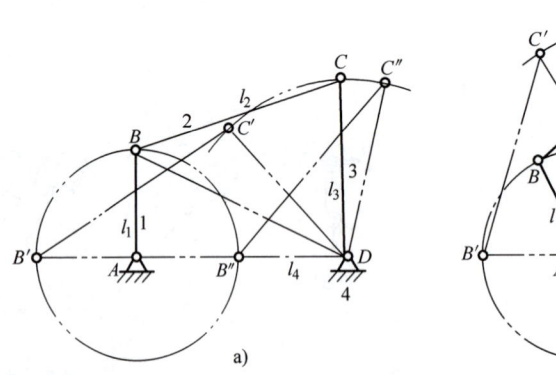
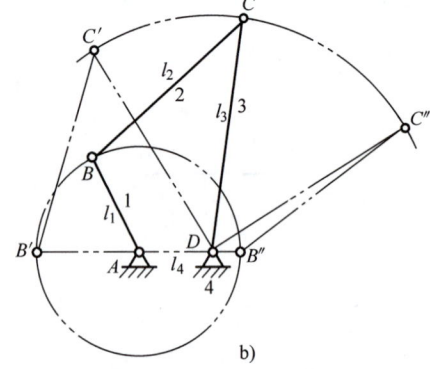

图 3-11 铰链四杆机构曲柄存在条件的分析

a）在 $l_4 > l_1$ 条件下 b）在 $l_4 \leq l_1$ 条件下

在 △$B'C'D$ 中有

$$l_1 + l_4 \leq l_2 + l_3 \tag{3-3}$$

将式（3-1）、式（3-2）、式（3-3）两两相加，可得

$$l_1 \leq l_2, l_1 \leq l_3, l_1 \leq l_4 \tag{3-4}$$

在上述铰链四杆机构中，如果 $l_4 \leq l_1$（图 3-11b），用同样的方法可以证明：

$$\left.\begin{array}{l} l_4 + l_1 \leq l_2 + l_3 \\ l_4 + l_2 \leq l_1 + l_3 \\ l_4 + l_3 \leq l_1 + l_2 \end{array}\right\} \tag{3-5}$$

$$l_4 \leq l_1, l_4 \leq l_2, l_4 \leq l_3 \tag{3-6}$$

综合以上分析说明，在铰链四杆机构中，曲柄存在必须满足以下两个条件：

1）最短杆与最长杆长度之和小于或等于其余两杆长度之和。

2）曲柄或机架为最短杆。

2. 铰链四杆机构类型的判别

铰链四杆机构的类型与组成机构的各杆长度有关，也与机架的选取有关。根据曲柄存在的条件，可按下述方法判断铰链四杆机构的类型。

（1）若最短杆与最长杆长度之和小于或等于其余两杆长度之和，则

1）当最短杆为连架杆时，该机构为曲柄摇杆机构。

2）当最短杆为机架时，该机构为双曲柄机构。

3）当最短杆为连杆时，该机构为双摇杆机构。

（2）若最短杆与最长杆长度之和大于其余两杆长度之和，因机构中不可能存在曲柄，

故不论取任何构件为机架,都是双摇杆机构。

(3)若构件的长度具有特殊的关系,如不相邻的杆长两两分别相等,该机构不论以哪个杆件为机架,都是双曲柄机构(平行四边形机构或反向双曲柄机构)。

三、铰链四杆机构的演化

除了铰链四杆机构的三种基本类型外,在工程实际中还广泛应用着其他类型的四杆机构。这些四杆机构都可以看作是由铰链四杆机构演化而来的。下面分析几种常用的演化机构。

1. 曲柄滑块机构

在图 3-12a 所示的曲柄摇杆机构中,随着摇杆 3 长度的增加,C 点的运动轨迹 m-m 逐渐趋于平缓。当摇杆 3 增至无限长时,C 点的运动轨迹则成为直线 m-m(图 3-12b)。这时构件 3 由摇杆演变成滑块,转动副 D 也转化成移动副,于是曲柄摇杆机构演化成曲柄滑块机构(图 3-12c、d),直线 m-m 即为滑块导路的中心线。

在图 3-12c 中,滑块导路的中心线 m-m 通过曲柄转动中心 A,这种机构称为对心曲柄滑块机构;在图 3-12d 中,滑块导路的中心线 m-m 不通过曲柄转动中心 A,则称其为偏置曲柄滑块机构,曲柄转动中心 A 至导路中心线 m-m 之间的距离 e 称为偏距。

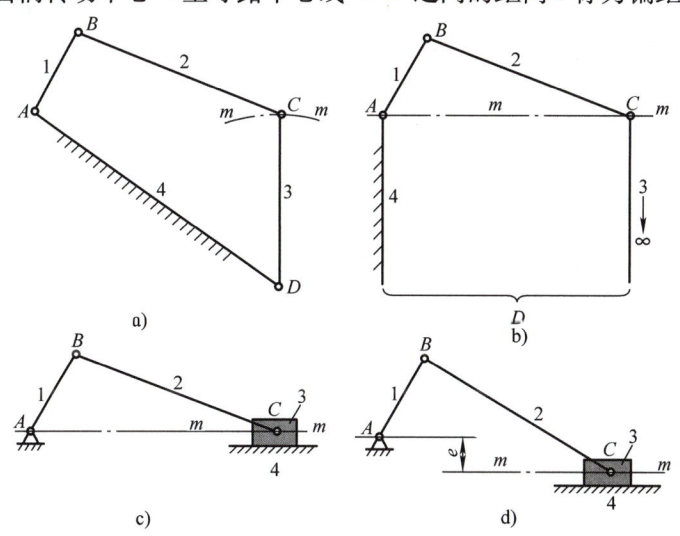

图 3-12 曲柄摇杆机构演化成曲柄滑块机构

a)曲柄摇杆机构 b)杆 3 增至无限长 c)对心曲柄滑块机构 d)偏置曲柄滑块机构

曲柄滑块机构广泛地应用于往复式机械中,如内燃机、压缩机、往复式水泵和压力机等,图 3-13 所示就是其在压力机中的应用。

2. 导杆机构

导杆机构可以看成是通过改变曲柄滑块机构(图 3-14a)中的固定构件演化而来的。演化后能在滑块中与其作相对移动的构件(图 3-14b、c、d 中的构件 4)称为导杆。根据杆的运动特征,导杆机构又分为四种类型:

(1)曲柄转动导杆机构 在图 3-14b 中,以杆 1 为机架,由于杆的长度 $l_1 < l_2$,因此杆 2 和杆 4 都可以作整周转动。这种具有一个曲柄和一个能作整周转动导杆的四杆机构称为曲柄转动导杆机构。如图 3-15 所示的小型刨床机构简图中,采用的就是由杆 1、2、3、4 组成

的曲柄转动导杆机构。

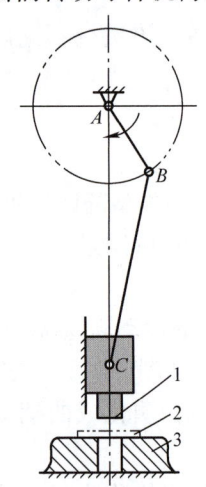

图 3-13 曲柄滑块机构在压力机中的应用
1—冲头 2—工件 3—冲模

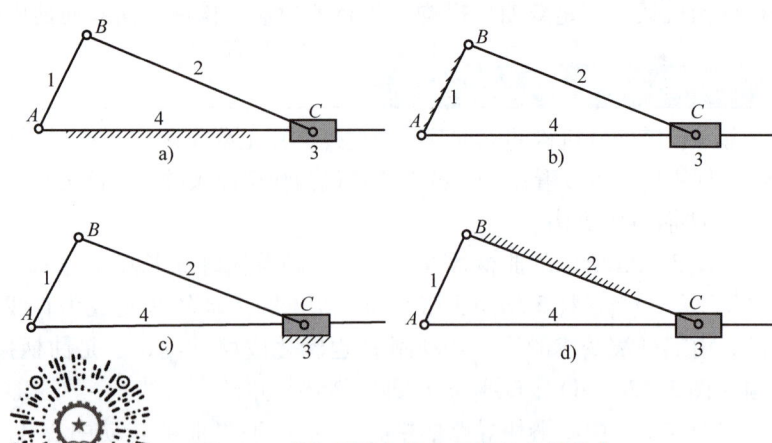

图 3-14 曲柄滑块机构向导杆机构的演化
a) 曲柄滑块机构 b) 曲柄转动导杆机构
c) 移动导杆机构 d) 摆动导杆滑块机构

（2）曲柄摆动导杆机构 如图 3-14b 所示，如果杆的长度 $l_1 > l_2$，那么机构演化成图 3-16a 所示的曲柄摆动导杆机构。图 3-16b 所示为曲柄摆动导杆机构在电气开关中的应用。当曲柄 BC 处于图示位置时，动触点 4 和静触点 1 接触，当 BC 偏离图示位置时，两触点分开。

（3）移动导杆机构 如图 3-14c 所示，以构件 3 为机架，便得到移动导杆机构。图 2-7 所示的抽水唧筒就是移动导杆机构的应用实例。

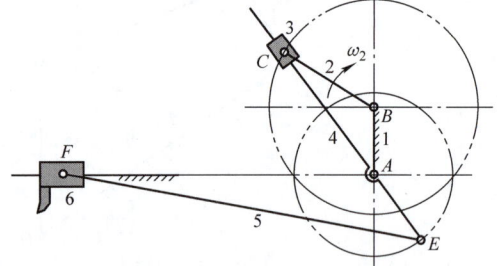

图 3-15 曲柄转动导杆机构在小型刨床中的应用

（4）摆动导杆滑块机构 如图 3-14d 所示，以杆 2 为机架，便得到摆动导杆滑块机构。如图 3-17 所示的汽车自动卸料机构用的就是摆动导杆滑块机构。

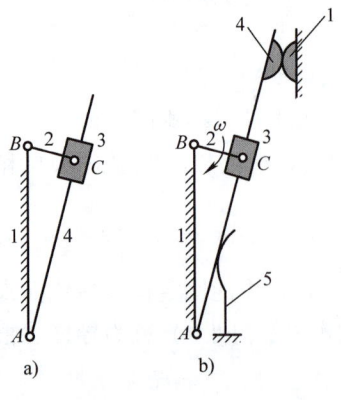

图 3-16 曲柄摆动导杆机构
a) 曲柄摆动导杆机构 b) 电气开关
1—静触点 2—曲柄 3—滑块 4—动触点 5—弹簧

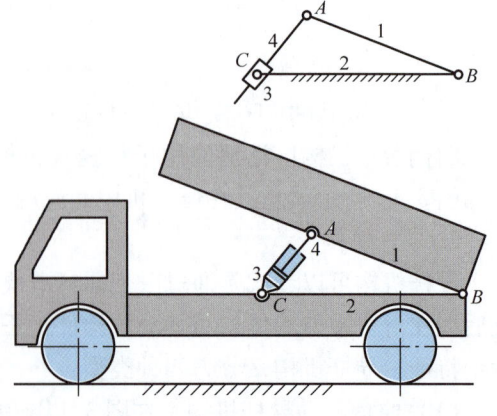

图 3-17 汽车自动卸料机构

3. 偏心轮机构

如图 2-6a 所示的偏心轮机构可以看成是扩大图 2-6b 中转动副 B 的半径，使其超过 AB 杆的长度而得。两者运动特性完全相同，所示机构等效。在机构结构设计中，当曲柄长度较短、曲柄销轴承受较大的动载荷时，常采用偏心轮代替曲柄，得到相应的偏心轮机构。在压力机、剪床等机械中均可见到这种结构。

由以上分析可以看出，通过用移动副取代转动副、改变构件的长度、以不同的构件做机架或扩大转动副等方法，可使铰链四杆机构演化成能满足各种运动要求的平面四杆机构。

四、平面多杆机构

平面四杆机构是平面连杆机构的基本形式。在实际应用中，常将多个平面四杆机构组合在一起，构成平面多杆机构，以满足各种不同的工作要求。图 3-4 所示的惯性筛机构便是由构件 1、2、3、6 组成的双曲柄机构和由构件 3、4、5、6 组成的曲柄滑块机构组合而成的六杆机构，图 3-15 所示也是平面多杆机构应用的实例。

第二节　平面四杆机构的运动特性

一、曲柄摇杆机构的运动特性

1. 急回特性

在图 3-18 所示的曲柄摇杆机构中，以曲柄 AB 为原动件作整周转动时，摇杆 CD 作往复摆动。当曲柄 AB 转到 AB_2 的位置时，摇杆 CD 达到右极限位置 C_2D，曲柄与连杆拉直共线；当曲柄转到 AB_1 位置时，摇杆 CD 达到左极限位置 C_1D，曲柄与连杆重叠共线。从动件摇杆处于两极限位置时，曲柄对应两个位置所夹的锐角 θ 称为极位夹角。

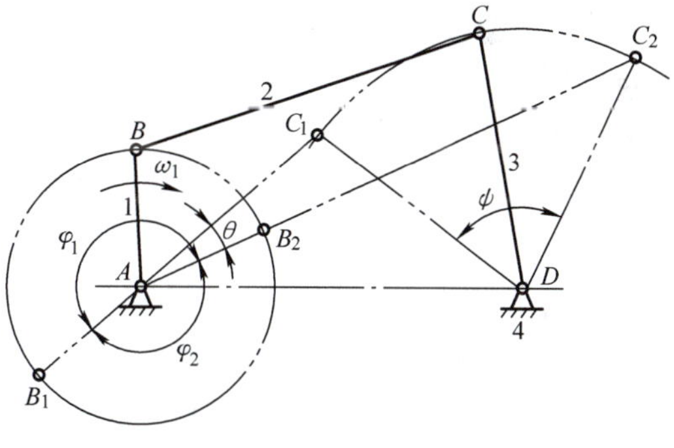

当曲柄沿顺时针方向以等角速度 ω_1

图 3-18　曲柄摇杆机构的急回特性

由位置 AB_1 转到 AB_2 时，其转角 $\varphi_1 = 180° + \theta$，所用时间为 t_1，与此同时，摇杆由位置 C_1D 摆到 C_2D，摆角为 ψ，C 点的平均速度 $v_1 = \widehat{C_1C_2}/t_1$；当曲柄继续由位置 AB_2 转到 AB_1 时，其转角为 $\varphi_2 = 180° - \theta$，所用时间为 t_2，这时摇杆由位置 C_2D 摆回到 C_1D，摆角仍为 ψ，C 点的平均速度 $v_2 = \widehat{C_1C_2}/t_2$，显然 $v_2 > v_1$。

将摇杆由位置 C_1D 摆到 C_2D 称为工作行程，则摇杆由位置 C_2D 摆回到 C_1D 为其返回空行程。通常把摇杆返回空行程速度大于工作行程速度的运动特性，称为急回特性。为了表示急回特性的相对程度，引入行程速度变化系数 K，即

$$K = \frac{v_2}{v_1} = \frac{\overset{\frown}{C_1C_2}/t_2}{\overset{\frown}{C_1C_2}/t_1} = \frac{t_1}{t_2} = \frac{\varphi_1/\omega_1}{\varphi_2/\omega_1} = \frac{\varphi_1}{\varphi_2} = \frac{180° + \theta}{180° - \theta} \tag{3-7}$$

显然，K 值越大，机构急回特性越显著。K 值与极位夹角 θ 有关：θ 越大，K 值越大；当 $\theta = 0$ 时，$K = 1$，机构无急回特性。由以上分析可以看出，曲柄摇杆机构有急回特性的条件是：极位夹角 θ 不等于零。由式（3-7）可得极位夹角

$$\theta = 180° \frac{K-1}{K+1} \tag{3-8}$$

为了缩短非工作时间，提高劳动生产率，许多机械要求有急回特性，设计时可按其对急回特性要求的不同程度确定 K 值，并由式（3-8）求出 θ，然后根据 θ 值确定各杆的长度。

2. 压力角和传动角

在图 3-19 所示的曲柄摇杆机构中，曲柄 AB 是原动件。忽略各杆的质量、惯性力和运动副中的摩擦力，则连杆 BC 是二力共线的构件。从动件 CD 上 C 点的受力方向和该点的速度方向之间所夹的锐角 α，称为机构在该点处的压力角。设摇杆在铰链 C 点处的受力为 F，其方向与连杆 BC 重合。将力 F 分解为相互垂直的两个分力 F_t 和 F_n，其方向分别与铰链 C 点的速度 v_C 方向一致或垂直，则有

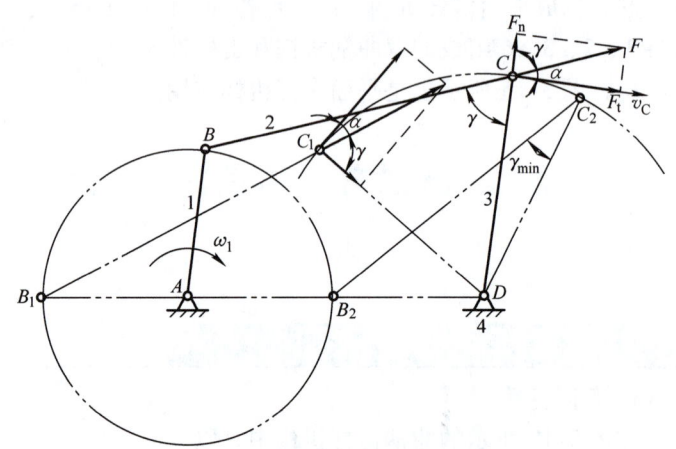

图 3-19 曲柄摇杆机构的压力角和传动角

$$\begin{cases} F_t = F\cos\alpha \\ F_n = F\sin\alpha \end{cases}$$

式中，F_t 是推动从动件 CD 运动的有效力，对从动件产生有效转矩；F_n 使铰链产生附加压力，加速铰链的摩擦磨损，是有害力。显然，压力角越小，有效力越大，机构的传力性能越好。因此，压力角是衡量机构传力性能的重要标志。

为了便于度量和直观分析，工程上常用压力角的余角 $\gamma = 90° - \alpha$ 来分析机构的传力性能，γ 称为传动角。显然，γ 越大，机构的传力性能越好。在机构的运动过程中，传动角 γ 的大小是变化的。为了保证机构具有良好的传力性能，需要限制最小传动角 $\gamma_{\min}$，以免传动效率过低或机构出现自锁。对于一般机械，通常应使 $\gamma_{\min} \geq 40°$；对于高速和大功率传动机械，应使 $\gamma_{\min} \geq 50°$。

对于曲柄摇杆机构，可以证明在曲柄与机架拉直共线或重叠共线的两个位置，传动角将出现极值，其中较小者即为机构的最小传动角 $\gamma_{\min}$（图 3-19）。

对于一些具有短暂高峰载荷的机械，设计时应考虑使高峰载荷处在传动角比较大的位置，以节省动力。

3. 止点位置

在图 3-18 所示的曲柄摇杆机构中，如以摇杆 3 为原动件，则曲柄 1 为从动件，这时机构将摇杆的往复摆动转变为曲柄的整周转动。当摇杆 3 依次摆到两个极限位置 C_1D 和 C_2D 时，曲柄 1 与连杆 2 共线，摇杆 3 通过连杆 2 施加在曲柄 1 上的力正好通过曲柄的转动中心 A，该力对 A 点不产生转矩，因此不能使曲柄转动。机构的这种位置称为止点位置。由此可见，机构有无止点位置决定于从动件与连杆能否共线。

当机构处于止点位置时，从动件将出现卡死或运动不确定现象。为使机构顺利通过止点位置，常采取的措施有：①对从动曲柄施加外力；②在曲柄上安装飞轮或利用传动件自身的惯性作用等；③采用机构止点位置错位排列的办法（图 3-23）。在图 3-20 所示的缝纫机脚踏板机构中，就是借助于固连在曲轴上转动惯量较大的带轮惯性，使机构顺利通过止点位置。

在实际工程中，有时也利用机构的止点位置来实现一定的工作要求。图 3-21 所示为工件夹紧机构。抬起手柄，夹头抬起，将工件放入工作台（图 3-21a）；然后用力按下手柄，夹头向下夹紧工件（图 3-21b），这时 BC 和 CD 共线，机构处于止

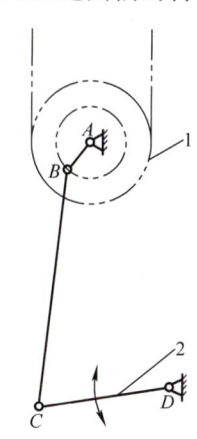

图 3-20 缝纫机脚踏板机构

1—带轮　2—脚踏板

点位置；当撤去施加在手柄上的作用力 F 之后，无论工件对夹头的作用力有多大，也不能使 CD 绕 D 转动，因此工件仍处在被夹紧的状态中。

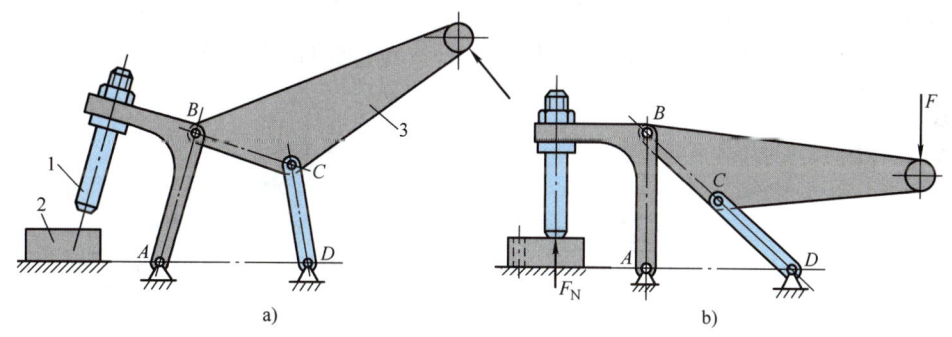

图 3-21 工件夹紧机构

1—夹头　2—工件　3—手柄

二、几种常用四杆机构的运动特性

1. 曲柄滑块机构

曲柄滑块机构的运动特性与曲柄摇杆机构类同。

（1）急回特性　如图 3-22a 所示的对心曲柄滑块机构，由于极位夹角 $\theta=0$，即 $K=1$，滑块 3 的工作行程和返回行程平均速度相等，所以机构无急回特性。而如图 3-22b 所示的偏置曲柄滑块机构，因其 $\theta\neq 0$，$K>1$，所以机构有急回特性。

（2）止点位置　在图 3-22 所示的曲柄滑块机构中，如以滑块 3 为原动件，当滑块 3 移动到两个极限位置时，连杆 2 与从动曲柄 1 处在共线位置，即机构处于止点位置。为使机构

通过止点位置，也可采用如图 3-23 所示机构止点位置错位排列的方法。这种方法常用在多缸发动机中。

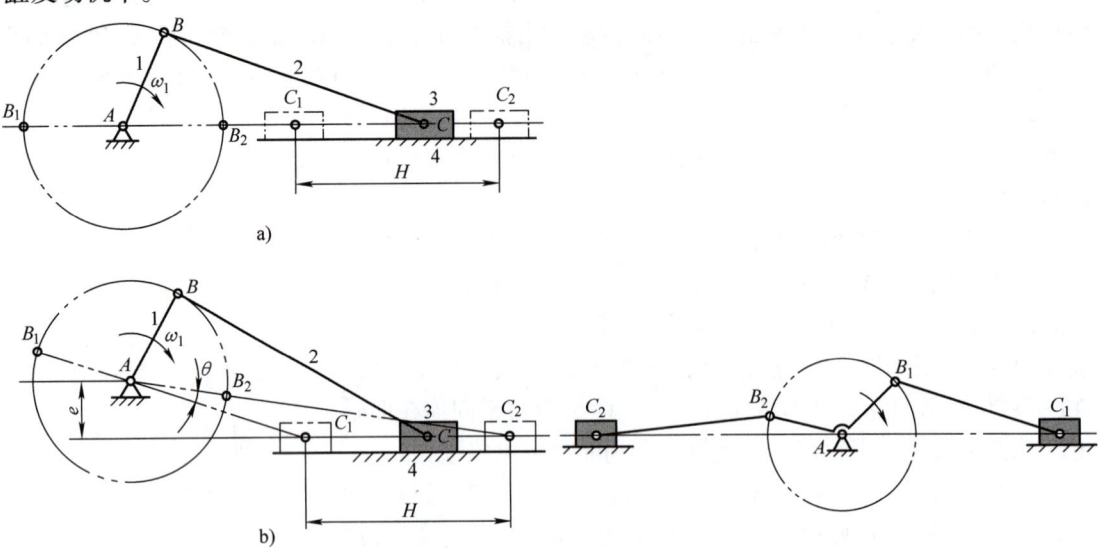

图 3-22　曲柄滑块机构的急回特性
a) 对心曲柄滑块机构　b) 偏置曲柄滑块机构

图 3-23　止点位置错开的曲柄滑块机构

（3）传动角　在曲柄滑块机构中，当曲柄为原动件而滑块为从动件时，最小传动角 γ_{min} 出现在曲柄垂直于滑块导路的瞬时位置：对心曲柄滑块机构（图 3-24a），当曲柄 AB 转到 AB_1 和 AB_2 位置时，两次出现最小传动角 γ_{min}；而偏置曲柄滑块机构（图 3-24b），只有当曲柄 AB 转到 AB_1 位置时，机构才出现最小传动角 γ_{min}。

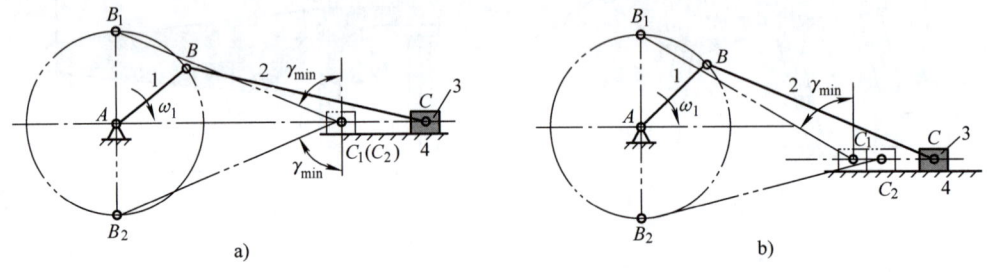

图 3-24　曲柄滑块机构的最小传动角
a) 对心曲柄滑块机构　b) 偏置曲柄滑块机构

2. 曲柄摆动导杆机构

曲柄摆动导杆机构通常都以曲柄为原动件，所以此处只讨论急回特性和传动角。

（1）急回特性　在图 3-25 所示的曲柄摆动导杆机构中，当曲柄 BC 转动一周，两次与导杆 AC 垂直时，导杆摆到两个极限位置时的 $\theta = \psi$，$K>1$，所以机构具有急回特性。

（2）传动角　如图 3-25 所示，因为滑块 3 对从动导杆 4 的作用力方向恒与杆 4 垂直，即传动角 γ 始

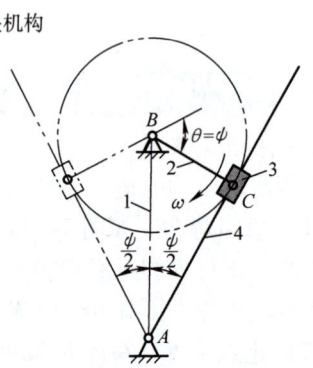

图 3-25　曲柄摆动导杆机构的急回特性

终等于90°,所以导杆机构的传力性能最好。

第三节 平面四杆机构的设计

平面四杆机构的设计一般包括两项基本内容：①根据给定运动形式的要求选择机构的类型；②根据给定的运动参数确定机构运动简图中各构件的尺寸。为了使机构设计得合理，有时还需要满足其他一些条件，如几何条件、最小传动角等。

平面四杆机构的设计方法主要有图解法、解析法和实验法三类。图解法直观性强、简单易行，缺点是设计精度不高，但仍可满足一般机械的使用要求，因此是四杆机构设计的一种常用方法。解析法设计精度高，但计算量大，宜用计算机求解。实验法通常用于设计运动要求比较复杂的四杆机构，或者用于机构的初步设计。设计方法的选用应根据具体情况确定。本章只介绍图解法，其他方法可参考《机械原理》教材。

一、按照给定的连杆长度和位置设计铰链四杆机构

（1）按照给定连杆的三个位置设计铰链四杆机构 如图3-26所示，当给定连杆BC的长度l_{BC}及其三个位置B_1C_1、B_2C_2和B_3C_3时，设计此机构的实质是确定两个固定铰链中心A和D的位置。观察机构的运动可知，连杆上B、C两点的运动轨迹分别是以A、D为圆心的圆弧$\overset{\frown}{B_1B_2B_3}$和$\overset{\frown}{C_1C_2C_3}$，所以铰链中心$A$必然位于$B_1B_2$和$B_2B_3$的垂直平分线$b_{12}$和$b_{23}$的交点上，铰链中心$D$必然位于$C_1C_2$和$C_2C_3$的垂直平分线$c_{12}$和$c_{23}$的交点上。因此，这种机构的设计步骤为：

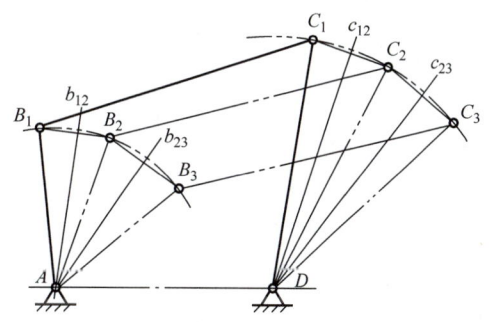

图3-26 按照给定连杆的三个位置设计四杆机构

1）选取适当的比例尺μ_l，取$\overline{BC}=l_{BC}/\mu_l$，绘出给定连杆的三个位置$B_1C_1$、$B_2C_2$和$B_3C_3$。

2）分别作B_1B_2和B_2B_3的垂直平分线b_{12}和b_{23}，其交点即铰链A的中心位置。

3）用同样的方法确定铰链D的中心位置。

4）连接AB_1C_1D，得到所求铰链四杆机构在第一个位置时的机构运动简图。该机构各杆的长度分别为：$l_{AB}=\mu_l\overline{AB}$，$l_{CD}=\mu_l\overline{CD}$，$l_{AD}=\mu_l\overline{AD}$。

这种机构的设计有唯一解。

（2）按照给定连杆的两个位置设计铰链四杆机构 给定连杆的长度l_{BC}及其两个位置B_1C_1、B_2C_2，其设计过程与上述基本相同。但由于过B_1、B_2两点的圆有无穷多，故铰链A的中心位置可以在B_1B_2的垂直平分线b_{12}上任意选取，铰链D的中心位置也是如此。因此，设计结果有无穷多个。设计时通常还要考虑一些附加条件，如满足最小传动角γ_{min}的要求，或给定机架的长度和方位等。

图3-27所示为砂型铸造用的翻台震实造型机翻转机构。当机构处于位置Ⅰ时，放有砂

箱 5 的翻台 6（5 与 6 固连）在震实台上造型震实；然后使机构运动到位置Ⅱ，这时砂箱翻转了 180°，托台 7 上升接触砂箱，解除砂箱与翻台的连接并起模。在此机构的设计中，应满足连杆 BC 在位置Ⅰ和位置Ⅱ时倒置 180°，并占据 B_1C_1 和 B_2C_2 位置的要求。

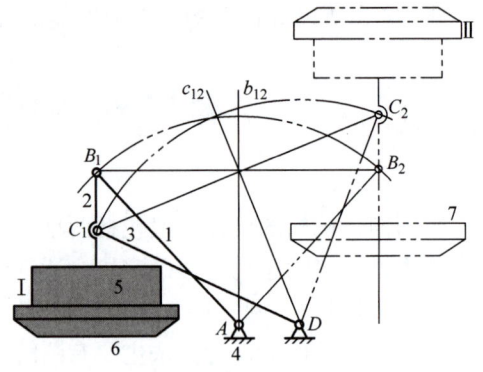

图 3-27　翻台震实造型机翻转机构
1、2、3—杆　4—机架　5—砂箱
6—翻台　7—托台

二、按照给定的行程速度变化系数设计四杆机构

按照给定的行程速度变化系数设计四杆机构，实际上就是按照极位夹角设计具有急回特性的四杆机构。

1. 曲柄摇杆机构

已知条件：行程速度变化系数 K、摇杆的长度 l_{CD} 及其摆角 ψ。

设计分析：设计的实质是确定固定铰链中心 A 的位置，以便定出其他三杆的长度 l_{AB}、l_{BC} 和 l_{AD}。由曲柄摇杆机构（图 3-18）的运动特性可知，当摇杆在两极限位置时，A 点与 C_1、C_2 点连线之间的夹角即为极位夹角 θ。因此，如图 3-28 所示，只要过 C_1、C_2 两点作一个圆，使 $\overset{\frown}{C_1C_2}$ 所对的圆周角为 θ，那么在圆弧 $\overset{\frown}{C_1PC_2}$ 上任取一点作为固定铰链中心 A，都能满足设计要求。

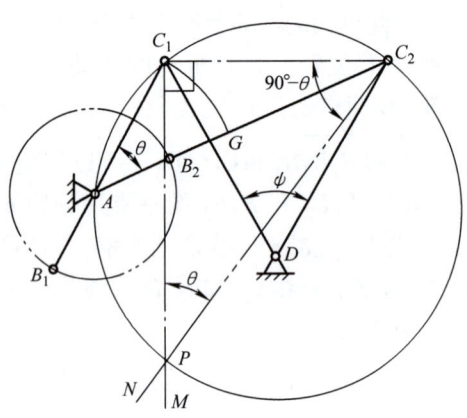

图 3-28　按照行程速度变化系数设计曲柄摇杆机构

设计步骤：

1）由给定的行程速度变化系数 K 求极位夹角，即

$$\theta = 180° \frac{K-1}{K+1}$$

2）如图 3-28 所示，任取固定铰链中心 D 的位置，并按选定的长度比例尺 μ_l 画出摇杆的两个极限位置 C_1D 和 C_2D，使 $\angle C_1DC_2 = \psi$，$\overline{C_1D} = \overline{C_2D} = l_{CD}/\mu_l$。

3）连接 C_1 和 C_2，并过 C_1 点作直线 C_1M 垂直于 C_1C_2。

4）作 $\angle C_1C_2N = 90° - \theta$，$C_2N$ 与 C_1M 交于 P 点，则 $\angle C_1PC_2 = \theta$。

5）以 $\overline{C_2P}$ 为直径，作直角 $\triangle C_2C_1P$ 的外接圆，在圆弧 $\overset{\frown}{C_1PC_2}$ 上任一点作为曲柄的固定

铰链中心 A，连接 AC_1 和 AC_2。因同一圆弧上的圆周角相等，故 $\angle C_1AC_2 = \angle C_1PC_2 = \theta$。

6）确定曲柄、连杆和机架的尺寸。因为摇杆在极限位置时，曲柄与连杆共线，由前述知 $\overline{AC_1} = \overline{BC} - \overline{AB}$，$\overline{AC_2} = \overline{BC} + \overline{AB}$，从而可得 $\overline{AC_2} - \overline{AC_1} = 2\overline{AB}$，因此以 A 为圆心，以 $\overline{AC_1}$ 为半径画弧，交 AC_2 于 G，则 $\overline{GC_2} = \overline{AC_2} - \overline{AC_1} = 2\overline{AB}$；再以 A 为圆心，以 $\overline{GC_2}/2$ 为半径画圆，与 AC_1 的反向延长线交于 B_1，与 AC_2 交于 B_2。这样，各杆的长度分别为 $l_{AB} = \mu_l \overline{AB_1}$，$l_{BC} = \mu_l \overline{B_1C_1}$，$l_{AD} = \mu_l \overline{AD}$。

由于铰链中心 A 的位置可以在圆弧 $\overparen{C_1PC_2}$ 上任意选取，所以满足给定条件的设计结果有无穷多个。但 A 点的位置不同，机构的最小传动角及曲柄、连杆和机架的长度也各不相同。为使机构具有良好的传动性能，可按最小传动角或其他条件（如机架的长度或方位、曲柄的长度等）来确定 A 点的位置。例如，给定机架长度 l_{AD}，则以 D 为圆心，以 $\overline{AD} = l_{AD}/\mu_l$ 为半径画弧，此弧与 $\overparen{C_1PC_2}$ 的交点即为曲柄固定铰链中心 A 的位置。

2. 偏置曲柄滑块机构

已知条件：行程速度变化系数 K、偏距 e 和滑块的行程 H。

设计分析：把偏置曲柄滑块机构的行程 H 视为曲柄摇杆机构摇杆无限长时 C 点摆过的弦长，应用上述方法可求得满足要求的四杆机构。

设计步骤：

1）求极位夹角：$\theta = 180° \dfrac{K-1}{K+1}$。

2）选取比例尺 μ_l，如图 3-29 所示，画线段 $\overline{C_1C_2} = H/\mu_l$，过 C_1 点作直线 C_1M 垂直于 C_1C_2。

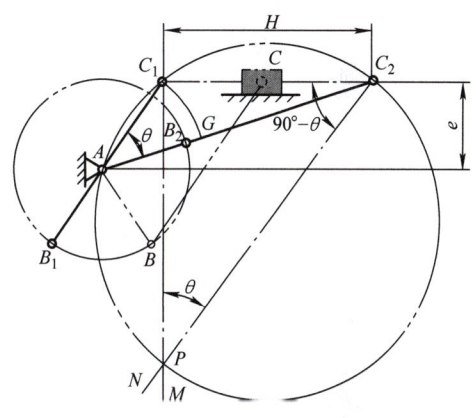

图 3-29　按照行程速度变化系数设计曲柄滑块机构

3）作 $\angle C_1C_2N = 90° - \theta$，$C_2N$ 与 C_1M 交于 P 点，则 $\angle C_1PC_2 = \theta$。

4）作直角 $\triangle C_2C_1P$ 的外接圆。

5）作 C_1C_2 的平行线，使之与 C_1C_2 之间的距离为 e/μ_l，此直线与圆弧 $\overparen{C_1PC_2}$ 的交点即为曲柄固定铰链中心 A 的位置。

6）按与曲柄摇杆机构相同的方法，确定曲柄和连杆的长度。

> 习　题

3-1　根据图 3-30 所示的尺寸（mm），判断各机构属于铰链四杆机构的哪种基本类型。

3-2　利用判断铰链四杆机构曲柄存在条件的方法，推导如图 3-22 所示曲柄滑块机构曲柄存在的条件。

3-3　在偏置曲柄滑块机构中，已知极位夹角 $\theta = 60°$，问该机构的返回行程平均速度 v_2 是工作行程平均速度 v_1 的几倍？

3-4　在图 3-31 所示脚踏砂轮的曲柄摇杆机构中，已知踏板 CD 需在水平位置上下各摆 $10°$，且 $l_{CD} = 500\text{mm}$，$l_{AD} = 1000\text{mm}$。试用图解法求曲柄和连杆的长度 l_{AB} 和 l_{BC}。

3-5　试设计一个用于夹紧的铰链四杆机构。已知连杆长度 $l_{BC} = 40\text{mm}$，它的两个位置如图 3-32 所示，

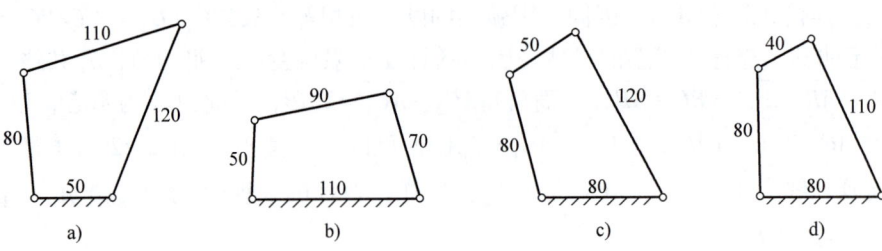

图 3-30　题 3-1 图

要求到达夹紧位置 B_2C_2 时，机构处于止点位置，且摇杆 C_2D 位于 B_1C_1 的垂直方向。

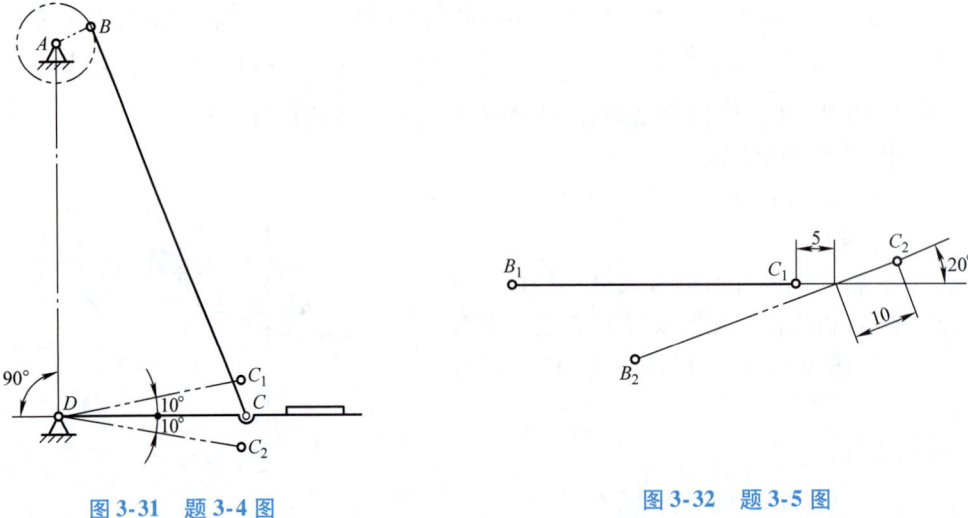

图 3-31　题 3-4 图　　　　　　　图 3-32　题 3-5 图

3-6　一曲柄摇杆机构，已知曲柄、连杆、摇杆和机架的长度分别为 $l_{AB}=30$mm，$l_{BC}=90$mm，$l_{CD}=50$mm；$l_{AD}=80$mm。试用图解法求其行程速度变化系数和最小传动角。

3-7　试设计一曲柄摇杆机构。已知行程速度变化系数 $K=1.2$，摇杆的长度 $l_{CD}=100$mm，摆角 $\psi=45°$，要求固定铰链中心 A 和 D 在同一水平线上。

3-8　设计如图 3-33 所示的铰链四杆机构。已知摇杆长度 $l_{CD}=75$mm，机架长度 $l_{AD}=100$mm，行程速度变化系数 $K=1.5$，摇杆的一个极限位置与机架夹角 $\beta=45°$。

3-9　试设计如图 3-34 所示曲柄滑块机构。已知行程速度变化系数 $K=1.5$，滑块行程 $H=50$mm，偏距 $e=20$mm。

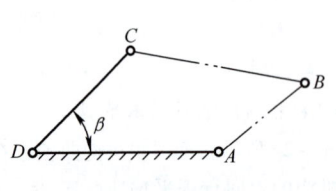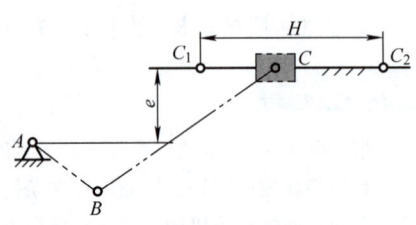

图 3-33　题 3-8 图　　　　　　　图 3-34　题 3-9 图

第四章 凸轮机构

扫码看视频

扫码看视频

扫码看视频

> 重点学习内容

1. 凸轮机构的分类
2. 等速运动和等加速等减速运动位移线图的绘制方法
3. 按给定的位移线图绘制直动从动件盘形凸轮工作轮廓

第一节　凸轮机构的应用和分类

一、凸轮机构的应用和特点

凸轮机构是一种常用的高副机构，广泛用于各种机械和自动控制装置中。

图 4-1 所示为内燃机配气机构。当凸轮 1 等角速度转动时，其工作轮廓驱使气阀推杆 2 在导路中往复移动，从而使气阀按预期的运动规律启闭阀门。

图 4-2 所示为绕线机中的凸轮机构。绕线时，凸轮 1 的工作轮廓迫使从动件 2 绕 O 点按一定运动规律往复摆动，从而使线均匀地绕在绕线轴 3 上。

图 4-3 所示为凸轮自动送料机构。当带有凹槽的凸轮 1 转动时，通过槽中的滚子，驱使从动件 2 作往复移动。凸轮每转一周，从动件即从储料器中推出一个毛坯，送到加工位置。

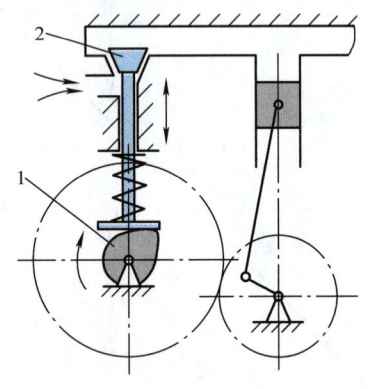

图 4-1　内燃机配气机构
1—凸轮　2—推杆

凸轮机构主要由凸轮、从动件和机架组成。其主要优点是结构简单、紧凑，工作可靠，正确地设计凸轮轮廓曲线可以使从动件得到预期的运动规律。其缺点是凸轮工作轮廓的加工较为复杂，而且凸轮工作轮廓与从动件之间为点接触或线接触，易于磨损。因此，凸轮机构通常多用于传力不大的控制机构和调节机构中。

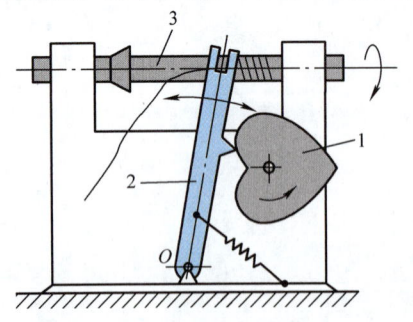

图 4-2　绕线机中的凸轮机构
1—凸轮　2—从动件　3—绕线轴

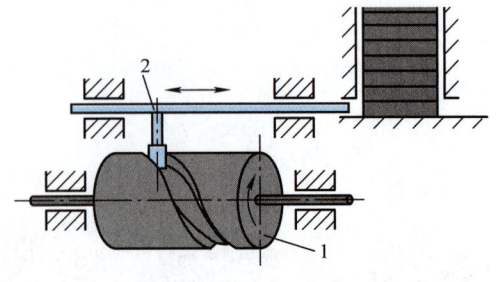

图 4-3　凸轮自动送料机构
1—凸轮　2—从动件

二、凸轮机构的分类

凸轮机构的种类很多，常用如下分类方法。

1. 按照凸轮的形状分类

按照凸轮的不同形状分为三类。

（1）盘形凸轮　如图 4-1、图 4-2 所示，盘形凸轮是一个绕固定轴转动且具有变化半径的盘形零件。这是凸轮中最基本的形式。

（2）移动凸轮　当盘形凸轮的回转中心趋于无穷远时，凸轮相对机架作直线运动，这种凸轮称为移动凸轮（图 4-4）。

（3）圆柱凸轮　圆柱凸轮可以看成是将移动凸轮卷在圆柱体上得到的凸轮。由图 4-3 所示可以看出，圆柱凸轮机构是一个空间凸轮机构。

2. 按照从动件的端部形式分类

按从动件端部形式的不同也分为三类。

（1）尖底从动件　如图 4-2 所示，不论凸轮工作轮廓形状如何，从动件的尖底都能与凸轮工作轮廓保持接触，从而保证从动件按预定的规律运动；但尖底易于磨损，所以仅适用于轻载、低速的凸轮机构。

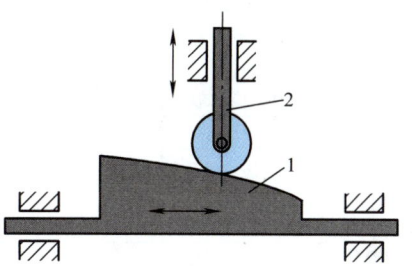

图 4-4　移动凸轮机构
1—凸轮　2—从动件

（2）滚子从动件　如图 4-4 所示，在从动件端部安装一个滚子，把从动件和凸轮工作轮廓之间的滑动摩擦转变为滚动摩擦，其磨损小，故能承受较大的载荷。滚子从动件是一种常用的从动件。

（3）平底从动件　如图 4-1 所示，这种从动件不能与凹陷的凸轮工作轮廓接触。当不计摩擦时，凸轮与从动件之间的作用力始终与从动件平底垂直，其传力性能好，机构传动效率较高；而且从动件与凸轮之间易于形成润滑油膜，故常用于高速凸轮机构中。

3. 按照从动件的运动形式分类

从动件的运动形式有两类。

（1）直动从动件　如图 4-1、图 4-3、图 4-4 所示，从动件作往复直线移动。

（2）摆动从动件　如图 4-2 所示，从动件作往复摆动。

从动件可以利用重力、弹簧力（图 4-1、图 4-2）或依靠凸轮上的封闭凹槽（图 4-3）等方式或方法，保持与凸轮工作轮廓接触。

扫码看视频

第二节　从动件的常用运动规律

凸轮的工作轮廓曲线与从动件的运动规律之间存在着相互依存的关系。以移动从动件盘形凸轮为例，当凸轮的转向及其与从动件的位置确定后，可以用简单的作图法绘制出反映凸轮转角与从动件位移之间运动规律的关系曲线；反之，根据从动件的运动规律亦可设计出凸轮的工作轮廓。

图 4-5b 所示为尖底对心直动从动件盘形凸轮机构，其工作情况是：凸轮以等角速度 ω

逆时针方向转动。以凸轮工作轮廓的最小向径 r_b 为半径所作的圆称为凸轮的基圆，r_b 称为基圆半径。当从动件的尖顶与凸轮工作轮廓上的 B 点（从动件导路中心线与基圆交点）接触时，从动件处于上升的起始位置。当凸轮转过角度 Φ 时，从动件尖顶被推到距凸轮转动中心 O 最远的位置 B'，这个过程称为推程。推程中从动件移动的距离 h 称为从动件的行程，凸轮所转过的角度 Φ 称为推程运动角。当凸轮继续转过 Φ_s 时，从动件的尖顶与以 O 为圆心的圆弧 $\overset{\frown}{CD}$ 接触，从动件在最远的位置停歇不动，Φ_s 称为远休止角。当凸轮再转过 Φ' 时，从动件又从最远的位置回到起始位置，这个过程称为回程，Φ' 称为回程运动角。当凸轮最后转过 Φ'_s 时，从动件在最近的位置停歇不动，Φ'_s 称为近休止角。凸轮每转一周，从动件就重复一次上述的运动过程。

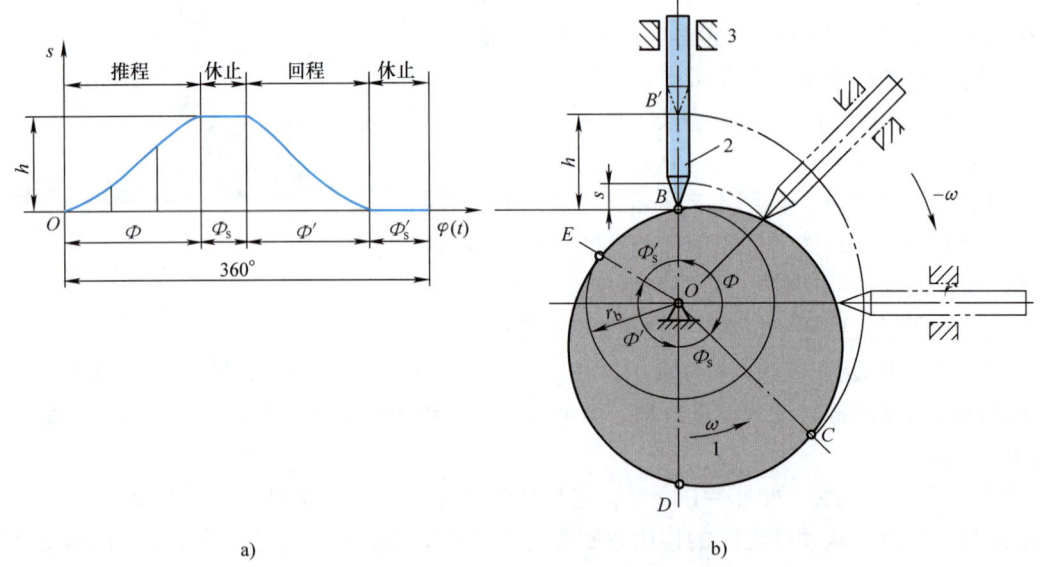

图 4-5　盘形凸轮机构的工作过程和从动件位移线图

从动件在运动过程中，其位移 s、速度 v 和加速度 a 随时间或凸轮转角 φ 的变化规律，称为从动件的运动规律。将这些运动规律在直角坐标系中表示出来，就得到从动件的位移线图、速度线图和加速度线图。图 4-5a 所示就是由图 4-5b 所示凸轮机构得到的从动件位移线图。

实际的从动件运动规律是按工作要求确定的。从动件的常用运动规律有等速运动、等加速等减速运动、简谐运动、摆线运动和高次多项式运动等。它们的运动方程式可参阅《机械原理》教材，下面只介绍等速运动、等加速等减速运动的运动线图及特点。

一、等速运动规律

当凸轮等速运动（一般为等角速度转动）时，从动件在运动过程中的速度为一常数，这种运动规律称为等速运动规律。

图 4-6 所示为等速运动规律在推程过程中的位移线图、速度线图和加速度线图。因为速度为常数，故其推程的速度线图为一段水平直线。速度 v_0 经一次积分得到位移 $s = v_0 t$，当位移 s 等于行程 h 时，对应的推程运动角为 Φ。速度一阶微分得到加速度 $a = 0$，所以在加速度

线图中，代表加速度的图线与横坐标轴重合。

在从动件推程开始位置 A 和终止位置 B 处，由于速度突然改变，瞬时加速度在理论上趋于无穷大，因而会产生无穷大的惯性力。机构由此产生的冲击，称为刚性冲击。实际上，由于构件弹性变形的缓冲作用使得惯性力不会达到无穷大，但仍将引起机械的振动，加速凸轮的磨损，甚至损坏构件。因此，等速运动规律一般只用于低速和从动件质量较小的凸轮机构中。

为了避免刚性冲击或强烈振动，可采用圆弧、抛物线或其他曲线对从动件位移线图的两端点处进行修正。

如果回程时从动件也是等速运动规律，可根据回程运动角 Φ' 和行程 h 得到斜率为负的斜直线从动件位移线图。

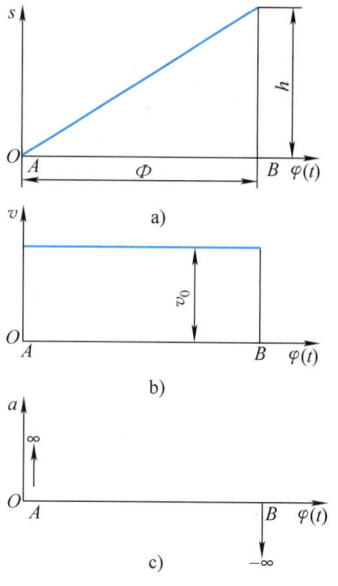

图 4-6 等速运动规律

二、等加速等减速运动规律

在这种运动规律中，从动件在推程或回程的前半段作等加速运动，后半段作等减速运动，且在通常的情况下，两部分的加速度绝对值相等。

图 4-7 所示为等加速等减速运动规律在推程过程中的运动线图。加速度线图为平行于横坐标轴的两段直线，其绝对值都等于 a_0。将加速度在推程前半段一次积分得到速度方程 $v = a_0 t$，由此可以得到从动件的最大速度，从而可以画出由两段斜直线组成的速度线图。将加速度两次积分可以得到从动件的位移方程：在推程的前半段，位移方程为 $s = a_0 t^2 / 2$，当时间 t 达到凸轮转角为 $\Phi/2$ 时，$s = h/2$；在一个推程中，其位移线图由弯曲方向相反的两段抛物线组成。由加速度线图可知，这种运动规律在 A、B、C 点处加速度发生有限值的突然变化，从而产生有限的惯性力。机构由此产生的冲击，称为柔性冲击。因此，等加速等减速运动规律适用于中速、轻载的场合。

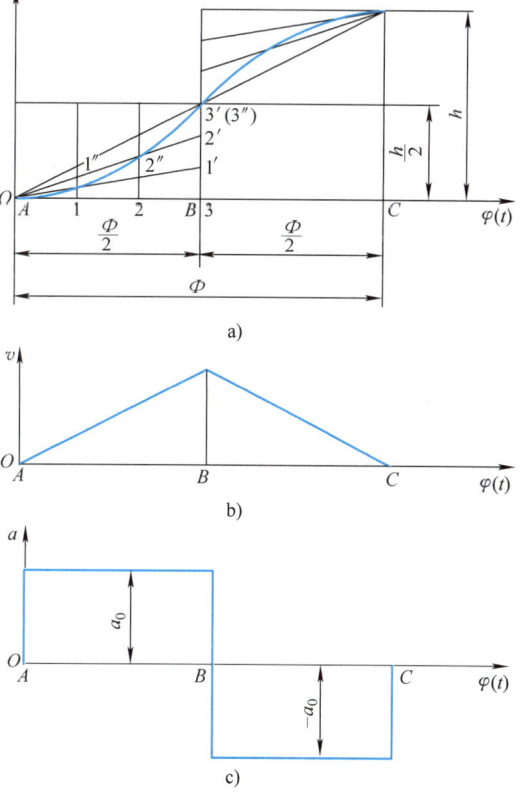

图 4-7 等加速等减速运动规律

对于等加速等减速运动规律，从动件位移线图可以用图 4-7a 所示的方法绘制。先取适

当的长度比例尺 μ_l 和角度比例尺 μ_φ，按长度比例尺在纵坐标轴上量得行程 h，按角度比例尺在横坐标轴上量得推程运动角 Φ；将 $\Phi/2$ 和 $h/2$ 对应分成相同的三等分（可为更多等分），得分点 1、2、3 和 1′、2′、3′；连接 01′、02′、03′，过点 1、2、3 作纵坐标轴的平行线，使与 01′、02′、03′分别交于 1″、2″、3″；用光滑曲线连接 0、1″、2″、3″诸点即为等加速段的位移曲线。等减速段的抛物线可以用同样的方法依相反的次序画出。

在选择或设计从动件运动规律时，除了需要满足机械的具体工作要求外，还应使凸轮机构具有良好的传力特性，所设计的凸轮廓线便于加工等。例如，机床中控制刀架进给的凸轮机构，为使机床工作载荷稳定、加工出表面光滑的零件，其进给行程可选用等速运动规律；为使退刀时刀具快速离开工件，并减少冲击，退刀行程常选取等加速等减速运动规律。

第三节　用图解法绘制盘形凸轮工作轮廓

凸轮工作轮廓的设计是凸轮机构设计的主要内容。凸轮工作轮廓可以用解析法设计，也可以用图解法绘制，它们所依据的基本原理都是相同的。解析法适用于精度要求较高的高速凸轮、靠模凸轮等，计算机辅助设计和计算机辅助制造（CAD/CAM）为用解析法设计和制造凸轮创造了条件。图解法简便易行，对于一般机械，用图解法设计凸轮工作轮廓已能满足使用要求。本节只介绍用图解法绘制直动从动件盘形凸轮工作轮廓的基本原理和方法。

用图解法绘制盘形凸轮工作轮廓，首先要求凸轮与绘图平面相对静止，为此通常采用反转法。以尖底从动件为例（图4-5b），假想给整个机构加上一个与凸轮角速度 ω 大小相等、方向相反的角速度 $-\omega$，凸轮机构中各构件间的相对运动关系并不改变，这时凸轮相对静止，而从动件一方面随导路以角速度 $-\omega$ 绕凸轮轴心转动，另一方面又按已知的运动规律在其导路中往复移动。由于从动件的尖底始终与凸轮工作轮廓相接触，所以从动件在反转过程中其尖底的轨迹就是凸轮的工作轮廓。下面介绍凸轮工作轮廓的绘制方法。

一、尖底对心直动从动件盘形凸轮

绘制如图 4-8b 所示的尖底对心直动从动件盘形凸轮，从动件导路中心线通过凸轮转动中心 O。已知凸轮以等角速度 ω 顺时针方向转动，基圆半径 r_b = 30mm，从动件的运动规律如下：

凸轮转角	0°~90°	90°~150°	150°~330°	330°~360°
从动件运动	等速上升 30mm	停止不动	等加速等减速下降到原处	停止不动

凸轮工作轮廓绘制步骤：

1）选取比例尺，绘制位移线图：取长度比例尺 μ_l = 2mm/mm，角度比例尺 μ_φ = 6°/mm，画从动件位移线图（图4-8a），并将推程运动角 3 等分，回程运动角 6 等分，得分点 1、2、…、10，各分点处对应的从动件位移量为 11′、22′、…、99′。

2）画基圆并确定从动件尖底的起始位置：如图 4-8b 所示，取相同的比例尺 μ_l，以 O

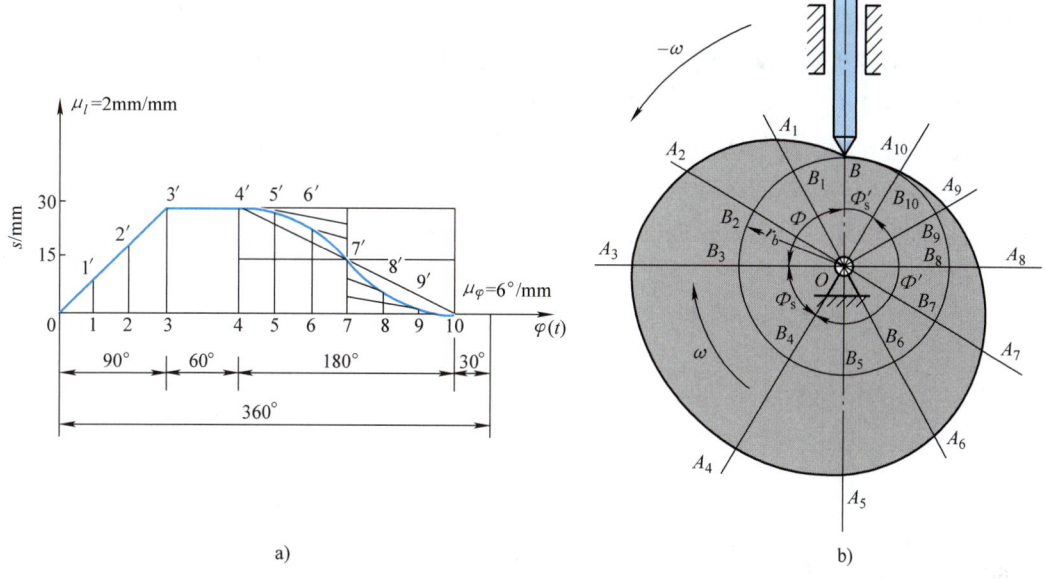

图 4-8 尖底对心直动从动件盘形凸轮机构

为圆心，以 $r_b/\mu_l = 30/2\text{mm} = 15\text{mm}$ 为半径画基圆；过 O 点画从动件导路与基圆交于 B 点，则 B 点即为从动件尖底的起始位置。

3）画反转过程中从动件的导路位置：自 OB 开始沿 $-\omega$ 方向量取推程运动角、远休止角、回程运动角和近休止角分别为 $90°$、$60°$、$180°$、$30°$，并将其分成与位移线图中对应的等分，等分线与基圆的交点依次为 B_1，B_2，…，B_{10}，则射线 OB_1，OB_2，…，OB_{10} 即为反转过程中从动件导路所在的各个位置。

4）画凸轮工作轮廓：分别在 OB_1，OB_2，…，OB_9 上量取从动件的对应位移量，即线段 $B_1A_1 = 11'$，$B_2A_2 = 22'$，…，$B_9A_9 = 99'$，得反转过程中尖底所在的一系列位置 A_1，A_2，…，A_9。将 B，A_1，A_2，…，A_9，B_{10}，B 诸点用光滑的曲线连接（其中 A_3A_4、$B_{10}B$ 为两段圆弧）即为凸轮的工作轮廓。

应当指出：用图解法绘制凸轮工作轮廓时，凸轮转角等分数目越多，绘制的凸轮工作轮廓精确度就越高。

二、尖底偏置直动从动件盘形凸轮

由于结构上的需要或为了改善受力情况，实际机构中的直动从动件盘形凸轮机构常设计成偏置式的。如图 4-9 所示，凸轮转动中心 O 到从动件导路中心线的距离 e 称为偏距；以 O 为圆心，e 为半径所作的圆称为偏距圆。从动件在反转过程中依次占据的位置，不再是凸轮转动中心的径向线，而是偏距圆的切线 K_1B_1，K_2B_2，…，因此，从动件的位移 A_1B_1，A_2B_2，…，应在相应的切线上从基圆圆周上开始量取；凸轮转角的量取也与对心式不同，而是以 OK 作为开始的位置，沿 $-\omega$ 方向进行。其余的作图方法与尖底对心直动从动件盘形凸轮类同。

三、滚子从动件盘形凸轮

如图 4-10 所示，滚子从动件凸轮机构在运动过程中，滚子一方面随从动件一起移动，一方面又绕自身轴线转动。除滚子中心 B 与从动件的运动规律相同外，滚子上其他各点与从动件的运动规律都不相同。因此，只能根据滚子中心的运动规律进行设计。为此，可以把滚子中心看作尖底从动件的尖底，按照前述方法绘制尖底从动件的凸轮轮廓 β_0，称为理论轮廓；再以曲线 β_0 上各点为圆心，以滚子半径为半径，按照相同的比例尺画一系列圆，这些圆的内包络线 β 即为滚子从动件盘形凸轮的工作轮廓。如果改变滚子半径，则将得到一个新的工作轮廓，而从动件的运动规律却保持不变。滚子从动件盘形凸轮的基圆半径，通常是指理论轮廓的基圆半径。需要指出的是：滚子与凸轮工作轮廓的接触点不一定在从动件的导路中心线上。

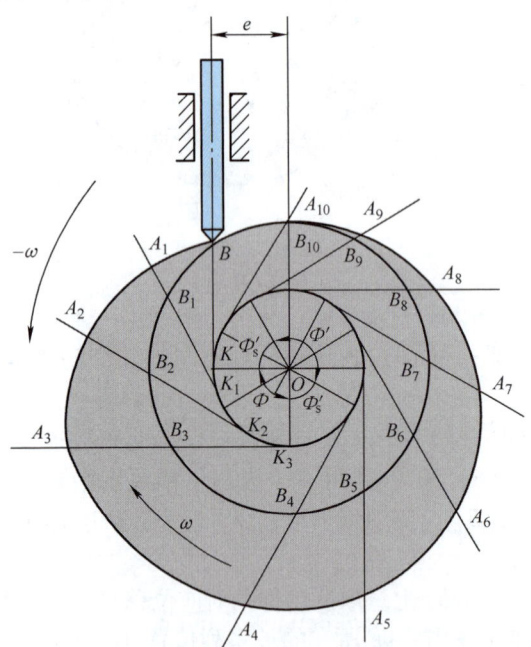

图 4-9 尖底偏置直动从动件盘形凸轮机构

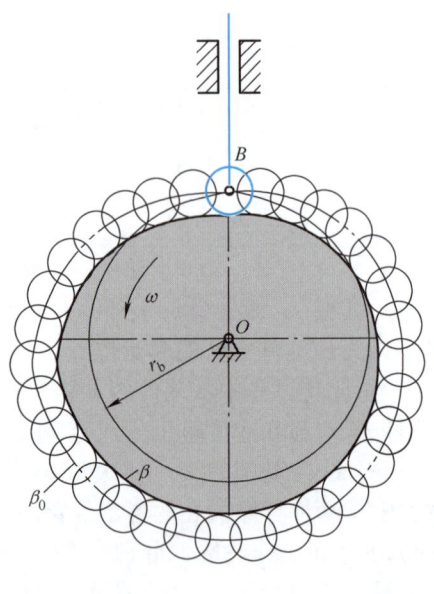

图 4-10 滚子从动件盘形凸轮机构

四、平底从动件盘形凸轮

当从动件端部为平底时，凸轮工作轮廓的绘制方法也与尖底从动件的相仿。如图 4-11 所示，先将从动件的平底与导路中心线的交点 B 看作从动件的尖底，用尖底从动件凸轮轮廓的画法找出尖底的一系列位置 B_1，B_2，…，然后过这些点分别画出从动件平底的各个位置，并作这些平底的包络线，即得平底从动件盘形凸轮的工作轮廓。由图 4-11 所示可见，从动件平底与凸轮工作轮廓的切点是随机构位置而变化的。为了保证平底始终与工作轮廓接触，平底左、右两侧的长度应分别大于导路中心线至左、右最远切点的距离 l'_{max}、l_{max}。

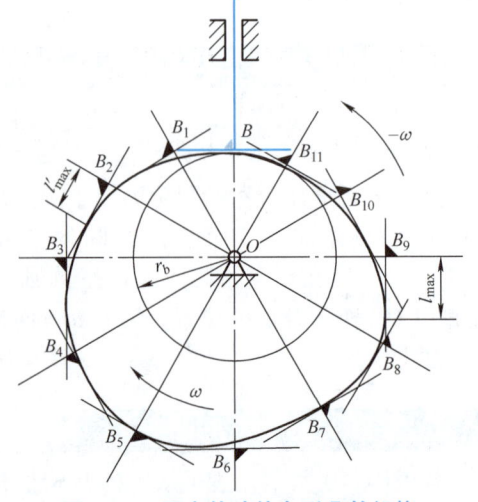

图 4-11 平底从动件盘形凸轮机构

第四节　凸轮机构设计中应注意的问题

如上所述用图解法设计凸轮轮廓时，凸轮的基圆半径、滚子半径等均为已知。而在实际设计时，则需根据机构的受力情况，并考虑结构的紧凑性、运动的可靠性等因素，合理确定这些尺寸。本节将讨论凸轮机构设计中需要注意的有关问题。

一、凸轮机构压力角

1. 压力角及许用值

在图 4-12 所示凸轮机构中，凸轮逆时针方向转动，从动件与凸轮工作轮廓在 A 点接触。如果不考虑摩擦，从动件受力 F 的方向为沿接触点的公法线 $n—n$ 的方向，它与从动件在 A 点的速度 v 方向之间所夹的锐角 α 称为该点的压力角。

力 F 沿从动件导路方向的分力 $F\cos\alpha$ 将推动从动件移动，是有效分力；与导路方向垂直的分力 $F\sin\alpha$ 将使从动件压紧导路，产生摩擦力，是有害分力。压力角越大，有效分力越小，有害分力越大。当压力角增大到使其有效分力等于或小于有害分力所产生的摩擦力时，无论力 F 有多大，都无法推动从动件运动，即机构出现自锁现象。为了保证凸轮机构正常工作且具有一定的传动效率，设计时应对压力角有所限制。由于凸轮轮廓上各点的压力角通常是变化的，因此需限制最大压力角不超过许用值，即 $\alpha_{max} \leq [\alpha]$。

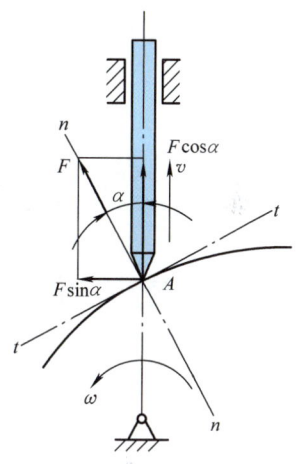

图 4-12　凸轮机构的压力角

在一般设计中，推荐推程时的许用压力角为：直动从动件 $[\alpha] = 30° \sim 38°$；摆动从动件 $[\alpha] = 45°$。

回程中从动件通常是靠外力或自重作用返回的，一般不会出现自锁现象，因此，压力角允许大些。无论是直动从动件还是摆动从动件，通常取 $[\alpha] = 70° \sim 80°$。

最大压力角一般出现在从动件位移曲线上斜率最大的位置。用图解法检查时，可在理论轮廓曲线较陡的地方取几个点进行测量。图 4-13 所示为用量角器测量压力角的简单方法。将量角器底边与凸轮工作轮廓切于 A 点，且使 $90°$ 刻线通过切点 A，该刻线即代表接触点的法线，它与从动件导路中心线间的夹角即为切点 A 处的压力角 α。

2. 基圆半径的选取

压力角的大小与基圆半径有关。如图 4-14 所示，当凸轮转过相同转角 φ 而从动件上升相同位移 s 时，基圆半径较小者凸轮工作轮廓较陡，压力角较大；而基圆半径较大的凸轮工作轮廓较平缓，压力角较小。

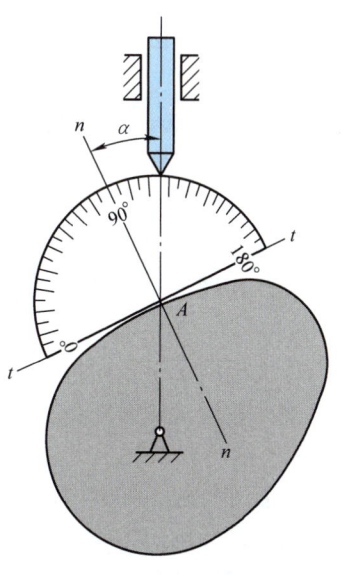

图 4-13　用量角器测量压力角

为了减小压力角，宜取较大的基圆半径，但这会增大结构尺寸。因此，设计时应在满足 $\alpha_{\max} \leqslant [\alpha]$ 的条件下取尽可能小的基圆半径。通常可按下述经验公式初取基圆半径，即

$$r_b \geqslant 0.9d + (4 \sim 10)\,\mathrm{mm} \tag{13-1}$$

式中，d 是安装凸轮处轴的直径（mm）。

3. 从动件偏置方向的选择

对于偏置式从动件盘形凸轮，其推程中压力角的大小与从动件偏置的方位有关。在图 4-15 所示的凸轮机构中，若凸轮逆时针方向转动，从动件偏置在凸轮转动中心右侧时压力角较小；当凸轮顺时针转动时，从动件采用左偏置压力角较小。另外，适当增大偏距 e，也可以使上述推程压力角进一步降低。

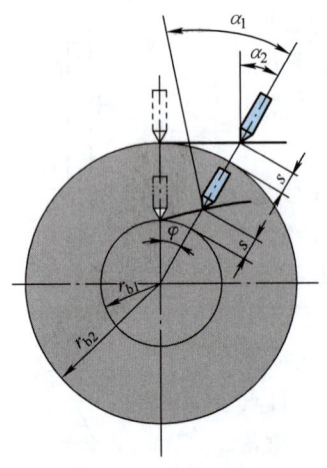

图 4-14　基圆与压力角的关系

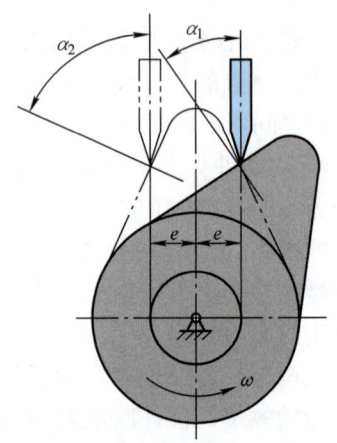

图 4-15　从动件偏置方向对压力角的影响

用图解法完成凸轮轮廓的设计后，应检测其推程压力角是否在许用值范围内。检测结果若最大压力角超过许用值，则应修改原设计。通常采用增大基圆半径或改对心式从动件为偏置式从动件的方法，以减小推程中的压力角。

二、滚子半径的选取

当凸轮理论轮廓确定之后，滚子半径的选取对凸轮工作轮廓有很大影响。若滚子半径选择不当，有时可能使从动件不能准确地实现预期的运动规律。滚子半径 r_r、凸轮理论轮廓曲率半径 ρ_0 和工作轮廓曲率半径 ρ 三者之间存在一定的关系（图 4-16）。

当凸轮理论轮廓内凹时（图 4-16a），有

$$\rho = \rho_0 + r_r$$

这时，无论滚子半径大小，凸轮工作轮廓总是光滑曲线。

当凸轮理论轮廓外凸时（图 4-16b），有

$$\rho = \rho_0 - r_r$$

这时，若 $r_r < \rho_0$，则 $\rho > 0$，即能完整地加工出光滑的凸轮工作轮廓；若 $r_r = \rho_0$，则 $\rho = 0$（图 4-16c），即凸轮工作轮廓出现尖点，工作时极易磨损；若 $r_r > \rho_0$，则 $\rho < 0$（图 4-16d），作图时工作轮廓出现交叉现象，加工时这部分交叉廓线将被刀具切去，致使从动件不能实现预期

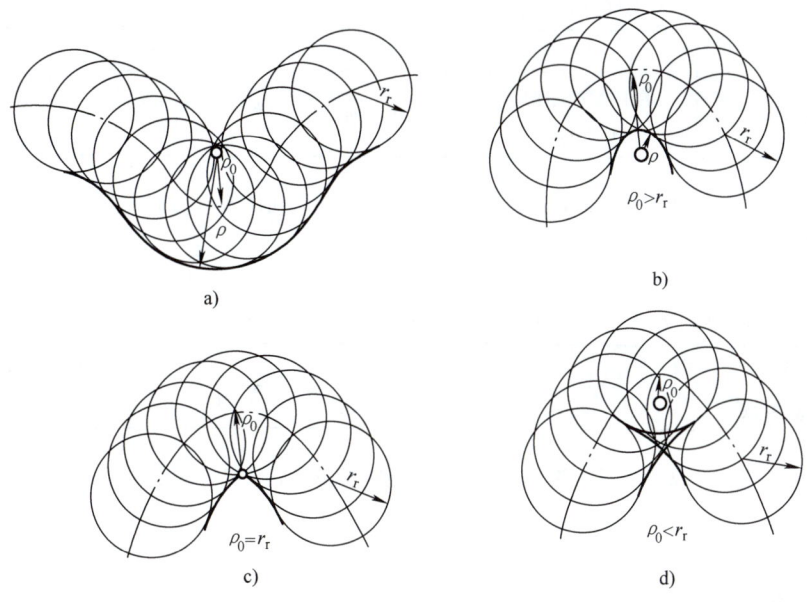

图 4-16 滚子半径的选取对凸轮工作轮廓的影响

的运动规律,这种现象称为运动失真。为避免失真现象发生,必须使滚子半径 r_r 小于凸轮理论轮廓外凸部分的最小曲率半径 ρ_{0min}。但滚子半径过小,使接触压力增大,强度降低。通常取 $r_r \leq 0.8 \rho_{0min}$,并要求凸轮工作轮廓的最小曲率半径 ρ_{min} 不小于 3~5mm。当按上述条件选取的滚子半径不能满足安装和强度要求时,可适当加大凸轮基圆半径,重新进行设计。

习 题

4-1 图 4-17 所示为一尖底对心直动从动件盘形凸轮机构,已知凸轮为一以 C 为圆心的圆盘。要求:

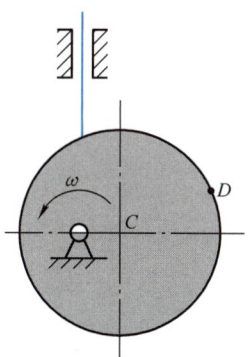

图 4-17 题 4-1 图

1) 量出凸轮工作轮廓的基圆半径 r_b 和行程 h。
2) 在图中标出推程运动角 Φ、远休止角 Φ_s、回程运动角 Φ' 和近休止角 Φ_s' 及其数值。
3) 每 30°取一分点,画出从动件的位移线图。
4) 在图中画出从动件在工作轮廓上 D 点处的压力角,并量出其数值。

4-2 设计一滚子对心直动从动件盘形凸轮。已知凸轮以等角速度顺时针方向转动,基圆半径 $r_b =$

32mm，滚子半径 $r_r=8$mm，从动件的运动规律为

凸轮转角	0°~120°	120°~150°	150°~330°	330°~360°
从动件运动	等加速等减速上升20mm	停止不动	等速下降到原位	停止不动

4-3 按题4-2给定的从动件运动规律设计一对心直动平底从动件盘形凸轮。已知凸轮以等角速度顺时针方向转动，基圆半径 $r_b=32$mm，并要求确定从动件上平底的最短长度。

4-4 设计一尖底偏置直动从动件盘形凸轮，并合理选定从动件导路的偏置方向。已知凸轮以等角速度逆时针方向转动，基圆半径 $r_b=40$mm，偏距 $e=20$mm，从动件的运动规律为

凸轮转角	0°~180°	180°~360°
从动件运动	等速上升30mm	等加速等减速返回原位

4-5 按题4-4给定的条件设计一滚子偏置直动从动件盘形凸轮，已知滚子半径 $r_r=10$mm。

第五章 间歇运动机构

扫码看视频

扫码看视频

扫码看视频

> **重点学习内容**

1. 棘轮机构的工作原理、类型及特点
2. 棘轮机构的主要参数
3. 槽轮机构的工作原理及槽数、圆柱销数的确定

在机械中，特别是在各种自动和半自动机械中，常常需要某些构件实现运动和停歇的交替进行，即间歇运动。将原动件的连续运动转换为从动件周期性的间歇运动的机构称为间歇运动机构，例如机床的进给机构、分度机构、自动进料机构，电影机的卷片机构和计数器的进位机构等。间歇运动机构的种类很多，本章只介绍常用的棘轮机构和槽轮机构。

第一节 棘 轮 机 构

一、棘轮机构的组成和工作原理

棘轮机构主要由棘轮、棘爪和机架组成。如图 5-1 所示，棘轮 3 固定在输出轴上，原动件摇杆 1 空套在棘轮轴上，可绕棘轮轴自由摆动。当摇杆逆时针方向摆动时，止退棘爪 4 阻止棘轮转动，铰接在摇杆上的棘爪 2 在棘轮的齿背上滑过；当摇杆顺时针方向摆动时，棘爪 2 就插入棘轮齿槽推动棘轮转过一定角度。随着摇杆的往复摆动，棘轮作单向间歇转动。为了工作可靠，棘爪 2 和止退棘爪 4 上装有扭簧 5，使棘爪紧压在棘轮齿面上。

二、棘轮机构的类型和特点

按照棘轮的结构形式不同，棘轮机构分为齿式和摩擦式两类。

1. 齿式棘轮机构

如图 5-1、图 5-2 所示，棘轮轮齿有三角形、锯齿形、梯形和矩形等。其优点是结构简单，运动可靠，转角大小可在一定范围内调节；其缺点是棘轮的转角必须以相邻两齿所夹中心角为单位有级地变化，而且棘爪在棘轮齿背上滑行时会产生噪声，棘爪和棘轮齿面接触时会产生冲击。因此，齿式棘轮机构不适用于高速机械。

齿式棘轮机构既可以实现棘轮的单向间歇运动，其齿形常采用锯齿形（图 5-1）；也可以实现棘轮的双向间歇运动。如图 5-2 所示，当棘爪 2 在实线位置时，摇杆 1 推动棘轮 3 作逆时针方向的间歇转动；当棘爪翻转到假想位置时，摇杆将推动棘轮作顺时针方向的间歇转动。双向棘轮机构常采用梯形或矩形轮齿。

齿式棘轮机构有外啮合（图 5-1、图 5-2）和内啮合（图 5-3）之分。其中，外啮合棘轮机构应用较广。内啮合棘轮机构的轮齿在圆柱面的内缘上，棘爪也安装在棘轮的内部。

2. 摩擦式棘轮机构

如图 5-4 所示，它以偏心扇形楔块代替齿式棘轮机构中的棘爪，以摩擦轮代替棘轮，靠棘爪 2 和棘轮 3 间的摩擦实现棘轮的间歇运动。机构的工作原理与齿式棘轮机构相同。其优

点是传动平稳、噪声小，棘轮的转角能够实现无级调节；其缺点是接触面间易产生滑动，运动精度不高，可靠性低。这种棘轮机构适用于低速、轻载的场合。

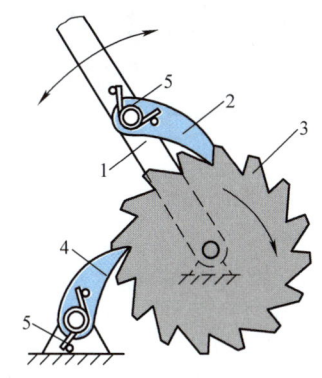

图 5-1　棘轮机构
1—摇杆　2、4—棘爪　3—棘轮　5—扭簧

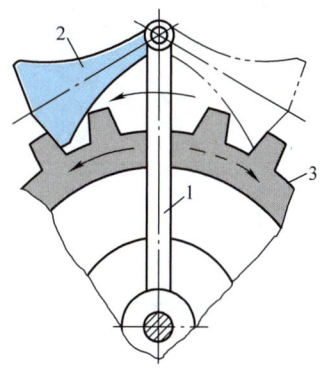

图 5-2　可变向棘轮机构
1—摇杆　2—棘爪　3—棘轮

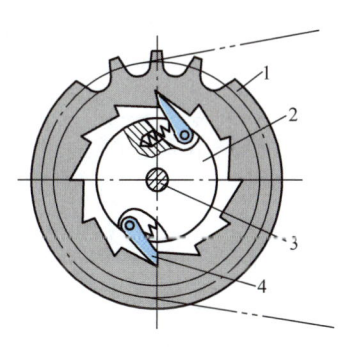

图 5-3　自行车后轴上的飞轮超越机构
1—链轮（带有内齿的棘轮）　2—后轮轴
3—后轴　4—棘爪

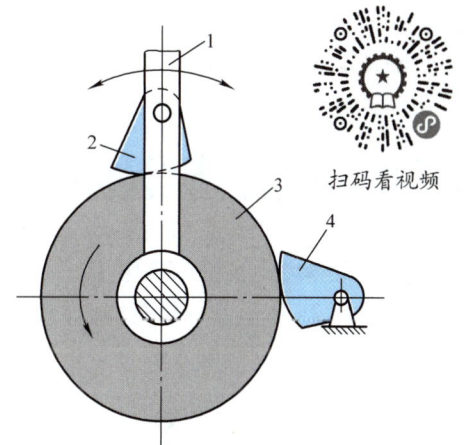

图 5-4　摩擦式棘轮机构
1—摇杆　2、4—棘爪　3—棘轮

三、棘轮机构的应用

棘轮机构可用于送进、制动、超越和转位分度等机构中。

图 5-5 所示为浇铸自动线的输送装置，棘轮和带轮固连在同一轴上。当气缸内的活塞上移时，活塞杆 1 推动摇杆使棘轮转过一定角度，将输送带 2 向前移动一段距离；当气缸内的活塞下移时，止退棘爪 3 顶住棘轮使之静止不动，浇包对准砂型进行浇注。活塞不停地上下移动，完成砂型的浇注和输送任务。

图 5-6 所示为提升机中使用的棘轮制动器，这种制动器广泛用于卷扬机、提升机及运输机等设备中。

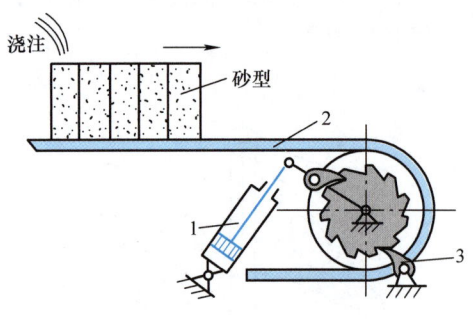

图 5-5　浇铸自动线的输送装置
1—活塞杆　2—输送带　3—棘爪

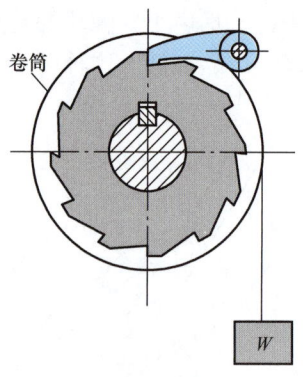

图 5-6　棘轮制动器

图 5-3 所示为自行车后轴上的飞轮结构，是一种典型的超越机构。当用力蹬脚踏板时，链条带动具有内棘齿的链轮 1 顺时针方向转动，再通过固定在后轮轴（用于固定车轮辐条）2 上的棘爪 4 带动后轮轴在后轴 3 上转动，此时整个后车轮作顺时针转动，自行车向前行驶。在前进过程中，如果脚踏板不动，链轮也就停止转动。这时，由于车轮的惯性作用，使后轮轴带动棘爪 4 从链轮内缘的齿背上滑过，仍在继续顺时针转动，即实现后轮轴超越链轮的运动，这就是不蹬脚踏板自行车仍能自由滑行一段距离的原理。

四、棘轮转角的调节方法

根据使用要求，有时需要改变棘轮转角的工作范围，通常可采用下述方法。

1. 安装参数可调的控制机构

如图 5-7a 所示，棘轮机构由曲柄摇杆机构驱动，如将机构中曲柄 AB 或摇杆 CD 的长度改变，则摇杆的摆角随之改变，也就相应地改变了棘轮转角的大小。

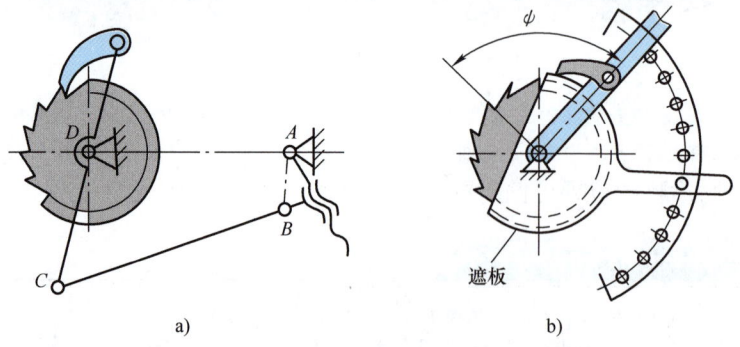

图 5-7　棘轮转角的调节

2. 在棘轮上安装遮板

如图 5-7b 所示，在棘轮机构上安装遮板，可将摇杆摆角范围内棘轮的部分轮齿遮盖，使棘爪在运动中从遮板上滑过这部分轮齿。改变遮板的位置，摇杆摆角范围内被遮挡的轮齿数目就会增加或减少，从而改变棘轮转角的大小。

五、棘爪位置

1. 棘爪轴心位置角

如图 5-8 所示,将棘爪轴心 O_1 与棘轮齿顶 A 的连线 O_1A 与过 A 点棘轮齿面法线 A-n 的夹角 φ,称为棘爪轴心位置角。棘轮机构要实现预期的间歇运动,棘爪滑行到棘轮齿顶 A 后必须能顺利地滑入齿根部。为此,应使棘齿对棘爪法向作用力 F_n 对 O_1 轴的力矩大于由 F_μ 所产生的摩擦力 F_μ(沿齿面)对 O_1 的力矩,即满足

$$F_n L\sin\varphi > F_\mu L\cos\varphi$$

将 $F_\mu = \mu F_n$ 代入上式并整理,有

$$\frac{\sin\varphi}{\cos\varphi} > \mu$$

即

$$\tan\varphi > \tan\rho$$

故
$$\varphi > \rho \tag{5-1}$$

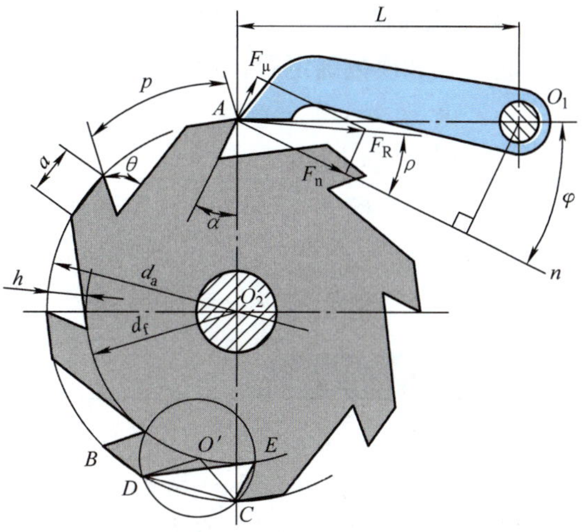

图 5-8 棘轮机构的几何尺寸

式中,μ 是棘轮轮齿与棘爪间的摩擦因数;ρ 是摩擦角,$\rho = \arctan\mu$。

由此可知,棘爪能顺利滑入棘轮齿根部的条件是:棘爪轴心位置角 φ 应大于摩擦角 ρ。

2. 棘轮齿面偏斜角

棘轮轮齿工作面与径向线的夹角 α 称为齿面偏斜角。为了使棘爪的受力最小,通常使棘爪和棘轮的轴心 O_1、O_2 与它们的接触点 A 的相对位置满足 $O_1A \perp O_2A$,则有

$$\alpha = \varphi \tag{5-2}$$

当摩擦因数 $\mu = 0.2 \sim 0.3$ 时,摩擦角 $\rho = 11° \sim 17°$。根据式(5-1)和式(5-2),通常取 $\alpha = 20°$。

在特殊情况下,如棘轮轮齿受力较大,为保证轮齿强度,α 可取较小的值,甚至取 $\alpha = 0°$,即棘轮轮齿为矩形或锯齿形。对于这种情况,式(5-2)不成立;但式(5-1)仍然成立,表明棘爪轴心 O_1 的位置更偏向右上方。然而,此时机构传力性能较差。

六、主要参数和几何尺寸计算

1. 棘轮齿数

棘轮的齿数 z 是根据工作条件选定的。在一般棘轮机构中,$z = 12 \sim 60$;带棘轮的制动器中,$z = 16 \sim 25$;起重机中,$z = 8 \sim 46$;手动千斤顶中,$z = 6 \sim 8$。

2. 周节和模数

设棘轮齿顶圆直径为 d_a(图 5-8),齿顶圆上相邻两齿对应点间的弧长 p 称为周节。与齿轮类似,棘轮也以模数 m 作为其轮齿几何尺寸计算的基本参数,即有

$$p = \pi m \tag{5-3}$$

$$d_a = mz \tag{5-4}$$

式中，z 是棘轮齿数。

棘轮模数已经标准化，其系列值（mm）为

1，1.5，2，2.5，3，3.5，4，5，6，8，10，12，14，16，…

3. 主要几何尺寸

棘轮齿数和模数确定后，棘轮和棘爪的其他主要几何尺寸可按以下公式计算：

齿　　高　　　$h = 0.75m$

齿　顶　厚　　　$a = m$

齿　　宽　　　$b = (1 \sim 4)m$

齿槽夹角　　　$\theta = 60°$ 或 $55°$（视铣刀角度而定）

棘爪长度　　　$m \geq 3$ 时，$L = 2\pi m$；$m < 3$ 时，L 由结构设计确定。

七、棘轮轮齿的画法

如图 5-8 所示，根据齿顶圆直径 d_a 和齿高 h 画出齿顶圆和齿根圆，并按照齿数来等分齿顶圆，得 B、C 等点。由任一等分点 B 作弦 $BD = a$，再连 DC，作 $\angle O'DC = \angle O'CD = 90° - \theta$，得 O' 点。以 O' 为圆心，$O'D$ 为半径画圆交齿根圆于 E 点，连接 DE、CE 即得棘轮齿形。

例 5-1　某机床上用与丝杠固连在一起的棘轮带动丝杠，实现工作台的间歇进给运动。已知丝杠的导程 $P_h = 6$ mm，现要求最小进给量 $s = 0.12$ mm，求所需棘轮的最少齿数。

解　棘轮和丝杠固连在一起，工作时两者以相同的速度转动，即棘轮每转过一周，工作台也移动一个导程。当工作台移动一个最小进给量时，棘轮至少应转过一个齿。为此，棘轮的齿数应满足 $z \geq P_h/s$，故最少齿数

$$z_{\min} = \frac{P_h}{s} = \frac{6}{0.12} = 50$$

第二节　槽　轮　机　构

一、工作原理及应用

槽轮机构有外啮合和内啮合之分。图 5-9 所示即为广泛应用的外啮合槽轮机构，它由带有圆柱销的拨盘 1、具有径向槽的槽轮 2 和机架组成。当原动件拨盘以等角速度连续转动时，槽轮作反向间歇转动。在拨盘上的圆柱销 A 未进入槽轮的径向槽时，槽轮由于内凹锁止弧 $\overset{\frown}{efg}$ 被拨盘的外凸圆弧 $\overset{\frown}{abc}$ 锁住，所以槽轮静止不动。图示为圆柱销刚开始进入槽轮径向槽时的位置，这时内凹锁止弧 $\overset{\frown}{efg}$ 与外凸圆弧 $\overset{\frown}{abc}$ 脱开，槽轮由圆柱销 A 驱动而开始转动。当圆柱销 A 脱出径向槽时，槽轮的另一内凹锁止弧又被拨盘的外凸圆弧锁住，槽轮又静止不动，从而实现槽轮的单向间歇转动。

槽轮机构结构简单，转位迅速，效率较高，与棘轮机构相比运转平稳；但制造与装配精度要求较高，且槽轮转角大小不能调节。它在电影放映机卷片机构、自动机床转位机构等自

动机械中得到广泛的应用。

图 5-10 所示为电影放映机中的卷片机构。为了适应人眼的视觉暂留现象，要求影片作间歇移动。槽轮 2 上有四个径向槽，拨盘 1 每转一周，圆柱销 A 将拨动槽轮转过 1/4 周，胶片移过一幅画面，并停留一定的时间。

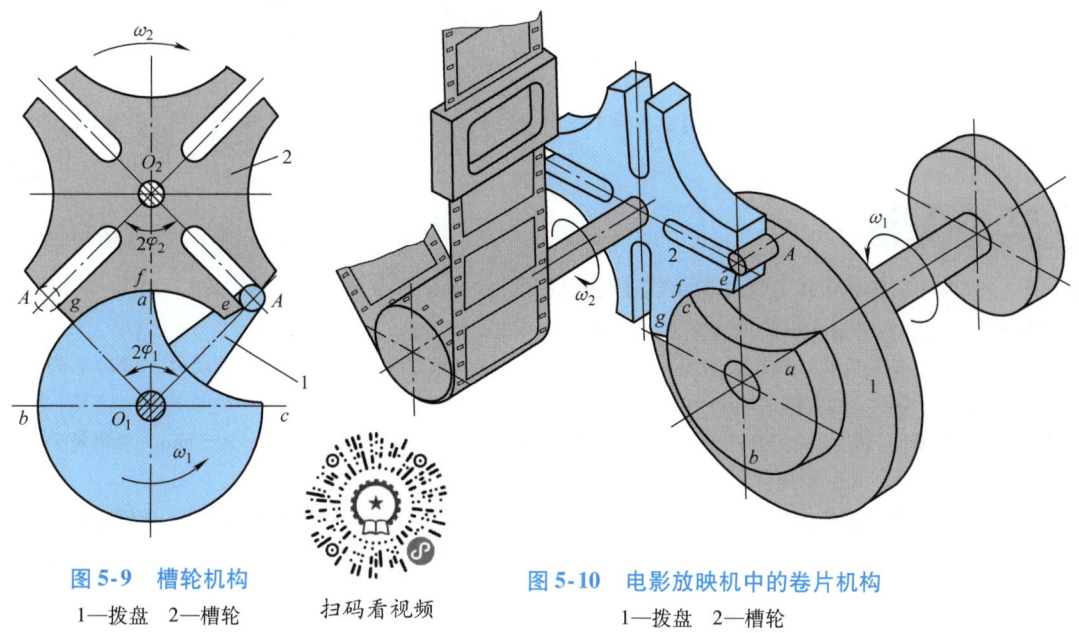

图 5-9　槽轮机构
1—拨盘　2—槽轮

扫码看视频

图 5-10　电影放映机中的卷片机构
1—拨盘　2—槽轮

二、槽轮的槽数和拨盘的圆柱销数

如图 5-9 所示，为了避免圆柱销与轮槽发生突然撞击，应使槽轮在开始和终止转动的瞬时角速度为零，即圆柱销进入或脱出径向槽的瞬时，圆柱销与拨盘中心的连线 O_1A 应垂直于轮槽的中心线 O_2A。设 z 为均匀分布的径向槽数，则当槽轮 2 转过 $2\varphi_2 = 2\pi/z$ 角度时，拨盘 1 的转角 $2\varphi_1$ 为

$$2\varphi_1 = \pi - 2\varphi_2 = \pi - \frac{2\pi}{z}$$

在一个运动循环内，槽轮运动时间 t_2 与拨盘运动时间 t_1 的比值 τ 称为运动系数。当拨盘等角速度转动时，这个时间的比值可用转角的比值来表示。对于只有一个圆柱销的槽轮机构，t_2 和 t_1 分别对应拨盘转过的角度 $2\varphi_1$ 和 2π，因此

$$\tau = \frac{t_2}{t_1} = \frac{2\varphi_1}{2\pi} = \frac{\pi - \frac{2\pi}{z}}{2\pi} = \frac{1}{2} - \frac{1}{z} = \frac{z-2}{2z} \qquad (5-5)$$

为了保证槽轮的运动，应使运动系数 $\tau > 0$。由式（5-5）可知，槽轮的径向槽数 $z \geq 3$，而且槽数越多，运转越平稳。但槽轮的槽数也不宜太多，槽数越多，槽轮尺寸越大，通常取 $z = 4 \sim 8$。

由式（5-5）还可以看出，对于只有一个圆柱销的槽轮机构，运动系数 $\tau < 0.5$，即槽轮每次转动的时间总小于停歇时间。如果要求槽轮每次转动的时间大于停歇时间，即 $\tau > 0.5$，

可在拨盘上装置多个圆柱销。设拨盘上均匀分布 K 个圆柱销,则在一个运动循环内,槽轮的运动时间为只有一个圆柱销时的 K 倍,即

$$\tau = \frac{K(z-2)}{2z} \tag{5-6}$$

为使槽轮能间歇转动而不是连续转动,还应使运动系数 $\tau < 1$,即

$$K < \frac{2z}{z-2} \tag{5-7}$$

由式(5-7)可知,当 $z = 3$ 时,$K = 1 \sim 5$;当 $z = 4 \sim 5$ 时,$K = 1 \sim 3$;当 $z \geq 6$ 时,$K = 1 \sim 2$。

习 题

5-1 已知牛头刨床工作台横向进给丝杠的导程为 $P_h = 5\text{mm}$,与丝杠连动的棘轮齿数 $z = 40$。求棘轮的最小转动角和工作台的最小横向进给量。

5-2 已知一棘轮机构,棘轮模数 $m = 5\text{mm}$,齿数 $z = 12$,计算该机构的主要几何尺寸。若齿形为锯齿形,铣刀角度为 55°,画出棘轮的齿形。

5-3 在一单圆柱销的外啮合槽轮机构中,已知槽轮槽数 $z = 4$,拨盘转速 $n_1 = 120\text{r/min}$。求槽轮一个间歇运动周期的时间 t_1 和一个周期内槽轮的运动时间 t_2。

5-4 在一外啮合槽轮机构中,已知槽轮槽数 $z = 6$,槽轮运动时间是静止时间的两倍。求槽轮机构的运动系数 τ 及所需的圆柱销数 K。

第六章 连接

> **重点学习内容**

1. 螺纹连接的类型、结构特点和应用
2. 螺旋副的受力、效率和自锁
3. 螺纹连接的强度计算
4. 平键连接的设计与计算

第一节 概 述

连接是将两个或两个以上的零件连接成一体结构的方法。为了满足结构、制造、安装以及检修等方面的要求，在机器及设备中广泛采用各种形式的连接。

连接按其是否具有可拆性分为可拆连接与不可拆连接两大类。可拆连接允许多次拆装而无须损坏连接中的零件，且不影响其使用性能；不可拆连接在连接拆开时，至少要损坏连接中的一个零件。常用连接的类型、结构特点和应用见表6-1。

表 6-1 常用连接的特点和应用

类别	类型	结构简图	特点及应用
可拆连接	螺纹连接		应用最广的一种可拆连接，本章将利用第二节~第六节详细介绍螺纹连接
	键连接		主要用于轴毂连接，其中过盈连接视其过盈量的大小、安装方法的不同亦可做成不可拆的。这几类连接的特点与设计见本章第八节
	花键连接		
	过盈连接		
	销连接	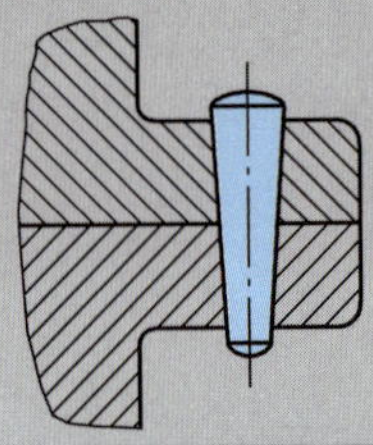	主要用于固定零件的相对位置，并可传递不大的载荷，还可作为安全装置中的过载剪断元件
不可拆连接	焊接	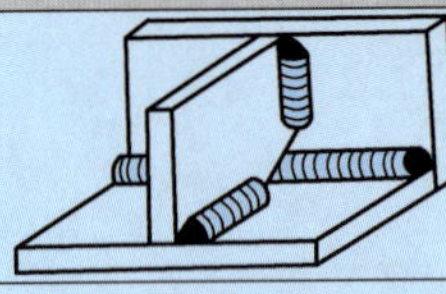	利用局部加热熔化使被连接件连接成一体。质量轻、强度高、工艺简单，主要用于金属构架、容器和壳体等结构的制造
	黏接	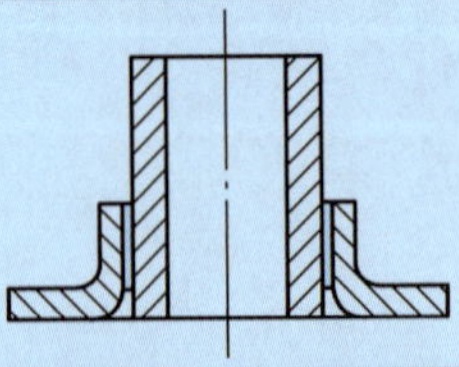	用黏结剂黏接被连接件。质量轻、耐磨损、密封性能好，也可用于不同材料的连接。主要用于所受载荷平行于黏接面的接头连接
	铆接	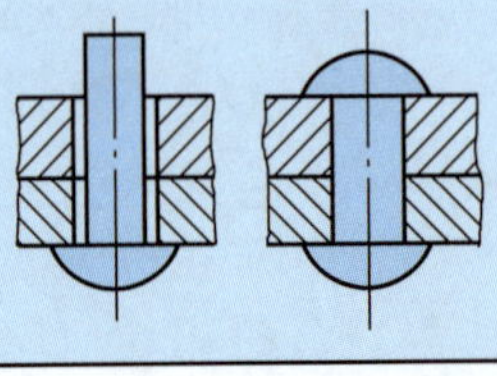	将铆钉穿过被连接件的预制钉孔，经铆合而成。工艺设备简单、抗振、耐冲击，但结构比焊接和黏接笨重，铆合时有噪声。主要用于桥梁、飞机制造等

本章主要介绍应用最广的螺纹连接和键连接。螺旋传动是一种常用的传动形式，它与螺纹连接用途不同，但都是利用螺纹工作，而且在受力和几何关系方面有较多相似之处，故也在本章中介绍。

第二节　螺　纹　参　数

一、螺纹的形成与分类

如图 6-1 所示，将一直角三角形绕在一圆柱体上，且使三角形的底边与圆柱体底面周边重合，则三角形的斜边在圆柱体表面上就形成了一条螺旋线。取一平面图形，如三角形，使其一边 ab 和圆柱体母线重合，然后在含轴平面内沿螺旋线移动，三角形的另两边 ac 和 bc 即在圆柱体上形成螺纹。实际的螺纹是在机床上用各种形状的刀具在圆柱体上沿螺旋线切制而成的。

螺纹分类的方法很多。按照轴平面内牙形状的不同，螺纹可分为三角形螺纹、矩形螺纹、梯形螺纹和锯齿形螺纹等（图 6-2）。

按照螺旋线旋绕方向的不同，螺纹可分为右旋螺纹和左旋螺纹（图 6-3）。机械中一般采用右旋螺纹，左旋螺纹主要用于一些有特殊要求的场合。

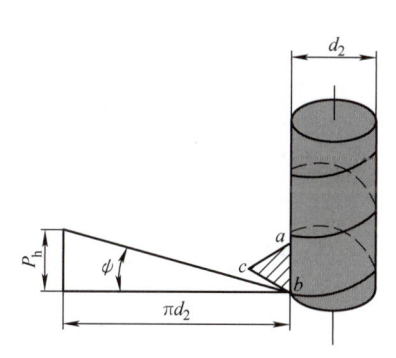

图 6-1　螺旋线的形成

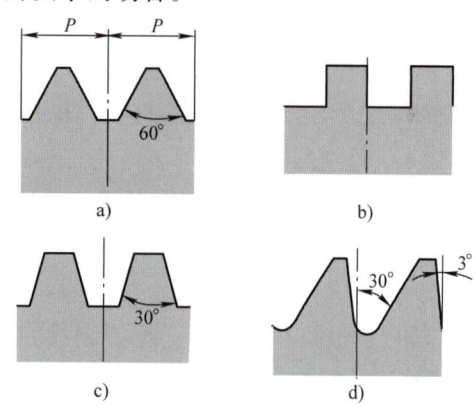

图 6-2　螺纹的牙型

a）三角形螺纹　b）矩形螺纹　c）梯形螺纹　d）锯齿形螺纹

按照螺旋线数目的不同，螺纹可分为单线、双线和多线螺纹（图 6-3）。为了制造方便，螺纹的线数一般不超过 4。通过观察垂直于轴线的螺纹端面，可以判别螺纹的线数。

此外，螺纹按照母体形状的不同，可分为圆柱螺纹和圆锥螺纹；按照螺纹分布表面的不同，可分为外螺纹和内螺纹，两者旋合在一起称为螺旋副；按照计量单位制的不同，可分为米制螺纹和寸制螺纹；按照用途的不同，可分为连接螺纹和传动螺纹。三角形螺纹（普通螺纹）主要用于连接，矩形、梯形和锯齿形螺纹主要用于传动。圆柱管螺纹广泛用于水、煤气、润滑和电线管路系统中。圆锥管螺纹密封性能良好，适用于密封要求较高的管路连接中。

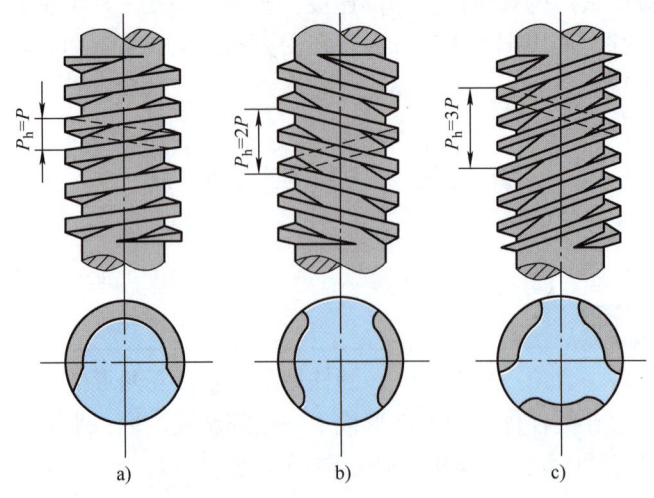

图 6-3 螺纹的旋向与线数
a）右旋单线螺纹 b）左旋双线螺纹 c）右旋三线螺纹

二、螺纹的主要参数

现以三角形外螺纹为例介绍螺纹的主要参数（图 6-4）。

1. 径向参数

径向参数主要有大径、小径和中径。

大径 d 为螺纹牙顶所在圆柱的直径，也是螺纹的公称直径。

小径 d_1 为螺纹牙底所在圆柱的直径，通常近似作为受拉螺栓的危险截面直径。

中径 d_2 为螺纹介于大径和小径之间，而且轴平面内牙厚等于牙间宽的假想圆柱的直径。螺旋副的受力分析通常在中径圆柱面上进行。

内螺纹的径向参数用相应的大写字母 D、D_1、D_2 表示。

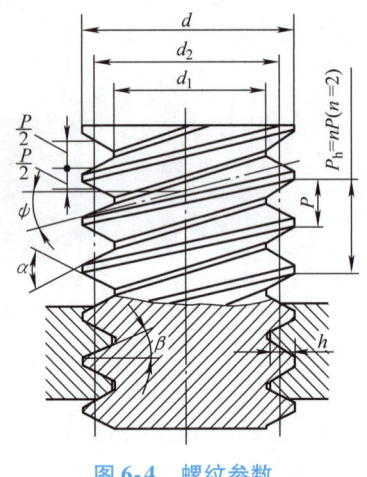

图 6-4 螺纹参数

2. 轴向参数

轴向参数主要有螺距和导程：

螺距 P 为相邻两螺纹牙在中径线上对应点间的轴向距离。

导程 P_h 为螺纹上任意一点沿同一条螺旋线旋转一周所移过的轴向距离，$P_h = nP$，n 为螺纹的线数。

3. 角度参数

角度参数主要有螺纹升角、牙型角和牙型斜角。

螺纹升角 ψ 为螺纹中径圆柱面上螺旋线的切线与端面间所夹的锐角。大、中、小各直径圆柱面上的螺纹升角不同。由图 6-1 可知

$$\tan\psi = \frac{P_h}{\pi d_2} = \frac{nP}{\pi d_2} \tag{6-1}$$

牙型角 α 为轴平面内螺纹牙两侧边的夹角。矩形螺纹的牙型角 α = 0；三角形螺纹、梯形螺纹和锯齿形螺纹的牙型角如图 6-2 所示，其中锯齿形螺纹的牙型不对称；管螺纹的牙型角一般取 α = 55°。

牙型斜角 β 为轴平面内螺纹牙一侧边与螺纹轴线的垂线间的夹角。三角形螺纹、梯形螺纹的牙型对称，β = α/2。锯齿形螺纹工作面牙型斜角 β = 3°，非工作面牙型斜角 β' = 30°。

附表 6-1 列出了普通螺纹的基本尺寸，附表 6-2 列出了梯形螺纹的直径和螺距，供设计选用。

第三节　螺旋副的受力、效率与自锁

一、矩形螺纹

螺旋副的受力比较复杂，工程计算中常对其进行一些简化处理，以便分析和计算。矩形螺纹由于牙底强度低，精确加工困难，磨损后间隙难以补偿，故应用较少。但其受力分析比较简单，所以本节仍以矩形螺纹为基础分析螺旋副的受力。

1. 旋紧螺旋副时的受力

图 6-5a 所示为旋合的矩形螺纹螺旋副，螺母上作用有轴向载荷 F'。当对螺母施加一转矩 T_1，使螺母克服载荷 F' 等速旋紧时，可把螺母看作一个滑块，在作用于中径上的圆周力 F_t 的推动下沿螺纹等速上移（图 6-5b）。将螺纹沿中径展开，相当于滑块在水平力 F_t 的作用下克服阻力 F' 沿斜面等速上升（图 6-5c）。这时摩擦力方向沿斜面向下，所以总反力 F_R 与 F' 之间所夹的锐角等于螺纹升角 ψ 与摩擦角 ρ 之和。滑块在 F'、F_t 和总反力 F_R 三力作用下处于平衡状态，由力封闭三角形（图 6-5d）可得作用在螺纹中径处的圆周力为

$$F_t = F'\tan(\psi + \rho) \tag{6-2}$$

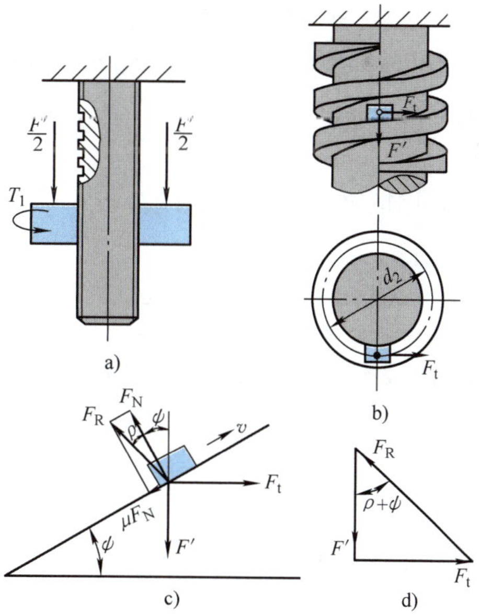

图 6-5　矩形螺纹螺旋副的受力分析

于是旋紧螺旋副时克服螺纹阻力所需的转矩为

$$T_1 = F_t \frac{d_2}{2} = F'\tan(\psi + \rho)\frac{d_2}{2} \tag{6-3}$$

2. 旋紧螺旋副时的效率

将螺母等速旋紧一周，则

有用功
$$W_2 = F'P_h = F'\pi d_2 \tan\psi$$

输入功
$$W_1 = 2\pi T_1 = F'\pi d_2 \tan(\psi + \rho)$$

于是旋紧螺旋副时的效率为

$$\eta = \frac{W_2}{W_1} = \frac{\tan\psi}{\tan(\psi + \rho)} \tag{6-4}$$

3. 松退时的自锁

当螺母在载荷 F' 作用下等速松退时，相当于滑块在力 F' 的作用下沿斜面等速下滑（图 6-6）。这时 F' 变为驱动力，F_t 则为支持力。由于摩擦力方向沿斜面向上，所以总反力 F_R 与 F' 之间所夹的锐角为螺纹升角 ψ 与摩擦角 ρ 之差。由力封闭三角形可得作用在螺纹中径处的圆周力为

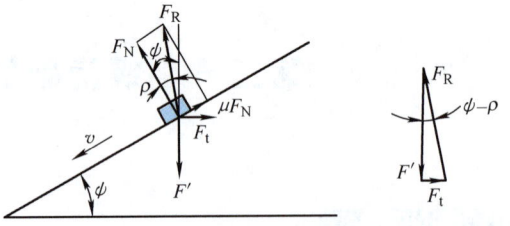

图 6-6 螺旋副松退时的受力分析

$$F_t = F'\tan(\psi - \rho)$$

由上式知，当 $\psi < \rho$ 时，F_t 为负值。这说明，要使滑块在力 F' 的作用下沿斜面等速下滑，须对滑块施加一个与图示方向相反的力 F_t 才行。否则，不论力 F' 有多大，滑块都不会自行下滑，即不论轴向载荷 F' 有多大，螺母也不会自行松退，这种现象称为螺旋副的自锁。因此，螺旋副的自锁条件为

$$\psi \leq \rho \tag{6-5}$$

连接用螺纹要求螺旋副自锁。

二、非矩形螺纹

略去螺纹升角 ψ 的影响，图 6-7 所示为牙型斜角 $\beta = 0$ 和 $\beta \neq 0$ 时螺旋副的受力情况。如果两种螺旋副的摩擦因数都是 μ，轴向载荷都是 F'，那么牙型斜角 $\beta = 0$ 时螺旋副的摩擦力可近似表示为

$$F_\mu = \mu F_N = \mu F'$$

而牙型斜角 $\beta \neq 0$ 时螺旋副的摩擦力可近似表示为

$$F_\mu = \mu F_{N1} = \mu \frac{F'}{\cos\beta} = \frac{\mu}{\cos\beta} F' = \mu_v F'$$

比较两者的摩擦力可以发现，后者相当于摩擦因数由 μ 增大到 $\mu_v = \mu/\cos\beta$，即摩擦角由 ρ 增大到 $\rho_v = \arctan(\mu/\cos\beta)$，

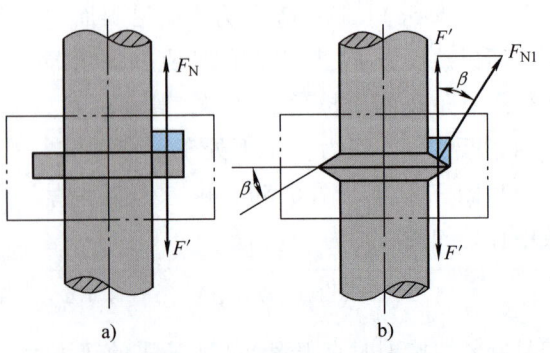

图 6-7 矩形和非矩形螺纹螺旋副的受力比较
a) $\beta = 0$ 时螺旋副的受力情况 b) $\beta \neq 0$ 时螺旋副的受力情况

μ_v、ρ_v 分别称为当量摩擦因数和当量摩擦角。根据这个结果，只需将式（6-2）、式（6-3）、式（6-4）和式（6-5）中的 ρ 改为 ρ_v，就可得到非矩形螺纹的相应计算公式：

旋紧螺旋副时作用在螺纹中径上的圆周力

$$F_t = F'\tan(\psi + \rho_v) \tag{6-6}$$

旋紧螺旋副时克服螺纹阻力所需的转矩

$$T_1 = F'\tan(\psi + \rho_v)\frac{d_2}{2} \tag{6-7}$$

旋紧螺旋副时的效率

$$\eta = \frac{\tan\psi}{\tan(\psi + \rho_v)} \tag{6-8}$$

自锁条件

$$\psi \leq \rho_v \tag{6-9}$$

三、影响螺旋副效率和自锁性能的几何因素

由式（6-1）可得，螺纹升角 $\psi = \arctan(nP/\pi d_2)$。可见螺纹的线数越多，螺距越大，升角 ψ 也越大。在 ρ_v 一定的情况下，根据式（6-8）可画出螺旋副效率与螺纹升角的关系曲线（图6-8）。由图6-8可见，螺纹升角 ψ 一般不应超过25°。在此范围内，螺纹升角越大，效率越高。由式（6-9）可知，当 ρ_v 一定时，ψ 越大，自锁性能越差。因此，在螺旋传动中应采用多线、大螺距的螺纹以提高传动效率；在螺纹连接中应采用单线、小螺距的螺纹以提高自锁性能，增加连接的可靠性。

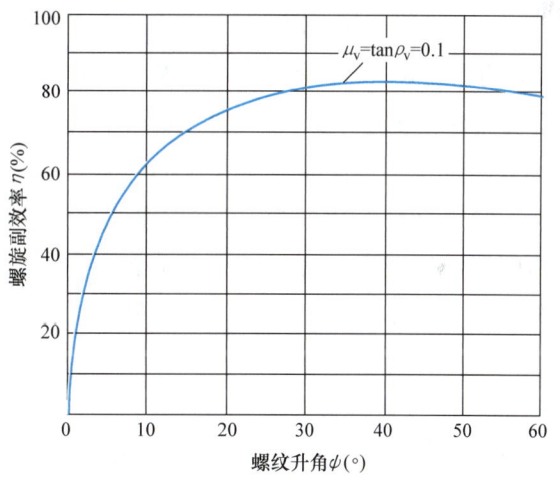

图6-8 螺旋副效率与螺纹升角的关系曲线

由 $\rho_v = \arctan(\mu/\cos\beta)$ 可知，在摩擦因数 μ 一定的情况下，牙型斜角 β 越大，ρ_v 也越大。由式（6-8）和式（6-9）可知，在 ψ 一定的情况下，ρ_v 越大，效率越低，自锁性能越好。在螺旋传动中，为了提高效率，应采用牙型斜角 β 小的螺纹；在螺纹连接中，为了提高自锁性能，应采用牙型斜角 β 大的螺纹。因此，普通螺纹多用于连接，矩形、梯形、锯齿形螺纹多用于传动。

四、螺纹连接的预紧和拧紧力矩

将螺旋副用于连接构成螺纹连接。预紧是在安装时将螺母拧紧，使连接受到一定的预紧力 F'。对于一般连接，往往对预紧力不加控制，拧紧程度凭装配经验而定；对于重要连接（如气缸盖的螺栓连接），预紧力必须用一定的方法加以控制，以满足连接强度、可靠性和密封性等要求。控制预紧力常用的拧紧工具有指针式扭力扳手、定力矩扳手（图6-9）等。

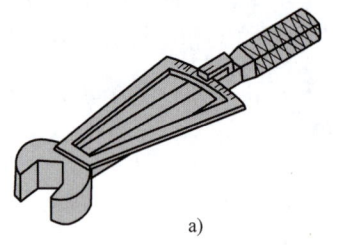
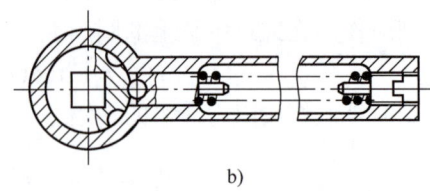

图 6-9 控制拧紧力矩的扳手

a) 指针式扭力扳手 b) 定力矩扳手

在拧紧螺母时,拧紧力矩 T 需要克服螺旋副相对运动的螺纹阻力矩 T_1 和螺母与承压面间的摩擦阻力矩 T_2(图 6-10),即

$$T = T_1 + T_2 \tag{6-10}$$

对于 M10~M68 的粗牙普通螺纹,式(6-10)可简化为

$$T \approx 0.2F'd \tag{6-11}$$

式中,d 为螺纹的公称直径(mm);F' 是连接的预紧力(N);T 是拧紧力矩(N·mm)。

小直径的螺栓装配时应施加小的拧紧力矩,否则螺栓杆容易被拧断。因此,对重要的、有强度要求的螺栓连接,如果没有控制拧紧力矩的措施,不宜采用小于 M12~M16 的螺栓。

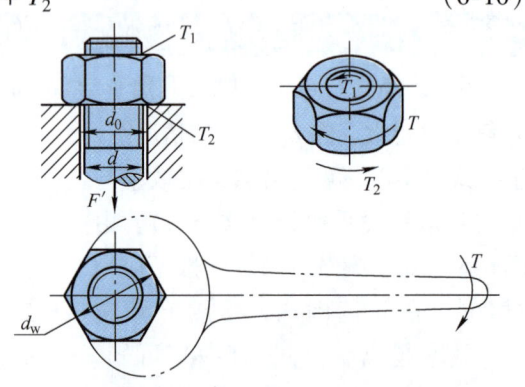

图 6-10 螺旋副拧紧时的受力

例 6-1 一螺栓连接采用M36的螺栓,已知螺旋副的摩擦因数 $\mu = 0.13$。若要求螺栓连接装配时的预紧力 $F' = 9000\mathrm{N}$,试计算所需的拧紧力矩;若将螺栓的单线普通螺纹变为双线普通螺纹,试比较两螺旋副的效率及自锁性能。

解

计 算 与 说 明	主 要 结 果
1. 螺栓的基本参数	
螺距 已知 M36,由附表 6-1	$P = 4\mathrm{mm}$
中径	$d_2 = 33.402\mathrm{mm}$
2. 计算拧紧力矩	
拧紧力矩 $T \approx 0.2F'd = 0.2 \times 9000 \times 36\ \mathrm{N\cdot mm}$	$T = 6.48 \times 10^4\ \mathrm{N\cdot mm}$
3. 计算单线普通螺纹螺旋副的效率	
对于普通螺纹,$\beta = \alpha/2 = 30°$,所以	
当量摩擦因数 $\mu_\mathrm{v} = \dfrac{\mu}{\cos\beta} = \dfrac{0.13}{\cos 30°}$	$\mu_\mathrm{v} = 0.15$

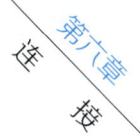

(续)

	计 算 与 说 明	主 要 结 果
当量摩擦角	$\rho_v = \arctan\mu_v = \arctan 0.15$	$\rho_v = 8°31'51''$
螺纹升角	$\psi_1 = \arctan\dfrac{nP}{\pi d_2} = \arctan\dfrac{1\times 4}{\pi\times 33.402}$	$\psi_1 = 2°10'59''$
效率	$\eta_1 = \dfrac{\tan\psi_1}{\tan(\psi_1+\rho_v)} = \dfrac{\tan 2°10'59''}{\tan(2°10'59''+8°31'51'')}$	$\eta_1 = 0.20 = 20\%$
4. 计算双线普通螺纹螺旋副的效率		
螺纹升角	$\psi_2 = \arctan\dfrac{2\times 4}{\pi\times 33.402}$	$\psi_2 = 4°21'35''$
效率	$\eta_2 = \dfrac{\tan 4°21'35''}{\tan(4°21'35''+8°31'51'')}$	$\eta_2 = 0.33 = 33\%$
5. 比较两种螺纹的效率和自锁性		
效率比较	由 $\eta_2 > \eta_1$ 可知	双线螺纹的效率高
自锁性比较	因为 ψ_1、ψ_2 均小于 ρ_v,所以 由于 $\psi_1<\psi_2$,故	两种螺纹都能够自锁 单线螺纹的自锁性更好

第四节　螺纹连接和螺纹连接件

一、螺纹连接的基本类型、特点及应用

螺纹连接的基本类型、特点及应用见表 6-2。

表 6-2　螺纹连接的基本类型、特点及应用

类型		结 构 简 图	尺 寸 关 系	特 点 及 应 用
螺栓连接	普通螺栓连接		螺纹余留长度 l_1： 　静载荷 $l_1 \geq (0.3\sim 0.5)d$ 　变载荷 $l_1 \geq 0.75d$ 　冲击载荷 $l_1 \geq d$ 螺纹伸出长度 l_2： 　$l_2 \approx (0.2\sim 0.3)d$ 受剪螺栓应尽可能使 $l_1 < l_2$ 螺栓轴线到边缘的距离 e： 　$e = d + 3\sim 6$mm	被连接件无需切制螺纹,孔壁与螺栓杆之间有间隙；既可以承受横向载荷,也可以承受轴向载荷,但螺栓都是只受拉力。连接结构简单、装拆方便,应用广泛。通常用于被连接件不太厚且便于加工通孔的场合
	铰制孔用螺栓连接		螺栓孔直径： 　受拉螺栓 $d_0 = 1.1d$ 受剪螺栓的 d_s 与 d 的对应关系见下表： | d/mm | M6~M27 | M30~M48 | |---|---|---| | d_s/mm | $d+1$ | $d+2$ |	被连接件无需切制螺纹,通孔与螺栓杆之间做成基孔制的过渡配合；一般只能用来承受横向载荷。由于螺栓大径小于螺栓杆直径,工作时,螺栓杆受剪切力和挤压力,同时兼有定位作用。适用于被连接件不太厚且便于加工通孔的场合

(续)

类型	结构简图	尺寸关系	特点及应用
双头螺柱连接	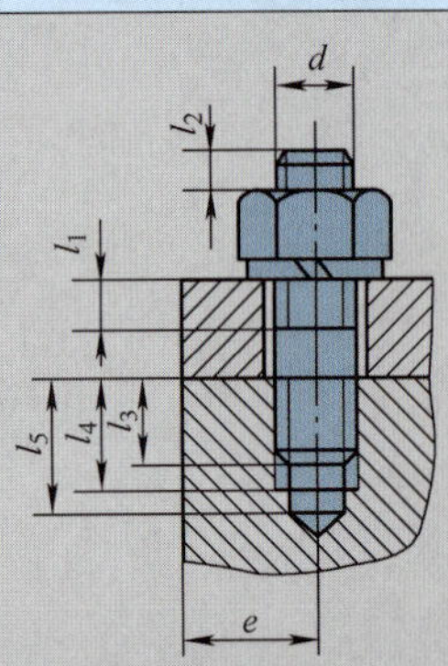	螺纹旋入长度 l_3： 钢或青铜 $l_3 \approx d$ 铸铁 $l_3 \approx (1.25 \sim 1.5)d$ 铝合金 $l_3 \approx (1.5 \sim 2.5)d$ 螺纹孔深度 l_4： $l_4 \approx l_3 + (2 \sim 2.5)P$ 钻孔深度 l_5： $l_5 \approx l_4 + (0.5 \sim 1)d$ 其余尺寸同螺栓连接	螺柱的一端旋入一被连接件的螺纹孔中，另一端则穿过另一被连接件的通孔，旋上螺母并拧紧。常用于被连接件之一较厚且需经常拆卸的场合。受载情况与普通螺栓连接相同
螺钉连接	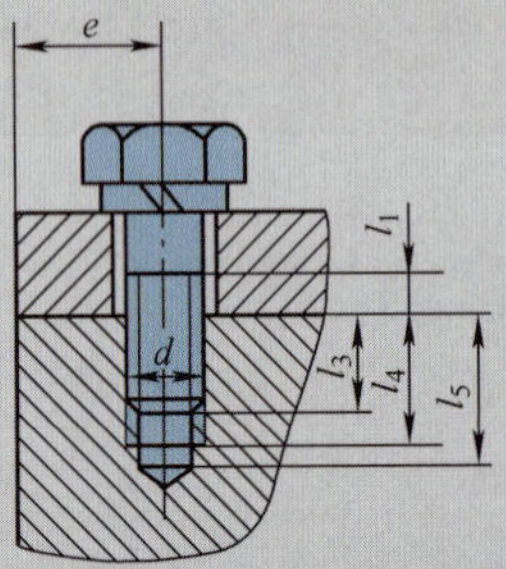		这种连接不用螺母，而是直接将螺钉穿过一被连接件的通孔，并旋入另一被连接件的螺纹孔中，其结构比双头螺柱连接简单。常用于被连接件之一较厚且不需经常拆卸的场合。受载情况也与普通螺栓连接相同
紧定螺钉连接	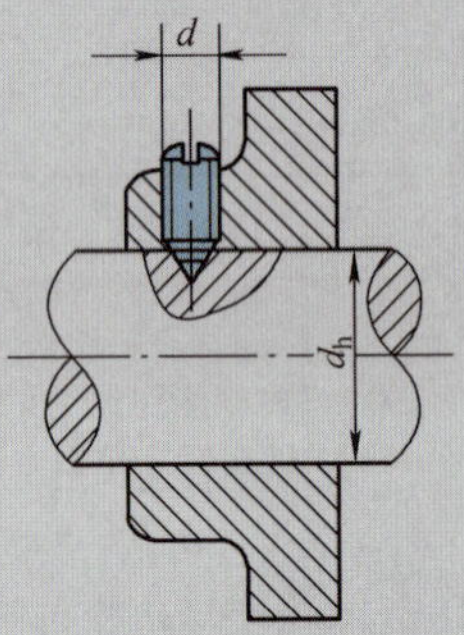	螺钉直径： $d = (0.2 \sim 0.3)d_h$ 当力或力矩大时取较大值	将紧定螺钉旋入一零件的螺纹孔，并以其末端顶紧另一零件来固定两零件的相对位置。只能传递较小的载荷，多用于轴与轴上零件的固定

二、螺纹连接件的主要类型

螺纹连接件的类型很多，而且多数已经标准化，设计时应尽量选用标准件。

（1）螺栓　螺栓的头部形式很多，其中最常用的是六角头螺栓。附表6-3、附表6-4分别列举了部分六角头普通螺栓和铰制孔用螺栓的基本尺寸。螺栓也用于螺钉连接中。

（2）双头螺柱　双头螺柱（表6-2）两端均制有螺纹，旋入被连接件螺纹孔的一端称为座端，另一端为螺母端。

（3）螺钉　螺钉的结构形式与螺栓类似，但螺钉头部形式较多（图6-11），内、外六角头可施加较大的拧紧力矩，而十字槽头不便于施加较大的拧紧力矩。

（4）紧定螺钉　紧定螺钉的头部和末端形式都很多（图6-12），可以适应不同拧紧程度的需要，其中方头能承受的拧紧力矩最大。常用的末端形式有锥端、平端和圆柱端，一般均要求末端有足够的硬度。

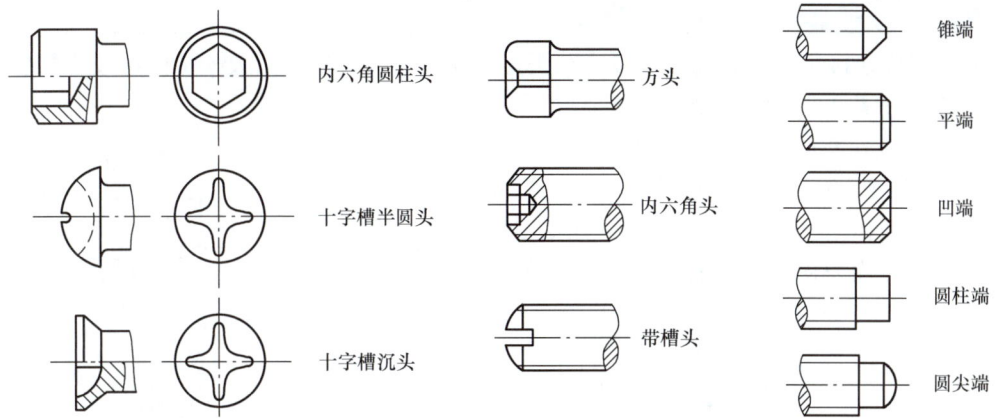

图 6-11　螺钉的头部形式　　　图 6-12　紧定螺钉的头部和末端形式

（5）螺母　螺母与螺栓、双头螺柱配套使用。螺母的形状有六角形、圆形和方形等，其中以六角螺母应用最普遍。六角螺母的厚度有所不同，薄螺母用于尺寸受限制的地方，厚螺母用于经常装拆、易于磨损的场合。附表 6-5 列出了常用六角螺母的基本尺寸。

（6）垫圈　垫圈是绝大多数螺纹连接中不可缺少的附件。常用的有平垫圈（图 6-13a、b）和弹簧垫圈（图 6-13c）。平垫圈的作用有两个：一是增加被连接件的支承面积，减小接触处压强，使螺母的压力均匀分布到零件表面上；二是防止旋紧螺母时损伤被连接件表面。弹簧垫圈主要起防松作用，其基本尺寸见附表 6-6，其他垫圈的尺寸可查阅机械设计手册。

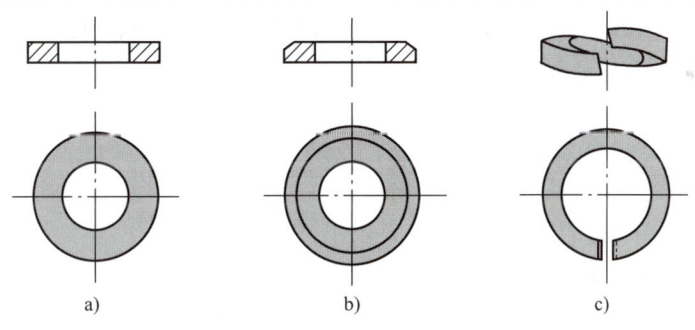

图 6-13　垫圈

第五节　螺纹连接的强度计算

螺纹连接的强度计算是螺纹连接设计的基础。计算的对象是螺杆，最终目的是确定螺纹的公称直径。由于螺杆上的螺牙以及其他连接件的标准是按等强度原则制定的，所以对连接螺纹的螺牙一般不进行强度计算。螺母和其他螺纹连接件则是根据螺纹的公称直径，查取相应的标准确定的。

螺栓的受力是强度计算的依据，下面分别按受拉和受剪两种类型讨论螺栓连接的强度计算。

一、受拉螺栓连接的强度计算

受拉螺栓连接包括普通螺栓连接、双头螺柱连接、螺钉连接以及松螺栓连接，其主要失效形式是螺杆螺纹处的塑性变形或断裂。

1. 只受工作载荷的螺栓强度计算

图6-14所示为只受工作载荷的螺栓连接的一个实例。

这种连接装配时不拧紧，螺栓只有在工作时才受拉力 F 作用，因此又称为松螺栓连接。忽略零件的自重，螺栓的强度条件为

$$\sigma = \frac{F}{\frac{\pi d_1^2}{4}} \leqslant [\sigma] \qquad (6\text{-}12)$$

式中，F 是轴向工作载荷（N）；d_1 是螺纹小径（mm）；σ 是螺栓的工作拉应力（MPa）；$[\sigma]$ 是螺栓的许用拉应力（MPa），见表6-6。

图6-14 起重滑轮的松螺栓连接

2. 只受预紧力的螺栓强度计算

受拉的紧螺栓连接在装配时必须拧紧，因此在承受工作载荷之前，螺栓就受到一定的预紧力（轴向拉力）。

图6-15所示为螺栓只受预紧力作用的紧螺栓连接。该连接受横向工作载荷 F_s 作用，F_s 的方向与螺栓轴线垂直。其工作原理是：将连接拧紧，利用被连接件接合面间压力所产生的摩擦力来传递横向外载荷。根据力平衡条件有

$$KF_s = F'\mu m$$

即

$$F' = \frac{KF_s}{\mu m} \qquad (6\text{-}13)$$

式中，F' 是螺栓连接所受的预紧力（N）；F_s 是横向工作载荷（N）；μ 是被连接件接合面间的摩擦因数，对于钢或铸铁，当接合面干燥时，$\mu = 0.10 \sim 0.16$，当接合面沾有油时，$\mu = 0.06 \sim 0.10$；m 是被连接件接合面数目；K 是考虑摩擦传力的可靠性系数，$K = 1.1 \sim 1.3$。

若取 $K = 1.2$，$m = 1$，$\mu = 0.12$，则由式（6-13）可得 $F' = 10F_s$，可见螺栓受力很大。在受横向载荷时，其承载能力不及铰制孔用螺栓连接；但由于加工容易，安装方便，故应用仍很广泛。

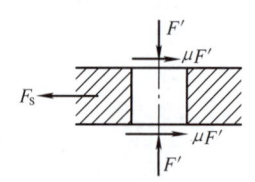

图6-15 只受预紧力作用的紧螺栓连接

当拧紧螺栓进行连接时，螺栓的危险截面上受由预紧力 F' 引起的拉应力 σ 和由螺纹力矩 T_1 引起的扭切应力 τ_T 的复合作用。大多数情况下螺杆是塑性材料，复合应力 σ_v 可按第四强度理论计算，即

$$\sigma_v = \sqrt{\sigma^2 + 3\tau_T^2}$$

对于M10~M68的普通螺栓，$\tau_T \approx 0.5\sigma$，因此

$$\sigma_v = \sqrt{\sigma^2 + 3\tau_T^2} \approx 1.3\sigma \qquad (6\text{-}14)$$

由此可见，扭切应力对强度的影响在数学式上表现为将轴向拉应力增大30%，故螺栓的强度条件为

$$\sigma_v = \frac{1.3F'}{\frac{\pi d_1^2}{4}} \leqslant [\sigma] \qquad (6\text{-}15)$$

式中参数的含义及单位同前。

3. 既受预紧力又受轴向工作载荷的螺栓强度计算

如图6-16所示气缸盖螺栓连接就是既受预紧力又受轴向工作载荷的紧螺栓连接。现取螺栓组中的一个螺栓来分析其受载情况。

图6-17a 所示为螺母刚好与被连接件接触，但尚未拧紧的状态，显然螺栓与被连接件均不受力。图6-17b 所示为连接已经被拧紧，但尚未承受工作载荷的情况。这时螺栓承受预紧拉力 F'，其伸长变形量为 δ_1；被连接件承受预紧压力 F'，其压缩变形量为 δ_2。图6-17c 所示为气缸充气以后，连接在预紧的状态下又受到一个轴向工作载荷 F

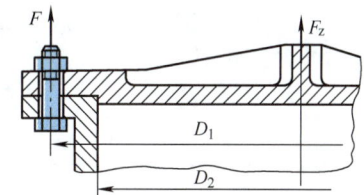

图6-16 气缸盖螺栓连接

的作用。此时螺栓的伸长量增加了 $\Delta\delta$，其总伸长量为 $\delta_1 + \Delta\delta$，螺栓所受拉力也由 F' 增至 F_0。由于螺栓的伸长使连接有所放松，被连接件的压缩量由 δ_2 减小为 $\delta_2 - \Delta\delta$，所受压力由 F' 减至 F''，F'' 称为剩余预紧力。螺栓和被连接件的受力与变形关系如图6-18所示。

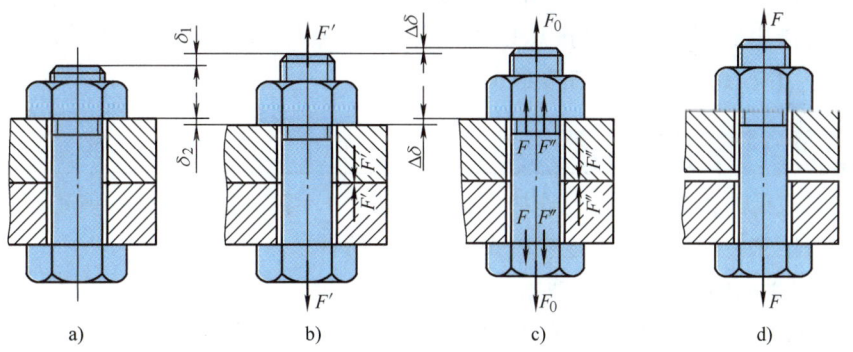

图6-17 螺栓和被连接件的受力与变形

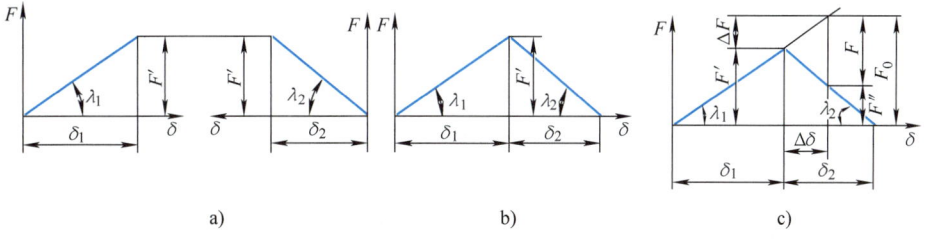

图6-18 螺栓和被连接件受力与变形的关系

a) 连接的预紧状态　b) 图a中两图合并　c) 受轴向工作载荷时连接的受力与变形

图 6-18a 所示为在受工作载荷前的预紧状态下，螺栓和被连接件的受力与变形关系图。为了分析方便，将图 6-18a 中的两个受力变形关系图合并为图 6-18b。图 6-18c 所示为承受工作载荷作用后，螺栓和被连接件的受力与变形的关系。在弹性范围内，上述变化都是线性的。由图 6-18c 可知，螺栓所受总拉力为剩余预紧力 F'' 与工作载荷 F 之和，即

$$F_0 = F'' + F \tag{6-16}$$

由图 6-18c 可见，随工作载荷 F 的增大，剩余预紧力 F'' 将减小。当工作载荷增大到一定程度时，剩余预紧力将为零。这时若载荷继续增大，被连接件间就会出现缝隙（图 6-17d），这是螺栓连接的又一种失效形式。为了保证连接的紧密性，必须维持一定的剩余预紧力。剩余预紧力可按表 6-3 选取。

表 6-3　剩余预紧力的选取

工作情况		剩余预紧力 F''
无紧密性要求	工作载荷稳定	$(0.2 \sim 0.6) F$
	工作载荷有变化	$(0.6 \sim 1.0) F$
有紧密性要求		$(1.5 \sim 1.8) F$

考虑到螺栓连接在承受工作载荷的状态下可能需要补充拧紧，此时螺栓在承受总拉力 F_0 的同时还受拧紧力矩的作用，为安全起见，仍仿式 (6-15) 的强度条件进行计算，即

$$\sigma_v = \frac{1.3 F_0}{\frac{\pi d_1^2}{4}} \leqslant [\sigma] \tag{6-17}$$

当轴向工作载荷在 $0 \sim F$ 之间变化时，螺栓所受的总拉力将在 $F' \sim F_0$ 之间变化。对于受轴向变载荷作用的螺栓，也可按总拉力 F_0 进行粗略计算，其强度条件仍为式 (6-17)，所不同的是许用应力应按表 6-6 在变载荷项内查取。

二、受剪螺栓连接的强度计算

在受横向载荷的铰制孔用螺栓连接（图 6-19）中，载荷是靠螺杆的剪切以及螺杆和被连接件间的挤压来传递的。这种连接的失效形式有两种：

1）螺杆受剪面的塑性变形或剪断。
2）螺杆与被连接件中较弱者的挤压面被压溃。

由于装配时只需对连接中的螺栓施加较小的预紧力，可以忽略接合面间的摩擦，故连接的强度条件为

$$\tau = \frac{F_s}{\frac{m \pi d_s^2}{4}} \leqslant [\tau] \tag{6-18}$$

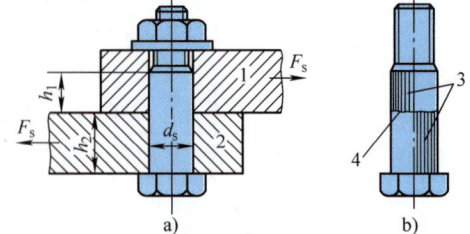

图 6-19　受剪螺栓连接
1、2—被连接件　3—螺杆受挤压面　4—螺杆受剪面

$$\sigma_p = \frac{F_s}{d_s h} \leqslant [\sigma_p] \tag{6-19}$$

式中，F_s 是横向工作载荷（N）；τ 是螺杆的工作切应力（MPa）；m 是螺杆受剪面数目；d_s 是螺杆受剪面的直径（mm）；$[\tau]$ 是螺杆的许用切应力（MPa），见表 6-7；σ_p 是计算对象

的工作挤压应力（MPa）；h 是计算对象的挤压高度（mm），设计时一般应使 $h \geq 1.25d_s$；$[\sigma_p]$ 是计算对象的许用挤压应力（MPa），见表6-7。

挤压强度的计算对象要根据具体的连接结构和零件的材料来确定。在图6-19a中，应取两个被连接件和螺杆三者中 $h[\sigma_p]$ 小者为计算对象。

三、螺栓的材料和许用应力

国家标准规定螺纹连接件按力学性能的不同分级。螺栓、螺柱和螺钉的性能等级分为十级，见表6-4；螺母的性能等级分为七级，分别与相配螺栓的性能等级对应，见表6-5。螺纹连接件的力学性能按表6-4下的注释确定。

表6-4　螺栓、螺柱、螺钉的性能等级

性能等级	3.6	4.6	4.8	5.6	5.8	6.8	8.8	9.8	10.9	12.9
抗拉强度极限 σ_b/MPa	330	400	420	500	520	600	800	900	1040	1220
屈服强度 σ_{smin}/MPa	190	240	340	380	400	480	640	720	900	1080
硬　度 HBW_{min}	90	114	124	147	152	181	245	286	316	380
推荐材料	低碳钢或中碳钢						中碳钢或低碳合金钢 淬火并回火（回火温度约340~450℃）		中碳钢、低碳或中碳合金钢	合金钢

注：1. 本表摘自 GB/T 3098.1 2010。
2. 性能等级的标记代号含义："."前的数字代表材料公称抗拉强度 σ_b 的1/100，"."后的数字代表材料的公称屈服强度与公称抗拉强度之比的10倍，即 $(\sigma_s/\sigma_b)\times 10$。
3. 规定性能等级的螺栓、螺母在图样上只注性能等级，不标注材料牌号。

表6-5　螺母性能等级

螺母性能等级	04	05	5	6	8	10	12
相配螺栓性能等级	4.6、4.8	4.6、4.8	5.6、5.8	6.8	8.8	10.9	12.9
相配螺栓螺纹规格范围/mm	—	—	M5~M39				M5~M16

注：1. 本表摘自 GB/T 3098.2—2015。
2. 螺母性能等级用与其相配的螺栓中最高性能等级的第一部分数字表示。O型性能等级表示降低了承载能力。

螺纹连接件的常用材料及热处理方法在表6-4中作了推荐，使用时必须使其满足相应的螺纹连接件性能等级规定的力学性能。此外，有防蚀或导电等要求时，螺纹连接件材料也可用铜及铜合金或其他有色金属。

螺栓的许用应力与许多因素有关，如螺栓的材料及热处理工艺、结构尺寸、载荷性质、工作温度、加工装配质量、使用条件等。确定许用应力时应综合考虑上述各因素的影响。一一般机械设计可参照表 6-6、表 6-7 选取。

表 6-6 受拉螺栓的许用应力

载荷性质	许用应力	直径/mm 材料	不控制预紧力时的安全系数 S_s			控制预紧力时的安全系数 S_s
			M6~M16	M16~M30	M30~M60	
静载荷	$[\sigma] = \dfrac{\sigma_s}{S_s}$	碳钢	5~4	4~2.5	2.5~2	1.2~1.5
		合金钢	5.7~5	5~3.4	3.4~3	
变载荷		碳钢	12.5~8.5	8.5	8.5~12.5	
		合金钢	10~6.8	6.8	6.8~10	

注：松螺栓连接未经淬火的钢 $S_s=1.2$，经淬火的钢 $S_s=1.6$。

表 6-7 受剪螺栓连接的许用应力

载荷性质	材料	剪 切		挤 压	
		许用应力	安全系数 S_τ	许用应力	安全系数 S_p
静载荷	钢	$[\tau] = \dfrac{\sigma_s}{S_\tau}$	2.5	$[\sigma_p] = \dfrac{\sigma_s}{S_p}$	1.25
	铸铁	—	—	$[\sigma_p] = \dfrac{R_m}{S_p}$	2~2.5
变载荷	钢	$[\tau] = \dfrac{\sigma_s}{S_\tau}$	3.5~5	按静载荷降低 20%~30%	—
	铸铁				

四、螺栓组连接的强度计算

上述均为单个螺栓的强度计算，而多数情况下螺栓是成组使用的。在设计时，同一组螺栓应取相同的材料、直径、长度及预紧力，并取其中受力最大的螺栓进行强度计算。下面的例 6-2、例 6-3 和例 6-4 是三种比较简单的螺栓组连接的强度计算。对于受力比较复杂的螺栓组连接，可参考相关的《机械设计》教材进行受力分析和计算。

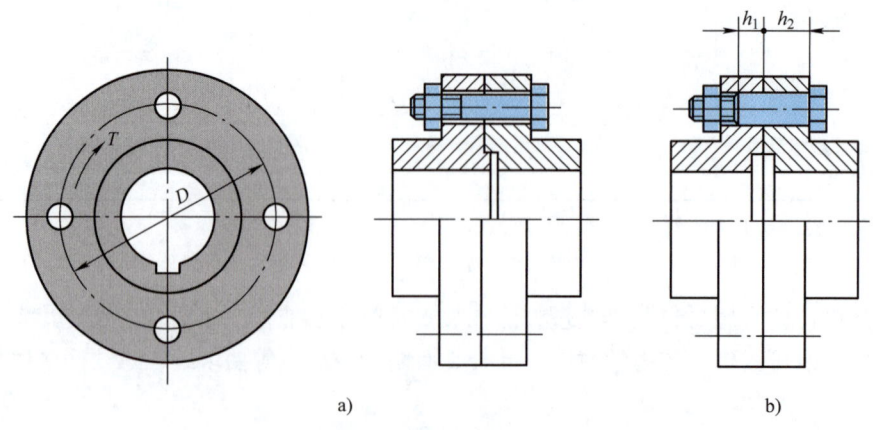

图 6-20 螺栓连接的应用

a) 普通螺栓连接　b) 铰制孔用螺栓连接

例 6-2 图 6-20 所示为凸缘联轴器。已知联轴器材料为 HT200，传递的转矩 $T = 1.20 \times 10^6 \text{N·mm}$，静载荷。两个半联轴器用 4 个螺栓连接在一起，螺栓均匀分布于 $D = 160 \text{mm}$ 的圆周上，螺栓材料为 35 钢，性能等级为 5.8 级。若采用普通螺栓连接（图 6-20a），两半联轴器间的摩擦因数 $\mu = 0.15$，连接的可靠性系数 $K = 1.2$，试确定螺栓的直径。

解 这种连接靠摩擦力传递载荷，螺栓只受预紧力作用，其计算步骤如下：

计 算 与 说 明	主 要 结 果
1. 确定螺栓材料的力学性能	
螺栓的抗拉强度 由表 6-4 的注释和螺栓性能等级 5.8 级，知	$\sigma_b = 500 \text{MPa}$
螺栓的屈服强度	$\sigma_s = 400 \text{MPa}$
2. 求单个螺栓的受力	
单个螺栓连接所受的横向载荷 $F_s = \dfrac{T}{Z\dfrac{D}{2}} = \dfrac{1.20 \times 10^6}{4 \times \dfrac{160}{2}} \text{N}$	$F_s = 3750 \text{N}$
单个螺栓连接的预紧力 $F' = \dfrac{KF_s}{\mu m} = \dfrac{1.2 \times 3750}{0.15 \times 1} \text{N}$	$F' = 3 \times 10^4 \text{N}$
3. 求螺栓直径	
(1) 不控制预紧力（试算法）	
初选 M24 螺栓 由附表 6-1	$d_1 = 20.752 \text{mm}$
安全系数 由表 6-6，按线性插值法求得	$S_s = 3.14$
螺栓的许用应力 $[\sigma] = \dfrac{\sigma_s}{S_s} = \dfrac{400}{3.14} \text{MPa}$	$[\sigma] = 127 \text{MPa}$
计算螺纹小径 $d_1 \geq \sqrt{\dfrac{4 \times 1.3 F'}{\pi[\sigma]}} = \sqrt{\dfrac{4 \times 1.3 \times 3 \times 10^4}{\pi \times 127}} \text{mm}$ $= 19.774 \text{mm}$	与 M24 螺栓 d_1 接近
确定螺栓直径 由上述计算知，M24 螺栓满足使用要求（注意：如果计算的 d_1 与初选螺栓的 d_1 相差较多，则应重选螺栓直径进行计算，直到两者相近，方能基本满足使用要求，此即工程上常用的试算法）	选 M24 螺栓
(2) 控制预紧力	
安全系数 由表 6-6，在静载荷下取较小值	$S_s = 1.3$
螺栓的许用应力 $[\sigma] = \dfrac{\sigma_s}{S_s} = \dfrac{400}{1.3} \text{MPa}$	$[\sigma] = 308 \text{MPa}$
计算螺纹小径 $d_1 \geq \sqrt{\dfrac{4 \times 1.3 F'}{\pi[\sigma]}} = \sqrt{\dfrac{4 \times 1.3 \times 3 \times 10^4}{\pi \times 308}} \text{mm}$ $= 12.697 \text{mm}$	
确定螺栓直径 由附表 6-1	选 M16 螺栓
螺纹小径	$d_1 = 13.835 \text{mm}$

例 6-3 在例 6-2 中，其他条件相同，若改用铰制孔用螺栓连接（图 6-20b），已知 $h_1 = 15 \text{mm}$，$h_2 = 23 \text{mm}$，试确定螺栓的直径。

解 这种连接靠剪切和挤压传力，属于受剪螺栓连接，其计算步骤如下：

计 算 与 说 明		主 要 结 果
1. 确定螺栓和被连接件的力学性能		
螺栓材料的力学性能	与例 6-2 相同	$\sigma_b = 500\text{MPa}$
		$\sigma_s = 400\text{MPa}$
被连接件的强度极限	联轴器材料为 HT200	$\sigma_b = 200\text{MPa}$
2. 求单个螺栓连接所受的横向载荷		
单个螺栓连接所受横向载荷	与例 6-2 相同	$F_s = 3750\text{N}$
3. 按剪切强度条件计算螺栓直径		
安全系数	由表 6-7，在静载荷下，取	$S_\tau = 2.5$
螺栓的许用切应力	$[\tau] = \dfrac{\sigma_s}{S_\tau} = \dfrac{400}{2.5}\text{MPa}$	$[\tau] = 160\text{MPa}$
螺栓杆部直径	$d_s \geq \sqrt{\dfrac{4F_s}{\pi[\tau]}} = \sqrt{\dfrac{4 \times 3750}{\pi \times 160}}\text{mm}$	$d_s = 5.5\text{mm}$
4. 按挤压强度条件计算螺栓直径		
钢的安全系数	由表 6-7，在静载荷下，取	$S_{p1} = 1.25$
铸铁的安全系数	由表 6-7，取	$S_{p2} = 2.5$
螺栓的许用挤压应力	$[\sigma_{p1}] = \dfrac{\sigma_s}{S_{p1}} = \dfrac{400}{1.25}\text{MPa}$	$[\sigma_{p1}] = 320\text{MPa}$
被连接件的许用挤压应力	$[\sigma_{p2}] = \dfrac{\sigma_b}{S_{p2}} = \dfrac{200}{2.5}\text{MPa}$	$[\sigma_{p2}] = 80\text{MPa}$
显然，$h_1[\sigma_{p2}] < h_1[\sigma_{p1}]$，应以联轴器螺钉孔表面为计算对象		
螺栓杆部直径	$d_s \geq \dfrac{F_s}{h_1[\sigma_{p2}]} = \dfrac{3750}{15 \times 80}\text{mm}$	$d_s = 3.1\text{mm}$
5. 确定螺栓直径		
螺栓直径	综合上述计算，查附表 6-4	选用 M6 铰制孔用螺栓
螺栓杆部直径		$d_s = 7\text{mm}$

比较例 6-2、例 6-3 的计算结果可知，采用普通螺栓连接所需螺栓的直径要比采用铰制孔用螺栓连接的螺栓直径大得多。若采用相同的螺栓直径，则普通螺栓连接所需螺栓的个数要比铰制孔用螺栓连接的多。

例 6-4 一钢制液压缸，已知缸内油压 $p = 2\text{MPa}$（静载），液压缸内径 $D_2 = 125\text{mm}$，缸盖用 6 个 M16 的螺栓连接在缸体上，结构形式如图 6-21 所示，螺栓材料的许用应力 $[\sigma] = 100\text{MPa}$。根据连接的紧密性要求，取剩余预紧力 $F'' = 1.5F$，试校核该螺栓连接的强度。

解 这是一个承受轴向工作载荷的螺栓组连接，螺栓既受预紧力又受轴向工作载荷的作用，计算步骤如下：

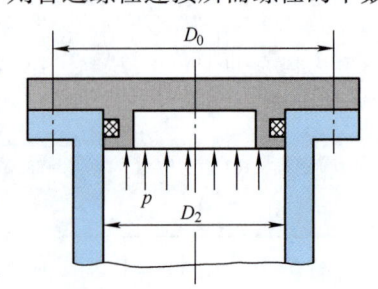

图 6-21 液压缸与缸盖的连接

计 算 与 说 明	主 要 结 果
1. 计算螺栓的工作载荷 液压缸盖螺栓组所受的载荷 $F_z = p\dfrac{\pi D_2^2}{4} = 2 \times \dfrac{\pi \times 125^2}{4}\text{N}$ 单个螺栓所受的工作载荷 $F = \dfrac{F_z}{Z} = \dfrac{2.45 \times 10^4}{6}\text{N}$ 2. 求螺栓所受的总拉力 连接的剩余预紧力 $F'' = 1.5F = 1.5 \times 4083\text{N}$ 螺栓所受的总拉力 $F_0 = F'' + F = (6125 + 4083)\text{N}$ 3. 校核螺栓连接的强度 M16 螺纹小径 由附表 6-1 螺栓的复合应力 $\sigma_v = \dfrac{1.3F_0}{\dfrac{\pi d_1^2}{4}} = \dfrac{1.3 \times 1.02 \times 10^4 \times 4}{\pi \times 13.835^2}\text{MPa}$ 螺栓材料的许用应力 已知 结论 $\sigma_v < [\sigma]$	$F_z = 2.45 \times 10^4\text{N}$ $F = 4083\text{N}$ $F'' = 6125\text{N}$ $F_0 = 1.02 \times 10^4\text{N}$ $d_1 = 13.835\text{mm}$ $\sigma_v = 88.2\text{MPa}$ $[\sigma] = 100\text{MPa}$ 连接可靠

第六节　螺纹连接的结构设计

在螺纹连接的设计中，除合理选择标准件外，还应注意下述结构上的一些问题。

一、避免或减小附加载荷

若被连接件与螺母或螺栓头部接触的表面不平或倾斜（图 6-22a），螺栓就会受到附加力，致使连接的承载能力降低。采用如图 6-22b、c 所示的结构，既可保证被连接件表面平整，也可使螺纹孔轴线与承压面垂直，从而减小或避免螺栓所受附加载荷。如图 6-14 所示的斜垫圈也是减小螺栓受附加载荷的常用方法。

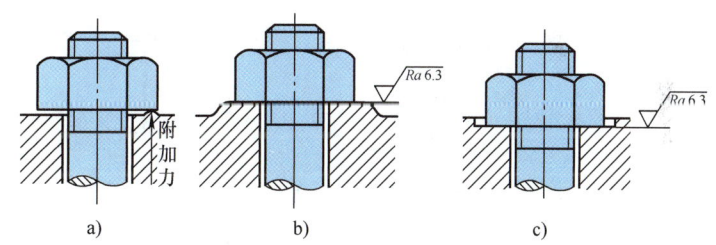

图 6-22　螺栓的附加载荷与避免或减小措施举例
a）附加力　b）凸台　c）沉孔

二、防止松脱

连接用螺纹标准件都能满足自锁条件。连接拧紧后，螺母或螺栓与被连接件支承面间的摩擦力也有助于防止连接松脱。因此，在常温下受静载荷作用时，螺纹连接一般不会发生松动。若温度变化较大或连接受到冲击、振动以及不稳定载荷的作用，摩擦力就会减小，甚至消失，致使连接逐渐松脱。这种松脱会引起机器设备的严重损坏或造成重大的人身事故。因此，为了保证连接的可靠性，在设计和安装时必须按照工作条件、工作可靠性要求设置螺纹连接的防松结构或装置。

防松就是防止螺旋副产生相对运动。防松的方法很多，表 6-8 所列为常用的防松方法及其特点。

表6-8 常用的防松方法及其特点

防松原理	防松方法及特点		
利用摩擦防松：采用合理的结构措施，使螺旋副中的摩擦力不随连接的外载荷波动变化，始终保持较大的防松摩擦力矩	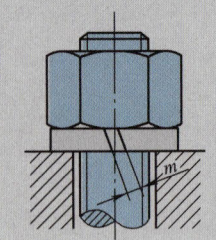 对顶螺母 利用两螺母对顶拧紧，螺栓旋合段承受拉力而螺母受压，从而使螺纹间始终保持相当大的正压力和摩擦力 结构简单，可用于低速重载场合。但螺栓和螺纹部分均需加长，不够经济，且增加了外廓尺寸和质量	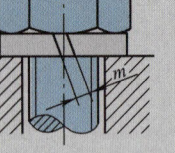 弹簧垫圈 弹簧垫圈的材料为高强度锰钢，装配后弹簧垫圈被压平，其反弹力使螺纹间保持一定的压紧力和摩擦力，且垫圈切口处的尖角也能阻止螺母转动松脱 结构简单，使用方便。但垫圈弹力不均，因而不十分可靠，多用于不甚重要的连接	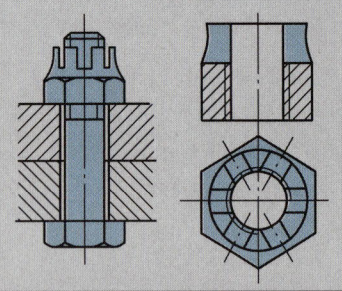 弹性锁紧螺母 在螺母的上部做成有槽的弹性结构，装配前这一部分的内螺纹尺寸略小于螺栓的外螺纹。装配时螺母稍有扩张，螺纹之间由于得到紧密的配合而保持持久的表面摩擦力 结构简单，防松可靠，可多次装拆而不降低防松性能
机械方法防松：利用便于更换的金属元件约束螺旋副，使之不能相对转动	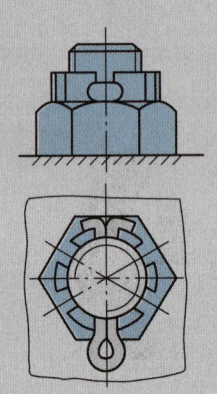 开口销与开槽螺母 开槽螺母旋紧后，将开口销穿过螺母上的径向槽和螺栓末端的孔，从而把螺母与螺栓固连在一起 防松可靠，可用于承受冲击载荷或载荷变化较大的连接	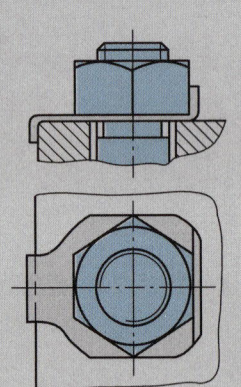 止动垫圈 止动垫圈的形式很多，图示是将止动垫圈的一个弯耳折起紧贴在螺母的侧面上，另一弯耳折下贴在被连接件的侧壁上，从而避免螺母转动而松脱 防松可靠，但只能用于连接部分可容纳弯耳的场合	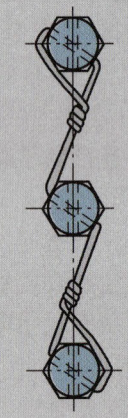 串联钢丝 将钢丝依次穿过相邻螺栓头部的横孔，两端拉紧打结。安装时保证钢丝正确的穿连方向，使螺栓的松脱方向与钢丝拉紧方向相反，确保连接不能松动 防松效果好，但安装较费工时，主要用于螺栓数目不多且排列较密的螺钉连接

（续）

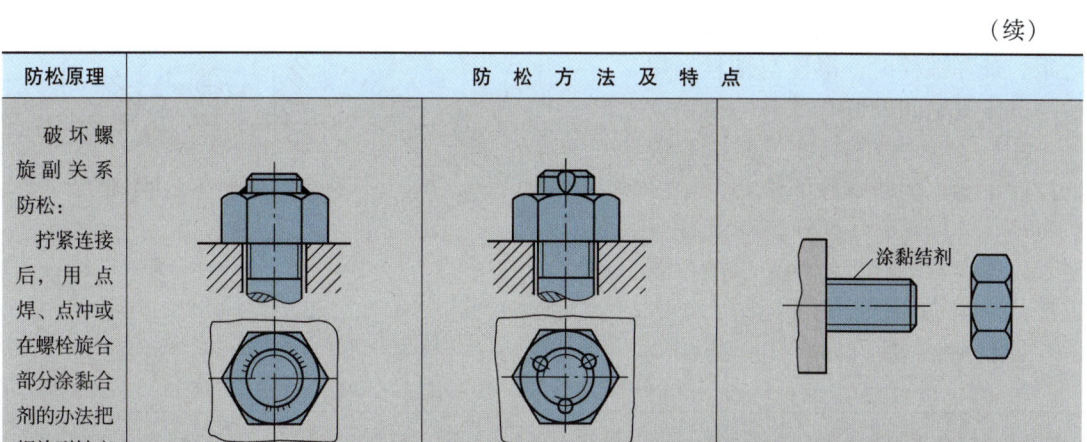

三、减小横向载荷

受横向载荷的普通螺栓连接，被连接件间要获得足够大的摩擦力以平衡外载荷。因此，当外加横向载荷较大时，螺栓就要承受较大的预紧力，这样所需螺栓直径很大。为了避免这个缺点，可在被连接件之间加上套、键、销或制作止口等减载装置（图6-23），从而大大减小螺纹连接所承受的横向载荷。

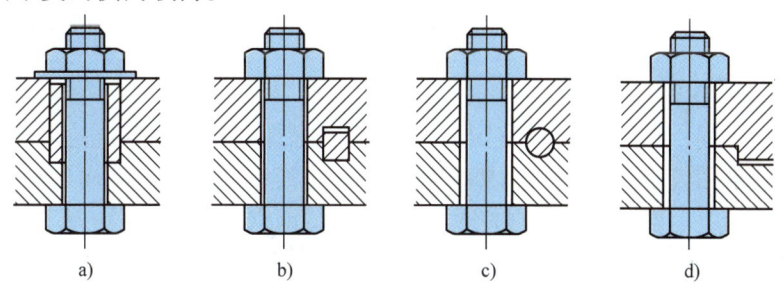

图 6-23 减载装置

a）套筒减载 b）键减载 c）销减载 d）止口减载

四、合理进行结构设计

由于螺栓一般都是成组使用，所以在确定一组螺栓的平面位置和数目时，应使连接结构受力合理，力求各螺栓受力均匀，便于加工和装配。通常可从以下四个方面提高设计质量。

1）连接接合面的几何形状应尽量简单。通常设计成对称的几何形状，螺栓要均匀布置，尽可能使螺栓组的形心与连接接合面的形心重合。

2）对受旋转力矩作用的螺栓组，应使螺栓尽量远离轴线，以减小螺栓的受力。

3）同一圆周上的螺栓数目，应尽量采用3、4、6、8、12等，以便于分度和画线。

4）螺栓的排列应有合理的间距、边距。布置螺栓时，螺栓与螺栓、螺栓与机体侧壁间要留有足够的扳手空间（图6-24），具体尺寸可查阅有关的设计手册。相邻螺栓的中心间距一般应小于 $10d$（d 为螺栓公称直径）；对于压力容器等有密封性要求的重要连接，螺栓的间距 t_0 一般不得大于表6-9所推荐的数值。

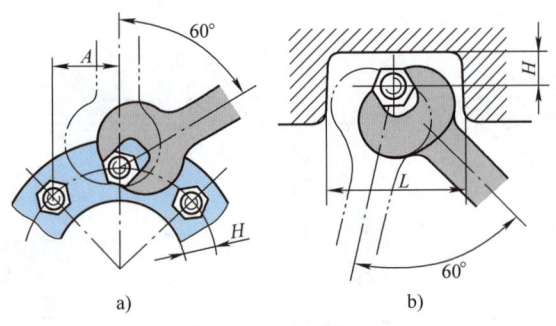

图6-24　扳手空间尺寸

表6-9　螺栓最大间距 t_{0max}

工作压力 p/MPa					
≤1.6	1.6~4	4~10	10~16	16~20	20~30
t_{0max}					
$7d$	$4.5d$	$4.5d$	$4d$	$3.5d$	$3d$

第七节　螺旋传动简介

一、螺旋传动简介

螺旋传动与螺纹连接不同，它主要用来把回转运动变为直线运动，同时也可以承受载荷或传递动力。

1. 螺旋传动的分类

按使用要求不同，螺旋传动可分为传力螺旋、传导螺旋和调整螺旋三类。传力螺旋以传递动力为主，要求用较小的力矩转动螺杆或螺母，使其中之一产生轴向运动和较大的轴向力，用于起重或加压。如图6-25a所示的千斤顶（起重用）、图6-25b所示的压力机（加压或拆卸用）等，都是传力螺旋的应用实例。传导螺旋以传递运动为主，要求具有很高的运动精度，常用于机床刀架（图6-25c）或工作台的进给机构。调整螺旋不经常转动，用于调整并固定零件或部件之间的相对位置。

按摩擦性质不同，螺旋传动又可分为滑动螺旋传动（螺旋副中产生滑动摩擦）和滚动螺旋传动（螺旋副中产生滚动摩擦，如图6-26所示）。比较常用的是滑动螺旋传动，而滚动螺旋传动主要用于某些精密机械及要求传动效率高的场合。

滑动螺旋传动由螺杆和螺母组成，结构比较简单；螺杆和螺母的啮合连续进行，工作平稳、无噪声；而且啮合时接触面积大，承载能力较高。螺纹牙型通常采用矩形、梯形和锯齿形等。梯形螺纹加工比较容易，能够铣削和磨削，应用比较广泛。螺纹的旋向和线数可根据运动要求，考虑自锁和效率予以确定。这种传动的主要缺点是螺旋副间摩擦力大，效率低。

滚动螺旋传动是在螺杆和螺母之间的螺纹滚道内填充滚珠，当螺杆和螺母相对转动时，滚珠沿滚道滚动。为了使滚珠循环滚动，螺母上要设置回程通道。滚动螺旋传动的特点是：

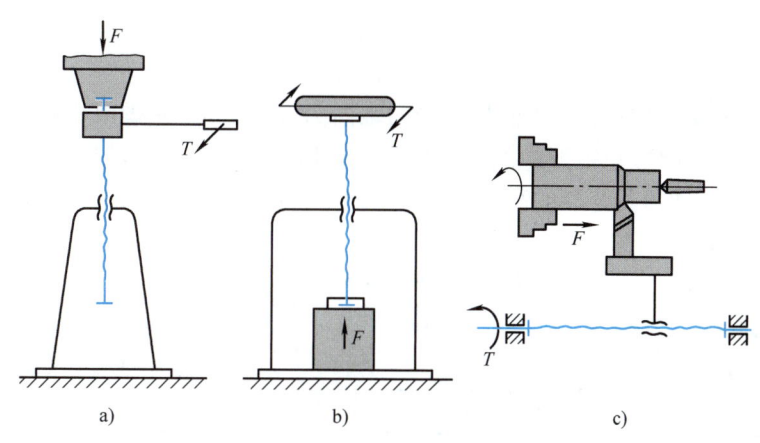

图 6-25 螺旋传动应用示意图
a）千斤顶 b）压力机 c）车床刀架进给机构

效率高，一般在90%以上；利用预紧消除螺杆与螺母之间的轴向间隙，可得到较高的传动精度和轴向刚度；静、动摩擦力相差甚微，起动时无颤动，传动平稳；工作寿命长。但由于滚珠与滚道理论上为点接触，传递载荷较小，抗冲击能力较差，且结构复杂，对材料要求较高，制造困难。因此，这种螺旋传动主要用于对传动精度要求较高的场合，如精密机床的进给机构等。

由于滑动螺旋传动应用广泛，因此本节重点介绍其设计计算方法。

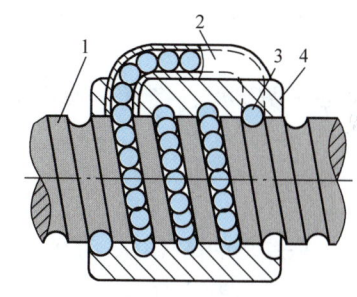

图 6-26 滚动螺旋传动
1—螺杆 2—回程通道 3—滚珠 4—螺母

2. 螺旋副的材料

螺杆和螺母的材料除要求有足够的强度、耐磨性外，还要求两者配合时摩擦因数小。一般螺杆可选用45钢、50钢等，重要螺杆（如高精度机床丝杠）可选用T12钢、40Cr钢、65Mn钢等，并进行热处理。常用的螺母材料有铸造锡青铜ZCuSn10Pb1或ZCuSn5Pb5Zn5；低速、重载时可选用强度较高的铸造铝铁青铜ZCuAl10Fe3；低速、轻载时可选用耐磨铸铁。

二、滑动螺旋传动的设计计算

螺旋传动的受力情况和强度问题类似于螺纹连接，但由于其在工作时处于运动状态，对精度又有较高的要求，故螺旋副的磨损是其主要失效形式。因此，通常先按耐磨性条件确定螺杆的直径和螺母的高度，并参照标准确定螺旋副的其余各主要参数，而后对可能发生的其他失效形式逐项进行校核。

1. 螺旋副的耐磨性计算

影响磨损的因素很多，目前还没有完善的计算方法，通常是根据限制螺纹接触面的平均压强 p 进行条件性计算。若按螺纹的旋合圈数将螺纹沿中径 d_2 展开（图6-27），则耐磨性校核公式为

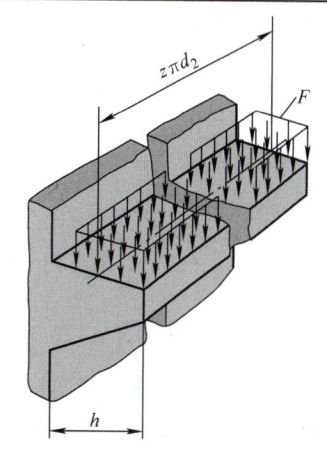

图 6-27 计算压强的力学模型

$$p = \frac{F}{\pi d_2 hz} = \frac{FP}{\pi d_2 hH'} \leq [p] \qquad (6\text{-}20)$$

式中，p 为工作压强（MPa）；F 为螺杆所受的轴向力（N）；d_2 是螺纹中径（mm）；h 是螺纹工作高度（mm），梯形和矩形螺纹 $h = 0.5P$，锯齿形螺纹 $h = 0.75P$；z 是参加旋合的圈数，$z = H'/P$；H' 是螺母旋合段的高度（mm）；P 是螺距（mm）；$[p]$ 是螺旋副的许用压强（MPa），见表6-10。

表 6-10 螺旋副的许用压强

螺杆—螺母材料	钢—青铜				淬火钢—青铜	钢—铸铁	
滑动速度 $v/(\text{m} \cdot \text{min}^{-1})$	低速	≤3.0	6~12	>15	6~12	<2.4	6~12
许用压强 $[p]$ / MPa	18~25	11~18	7~10	1~2	10~13	13~18	4~7

注：1. 对于精密传动或要求使用寿命长时，可取表中值的 $1/2 \sim 1/3$。
    2. 表中数值适用于 $\varphi = 2.5 \sim 4$ 的情况。当 $\varphi < 2.5$ 时，$[p]$ 值可提高20%；若为剖分式螺母时，则 $[p]$ 值应降低 15%~20%。

令 $\varphi = H'/d_2$，将 $H' = \varphi d_2$ 代入式（6-20），整理后可得设计公式为

$$d_2 \geq \sqrt{\frac{FP}{\pi \varphi h [p]}} \qquad (6\text{-}21)$$

式中，φ 是螺母的高径比，其值的选取：整体螺母磨损后间隙不能调整，为使受力比较均匀，螺纹旋合圈数不宜太多，一般取 $\varphi = 1.2 \sim 2.5$；剖分式螺母可取 $\varphi = 2.5 \sim 3.5$。但应注意螺母螺纹一般不应超出10圈。原因是螺纹各圈受力不均匀，第10圈以上的螺纹实际上起不到分担载荷的作用。

计算出中径 d_2 后，应按标准选取相应的公称直径 d。对有自锁要求的螺旋副，还需验算所选螺纹参数能否满足自锁条件。

2. 螺纹牙的强度计算

因为螺母材料一般弱于螺杆材料，所以螺纹牙的剪切和弯曲破坏多发生在螺母上。把螺母的螺纹牙看作在大径 D 处展开的悬臂梁（图6-28），则螺纹牙的剪切和弯曲强度条件分别为

$$\tau = \frac{F/z}{\pi Da} = \frac{F}{\pi Daz} \leq [\tau] \qquad (6\text{-}22)$$

$$\sigma_W = \frac{\frac{F}{z} \cdot \frac{h}{2}}{\frac{1}{6}\pi Da^2} = \frac{3Fh}{\pi Da^2 z} \leq [\sigma_W] \qquad (6\text{-}23)$$

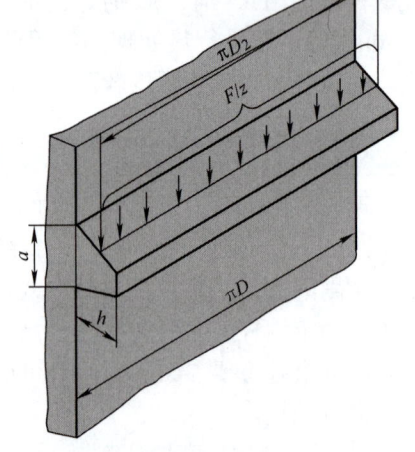

图 6-28 螺母展开后的一圈螺纹

式中，τ 是切应力（MPa）；σ_W 是弯曲应力（MPa）；D 是螺母螺纹大径（mm）；a 是螺纹牙根厚度（mm），梯形螺纹 $a = 0.65P$，锯齿形螺纹 $a = 0.74P$，矩形螺纹 $a = 0.5P$；$[\tau]$ 是许用切应力（MPa），见表6-11；$[\sigma_W]$ 是许用弯曲应力（MPa），见表6-11。

螺杆和螺母材料相同时，则按螺杆计算，式（6-22）、式（6-23）中的 D 改用 d_1。

表 6-11　螺杆和螺母的许用应力　　　　　　　　　　　（MPa）

材料		许用应力		
		$[\sigma]$	$[\sigma_W]$	$[\tau]$
螺杆	钢	$\dfrac{\sigma_s}{3\sim 5}$	—	—
螺母	青铜	—	40~60	30~40
	耐磨铸铁		50~60	40
	灰铸铁		45~55	40
	钢		$(1\sim 1.2)[\sigma]$	$0.6[\sigma]$

3. 螺杆的强度计算

在轴向力 F 作用下，螺杆产生轴向压（或拉）应力；同时由于转矩 T 的作用使螺杆的横截面内产生扭切应力。根据第四强度理论，螺杆危险截面的当量应力 σ_v 及强度条件为

$$\sigma_v = \sqrt{\left(\frac{4F}{\pi d_1^2}\right)^2 + 3\left(\frac{T}{0.2 d_1^3}\right)^2} \leqslant [\sigma] \tag{6-24}$$

式中，$[\sigma]$ 是螺杆材料的许用应力（MPa），见表 6-11。

4. 螺杆的稳定性计算

细长螺杆且受到较大轴向压力时，可能发生侧弯而丧失稳定性。螺杆受压时的稳定性条件为

$$\frac{F_{cr}}{F} \geqslant 2.5 \sim 4 \tag{6-25}$$

式中，F_{cr} 是螺杆的稳定临界载荷（N）。

临界载荷 F_{cr} 与材料、螺杆的长细比（即柔度 $\lambda = \dfrac{\beta l}{i}$）有关。

当 $\lambda \geqslant 100$ 时，临界载荷 F_{cr} 由欧拉公式决定，即

$$F_{cr} = \frac{\pi^2 E I}{(\beta l)^2} \tag{6-26}$$

式中，E 是螺杆材料的弹性模量（MPa），对于钢，取 $E = 2.06 \times 10^5 \mathrm{MPa}$；$I$ 是螺杆危险截面的惯性矩（mm^4），$I = \dfrac{\pi d_1^4}{64}$；$\beta$ 是长度系数，与两端支承形式有关：两端固定时 $\beta = 0.5$，一端固定、一端铰支时 $\beta = 0.7$，两端铰支时 $\beta = 1$，一端固定、一端自由时 $\beta = 2$；l 是螺杆的最大工作长度（mm）；i 是螺杆危险截面惯性半径（mm）：若螺杆危险截面面积 $A = \dfrac{\pi d_1^2}{4}$，则 $i = \sqrt{\dfrac{I}{A}} = \dfrac{d_1}{4}$。

当 $\lambda < 100$ 时，对于抗拉强度极限 $\sigma_b \geqslant 370\mathrm{MPa}$ 的普通碳素钢，如 Q235 等，取

$$F_{cr} = (304 - 1.12\lambda)\frac{\pi d_1^2}{4} \tag{6-27}$$

对于 $\sigma_b \geqslant 470\mathrm{MPa}$ 的优质碳素钢，如 35 钢、45 钢等，取

$$F_{cr} = (461 - 2.57\lambda)\frac{\pi d_1^2}{4} \tag{6-28}$$

当 $\lambda < 40$ 时，不必进行稳定性校核。

第八节　键、花键和过盈连接

键连接、花键连接和过盈连接是轴与轴上零件周向固定的主要方式，用来传递回转运动和转矩。

一、键连接

1. 键连接的类型

键是标准连接件，分为平键、半圆键、楔键等，其有关标准均可从机械设计手册中查得。

（1）平键　平键的两侧面是工作面（图6-29），工作时靠键与键槽互相挤压及键的剪切传递转矩。这种键连接定心性好，装拆方便，能承受冲击或变载荷；按用途分为普通型平键、导向型平键和滑键三种类型。

1）普通型平键（图6-29）应用最广，键与轴、轮毂构成静连接。按端部形状不同分为A型（圆头）、B型（方头）、C型（单圆头）三种。A型键在轴上的键槽用端铣刀加工，B型键在轴上的键槽用盘状铣刀加工。与B型键相比，A型键在键槽中易于固定，但轴上键槽的应力集中较大。C型键常用于轴端处。普通型平键和键槽的尺寸见附表6-7。

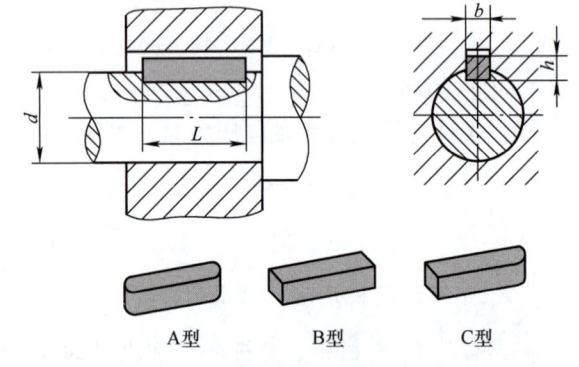

图6-29　普通型平键连接

2）导向型平键（图6-30）用于动连接，以满足轴上零件沿着轴线方向与轴作相对移动的需要。由于键较长，为防止零件移动时键体松动，需要用螺钉将键固定在轴上的键槽中。为了拆卸方便，在键上设置起键螺孔。

3）滑键（图6-31）固定在轮毂上，与轮毂一起可沿轴上键槽移动，适用于轮毂沿轴向移动距离较长的场合。

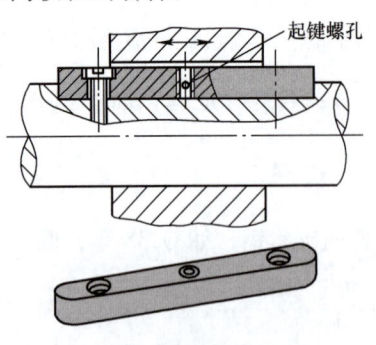

图6-30　导向型平键连接

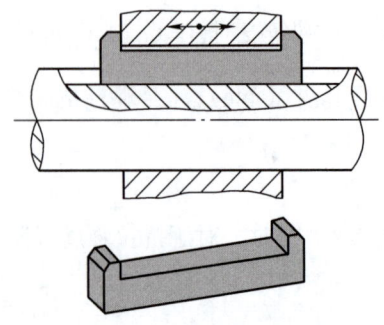

图6-31　滑键连接

（2）半圆键　半圆键也是以两侧面为工作面（图6-32），用于静连接。半圆键能在轴上键槽中摆动，以适应轮毂键槽底面的倾斜，便于安装且有良好的自位作用。缺点是键槽较

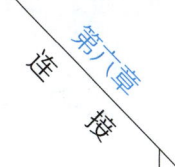

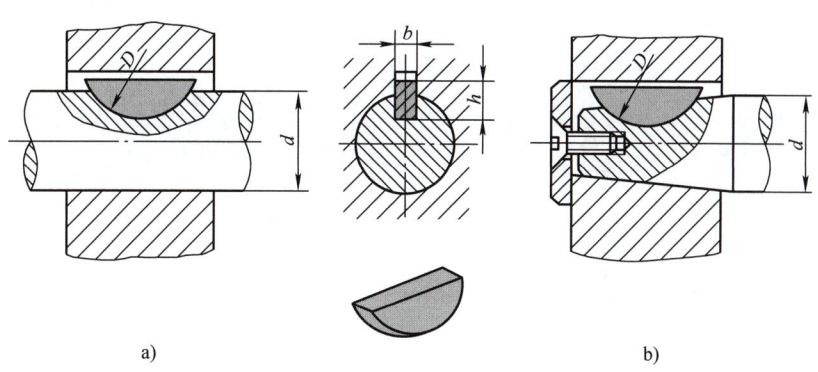

图 6-32 半圆键连接

深,对轴的削弱较大,故只适用于轻载连接,常用在锥形轴端与毂孔的连接中(图 6-32b)。

(3)楔键 楔键的上、下面是工作面(图 6-33),常用的有普通楔键和钩头楔键两种。键的上表面和轮毂键槽底面各具有 1:100 的斜度,装配时把楔键打入轴和轮毂键槽内,使连接在工作面上产生很大的压紧力 F_N,工作时主要靠楔紧的摩擦力 μF_N 传递转矩,并能承受单方向的轴向力。由于楔键打入时迫使轴和轮毂产生偏心,故多用于对中性要求不高、载荷平稳和转速较低的场合。

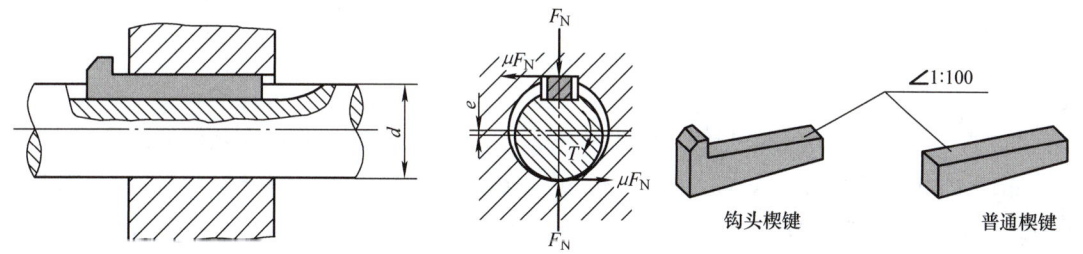

图 6-33 楔键连接

2. 平键连接的设计

平键连接的设计,通常是根据工作条件和使用要求先选定键的类型,然后根据轴的直径查标准确定键的横截面尺寸,根据轮毂长度确定键的长度。在确定了结构和尺寸之后,还需校核连接的强度。

(1)平键连接的结构 平键连接的结构应满足如下要求:

1)键要有适当的长度,既利于承受载荷,又便于轴毂安装。普通平键的长度一般应稍短于轮毂的长度,导向平键的长度应由轮毂的长度及其滑移距离而定,一般应适当大于轮毂的长度与其滑移距离之和。

2)各种键槽根部都应设置圆角,以减小轴的应力集中。

3)同一轴段上需设置两个键时,两个键槽应相隔 180°对称布置。

(2)平键连接的受力和失效形式 图 6-34 所示为平键连接工作时受力情况的示意图。在切向力 F_t 的作用下,键和键槽的两侧面受挤压,键的 a—a 截面受剪切。因此,键连接的主要失效形式为:对于静连接,常为较弱零件(一般为轮毂)工作面的压溃;对于动连接,常为较弱零件工作面的磨损。在满足连接的挤压或磨损强度条件下,一般不会出现键的剪切破坏。

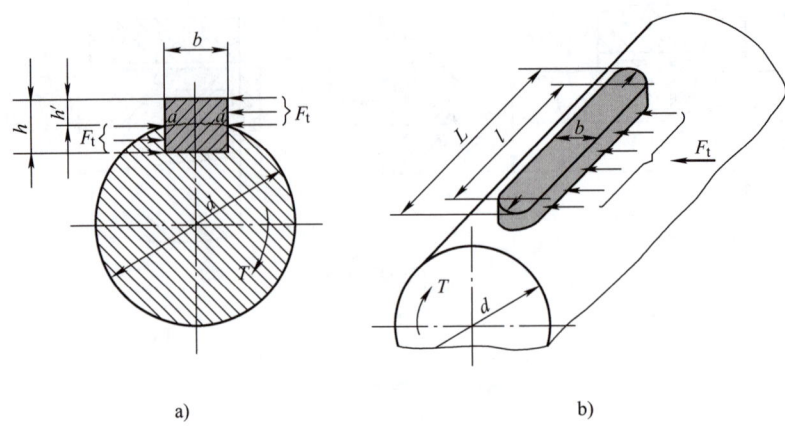

图 6-34 平键连接的受力

（3）平键连接的强度校核　假设载荷沿键长均匀分布，由图 6-34 所示可得平键连接的强度条件为

$$\left.\begin{aligned}\text{静连接}\quad & \sigma_p = \frac{2T}{dh'l} \approx \frac{4T}{dhl} \leq [\sigma_p] \\ \text{动连接}\quad & p \approx \frac{4T}{dhl} \leq [p]\end{aligned}\right\} \quad (6\text{-}29)$$

式中，σ_p 是工作挤压应力（MPa）；p 是工作压强（MPa）；T 是轴传递的转矩（N·mm）；d 是轴的直径（mm）；h' 是键与轮毂的接触高度，取 $h' \approx h/2$（mm）；h 是键的高度（mm）；l 是键的工作长度（mm），A 型键 $l = L - b$、B 型键 $l = L$、C 型键 $l = L - b/2$，若同一轴段相隔 180°设置两个键连接时，l 按一个键长的 1.5 倍计算；b 是键宽（mm），L 是键长（mm），$[\sigma_p]$ 是许用挤压应力（MPa），见表 6-12；$[p]$ 是许用压强（MPa），见表 6-12。

表 6-12 键连接的许用挤压应力 $[\sigma_p]$ 和许用压强 $[p]$ （MPa）

连接方式	轮毂材料	许用值	载荷性质		
			静载荷	轻微冲击	冲击
静连接	钢	$[\sigma_p]$	120~150	100~120	60~90
	铸铁		70~80	50~60	30~45
动连接	钢	$[p]$	50	40	30

注：动连接系指工作中键与被连接件间有相对滑动。如果滑动的被连接件表面经过淬火，则 $[p]$ 值可提高 2~3 倍。

例 6-5　一铸铁直齿圆柱齿轮用普通型平键与钢轴连接，齿轮轮毂长为 90mm，安装齿轮处轴的直径 $d = 60$mm。该连接传递的转矩 $T = 500$N·m，工作有轻微冲击。试确定此键连接的型号及尺寸。

解

计算与说明	主要结果
1. 选择键的类型、材料，确定键的尺寸	
键的类型　　　　根据工作要求选	普通型平键（A 型）

(续)

计 算 与 说 明	主 要 结 果
键的材料	45钢
键的尺寸　已知轴径 $d=60$mm、轮毂长 90mm，由附表6-7	$b=18$mm，$h=11$mm，$L=80$mm
2. 校核键连接的强度	
普通型平键构成静连接，因此只需校核轮毂的挤压强度	
许用挤压应力　已知齿轮材料为铸铁，由表6-12	$[\sigma_p]=50\sim 60$MPa
键的工作长度　$l=L-b=(80-18)$mm	$l=62$mm
挤压应力　$\sigma_p=\dfrac{4T}{dhl}=\dfrac{4\times 500\times 10^3}{60\times 11\times 62}$MPa	$\sigma_p=48.88$MPa
结论　由于 $\sigma_p<[\sigma]_p$，故	强度足够
3. 确定键的型号	GB/T 1096　键 $18\times 11\times 80$

二、花键连接

花键连接是由与轴做成一体的花键和具有相应凹槽的毂孔组成（图6-35）。与平键连接相比，键齿对称布置，对中性、导向性、载荷分布的均匀性较好，而且齿数多，接触面积大，承载能力高，尤其广泛用于轴毂动连接。其缺点是制造比较复杂，成本高。

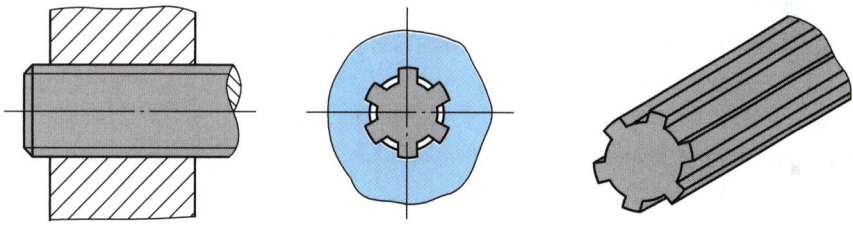

图 6-35　花键连接

花键的齿形有矩形、渐开线和三角形（图6-36）。前两者应用较多，三角形花键齿细而薄，仅适用于轻载或薄壁零件的连接。

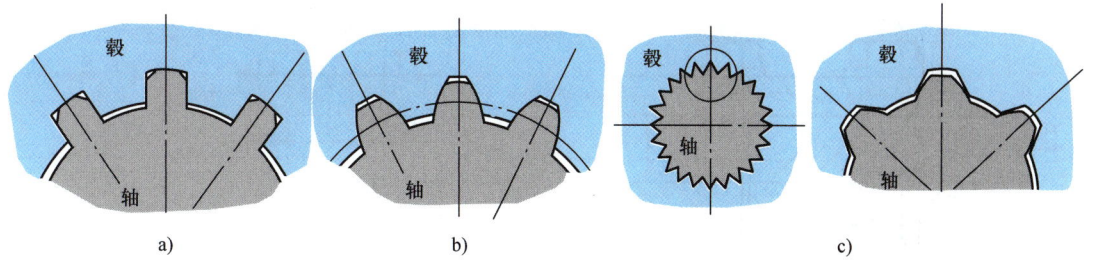

图 6-36　花键连接的齿形
a）矩形花键　b）渐开线花键　c）三角形花键

三、过盈配合连接（简称过盈连接）

过盈连接也是一种常用的轴毂连接形式。这种连接在轴与毂孔之间存在着较大的过盈量（图6-37），装配后的轴与毂孔表面之间产生很大的径向压力。因此，工作时配合面上便产生摩擦力，并以此来传递转矩和轴向力。过盈连接结构简单，定心精度较高，而且随着过盈量的增加，连接的牢固性也随之增加。

过盈连接的装配通常采用压入法（适用于过盈量较小）或胀缩法（适用于过盈量较大）。为了装配方便，对轴与毂孔的倒角也有一定要求（图6-38）。

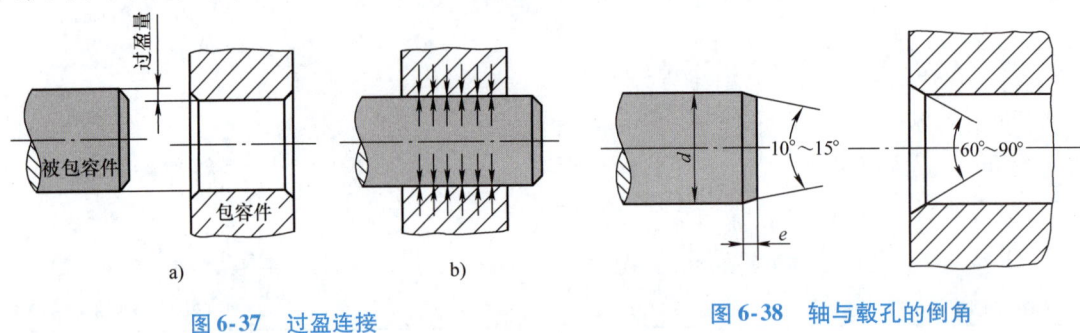

图6-37　过盈连接

图6-38　轴与毂孔的倒角
$e \geq 0.01d + 2\text{mm}$

过盈配合处有较大的应力集中，为此可从连接结构上采取一些必要的措施以减小应力集中，见有关机械设计教材或参考书。

习　题

6-1　图6-39所示为一拉杆螺栓连接。已知工作时拉杆所受载荷 $F = 30\text{kN}$，载荷稳定，拉杆材料为碳素结构钢Q215，拉杆螺栓的性能等级为4.6级。试计算此拉杆螺栓的直径。

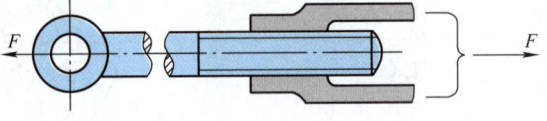

图6-39　题6-1图

6-2　如图6-40所示的连接由两个M20的螺栓组成，螺栓的性能等级为5.8级，安装时不控制预紧力，被连接件接合面间的摩擦因数 $\mu = 0.1$，可靠性系数 $K = 1.2$。试计算该连接允许传递的最大静载荷 F_R。

6-3　图6-41所示为用两个M12的普通螺钉固定一牵引钩。已知螺钉的材料为Q235，性能等级为4.6级，安装时不控制预紧力，接合面间的摩擦因数 $\mu = 0.15$，可靠性系数 $K = 1.2$。

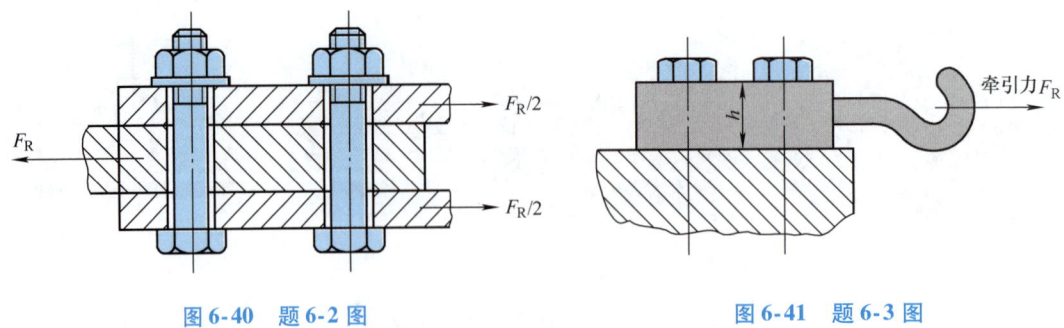

图6-40　题6-2图

图6-41　题6-3图

1) 求该螺钉连接允许的最大牵引力 F_R。

2) 设牵引钩板厚 $h = 10\text{mm}$，材料为20钢，其安装底座材料为铸铁HT250。试按1∶1的比例画出一个螺钉连接的轴向结构图。

6-4　如图6-42所示，一托架的边板1用3个M16的铰制孔用螺栓与机架2相连接。已知边板厚度及机架的连接厚度分别为20mm和30mm，横向载荷 $F_R = 9000\text{N}$，$L = 300\text{mm}$，$a = 100\text{mm}$，螺栓、边板和机架的材料均为 Q235，螺栓的性能等级为 4.6 级。试：
1）按给定条件确定螺栓的其余尺寸，并按比例画出一个螺栓连接的轴向结构图。
2）分析螺栓组中各螺栓的受力，找出受力最大的螺栓，并计算其受力。
3）校核该螺栓连接的强度。

6-5 图 6-43 所示为一吊环 3 与机架 1 用一个螺栓相连接。已知机架重 5000N，装配时预紧力 F' = 5000N，螺栓强度足够。试问通过吊环将机架吊起后垫片 2 是否会出现松动现象？

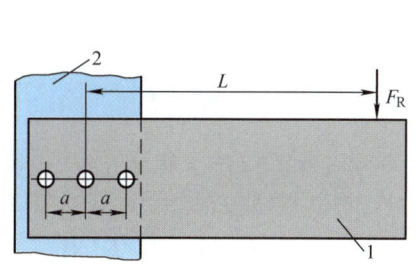

图 6-42 题 6-4 图
1—边板 2—机架

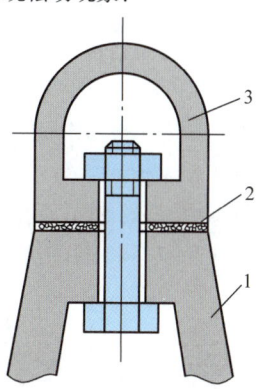

图 6-43 题 6-5 图
1—机架 2—垫片 3—吊环

6-6 如图 6-21 所示的钢制液压缸，已知油压 p = 4MPa，液压缸内径 D_2 = 160mm，在 D_0 = 220mm 的圆周上用 8 个均布的普通螺栓将缸盖与缸体固连，螺栓材料为 35 钢，性能等级为 4.8 级，安装时用定力矩扳手拧紧连接。试计算所需螺栓的直径。

6-7 图 6-44 所示为几种常用的螺纹连接，试找出其结构设计中的错误，并画出正确的结构图。

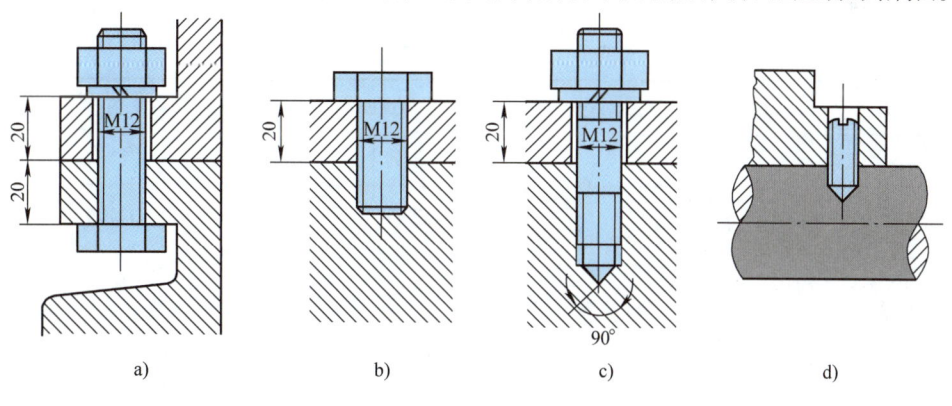

图 6-44 题 6-7 图
a）普通螺栓连接 b）螺钉连接 c）双头螺柱连接 d）紧定螺钉连接

6-8 图 6-45 所示为高压容器缸盖与缸体采用螺纹连接的三种方案。已知容器内压力 p > 16MPa，螺栓直径 d = 12mm，螺栓中心所在圆的直径 D_0 = 160mm。试从结构设计方面分析哪种方案比较合理。

6-9 图 6-46 所示为一差动螺旋装置。螺杆 1 上有大小不等的两部分螺纹，分别与机架 2 和滑板 3 的螺母相配；滑板 3 又能在机架 2 的导轨上左、右移动。两部分螺纹的直径和螺距如图所示。
1）若两部分螺纹均为右旋，当螺杆按图示转向转动一周时，滑板相对于导轨移动多大距离，方向如何？
2）若 M16×1.5 螺纹为左旋，M12×1 螺纹为右旋，当螺杆仍按图示转向转动一周时，滑板相对于导

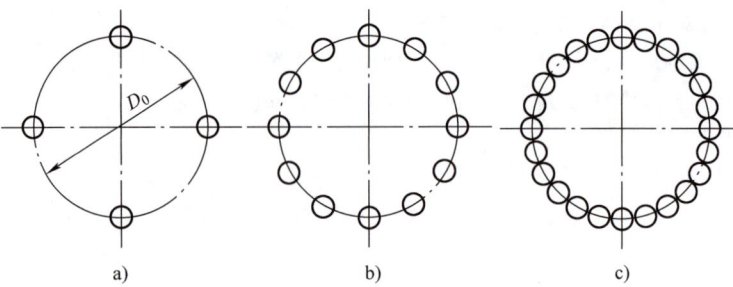

图 6-45 题 6-8 图

轨移动多大距离,方向如何?

6-10 如图 6-47 所示,在一直径 $d=80\text{mm}$ 的轴端安装一钢制直齿圆柱齿轮,拟采用平键将其连接。已知齿轮轮毂宽度 $B=1.5d$,载荷有轻微冲击。试选择键的尺寸,并计算该键连接能传递的最大转矩。

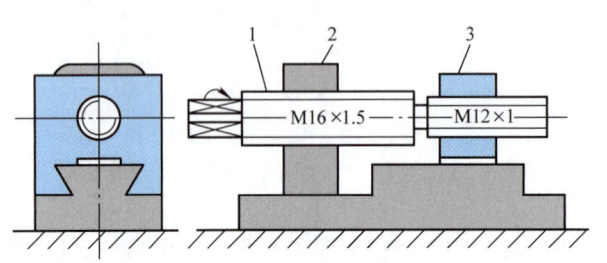

图 6-46 题 6-9 图
1—螺杆 2—机架 3—滑板

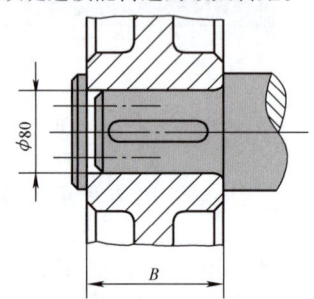

图 6-47 题 6-10 图

附表 6-1 普通螺纹的基本尺寸 (mm)

公称直径 d、D		螺距 P	中径 d_2、D_2	小径 d_1、D_1	公称直径 d、D		螺距 P	中径 d_2、D_2	小径 d_1、D_1
第一系列	第二系列				第一系列	第二系列			
8		**1.25** 1 0.75	7.188 7.350 7.513	6.647 6.917 7.188		14	**2** 1.5 1.25 1	12.701 13.026 13.188 13.350	11.835 12.376 12.647 12.917
10		**1.5** 1.25 1 0.75	9.026 9.188 9.350 9.513	8.376 8.647 8.917 9.188	16		**2** 1.5 1	14.701 15.026 15.350	13.835 14.376 14.917
12		**1.75** 1.5 1.25 1	10.863 11.026 11.188 11.350	10.106 10.376 10.647 10.917		18	**2.5** 2 1.5 1	16.376 16.701 17.026 17.350	15.294 15.835 16.376 16.917

(续)

公称直径 d、D		螺距 P	中径 d_2、D_2	小径 d_1、D_1	公称直径 d、D		螺距 P	中径 d_2、D_2	小径 d_1、D_1
第一系列	第二系列				第一系列	第二系列			
20		**2.5**	18.376	17.294			**3.5**	30.727	29.211
		2	18.701	17.835	33		3	31.051	29.752
		1.5	19.026	18.376			2	31.701	30.835
		1	19.350	18.917			1.5	32.026	31.376
	22	**2.5**	20.376	19.294			**4**	33.402	31.670
		2	20.701	19.835	36		3	34.051	32.752
		1.5	21.026	20.376			2	34.701	33.835
		1	21.350	20.917			1.5	35.026	34.376
24		**3**	22.051	20.752			**4**	36.402	34.670
		2	22.701	21.835		39	3	37.051	35.752
		1.5	23.026	22.376			2	37.701	36.835
		1	23.350	22.917			1.5	38.026	37.376
	27	**3**	25.051	23.752			**4.5**	39.077	37.129
		2	25.701	24.835	42		4	39.402	37.670
		1.5	26.026	25.376			3	40.051	38.752
		1	26.350	25.917			2	40.701	39.835
							1.5	41.026	40.376
30		**3.5**	27.727	26.211			**4.5**	42.077	40.129
		3	28.051	26.752		45	4	42.402	40.670
		2	28.701	27.835			3	43.051	41.752
		1.5	29.026	28.376			2	43.701	42.835
		1	29.350	28.917			1.5	44.026	43.376

注：1. 本表摘自 GB/T 196—2003 和 GB/T 193—2003 优选第一系列。

2. 表中 D、D_2、D_1 表示内螺纹相应的径向尺寸。

3. 在大径相同的情况下，按螺距的大小不同，螺纹可分为粗牙和细牙两种。表中螺距为黑体字者是粗牙螺纹。

附表 6-2　梯形螺纹的直径和螺距　　　　　　　　　　　　　　　　　　　　　　　　（mm）

公称直径 d	螺距 P	公称直径 d	螺距 P
(9) 10	1.5, 2*	(22) 24 (26) 28	3, 5*, 8
(11) 12 (14)	2, 3*	(30) 32 (34) 36	3, 6*, 10
16 (18) 20	2, 4*	(38) 40 (42)	3, 7*, 10

注：1. 本表摘自 GB/T 5796.2—2005。

2. 不带括号的直径为第一系列，应优先选用。

3. 带 * 号的螺距优先选用。

4. 中径 $d_2 = d - 0.5P$，强度计算时，小径可用 $d_1 = d - P$ 计算。

附表 6-3　六角头螺栓的基本尺寸　(mm)

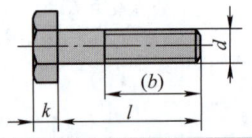
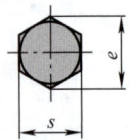

螺纹规格 d		M10	M12	M16	M20	M24	M30	M36
螺距 P		1.5	1.75	2	2.5	3	3.5	4
s 公称=max		16	18	24	30	36	46	55
e_{min}①产品等级(B)		17.59	19.85	26.17	32.95	39.55	50.85	60.79
k 公称		6.4	7.5	10	12.5	15	18.7	22.5
l		45~100	50~120	65~160	80~200	90~240	110~300	140~360
b	$l\leqslant 125$	26	30	38	46	54	66	78
	$125<l\leqslant 200$	32	36	44	52	60	72	84
	$l>200$	45	49	57	65	73	85	97
长度系列 l		45,50,(55),60,(65),70,80,90,100,110,120,130,140,150,160,180,200,220,240,260,280,300,320,340,360							

注：1. 本表摘自 GB/T 5782—2016。
　　2. 表中括号内的数值最好不用。

① 用于 $d>24$mm 或 $l>10d$ 或 $l>150$mm（按较小值）的螺栓。

附表 6-4　六角头铰制孔用螺栓的基本尺寸　(mm)

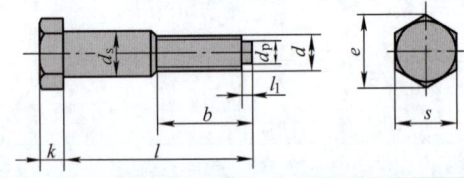

螺纹规格 d	M6	M8	M10	M12	(M14)	M16	(M18)	M20	(M22)	M24	(M27)
d_s　max	7	9	11	13	15	17	19	21	23	25	28
d_p	4	5.5	7	8.5	10	12	13	15	17	18	21
s　max	10	13	16	18	21	24	27	30	34	36	41
e_{min}①	10.89	14.20	17.59	19.85	22.78	26.17	29.56	32.95	37.29	39.55	45.20
k 公称	4	5	6	7	8	9	10	11	12	13	15
l	25~65	25~80	30~120	35~180	40~180	45~200	50~200	55~200	60~200	65~200	75~200
b	12	15	18	22	25	28	30	32	35	38	42
l_1	1.5		2			3			4		5
长度系列 l	25,(28),30,(32),35,(38),40,45,50,(55),60,(65),70,(75),80,(85),90,(95),100,110,120,130,140,150,160,170,180,190,200											

注：1. 本表摘自 GB/T 27—2013。
　　2. 表中括号内的数值最好不用。
　　3. d_s 为配合直径。

① 用于 $d>24$ 或 $l>10d$ 或 $l>150$mm（按较小值）的螺栓。

附表 6-5 1型六角螺母的基本尺寸　　　　　　　　　　　　　　　　　　（mm）

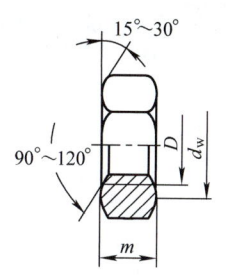 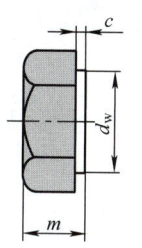 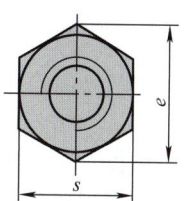

允许制造的形式　　　　　　　　　A级和B级

标记示例：
螺纹规格 D = M12、性能等级为8级、不经表面处理、产品等级为A级的 I 型六角螺母的标记：
螺母 GB/T 6170 M12

螺纹规格 D	M4	M5	M6	M8	M10	M12	M16	M20	M24	M30	M36	M42	M48
螺距 P	0.7	0.8	1	1.25	1.5	1.75	2	2.5	3	3.5	4	4.5	5
c_{max}	0.4	0.5			0.6			0.8				1	
S_{max}	7	8	10	13	16	18	24	30	36	46	55	65	75
e_{min}	7.66	8.79	11.05	14.38	17.77	20.03	26.75	32.95	39.55	50.85	60.79	72.02	82.6
m_{max}	3.2	4.7	5.2	6.8	8.4	10.8	14.8	18	21.5	25.6	31	34	38
d_{wmin}	5.9	6.9	8.9	11.6	14.6	16.6	22.5	27.7	33.3	42.8	51.1	60	69.5

注：1. 1型六角螺母——A级和B级摘自 GB/T 6170—2015。
2. 1型六角螺母——细牙——A级和B级基本尺寸可查 GB/T 6171—2016。
3. A级用于 $D \leqslant 16$mm 的螺母；B级用于 $D > 16$mm 的螺母。
4. 螺纹公差：A、B级为6H；力学性能等级：A、B级为6、8、10级。

附表 6-6 标准型弹簧垫圈的基本尺寸　　　　　　　　　　　　　　　　（mm）

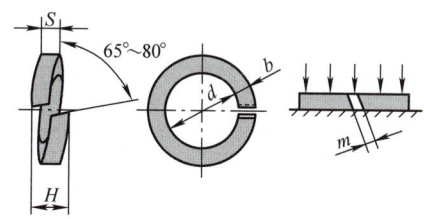

规格 （螺纹大径）	d		$S(b)$			H		$m \leqslant$
	min	max	公称	min	max	min	max	
5	5.1	5.4	1.3	1.2	1.4	2.6	3.25	0.65
6	6.1	6.68	1.6	1.5	1.7	3.2	4	0.8
8	8.1	8.68	2.1	2	2.2	4.2	5.25	1.05
10	10.2	10.9	2.6	2.45	2.75	5.2	6.5	1.3
12	12.2	12.9	3.1	2.95	3.25	6.2	7.75	1.65
(14)	14.2	14.9	3.6	3.4	3.8	7.2	9	1.8

(续)

规格 (螺纹大径)	d		S(b)			H		$m \leq$
	min	max	公称	min	max	min	max	
16	16.2	16.9	4.1	3.9	4.3	8.2	10.25	2.05
(18)	18.2	19.04	4.5	4.3	4.7	9	11.25	2.25
20	20.2	21.04	5	4.8	5.2	10	12.5	2.5
(22)	22.5	23.34	5.5	5.3	5.7	11	13.75	2.75
24	24.5	25.5	6	5.8	6.2	12	15	3
(27)	27.5	28.5	6.8	6.5	7.1	13.6	17	3.4
30	30.5	31.5	7.5	7.2	7.8	15	18.75	3.75
(33)	33.5	34.7	8.5	8.2	8.8	17	21.25	4.25
36	36.5	37.7	9	8.7	9.3	18	22.5	4.5
(39)	39.5	40.7	10	9.7	10.3	20	25	5
12	42.5	43.7	10.5	10.2	10.8	21	26.25	5.25

注：1. 本表摘自 GB/T 93—1987。
2. 尽可能不采用括号内的规格。
3. m 应大于零。

附表 6-7　普通型平键和键槽尺寸　　　　　　　　　　　　　　　　(mm)

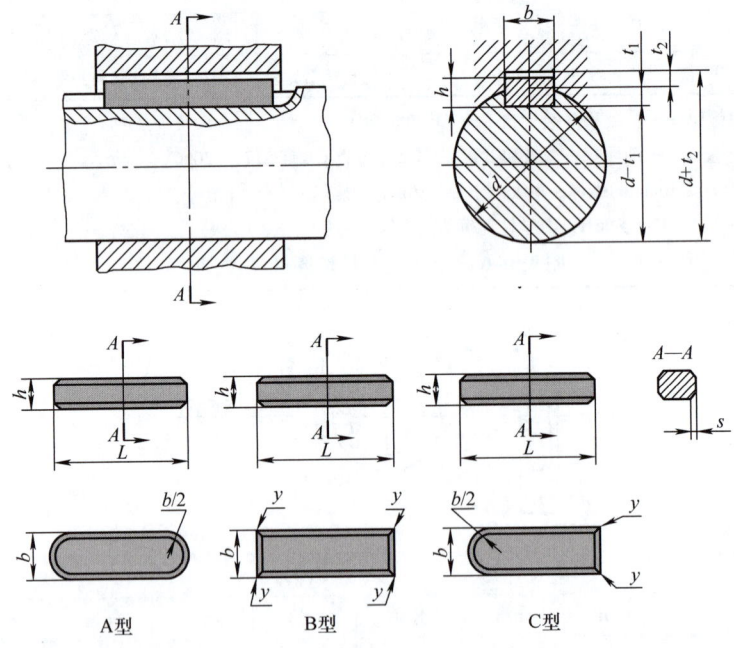

标记示例：
　　普通 A 型平键 $b = 16$mm、$h = 10$mm、$L = 100$mm：
　　GB/T 1096　键 $16 \times 10 \times 100$
　　普通 B 型平键 $b = 16$mm、$h = 10$mm、$L = 100$mm：
　　GB/T 1096　键 B$16 \times 10 \times 100$
　　普通 C 型平键 $b = 16$mm、$h = 10$mm、$L = 100$mm：
　　GB/T 1096　键　C$16 \times 10 \times 100$

（续）

轴	键			键槽							
				宽度 b 的极限偏差				深度			
公称直径 d	公称尺寸 $b \times h$	s	L 范围	松连接		正常连接		紧密连接	轴 t_1		毂 t_2	
				轴 H9	毂 D10	轴 N9	毂 JS9	轴和毂 P9	公称尺寸	极限偏差	公称尺寸	极限偏差
>12~17	5×5	0.25~0.40	10~56	+0.030 0	+0.078 +0.030	0 −0.030	±0.015	−0.012 −0.042	3.0	+0.1 0	2.3	+0.1 0
>17~22	6×6	0.25~0.40	14~70						3.5		2.8	
>22~30	8×7	0.25~0.40	18~90	+0.036 0	+0.098 +0.040	0 −0.036	±0.018	−0.015 −0.051	4.0		3.3	
>30~38	10×8	0.40~0.60	22~110						5.0		3.3	
>38~44	12×8	0.40~0.60	28~140						5.0		3.3	
>44~50	14×9	0.40~0.60	36~160	+0.043 0	+0.120 +0.050	0 −0.043	±0.0215	−0.018 −0.061	5.5		3.8	
>50~58	16×10	0.40~0.60	45~180						6.0	+0.2 0	4.3	+0.2 0
>58~65	18×11	0.40~0.60	50~200						7.0		4.4	
>65~75	20×12	0.60~0.80	56~220						7.5		4.9	
>75~85	22×14	0.60~0.80	63~250	+0.052 0	+0.149 +0.065	0 −0.052	±0.026	−0.022 −0.074	9.0		5.4	
>85~95	25×14	0.60~0.80	70~280						9.0		5.4	
>95~110	28×16	0.60~0.80	80~320						10.0		6.4	
键的长度系列	10,12,14,16,18,20,22,25,28,32,36,40,45,50,56,63,70,80,90,100,110,125,140,160,180,200,220,250,280,320											

注：1. 本表摘自 GB/T 1096—2003 和 GB/T 1095—2003，其中轴的公称直径 d（对应可查选用键的尺寸 $b \times h$）的数据并非标准规定，为作者所推荐，仅供参考。

2. 在工作图中，轴槽深用 $(d-t_1)$ 标注，轮毂槽深用 $(d+t_2)$ 标注。$(d-t_1)$ 和 $(d+t_2)$ 两组组合尺寸的极限偏差按相应的 t_1 和 t_2 的极限偏差选取，但 $(d-t_1)$ 极限偏差值应取负号"−"。

3. 平键长 L 公差为 h14，宽 b 公差为 h8，高 h 公差为 h8 或 h11。

4. 平键轴槽的长度公差用 H14。

5. 轴槽、轮毂槽的键槽宽度 b 两侧面表面粗糙度 Ra 推荐为 $1.6 \sim 3.2 \mu m$，轴槽底面、轮毂槽底面的表面粗糙度 Ra 推荐为 $6.3 \mu m$。

6. 轴槽及轮毂槽的宽度 b 对轴及轮毂轴心线的对称度，一般可按 GB/T 1184—1996 表 B4 中对称度公差 7~9 级选取。

第七章 齿轮传动

扫码看视频

> **重点学习内容**

1. 直齿圆柱齿轮传动、斜齿圆柱齿轮传动和轴交角 $\varSigma=90°$ 的直齿锥齿轮传动的基本参数、正确啮合条件及几何尺寸计算
2. 直齿圆柱齿轮传动、斜齿圆柱齿轮传动和轴交角 $\varSigma=90°$ 的直齿锥齿轮传动的受力分析
3. 轮齿的失效形式和直齿圆柱齿轮传动的强度计算

第一节 概　　述

一、齿轮传动的特点

齿轮传动是应用最为广泛的一种传动形式。它的主要优点是：① 能保证传动比恒定不变；② 适用的功率和速度范围广，传递的功率可达到 $10^5 \mathrm{kW}$，圆周速度可达 $300\mathrm{m/s}$；③ 结构紧凑；④ 效率高，$\eta=0.94\sim0.99$；⑤ 工作可靠且寿命长。其主要缺点是：① 制造齿轮需要专用的设备和刀具，成本较高；② 对制造及安装精度要求较高，精度低时，传动的噪声和振动较大；③ 不宜用于轴间距离较大的传动。

二、齿轮传动的类型

齿轮传动的类型很多（图 7-1），按照两齿轮轴线的相对位置和齿向可分为

$$\text{齿轮传动}\begin{cases}\text{平行轴齿轮传动（圆柱齿轮传动）}\begin{cases}\text{直齿圆柱齿轮传动}\begin{cases}\text{外啮合（图 7-1a）}\\\text{内啮合（图 7-1b）}\\\text{齿轮齿条啮合（图 7-1c）}\end{cases}\\\text{斜齿圆柱齿轮传动（图 7-1d）}\\\text{人字齿轮传动（图 7-1e）}\end{cases}\\\text{相交轴齿轮传动（锥齿轮传动）}\begin{cases}\text{直齿锥齿轮传动（图 7-1f）}\\\text{斜齿锥齿轮传动}\\\text{曲线齿锥齿轮传动}\end{cases}\\\text{交错轴齿轮传动（图 7-1g）}\end{cases}$$

按照工作条件不同，齿轮传动又可分为闭式传动和开式传动。在闭式传动中，齿轮安装在刚度很大，并有良好润滑条件的密封箱体内。闭式传动多用于重要传动。在开式传动中，齿轮是外露的，粉尘容易落入啮合区，且不能保证良好的润滑，因此轮齿易于磨损。开式传动多用于低速传动和不重要的场合。

三、齿轮的精度

国家标准对各类齿轮的精度作了规定，精度等级由高到低依次为 $0\sim12$ 级。设计时应根据传动的用途、使用条件、传递功率以及圆周速度等，合理确定齿轮的精度等级。对于一般用途的齿轮，其精度在 $6\sim9$ 级范围内选取。表 7-1 给出了 $6\sim9$ 级精度齿轮的推荐应用场合。

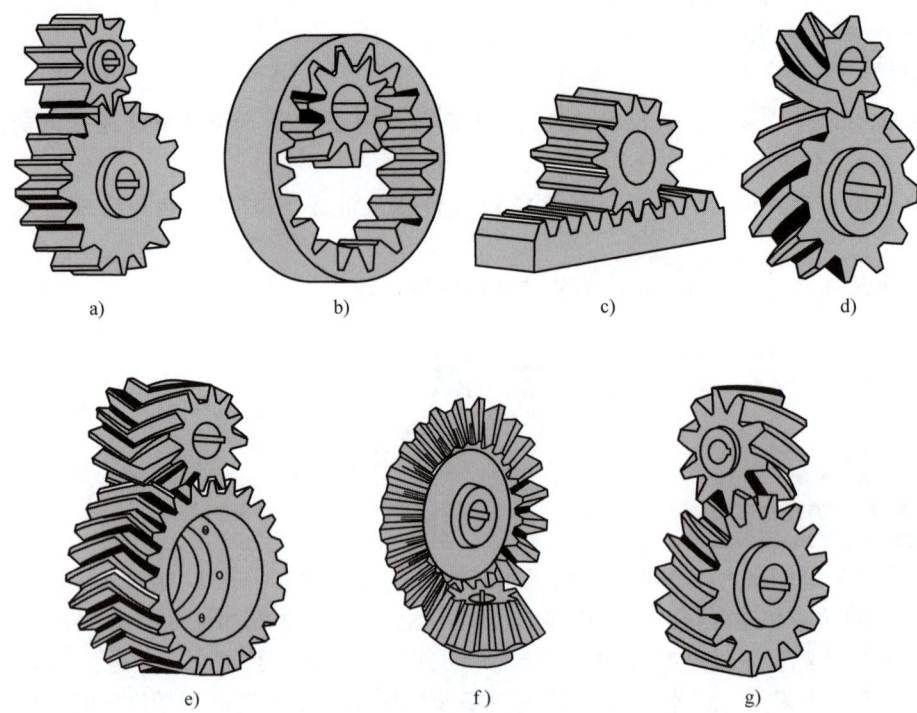

图 7-1 齿轮传动的类型

表 7-1 6~9 级精度齿轮的应用

精度等级	圆周速度 $v/(\text{m}\cdot\text{s}^{-1})$			应 用
	直齿圆柱齿轮	斜齿圆柱齿轮	直齿锥齿轮	
6	<15	<30	<12	高速、重载的齿轮传动,如飞机、汽车和机床中的重要齿轮;分度机构的齿轮传动
7	<10	<17	<8	高速、中载或中速、重载的齿轮传动,如标准系列减速器中的齿轮、汽车和机床中的齿轮等
8	<6	<10	<4	机械制造中对精度无特殊要求的齿轮
9	<2	<4	<1.5	低速、不重要的齿轮

注:斜齿轮的圆周速度按平均直径 d_m 计算。

第二节 渐开线及渐开线直齿圆柱齿轮

齿轮传动是通过齿轮的轮齿传递运动和动力的。齿廓曲线必须满足的基本要求之一是保证传动的瞬时传动比不变,从而获得平稳的传动。能够满足这一要求的齿廓曲线很多,如渐开线、摆线和圆弧等。但考虑到制造、安装、强度等多方面的因素,目前机械中仍以渐开线齿廓应用最广,因此本章只讨论渐开线齿轮传动。

一、渐开线的形成和性质

1. 渐开线的形成

如图 7-2 所示,当直线 L 沿半径为 r_b 的圆周作纯滚动时,直线上任一点 K 的轨迹称为该圆的渐开线,这个圆称为渐开线的基圆,直线 L 称为渐开线的发生线。

2. 渐开线的性质

由渐开线的形成可知,渐开线具有下列性质:

1) 因为发生线在基圆上作纯滚动,所以发生线在基圆上滚过的长度 $\overline{KN}$ 等于基圆上相应的弧长 $\overset{\frown}{AN}$。

2) 切点 N 是渐开线上 K 点处的曲率中心,线段 $\overline{KN}$ 是渐开线上 K 点的曲率半径。显然,渐开线上不同点处,曲率半径不同,越接近基圆部分,曲率半径越小。

3) 发生线 KN 是渐开线上 K 点处的法线,而发生线始终与基圆相切,所以渐开线上任一点处的法线必与基圆相切。

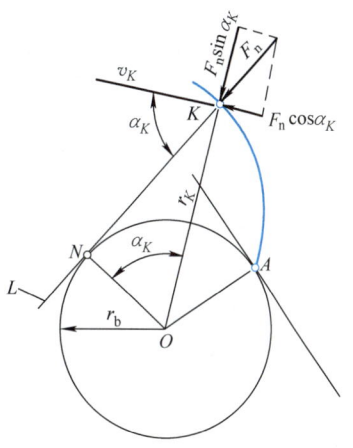

图 7-2 渐开线的形成

4) 渐开线上任一点 K 的法线(即该点处力的作用线)与该点速度 v_K 方向之间所夹的锐角 α_K,称为该点的压力角。由图 7-2 所示可知压力角 α_K 等于 $\angle KON$,于是

$$\cos\alpha_K = \frac{\overline{ON}}{\overline{OK}} = \frac{r_b}{r_K} \tag{7-1}$$

式(7-1)表明,随着向径 r_K 的改变,渐开线上不同点的压力角不等,越接近基圆部分,压力角越小,渐开线在基圆上的压力角等于零。

由图 7-2 所示可以看出,K 点的压力角 α_K 越小,法向力 F_n 沿 K 点速度 v_K 方向的分力 $F_n\cos\alpha_K$ 就越大,传力性能也就越好。

5) 渐开线的形状与基圆半径有关(图 7-3)。基圆半径越大,渐开线越趋于平直;当基圆半径为无穷大时,渐开线则成为直线。齿条相当于基圆半径无穷大的渐开线齿轮,因此具有直线齿廓(图 7-1c)。

6) 基圆内无渐开线。

二、渐开线直齿圆柱齿轮

1. 齿槽、齿宽、齿顶圆和齿根圆

图 7-4 所示为渐开线直齿圆柱齿轮的一部分,其轮齿的两侧齿廓由形状相同、方向相反的渐开线曲面组成。相邻两齿之间的空间称为齿槽;沿轴向量得的尺寸 b 称为齿宽;轮齿顶部所在的圆称为齿顶圆,其直径称为齿顶圆直径,用 d_a 表示;齿槽底部所在的圆称为齿根圆,其直径称为齿根圆直径,用 d_f 表示。

2. 齿厚、齿槽宽和齿距

在任意直径 d_K 的圆周上,同一轮齿两侧齿廓间的弧长称为该圆的齿厚,用 s_K 表示;同一齿槽两侧齿廓间的弧长称为该圆的齿槽宽,用 e_K 表示;相邻两齿同侧齿廓间的弧长称为该圆的齿距,用 p_K 表示。显然 $p_K = s_K + e_K$。如果用 z 表示齿轮的齿数,则有

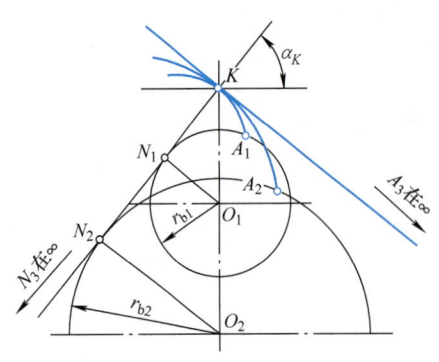

图 7-3 不同基圆半径的渐开线形状

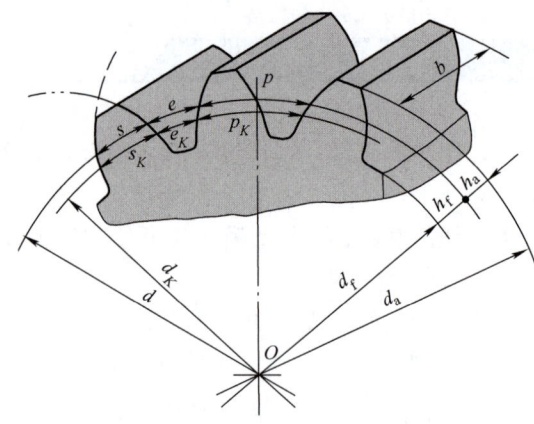

图 7-4 齿轮各部分名称

$$\pi d_K = z p_K$$

所以

$$d_K = \frac{p_K}{\pi} z$$

3. 分度圆、模数和齿形角

对于同一个齿轮不同的圆周，其齿距 p_K 不同，比值 p_K/π 也就不同，且含有无理数 π，使得计算和测量都不方便。另外，由渐开线的性质可知，不同的圆周，压力角 α_K 也不相同。

为便于设计、制造和互换，在齿顶圆和齿根圆之间取一个圆作为计算的基准圆，称为分度圆。分度圆上的齿距、齿厚、齿槽宽和压力角简称为齿轮的齿距、齿厚、齿槽宽和齿形角，分别用 p、s、e、α 表示，直径用 d 表示，并且

1）令齿形角 α 为标准值，我国规定 $\alpha = 20°$。

2）定义齿距 p 与 π 的比值为模数，用 m 表示，即

$$m = \frac{p}{\pi} \tag{7-2}$$

我国规定的标准模数系列见表 7-2。

表 7-2 圆柱齿轮标准模数系列 （mm）

第一系列	1　1.25　1.5　2　2.5　3　4　5　6　8　10　12　16　20　25　32　40　50
第二系列	1.125　1.375　1.75　2.25　2.75　3.5　4.5　5.5　(6.5)　7　9　11　14　18　22　28　36　45

注：1. 本表摘自 GB/T 1357—2008。
　　2. 优先选用第一系列，括号内的数值尽可能不用。
　　3. 对于斜齿圆柱齿轮，表中值为法向模数 m_n。

这样，分度圆即可定义为具有标准模数和标准齿形角的圆。

模数是齿轮几何尺寸计算的一个基本参数。引入模数后，齿轮分度圆直径和齿距分别为

$$d = mz \tag{7-3}$$

$$p = \pi m \tag{7-4}$$

可见，模数越大，齿距越大，轮齿越厚，因此轮齿抗弯曲的能力也就越强。

根据式（7-1），基圆直径为

$$d_b = d\cos\alpha = mz\cos\alpha \tag{7-5}$$

4. 齿顶高、齿根高和齿高

齿轮的齿顶圆和分度圆之间的径向距离称为齿顶高，用 h_a 表示；分度圆与齿根圆之间的径向距离称为齿根高，用 h_f 表示；齿顶圆与齿根圆之间的径向距离称为齿高，用 h 表示，并且

$$\left.\begin{array}{l} h_a = h_a^* m \\ h_f = h_a + c = (h_a^* + c^*)m \\ h = h_a + h_f = (2h_a^* + c^*)m \end{array}\right\} \tag{7-6}$$

式中，h_a^* 是齿顶高系数，国家标准规定：正常齿 $h_a^* = 1$，短齿 $h_a^* = 0.8$；c 是顶隙，即一对齿轮啮合时，一齿轮齿顶圆与另一齿轮齿根圆之间的径向距离，$c = c^* m$，c^* 是顶隙系数，国家标准规定：正常齿 $c^* = 0.25$，短齿 $c^* = 0.3$。

在没有特殊说明的情况下，本书讨论的都是正常齿齿轮。

这样，齿顶圆直径 d_a 和齿根圆直径 d_f 的计算公式分别为

$$\left.\begin{array}{l} d_a = d + 2h_a = m(z + 2h_a^*) \\ d_f = d - 2h_f = m(z - 2h_a^* - 2c^*) \end{array}\right\} \tag{7-7}$$

5. 标准齿轮

具有标准模数、标准齿形角、标准齿顶高系数和标准顶隙系数，且分度圆齿厚等于分度圆齿槽宽的齿轮，称为标准齿轮。对于标准齿轮，有

$$e = s = \frac{p}{2} = \frac{\pi m}{2} \tag{7-8}$$

正常齿标准直齿圆柱齿轮的几何尺寸计算见表 7-3。

表 7-3 正常齿标准直齿圆柱齿轮的主要参数和几何尺寸

名　称	代　号	计算公式与说明
齿　数	z	依照工作条件选定
模　数	m	根据强度条件或结构需要选取标准值
齿形角	α	$\alpha = 20°$
齿顶高	h_a	$h_a = h_a^* m$，其中 $h_a^* = 1$
顶　隙	c	$c = c^* m$，其中 $c^* = 0.25$
齿根高	h_f	$h_f = h_a + c = 1.25m$
齿　高	h	$h = h_a + h_f = 2.25m$
分度圆直径	d	$d = mz$
基圆直径	d_b	$d_b = d\cos\alpha = mz\cos\alpha$
齿顶圆直径	d_a	$d_a = d + 2h_a = m(z + 2)$
齿根圆直径	d_f	$d_f = d - 2h_f = m(z - 2.5)$
齿　距	p	$p = \pi m$
齿　厚	s	$s = p/2 = \pi m/2$
齿槽宽	e	$e = p/2 = \pi m/2$

第三节　渐开线齿轮传动及齿廓啮合特性

一、节点、节圆、啮合线和啮合角

如图7-5所示，一对相啮合渐开线齿轮的齿廓 E_1 和 E_2 在任一点 K 接触，齿轮1驱动齿轮2，两轮的角速度分别为 ω_1 和 ω_2。过 K 点作两齿廓的公法线，由渐开线的性质可知，这条公法线必与两轮基圆相切，即为两轮基圆的内公切线，切点是 N_1 和 N_2。当齿轮安装完之后，两轮的位置不再改变，两基圆沿同一方向的内公切线只有一条，所以其内公切线 N_1N_2 与两轮连心线 O_1O_2 必交于定点 C，这个定点称为节点。以轮心为圆心，过节点所作的圆称为节圆，两轮节圆直径分别用 d_1' 和 d_2' 表示。

由于齿廓 E_1 和 E_2 无论在何处接触，其接触点 K 均应在两基圆的内公切线 N_1N_2 上，故称直线 N_1N_2 为啮合线。啮合线与两轮节圆的内公切线所夹的锐角 α' 称为啮合角。显然，啮合角在数值上等于齿廓在节点处的压力角。

齿轮只有在相互啮合时，才有节圆和啮合角，单个齿轮没有节圆和啮合角。

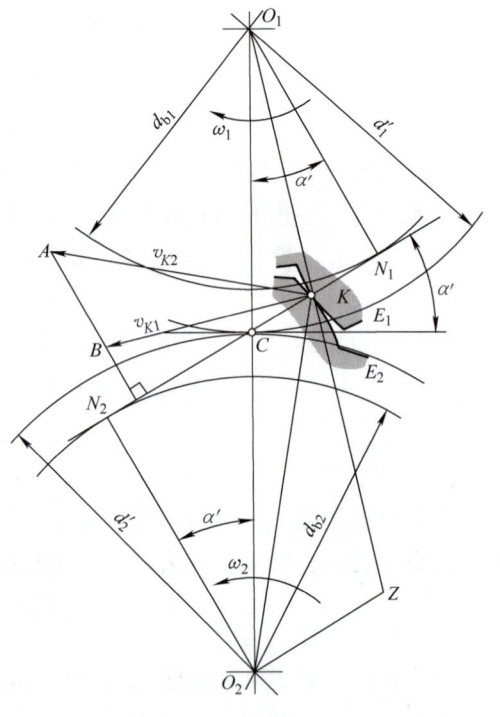

图7-5　渐开线齿廓的啮合

二、渐开线齿廓啮合特性

1. 瞬时传动比恒定性

如图7-5所示，两轮在 K 点的线速度分别为

$$v_{K1} = \omega_1 \overline{O_1K}$$
$$v_{K2} = \omega_2 \overline{O_2K}$$

由于两轮齿廓在 K 点接触，因此 v_{K1} 和 v_{K2} 沿 N_1N_2 方向的分速度必须相等，即 $AB \perp N_1N_2$，否则两轮齿廓将被压溃或分离。过 O_2 作 $O_2Z // N_1N_2$，并与 O_1K 的延长线交于 Z 点。因为△KAB 和△KO_2Z 的对应边互相垂直，所以△KAB∽△KO_2Z，则

$$\frac{v_{K1}}{v_{K2}} = \frac{\overline{KZ}}{\overline{O_2K}}$$

即

$$\frac{\omega_1 \overline{O_1K}}{\omega_2 \overline{O_2K}} = \frac{\overline{KZ}}{\overline{O_2K}}$$

所以

$$\frac{\omega_1}{\omega_2} = \frac{\overline{KZ}}{\overline{O_1K}}$$

又因为在 $\triangle O_1O_2Z$ 中，$CK /\!/ O_2Z$，即有 $\dfrac{\overline{KZ}}{\overline{O_1K}} = \dfrac{\overline{O_2C}}{\overline{O_1C}}$，故可得齿轮的传动比为

$$i = \dfrac{\omega_1}{\omega_2} = \dfrac{\overline{O_2C}}{\overline{O_1C}}$$

由于两轮连心线 O_1O_2 为定长，节点 C 又为定点，因此比值 $\dfrac{\overline{O_2C}}{\overline{O_1C}}$ 一定为常数。这表明，一对渐开线齿轮传动具有瞬时传动比恒定的特性，因而符合齿轮传动的基本要求。

由上式可得

$$\omega_1 \overline{O_1C} = \omega_2 \overline{O_2C}$$

这说明两个齿轮在节点处具有相同的圆周速度，即一对齿轮传动相当于两节圆柱作纯滚动。

2. 中心距可分性

在图 7-5 中，因为 $\triangle O_1N_1C \backsim \triangle O_2N_2C$，所以

$$i = \dfrac{\omega_1}{\omega_2} = \dfrac{\overline{O_2C}}{\overline{O_1C}} = \dfrac{d'_2}{d'_1} = \dfrac{d_{b2}}{d_{b1}} \tag{7-9}$$

式（7-9）表明，一对渐开线齿轮的传动比等于两齿轮基圆直径的反比。

一对相互啮合的齿轮，其回转中心之间的距离称为齿轮传动的中心距。由于制造、安装的误差，以及在运转过程中轴的变形、轴承的磨损等原因，均可使齿轮传动的实际中心距与设计值有微小的差异；但一对渐开线齿轮制成后，其基圆直径不再改变。因此，当实际中心距与设计值存在误差时，其传动比仍保持不变。这就是渐开线齿轮传动的中心距可分性，这个特性也是渐开线齿轮传动得到广泛应用的重要原因之一。

需要指出，对于标准齿轮，这一可分性只限于制造、安装误差和轴的变形、轴承磨损等是在微量范围内；当中心距增大时，两轮齿侧的间隙会增大，传动时会产生冲击和噪声。

3. 齿廓间的相对滑动

由前述可知，两齿廓接触点 K 在其公法线 N_1N_2 上的分速度必定相等，但在其公切线上的分速度却不一定相等。因此，在啮合传动时，齿廓间将产生相对滑动，从而引起摩擦损失并导致齿面磨损。

因为两齿轮在节点处的速度相等，所以节点处齿廓间没有相对滑动。距节点越远，齿廓间的相对滑动速度越大。

第四节　渐开线齿轮正确啮合和连续传动的条件

一、渐开线齿轮正确啮合的条件

图 7-6 所示为一对渐开线齿轮啮合传动，N_1N_2 是啮合线，前一对轮齿在 K 点接触，后一对轮齿在 B_2 点接触。要使齿轮正确啮合，两齿轮的法向齿距 B_2K 必须相等。由渐开线的性质可知，两齿轮的法向齿距分别等于各自的基圆齿距，即 $p_{b1} = p_{b2}$，而

$$p_{b1} = \frac{\pi d_{b1}}{z_1} = \frac{\pi d_1 \cos\alpha_1}{z_1} = \pi m_1 \cos\alpha_1$$
$$p_{b2} = \pi m_2 \cos\alpha_2$$

因此，渐开线齿轮正确啮合的条件可以写成

$$m_1 \cos\alpha_1 = m_2 \cos\alpha_2$$

由于模数和齿形角都已标准化，所以实际上渐开线齿轮正确啮合的条件为两齿轮的齿形角和模数必须分别相等，并等于标准值，即

$$\left.\begin{array}{l} \alpha_1 = \alpha_2 = \alpha \\ m_1 = m_2 = m \end{array}\right\} \quad (7\text{-}10)$$

根据渐开线齿轮正确啮合的条件，其传动比还可以进一步表示为

$$i = \frac{\omega_1}{\omega_2} = \frac{d_{b2}}{d_{b1}} = \frac{d_2 \cos\alpha}{d_1 \cos\alpha} = \frac{d_2}{d_1} = \frac{mz_2}{mz_1} = \frac{z_2}{z_1}$$
(7-11)

一对正确啮合的标准齿轮，由于一个齿轮的分度圆齿厚与另一齿轮的分度圆齿槽宽相等，所以在安装时，只有使两齿轮的分度圆相切，即分度圆和节圆重合，才能使齿侧的理论间隙为零。这时的中心距离 a 称为正确安装的标准中心距，且

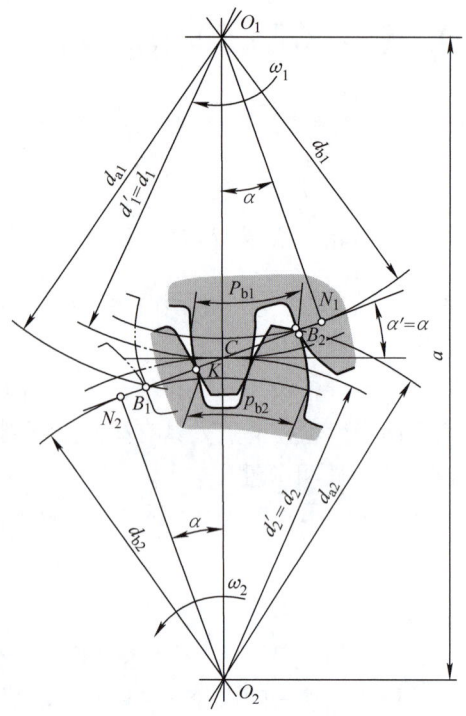

图 7-6　渐开线齿轮啮合传动

$$a = \frac{1}{2}(d_1' + d_2') = \frac{1}{2}(d_1 + d_2) = \frac{m}{2}(z_1 + z_2) \quad (7\text{-}12)$$

标准齿轮正确安装时，啮合角在数值上等于分度圆上的压力角，即 $\alpha' = \alpha$。

二、渐开线齿轮连续传动条件

1. 实际啮合线段与理论啮合线段

如图 7-6 所示，一对齿廓的啮合由从动轮 2 的齿顶圆与啮合线 N_1N_2 的交点 B_2 开始，这时齿轮 1 的根部推压齿轮 2 的齿顶。随着齿轮的转动，两齿廓的啮合点沿着啮合线向左下方移动。当啮合点移到主动轮 1 的齿顶圆与啮合线 N_1N_2 的交点 B_1 时，这对齿廓将终止啮合。因此，$\overline{B_1B_2}$ 是齿廓啮合的实际啮合线段，而 $\overline{N_1N_2}$ 则是理论上可能的最大啮合线段，称为理论啮合线段。

2. 连续传动条件

如果一对轮齿在啮合的终止点 B_1 之前的 K 点啮合时，后一对轮齿就已经到达啮合的起始点 B_2，则传动就能连续进行。这时，实际啮合线段 $\overline{B_1B_2}$ 的长度大于齿轮的法向齿距 $\overline{B_2K}$。若 $\overline{B_1B_2}$ 的长度小于齿轮的法向齿距 $\overline{B_2K}$，则前一对轮齿在 B_1 点脱离啮合时，后一对轮齿尚未到达啮合的起始位置 B_2 点，此时传动就要中断，再次啮合将产生冲击。因此，一对齿轮连续传动的条件应该是：实际啮合线段 $\overline{B_1B_2}$ 的长度大于或等于齿轮的法向齿距 $\overline{B_2K}$，而 $\overline{B_2K} = p_b$，所以齿轮连续传动的条件为 $\overline{B_1B_2} \geq p_b$，即

$$\varepsilon = \frac{\overline{B_1B_2}}{p_b} \geqslant 1 \tag{7-13}$$

式中，ε 是重合度。

理论上 $\varepsilon = 1$ 就能保证一对齿轮连续传动，但由于齿轮的制造和安装误差以及啮合中轮齿的变形等原因，实际上应使 $\varepsilon > 1$，才能保证一对齿轮的连续传动。一般机械制造中，常取 $\varepsilon \geqslant 1.1 \sim 1.4$。

例 7-1 一对标准直齿圆柱齿轮传动，齿数 $z_1 = 20$，传动比 $i = 3.5$，模数 $m = 5\text{mm}$，求两齿轮的分度圆直径、齿顶圆直径、齿根圆直径、齿距、齿厚及中心距。

解

	计 算 与 说 明	主 要 结 果
大齿轮齿数	$z_2 = iz_1 = 3.5 \times 20$	$z_2 = 70$
分度圆直径	$d_1 = mz_1 = 5 \times 20 \text{mm}$	$d_1 = 100\text{mm}$
	$d_2 = mz_2 = 5 \times 70 \text{mm}$	$d_2 = 350\text{mm}$
齿顶圆直径	$d_{a1} = m(z_1 + 2) = 5 \times (20 + 2)\text{mm}$	$d_{a1} = 110\text{mm}$
	$d_{a2} = m(z_2 + 2) = 5 \times (70 + 2)\text{mm}$	$d_{a2} = 360\text{mm}$
齿根圆直径	$d_{f1} = m(z_1 - 2.5) = 5 \times (20 - 2.5)\text{mm}$	$d_{f1} = 87.5\text{mm}$
	$d_{f2} = m(z_2 - 2.5) = 5 \times (70 - 2.5)\text{mm}$	$d_{f2} = 337.5\text{mm}$
齿距	$p = \pi m = \pi \times 5 \text{mm}$	$p = 15.708\text{mm}$
齿厚	$s = \dfrac{p}{2} = \dfrac{15.708}{2}\text{mm}$	$s = 7.854\text{mm}$
中心距	$a = \dfrac{m}{2}(z_1 + z_2) = \dfrac{5}{2} \times (20 + 70)\text{mm}$	$a = 225\text{mm}$

例 7-2 现有一正常齿标准直齿圆柱齿轮，测得齿顶圆直径 $d_a = 134.8\text{mm}$，齿数 $z = 25$。求齿轮的模数 m，分度圆上渐开线的曲率半径 ρ 及直径 $d_K = 130\text{mm}$ 圆周上渐开线的压力角 α_K。

解

	计 算 与 说 明	主 要 结 果
求模数	由 $d_a = m(z + 2)$ 得	
	$m = \dfrac{d_a}{z+2} = \dfrac{134.8}{25+2}\text{mm} = 4.99\text{mm}$	
	由表 7-2，取标准模数	$m = 5\text{mm}$
分度圆半径	$r = \dfrac{mz}{2} = \dfrac{5 \times 25}{2}\text{mm}$	$r = 62.5\text{mm}$
基圆半径	$r_b = r\cos\alpha = 62.5 \times \cos 20° \text{mm}$	$r_b = 58.731\text{mm}$
分度圆上渐开线曲率半径	$\rho = \sqrt{r^2 - r_b^2} = \sqrt{62.5^2 - 58.731^2}\text{mm}$	$\rho = 21.376\text{mm}$
d_K 圆周上的压力角	$\alpha_K = \arccos\dfrac{r_b}{r_K} = \arccos\dfrac{58.731}{130/2}$	$\alpha_K = 25°22'15''$

第五节　渐开线齿轮轮齿的切削加工

一、轮齿的切削加工原理

轮齿的成形方法有铸造法、热轧法和切削法等。渐开线齿轮轮齿的切削方法按其原理不同又分为仿形法和展成法两类。

1. 仿形法

仿形法是最简单的切齿方法。轮齿是在普通铣床上用盘状齿轮铣刀（图7-7a）或指状齿轮铣刀（图7-7b）铣出的。铣刀的轴平面形状与齿轮的齿槽形状相同。铣齿时，把齿轮毛坯安装在铣床工作台上，铣刀绕自身的轴线旋转，同时齿轮毛坯随铣床工作台沿齿轮轴线方向作直线移动。铣出一个齿槽后，将齿轮毛坯转过$360°/z$再铣第二个齿槽，直至加工出全部轮齿。

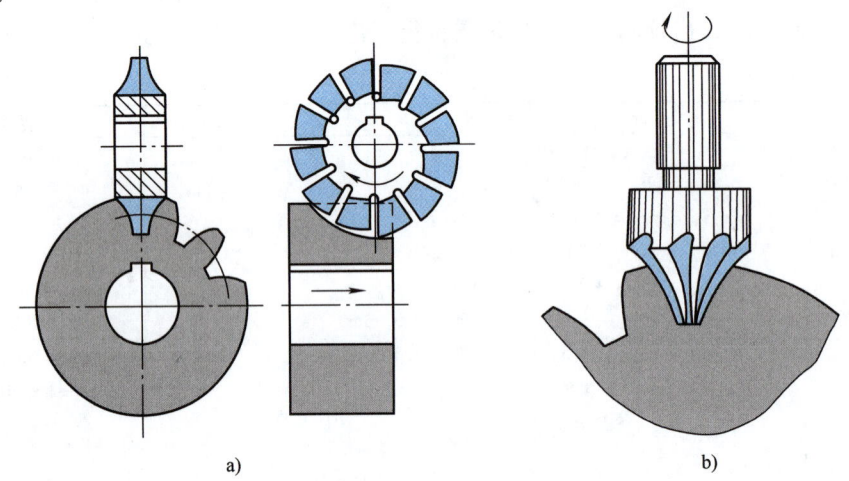

图 7-7 仿形法加工轮齿

a）用盘状齿轮铣刀切齿 b）用指状齿轮铣刀切齿

仿形法的优点是加工方法简单，不需要专门的齿轮加工设备；缺点是加工出的齿形不够准确，轮齿的分度不易均匀，生产率也低。因此，仿形法只适用于修配、单件生产以及加工精度要求不高的齿轮。

2. 展成法

展成法是利用轮齿的啮合原理来切削轮齿齿廓的。这种方法采用的刀具主要有插齿刀和滚刀，所以有插齿加工和滚齿加工。由于展成法加工精度较高，所以是目前轮齿切削加工的主要方法。

（1）插齿加工　图7-8a所示为用插齿刀在插齿机上加工轮齿的情形。插齿刀实际上就是一个在轮齿上磨出前、后角而产生切削刃的齿轮，其模数和齿形角与被加工齿轮相同，刀具齿顶比传动齿轮高出顶隙c的距离，以保证切制的齿轮在传动时具有顶隙。加工过程中，在插齿刀作上下往复切削运动的同时，通过机床传动系统迫使刀具与被加工的齿轮轮坯模仿一对齿轮的传动作相对转动，直至切出全部齿槽。这样切削出来的轮齿齿廓，是插齿刀相对轮坯运动过程中切削刃各位置的包络线（图7-8b），是标准的渐开线齿形。如图7-8a所示的让刀运动是为了避免插齿刀在空行程时与齿面产生摩擦。

由于插齿加工是应用一对齿轮的啮合关系来切制齿廓，所以加工出来的齿形准确，分度均匀。插齿加工适于加工双联或三联齿轮，也可以加工内齿轮。但由于有空回行程，是间断切削，所以生产率不高。用插齿刀加工斜齿轮也不方便。

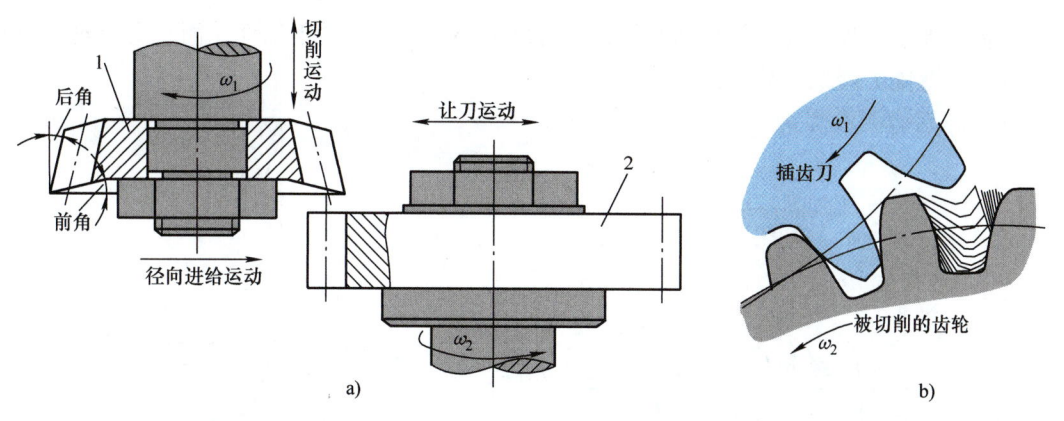

图 7-8 用插齿刀加工轮齿
1—插齿刀 2—被加工的齿轮轮坯

（2）滚齿加工　当插齿刀的齿数增加到无穷多时，其基圆半径变为无穷大，插齿刀的齿廓成为直线，插齿刀变成了如图 7-9a 所示的齿条插刀。图 7-9b 所示为齿条插刀的切削刃形状，其齿顶比传动齿条的齿顶高出距离 c，同样是为了保证传动时的顶隙。但齿条刀具的长度有限，难以加工齿数较多的齿轮。为此，常采用图 7-10 所示的滚刀在滚齿机上加工齿轮。如图 7-10 中所示滚刀的外形类似开了纵向沟槽的螺杆，开沟槽的目的是为了产生切削刃。滚刀轴平面的齿形与齿条插刀相同。当滚刀转动时，相当于图中双点画线所示的假想无限长的齿条插刀连续地向一个方向移动，齿轮轮坯相当于与齿条插刀作啮合运动的齿轮，从而滚刀按照齿轮啮合原理在齿轮轮坯上连续切出渐开线齿廓。与此同时，滚刀沿着齿轮轮坯作轴向缓慢移动，切出整个齿宽的齿廓。

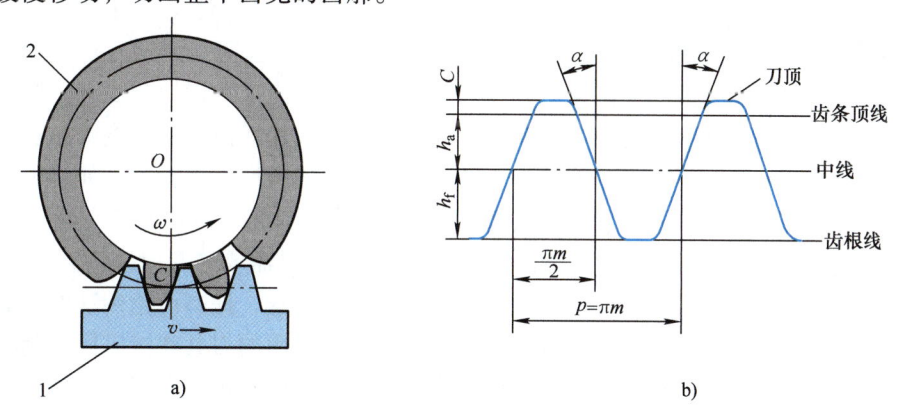

图 7-9 用齿条插刀加工轮齿
1—齿条插刀 2—被加工的齿轮轮坯

用滚刀加工齿轮本质上与用齿条插刀加工齿轮相同，加工精度高，而且滚刀连续切削，没有空回行程，因此生产率高，目前应用较广。应用滚刀还可以加工斜齿轮，但不能切削双联或三联齿轮，也不能切削内齿轮。

二、切齿干涉和最少齿数

如图 7-11 所示，用展成法加工齿轮时，若齿数过少，刀具顶线就会超过理论啮合线的上界点 N_1，这时切削刃将会切去一部分轮齿根部的渐开线齿廓，这种现象称为切齿干涉。

发生切齿干涉后，齿根失去部分渐开线，重合度减小，影响传动平稳性；而且由于轮齿根部被削弱，抗弯能力降低，故应该设法避免。

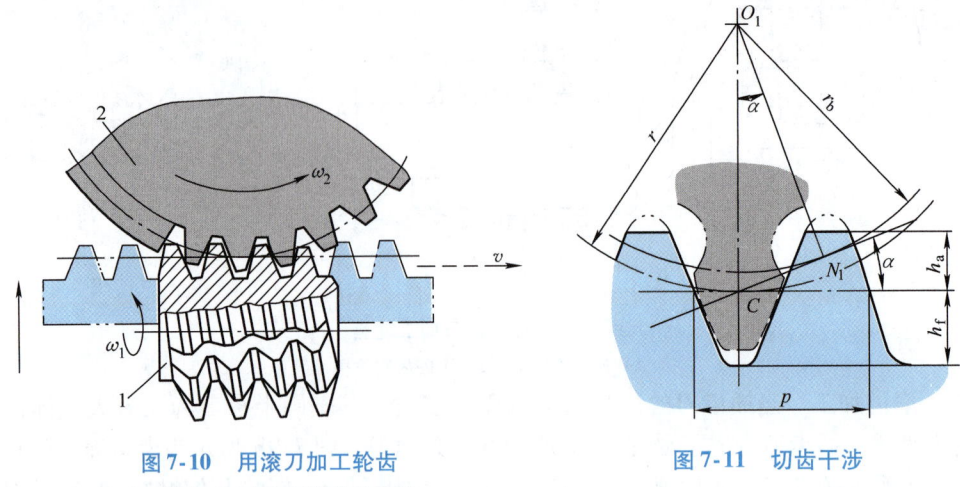

图 7-10　用滚刀加工轮齿
1—滚刀　2—被加工的齿轮轮坯

图 7-11　切齿干涉

可以推导，用齿条刀具加工渐开线直齿圆柱齿轮时，不发生切齿干涉的最少齿数为

$$z_{\min} = \frac{2h_a^*}{\sin^2\alpha} \tag{7-14}$$

对于正常齿标准直齿圆柱齿轮，$\alpha = 20°$，$h_a^* = 1$，因此不发生切齿干涉的最少齿数为 17。

三、变位齿轮的概念

当齿条刀具的中线与被加工齿轮的分度圆相切时，加工出来的齿轮分度圆齿厚等于分度圆齿槽宽，这种齿轮是标准齿轮。若齿条刀具的中线不与被加工齿轮的分度圆相切，则加工出来的齿轮分度圆齿厚不再等于分度圆齿槽宽，这种齿轮称为变位齿轮。例如，由于某些原因，需要齿轮的齿数 $z < z_{\min}$，为了不发生切齿干涉，可将齿条刀具向远离齿轮毛坯中心方向移出一段距离，使刀具顶线不超过 N_1 点，从而切制出满足需要的变位齿轮。

变位齿轮传动，可以用来改变不发生切齿干涉的最少齿数、提高齿轮传动的性能和承载能力、满足中心距的某种要求等，而且切制变位齿轮时所使用的刀具和机床同切制标准齿轮时完全一样，只是切削时刀具的位置不同而已。因此，变位齿轮传动在现代机械中得到了广泛的应用。变位齿轮必须成对设计与计算。有关变位齿轮的几何尺寸计算，可参阅《机械原理》教材等。

第六节　轮齿的失效形式和齿轮材料

一、轮齿的失效形式

齿轮的轮齿是传递运动和动力的关键部位，也是齿轮的薄弱环节，故齿轮的失效主要发生在轮齿。轮齿的主要失效形式有以下五种。

1. 轮齿折断

轮齿折断是轮齿失效中最危险的一种形式。它不仅导致齿轮传动丧失工作能力,而且可能引起设备和人身安全事故。轮齿折断有两种类型。

(1) 疲劳折断　这是弯曲变应力作用的结果。齿轮工作时,作用在轮齿上的载荷使轮齿根部产生循环变化的弯曲应力,而且在齿根过渡曲线处存在应力集中。在载荷多次重复作用下,当应力达到一定数值时,齿根受拉一侧会出现疲劳裂纹(图 7-12)。随着载荷作用次数的增加,裂纹不断扩展,齿根剩余截面积不断缩小,剩余截面上的应力逐渐增大。当齿根剩余截面上的应力超过齿轮材料的极限应力时,轮齿发生折断。

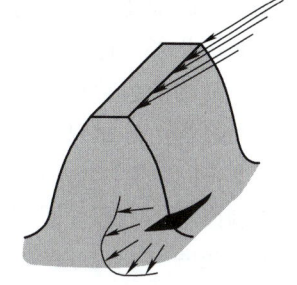

图 7-12　齿根的疲劳裂纹

(2) 过载折断　这是由于短时的严重过载或冲击载荷,使轮齿因静强度不足而发生的突然折断。

2. 齿面疲劳点蚀

轮齿工作时,齿廓曲面上将产生循环变化的接触应力。当接触应力超过表层材料的接触疲劳极限时,齿面就会出现疲劳点蚀(图 1-7)。从观察实际失效齿轮得知,疲劳点蚀一般多出现在齿根表面靠近节线处(图 7-13)。

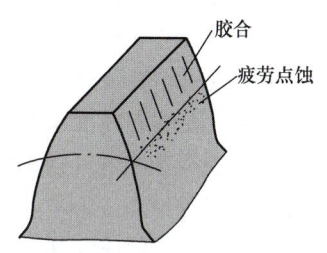

图 7-13　齿面疲劳点蚀和胶合

齿面疲劳点蚀是闭式软齿面齿轮传动的主要失效形式。在开式传动中,由于齿面磨损较快,在没有形成疲劳点蚀之前,部分齿面已被磨掉,因而一般看不到点蚀现象。

3. 齿面胶合

从宏观上看,轮齿表面是十分光滑的;但从微观上看,轮齿表面却是凹凸不平的。正常工作时,齿面被润滑油膜覆盖着。在低速、重载时,齿面间不易形成润滑油膜;在高速、重载时,由于啮合区的温升使润滑油黏度降低,从而使润滑油膜破裂。这些均会导致两齿面金属直接接触,出现峰点黏着现象。随着齿面间的相对滑动,黏着点被撕脱,从而在较软齿面上留下与滑动方向一致的黏撕沟痕(图 7-13),这种现象称为胶合。

4. 齿面磨粒磨损

齿轮传动时,由于两齿廓间的相对滑动,在载荷作用下齿面会产生磨损。灰尘、污物、金属微粒进入啮合齿面间也会起到磨粒作用,产生磨粒磨损。在开式传动中,轮齿暴露在外,齿面磨粒磨损是轮齿失效的主要形式。齿面磨损严重时,不仅失去了正确的齿形,而且轮齿变薄,易引起折断。

5. 齿面塑性变形

在重载作用下,较软的齿面在节线处产生局部的塑性变形,使齿面失去正确的齿形。这种失效形式多发生在低速、严重过载和起动频繁的软齿面传动中。

在齿轮设计中,除遵循正确的设计准则外,提高齿面硬度、降低齿面的表面粗糙度值、增大齿根过渡曲线圆角半径以及选用黏度较大的润滑油等,均可减少或避免上述失效形式的发生。

二、齿轮的材料

由轮齿的失效形式可知,齿面应具有较高的抗疲劳点蚀、耐磨损、抗胶合以及抗塑性流动的能力,齿根要有较高的抗折断能力。因此,齿轮材料应具有齿面硬度高、齿芯韧性好的基本性能。此外,还应具有良好的加工性能,以便获得较高的表面质量和精度,而且热处理变形小。常用的齿轮材料是锻钢,其次是铸钢和铸铁,某些情况下也采用非金属材料,如尼龙、聚甲醛等。这里只介绍锻钢、铸钢和铸铁。

1. 锻钢

钢制齿轮的毛坯一般用锻造方法获得,锻钢金属内部组织细密。按齿面硬度不同,锻钢齿轮可分为两类:

(1) 软齿面齿轮(齿面硬度≤350HBW) 这类齿轮常采用 35、45、40Cr、35SiMn 等中碳钢或中碳合金钢,经调质或正火处理后再进行切削精加工。由于小齿轮转速高于大齿轮,即小齿轮轮齿的啮合次数较大齿轮多,并且在标准齿轮传动中,小齿轮齿根厚度较小,所以小齿轮的齿面硬度最好比大齿轮齿面硬度高出 30~50HBW。这类齿轮制造工艺简单,多用于对强度、硬度和精度没有过高要求的一般机械中。

(2) 硬齿面齿轮(齿面硬度>350HBW) 这类齿轮常采用 20Cr、20CrMnTi 等低碳合金钢表面渗碳淬火,或 45、40Cr 等中碳钢、中碳合金钢表面淬火,齿面硬度通常为 40~65HRC,而齿芯韧性较好。因为齿面硬度高,所以要在切齿加工后再进行最终热处理。为了消除热处理引起的轮齿变形,还需对轮齿进行磨削或研磨。这类齿轮制造工艺复杂,多用于高速、重载、要求尺寸和质量较小的机械中,如航空发动机、机床、汽车及拖拉机等。

2. 铸钢

当齿轮结构很复杂,或直径大于 400mm,齿轮毛坯不易锻造时,可采用铸钢,如 ZG 270-500、ZG 310-570、ZG 340-640 等。因为铸造收缩率大、内应力大,所以需进行正火或回火处理,以消除其内应力。

3. 铸铁

铸铁中的石墨有自润滑作用,但其抗弯强度和抗冲击能力较低,所以铸铁主要用于开式、低速、轻载、无冲击以及尺寸较大的齿轮传动中。常用的铸铁有 HT200、HT300 和 QT500-7 等。

表 7-4 所列为几种常用的齿轮材料。

表 7-4 几种常用的齿轮材料

材料	热处理方法	齿面硬度	接触疲劳极限 σ_{Hlim}/MPa	弯曲疲劳极限 σ_{Flim}/MPa
45	正火	162~217HBW	$0.87\,HBW+380$	$0.7\,HBW+275$
	调质	217~286HBW		
	表面淬火	40~50HRC	$10\,HRC+670$	$HRC<52$ 时,$10.5\,HRC+195$ $HRC\geqslant52$ 时,740
40Cr	调质	240~285HBW	$1.4\,HBW+350$	$0.8\,HBW+380$
	表面淬火	48~55HRC	$10\,HRC+670$	$HRC<52$ 时,$10.5\,HRC+195$ $HRC\geqslant52$ 时,740
20Cr	渗碳淬火	56~62HRC	1500	860

(续)

材　料	热处理方法	齿面硬度	接触疲劳极限 σ_{Hlim}/MPa	弯曲疲劳极限 σ_{Flim}/MPa
ZG310-570	正火	163~207HBW	0.75HBW+320	0.6HBW+220
HT300	—	187~255HBW	HBW+135	0.5HBW+20
QT500-7	—	147~241HBW	1.3HBW+240	0.8HBW+220

注：1. 本表是根据 GB/T 10063—1988 按 MQ 级（中等质量要求）编制的。
　　2. 表中正体 HBW 和 HRC 表示硬度，计算式中的斜体 HBW 和 HRC 分别表示布氏和洛氏硬度值。

第七节　直齿圆柱齿轮传动的强度计算

一、轮齿的受力分析和计算载荷

1. 受力分析

轮齿的受力不仅是齿轮强度计算的依据，也是轴和轴承设计计算的基础。图 7-14 所示为一对外啮合直齿圆柱齿轮传动的受力分析，忽略齿面间的摩擦，并以作用在分度圆齿宽中点处沿啮合线方向的集中法向力 F_n 代替均布载荷。将 F_n 分解为互相垂直的两个分力，则

$$\left.\begin{array}{ll}切向力 & F_t = \dfrac{2T_1}{d_1} \\[2mm] 径向力 & F_r = F_t \tan\alpha \\[2mm] 法向力 & F_n = \dfrac{F_t}{\cos\alpha} = \dfrac{2T_1}{d_1 \cos\alpha}\end{array}\right\} \quad (7\text{-}15)$$

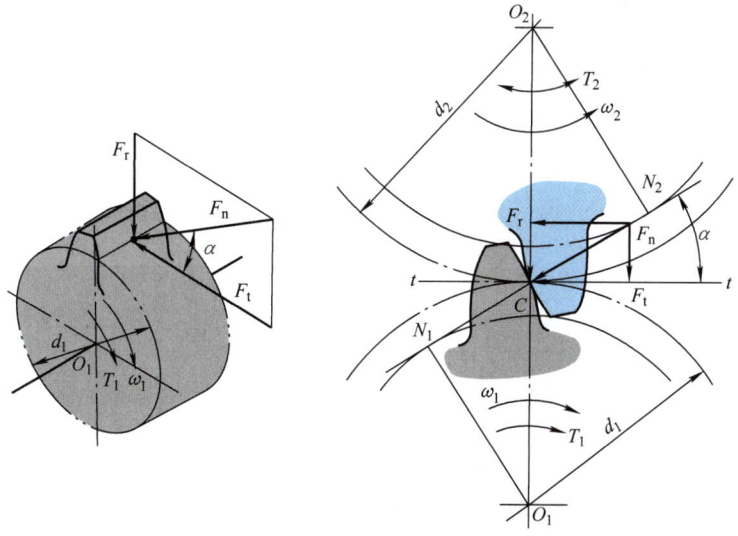

图 7-14　直齿圆柱齿轮传动的受力分析

式中，T_1 是作用在小齿轮上的转矩；d_1 是小齿轮分度圆直径；α 是分度圆压力角。

作用在主动轮和从动轮上的各对作用力与反作用力大小相等，方向相反。主动轮上切向

力的方向与受力点运动方向相反，从动轮上切向力的方向与受力点运动方向相同；径向力的方向分别指向各自的轮心。

2. 计算载荷与载荷系数

由式（7-15）计算出的法向力 F_n 是名义载荷。实际上，由于制造误差，轮齿、轴和轴承受载后的变形，以及传动中工作载荷和速度的变化等，使轮齿上所受的实际载荷大于名义载荷，所以轮齿强度计算应按计算载荷 F_{nc} 进行，即

$$F_{nc} = KF_n = \frac{2KT_1}{d_1\cos\alpha} \tag{7-16}$$

式中，K 是载荷系数，粗略计算时可取 $K = 1.2 \sim 2$。当载荷平稳、齿宽系数 $\psi_d = b/d_1$ 较小、齿轮相对轴承对称布置、轴的刚度较大、齿轮精度较高以及采用软齿面时，取较小值；反之取较大值。

二、齿面接触疲劳强度计算

齿面的疲劳点蚀与齿面间接触应力有关。齿轮传动在节点处多为一对轮齿啮合，实践也证明齿面疲劳点蚀多发生在节线附近。因此，选择齿轮传动的节线处作为接触应力的计算部位。

将一对齿轮在节线处的啮合，近似地看成半径分别为 ρ_1、ρ_2 的两圆柱体沿齿宽 b 压紧（图 7-15）。ρ_1、ρ_2 分别为两渐开线齿廓在节点处的曲率半径。由于弹性变形，接触区域实际是一窄平面，窄平面表层上接触应力的分布如图 7-15 所示。由弹性力学可知，在窄平面的中心，接触应力最大，其值为

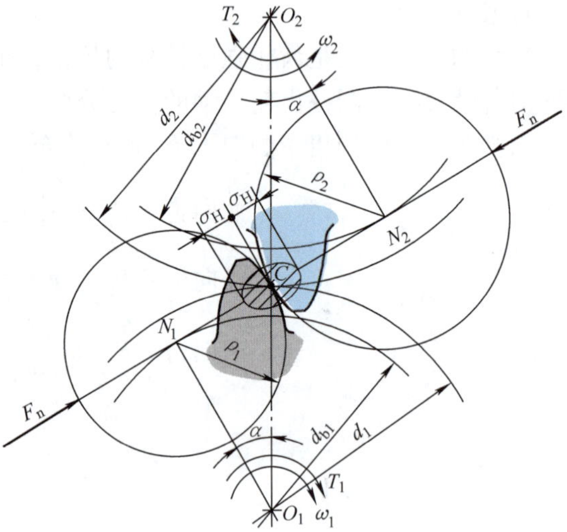

图 7-15 齿面的接触应力

$$\sigma_H = Z_E \sqrt{\frac{F_n}{b}\left(\frac{1}{\rho_1} + \frac{1}{\rho_2}\right)} \tag{7-17}$$

对于标准直齿圆柱齿轮传动，$\rho_1 = \overline{N_1C} = \frac{d_1}{2}\sin\alpha$，$\rho_2 = \overline{N_2C} = \frac{d_2}{2}\sin\alpha$，于是

$$\frac{1}{\rho_1} + \frac{1}{\rho_2} = \frac{\rho_2 + \rho_1}{\rho_1\rho_2} = \frac{2(d_2 + d_1)}{d_1 d_2 \sin\alpha} = \frac{2(d_2/d_1 + 1)}{d_1(d_2/d_1)\sin\alpha} = \frac{2}{d_1\sin\alpha}\left(\frac{i+1}{i}\right)$$

用 $F_{nc} = \frac{2KT_1}{d_1\cos\alpha}$ 代替式（7-17）中的 F_n，则

$$\sigma_H = Z_E \sqrt{\frac{2KT_1}{bd_1\cos\alpha}\left(\frac{2}{d_1\sin\alpha}\right)\left(\frac{i+1}{i}\right)} = Z_E \sqrt{\frac{2}{\sin\alpha\cos\alpha}} \sqrt{\frac{2KT_1}{bd_1^2}\left(\frac{i+1}{i}\right)}$$

令 $Z_H = \sqrt{\frac{2}{\sin\alpha\cos\alpha}}$，可得齿面接触疲劳强度校核式

$$\sigma_H = Z_E Z_H \sqrt{\frac{2KT_1}{bd_1^2}\left(\frac{i+1}{i}\right)} \leq [\sigma_H] \tag{7-18}$$

引入齿宽系数 $\psi_d = b/d_1$,可得齿面接触疲劳强度设计式

$$d_1 \geq \sqrt[3]{\left(\frac{Z_E Z_H}{[\sigma_H]}\right)^2 \frac{2KT_1}{\psi_d}\left(\frac{i+1}{i}\right)} \tag{7-19}$$

式中,Z_E 是弹性系数,其值与两个齿轮的材料有关,见表 7-5;Z_H 是节点区域系数,对于标准直齿圆柱齿轮传动,$Z_H = 2.5$;b 是齿轮的有效接触宽度,通常取 $b_2 = b$,$b_1 = b + (5 \sim 10)$ mm,b_1、b_2 分别是小齿轮和大齿轮的齿宽;$[\sigma_H]$ 是许用接触应力,设计时应取两齿轮中较小的值代入式 (7-19);i 是传动比;T_1 是主动轮的转矩;d_1 是小齿轮分度圆直径。

表 7-5 弹性系数 Z_E　　　　　　　　　　　　　　　　($\sqrt{\text{MPa}}$)

大齿轮材料		钢	铸钢	球墨铸铁	灰铸铁
小齿轮材料	钢	189.8	188.9	181.4	165.4
	铸钢	—	188.0	180.5	161.4
	球墨铸铁	—	—	173.9	156.6
	灰铸铁	—	—	—	146.0

三、齿根弯曲疲劳强度计算

轮齿的疲劳折断与齿根弯曲应力有关。在计算齿根弯曲应力时,可以把轮齿看作悬臂梁,按最不利的情况考虑:①只有一对轮齿承受全部载荷 F_n;②载荷作用在齿顶上(图 7-16)。

将 F_n 沿作用线方向移到轮齿中线处,并分解成互相垂直的两个分力。分力 $F_n\cos\alpha_F$ 使齿根产生弯曲应力和切应力,分力 $F_n\sin\alpha_F$ 使齿根产生压应力。略去切应力和压应力,计算齿根弯曲应力。设轮齿危险截面的厚度为 s_F,危险截面与分力 $F_n\cos\alpha_F$ 的距离为 h_F,则危险截面上的弯曲应力为

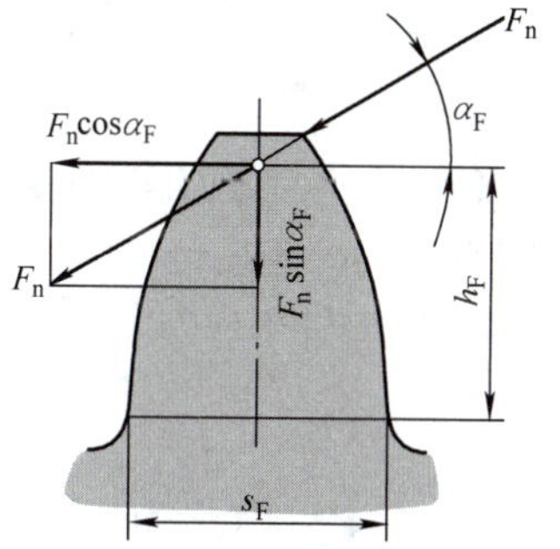

$$\sigma_F = \frac{M}{W} = \frac{F_n\cos\alpha_F h_F}{\frac{b}{6}s_F^2}$$

图 7-16 轮齿受弯

以计算载荷 $F_{nc} = \dfrac{2KT_1}{d_1\cos\alpha}$ 代替 F_n,经整理有

$$\sigma_F = \frac{2KT_1}{bd_1m}\frac{6(h_F/m)\cos\alpha_F}{(s_F/m)^2\cos\alpha}$$

令 $Y_{Fa} = \dfrac{6(h_F/m)\cos\alpha_F}{(s_F/m)^2\cos\alpha}$,称为齿形系数,它只与齿形有关,而与模数 m 无关;再考虑齿根过渡曲线处的应力集中效应,以及切应力和压应力的影响,引入应力修正系数 Y_{Sa},可得齿根应力为

$$\sigma_F = \frac{2KT_1}{bd_1m}Y_{Fa}Y_{Sa}$$

引入复合齿形系数 $Y_{FS} = Y_{Fa}Y_{Sa}$，可得齿根弯曲疲劳强度校核式

$$\sigma_F = \frac{2KT_1}{bd_1 m} Y_{FS} \leq [\sigma_F] \qquad (7\text{-}20)$$

引入齿宽系数 $\psi_d = b/d_1$，并将 $d_1 = mz_1$ 代入式（7-20），经整理可得齿根弯曲疲劳强度设计式

$$m \geq \sqrt[3]{\frac{2KT_1}{\psi_d z_1^2} \left(\frac{Y_{FS}}{[\sigma_F]} \right)} \qquad (7\text{-}21)$$

式中，Y_{FS} 是复合齿形系数，见表 7-6；m 是齿轮的模数；$[\sigma_F]$ 是许用齿根应力；z_1 是小齿轮的齿数；其余各参数的意义与单位同前。

表 7-6 复合齿形系数 Y_{FS}

$z (z_v)$	17	18	19	20	21	22	23	24	25	26	27	28	29
Y_{FS}	4.51	4.45	4.41	4.36	4.33	4.30	4.27	4.24	4.21	4.19	4.17	4.15	4.13
$z (z_v)$	30	35	40	45	50	60	70	80	90	100	150	200	∞
Y_{FS}	4.12	4.06	4.04	4.02	4.01	4.00	3.99	3.98	3.97	3.96	4.00	4.03	4.06

注：本表根据 GB/T 10063—1988 编制。

设计时，应以 $Y_{FS1}/[\sigma_{F1}]$ 和 $Y_{FS2}/[\sigma_{F2}]$ 中较大者代入式（7-21），并将求得的模数按表 7-2 圆整为标准值。

四、许用应力

1. 许用接触应力

$$[\sigma_H] = \frac{\sigma_{Hlim}}{S_H} \qquad (7\text{-}22)$$

式中，σ_{Hlim} 是试验齿轮的接触疲劳极限，见表 7-4；S_H 是接触强度最小安全系数，简化计算时可取 $S_H = 1$。

2. 许用齿根应力

$$[\sigma_F] = \frac{\sigma_{Flim}}{S_F} \qquad (7\text{-}23)$$

式中，σ_{Flim} 是试验齿轮的弯曲疲劳极限，单向运转时按表 7-4 查取，双向运转时应将表 7-4 中数值乘以 0.7；S_F 是弯曲强度最小安全系数，简化计算时可取 $S_F = 1.4$。

五、参数的选择

1. 齿数和模数

对于闭式软齿面齿轮传动，传动的尺寸主要取决于齿面接触疲劳强度。因此，在保持分度圆直径不变并满足弯曲疲劳强度要求的前提下，可选用较多的齿数。这样有利于增大重合度，使传动平稳。同时，由于模数的减小，又可减少齿轮毛坯的金属切削量，降低齿轮制造成本。通常取 $z_1 = 20 \sim 40$。

对于闭式硬齿面齿轮传动和开式齿轮传动，传动的尺寸主要取决于轮齿的弯曲疲劳强度，故可采用较少的齿数以增加模数。但对于标准齿轮，为了避免切齿干涉，通常取 $z_1 = 17 \sim 20$。

2. 齿宽系数

增大齿宽能缩小齿轮的径向尺寸，但齿宽越大，载荷沿齿宽分布越不均匀。通常齿宽系

数 ψ_d 可按表 7-7 选取。

表 7-7　齿宽系数 ψ_d

齿轮相对于轴承的位置	齿面硬度	
	软 硬 面（大轮或大、小轮硬度≤350HBW）	硬 齿 面（大、小轮硬度＞350HBW）
对称布置	0.8～1.4	0.4～0.9
非对称布置	0.6～1.2	0.3～0.6
悬臂布置	0.3～0.4	0.2～0.25

3. 传动比

一对齿轮的传动比 i 不宜过大，否则将增加传动装置的结构尺寸，且使两齿轮轮齿的应力循环次数差别太大。因此，一般取直齿圆柱齿轮的传动比 $i≤5$。

六、齿轮传动的设计准则

齿轮传动的设计准则依其失效形式而定。对于一般用途的齿轮传动，通常只按齿根弯曲疲劳强度及齿面接触疲劳强度进行设计计算。

在闭式齿轮传动中，齿面疲劳点蚀和轮齿折断两种失效形式均可能发生，所以需计算两种强度。对于闭式软齿面齿轮传动，其抗点蚀能力比较低，所以一般先按接触疲劳强度进行设计，再校核其弯曲疲劳强度；对于闭式硬齿面齿轮传动，其抗点蚀能力较高，所以一般先按弯曲疲劳强度进行设计，再校核其接触疲劳强度。

在开式齿轮传动中，主要失效形式是齿面磨粒磨损和轮齿折断。因为目前齿面磨损尚无可靠的计算方法，所以一般只计算齿根弯曲疲劳强度。考虑磨损会使齿厚变薄，从而降低轮齿的弯曲强度，一般将计算出的模数增大 10%～15%，然后再取标准值。

例 7-3　设计一单级直齿圆柱齿轮减速器中的齿轮传动。已知传递功率 $P=10\mathrm{kW}$，输入轴转速 $n_1=750\mathrm{r/min}$，传动比 $i=4$，单向运转，载荷平稳。

解　一般减速器对传动尺寸无特殊限制，可采用软齿面传动。小齿轮选用 45 钢调质，齿面平均硬度 240HBW；大齿轮选用 45 钢正火，齿面平均硬度 200HBW。这是闭式软齿面齿轮传动，故可先按接触疲劳强度设计，再校核其弯曲疲劳强度。设计步骤如下：

计 算 与 说 明	主 要 结 果
1. 按齿面接触疲劳强度设计	
（1）许用接触应力	
极限应力　　$\sigma_{\mathrm{Hlim}}=0.87HBW+380$（表 7-4）	$\sigma_{\mathrm{Hlim1}}=589\mathrm{MPa}$
	$\sigma_{\mathrm{Hlim2}}=554\mathrm{MPa}$
安全系数　　取	$S_H=1$
许用接触应力　　$[\sigma_H]=\sigma_{\mathrm{Hlim}}/S_H$	$[\sigma_{H1}]=589\mathrm{MPa}$
取 $[\sigma_{H1}]$、$[\sigma_{H2}]$ 中较小者代入计算公式	$[\sigma_{H2}]=554\mathrm{MPa}$
（2）计算小齿轮分度圆直径	
小齿轮转矩　　$T_1=9.55\times10^6\dfrac{P}{n_1}=9.55\times10^6\times\dfrac{10}{750}\mathrm{N\cdot mm}$	$T_1=1.27\times10^5\mathrm{N\cdot mm}$
齿宽系数　　单级减速器中齿轮相对轴承对称布置，由表 7-7 取	$\psi_d=1$
载荷系数　　工作平稳，软齿面齿轮，取	$K=1.4$

(续)

计 算 与 说 明	主 要 结 果
节点区域系数　　标准直齿圆柱齿轮传动	$Z_H = 2.5$
弹性系数　　由表 7-5	$Z_E = 189.8 \sqrt{MPa}$
小齿轮计算直径　　$d_1 \geq \sqrt[3]{\left(\dfrac{Z_E Z_H}{[\sigma_H]}\right)^2 \dfrac{2KT_1}{\psi_d}\left(\dfrac{i+1}{i}\right)}$	
$\qquad = \sqrt[3]{\left(\dfrac{189.8 \times 2.5}{554}\right)^2 \times \dfrac{2 \times 1.4 \times 1.27 \times 10^5}{1} \times \dfrac{4+1}{4}}$ mm	
$\qquad = 68.83$ mm	
2. 确定几何尺寸	
齿数　　取	$z_1 = 37$
$\qquad z_2 = iz_1 = 4 \times 37$	$z_2 = 148$
模数　　$m = \dfrac{d_1}{z_1} = \dfrac{68.83}{37}$ mm $= 1.86$ mm，由表 7-2 取标准模数	$m = 2$ mm
分度圆直径　　$d_1 = mz_1 = 2 \times 37$ mm	$d_1 = 74$ mm
$\qquad d_2 = mz_2 = 2 \times 148$ mm	$d_2 = 296$ mm
中心距　　$a = \dfrac{1}{2}(d_1 + d_2) = \dfrac{1}{2} \times (74 + 296)$ mm	$a = 185$ mm
齿宽　　$b = \psi_d d_1 = 1 \times 74$ mm $= 74$ mm	
取 $b_2 = b$	$b_2 = 74$ mm
$\qquad b_1 = b + (5 \sim 10)$ mm	$b_1 = 80$ mm
3. 校核齿根弯曲疲劳强度	
(1) 许用齿根应力	
极限应力　　$\sigma_{Flim} = 0.7HBW + 275$（表 7-4）	$\sigma_{Flim1} = 443$ MPa
	$\sigma_{Flim2} = 415$ MPa
安全系数　　取	$S_F = 1.4$
许用齿根应力　　$[\sigma_F] = \dfrac{\sigma_{Flim}}{S_F}$	$[\sigma_{F1}] = 316$ MPa
	$[\sigma_{F2}] = 296$ MPa
(2) 验算齿根应力	
复合齿形系数　　由表 7-6，经线性插值	$Y_{FS1} = 4.05$
	$Y_{FS2} = 4.00$
齿根应力　　$\sigma_{F1} = \dfrac{2KT_1}{bd_1 m}Y_{FS1} = \dfrac{2 \times 1.4 \times 1.27 \times 10^5 \times 4.05}{74 \times 74 \times 2}$ MPa	$\sigma_{F1} = 131$ MPa
$\qquad \sigma_{F2} = \sigma_{F1}\dfrac{Y_{FS2}}{Y_{FS1}} = 131 \times \dfrac{4}{4.05}$ MPa	$\sigma_{F2} = 129$ MPa
由于 $\sigma_{F1} < [\sigma_{F1}]$，$\sigma_{F2} < [\sigma_{F2}]$，故	弯曲疲劳强度足够
4. 齿轮的结构设计（略）	

第八节　斜齿圆柱齿轮传动

一、齿廓曲面的形成及啮合特点

如图 7-17a 所示，直齿圆柱齿轮的齿廓曲面是发生面 S 在基圆柱上作纯滚动时，发生面

上与基圆柱母线 NN 平行的直线 KK 在空间形成的渐开面。一对直齿圆柱齿轮啮合时，齿面接触线与齿轮的轴线平行（图 7-17b），啮合开始和终止都是沿整个齿宽突然发生的，所以容易引起冲击、振动和噪声，高速传动时这种情况尤为突出。

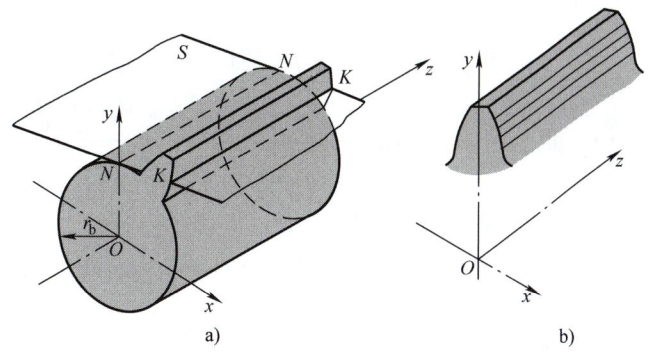

图 7-17　直齿圆柱齿轮齿面的形成

如图 7-18a 所示，斜齿圆柱齿轮的齿廓曲面是发生面 S 在基圆柱上作纯滚动时，发生面上与基圆柱母线 NN 成 β_b 角的直线 KK 在空间形成的渐开螺旋面。β_b 称为基圆柱上的螺旋角。一对斜齿圆柱齿轮啮合时，齿面接触线与齿轮轴线相倾斜（图 7-18b），其长度由点到线并逐渐增长，到某一位置后又逐渐缩短，直到脱离啮合。由此可知，斜齿圆柱齿轮传动是逐渐进入和逐渐退出啮合的，而且重合度也较直齿圆柱齿轮传动大，具有传动平稳、噪声小、承载能力大等优点，故适用于高速和大功率场合；其缺点是工作时会产生轴向力，使轴承的组合设计变得复杂。

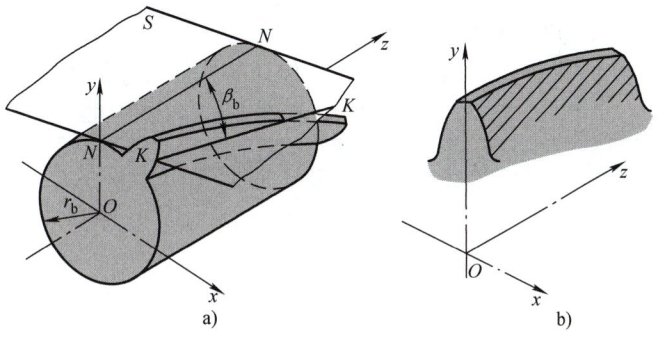

图 7-18　斜齿圆柱齿轮齿面的形成

二、斜齿圆柱齿轮传动的几何参数和尺寸计算

1. 螺旋角

将斜齿圆柱齿轮的分度圆柱展开（图 7-19），该圆柱上的螺旋线便成为斜直线。斜直线与齿轮轴线间的夹角就是分度圆柱上的螺旋角，简称螺旋角，用 β 表示。通常取 $\beta = 8° \sim 20°$。斜齿圆柱齿轮有左旋和右旋之分，其判别方法与螺纹相同。

2. 模数和齿形角

垂直于齿轮轴线的平面称为端平面，垂直于分度圆柱上螺旋线的平面称为法平面，用铣刀或滚刀加工斜齿圆柱齿轮时，刀具的进给方

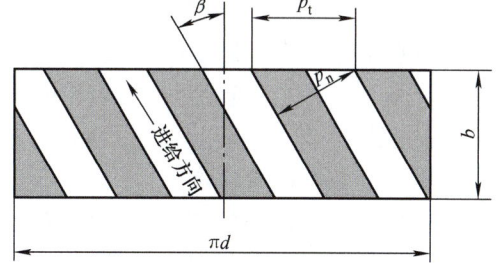

图 7-19　法向参数与端面参数间的关系

向是齿轮分度圆柱上螺旋线的方向，因此斜齿圆柱齿轮的法向模数 m_n 和法向齿形角 α_n 分别与刀具的模数和齿形角相同，均为标准值，法向模数 m_n 的标准值见表 7-2，法向齿形角 α_n 的标准值为 20°。但斜齿圆柱齿轮的直径和传动中心距等几何尺寸的计算是在端平面内进行的，因此要注意法向参数与端面参数之间的换算关系。

由图 7-19 所示可得法向齿距 p_n 与端面齿距 p_t 的关系为

$$p_n = p_t \cos\beta \tag{7-24}$$

因为 $p_n = \pi m_n$,$p_t = \pi m_t$,所以法向模数 m_n 与端面模数 m_t 的关系为

$$m_n = m_t \cos\beta \tag{7-25}$$

可以证明,法向齿形角 α_n 与端面齿形角 α_t 的关系为

$$\tan\alpha_n = \tan\alpha_t \cos\beta \tag{7-26}$$

3. 正确啮合条件

一对斜齿圆柱齿轮啮合时,除两轮的模数和齿形角必须分别相等外,两轮的螺旋角还必须大小相等且旋向相反,即

$$\left.\begin{array}{l} m_{n1} = m_{n2} = m_n \\ \alpha_{n1} = \alpha_{n2} = \alpha_n \\ \beta_1 = -\beta_2 \end{array}\right\} \tag{7-27}$$

4. 几何尺寸计算

正常齿标准斜齿圆柱齿轮传动的几何尺寸计算见表7-8。

表 7-8 正常齿标准斜齿圆柱齿轮传动的几何尺寸计算

名 称	代 号	计 算 公 式
齿顶高	h_a	$h_a = h_{an}^* m_n$,其中 $h_{an}^* = 1$
顶隙	c	$c = c_n^* m_n$,其中 $c_n^* = 0.25$
齿根高	h_f	$h_f = h_a + c = 1.25 m_n$
齿高	h	$h = h_a + h_f = 2.25 m_n$
分度圆直径	d	$d = m_t z = \dfrac{m_n z}{\cos\beta}$
齿顶圆直径	d_a	$d_a = d + 2h_a = d + 2m_n$
齿根圆直径	d_f	$d_f = d - 2h_f = d - 2.5 m_n$
中心距	a	$a = \dfrac{d_1 + d_2}{2} = \dfrac{m_n(z_1 + z_2)}{2\cos\beta}$

由中心距计算式可知,在模数 m_n 及齿数 z_1、z_2 一定的条件下,通过改变斜齿圆柱齿轮的螺旋角 β 可以配凑中心距。

5. 当量齿数和最少齿数

斜齿圆柱齿轮传动的强度须按法向齿形进行计算,采用仿形法加工斜齿圆柱齿轮时,也要按法向齿形选择刀具。但要精确地求出法向齿形比较困难,故通常采用近似方法,即当量齿轮法对其进行研究。

如图 7-20 所示,过斜齿圆柱齿轮分度圆柱面上的 C 点作轮齿螺旋线的法平面 n-n,与分度圆柱面的交线为一椭圆,其长轴半径 $a = r/\cos\beta$,短轴半径 $b = r$。根据高等数学,椭圆上 C 点处的曲率半径为

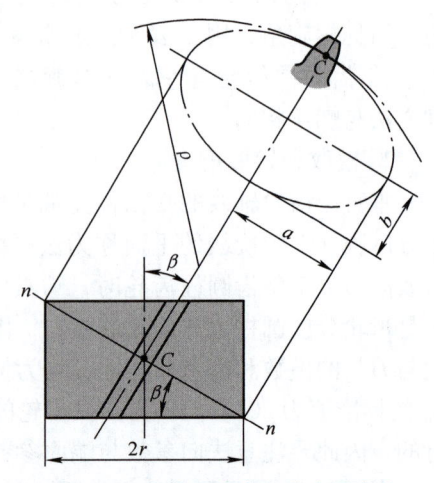

图 7-20 斜齿圆柱齿轮的当量齿轮

$$\rho = \frac{a^2}{b} = \frac{(r/\cos\beta)^2}{r} = \frac{r}{\cos^2\beta} = \frac{m_n z}{2\cos^3\beta}$$

以 ρ 为半径作圆，这个圆与靠近 C 点的一段椭圆非常接近。若以 ρ 为分度圆半径、m_n 为模数、α_n 为齿形角作一假想直齿圆柱齿轮，这一齿轮的齿形与斜齿圆柱齿轮的法向齿形十分接近。这个假想的直齿圆柱齿轮称为该斜齿圆柱齿轮的当量齿轮，其齿数称为当量齿数，用 z_v 表示。于是

$$\rho = \frac{m_n z_v}{2}$$

由以上两式得

$$z_v = \frac{z}{\cos^3\beta} \tag{7-28}$$

当量齿数是假想齿轮的齿数，可以不是整数，但是总大于实际齿数。由于当量齿轮不发生切齿干涉的最少齿数为 $z_{v\,\min} = 17$，所以标准斜齿圆柱齿轮不发生切齿干涉的最小齿数为

$$z_{\min} = z_{v\,\min}\cos^3\beta = 17\cos^3\beta \tag{7-29}$$

例 7-4 欲设计一标准斜齿圆柱齿轮传动，已知传动比 $i = 3.5$，法向模数 $m_n = 2\text{mm}$，中心距 $a = 90\text{mm}$。试确定这对齿轮的螺旋角 β 和齿数，计算分度圆直径、齿顶圆直径、齿根圆直径和当量齿数。

解

	计 算 与 说 明	主 要 结 果
初设螺旋角	取 $\beta = 15°$	
确定齿数	由 $a = \dfrac{m_n(z_1 + z_2)}{2\cos\beta} = \dfrac{m_n z_1(1 + i)}{2\cos\beta}$，得	
	$z_1 = \dfrac{2a\cos\beta}{m_n(1 + i)} = \dfrac{2 \times 90 \times \cos15°}{2 \times (1 + 3.5)} = 19.3$	取 $z_1 = 19$
	$z_2 = iz_1 = 3.5 \times 19 = 66.5$	取 $z_2 = 67$
实际螺旋角	$\beta = \arccos\dfrac{m_n(z_1 + z_2)}{2a} = \arccos\dfrac{2 \times (19 + 67)}{2 \times 90}$	$\beta = 17°08'46''$
	螺旋角在 $8° \sim 20°$ 之间	可以采用
分度圆直径	$d_1 = \dfrac{m_n z_1}{\cos\beta} = \dfrac{2 \times 19}{\cos17°08'46''}\text{mm}$	$d_1 = 39.77\text{mm}$
	$d_2 = \dfrac{m_n z_2}{\cos\beta} = \dfrac{2 \times 67}{\cos17°08'46''}\text{mm}$	$d_2 = 140.23\text{mm}$
齿顶圆直径	$d_{a1} = d_1 + 2m_n = (39.77 + 2 \times 2)\text{mm}$	$d_{a1} = 43.77\text{mm}$
	$d_{a2} = d_2 + 2m_n = (140.23 + 2 \times 2)\text{mm}$	$d_{a2} = 144.23\text{mm}$
齿根圆直径	$d_{f1} = d_1 - 2.5m_n = (39.77 - 2.5 \times 2)\text{mm}$	$d_{f1} = 34.77\text{mm}$
	$d_{f2} = d_2 - 2.5m_n = (140.23 - 2.5 \times 2)\text{mm}$	$d_{f2} = 135.23\text{mm}$
当量齿数	$z_{v1} = \dfrac{z_1}{\cos^3\beta} = \dfrac{19}{\cos^3 17°08'46''}$	$z_{v1} = 21.8$
	$z_{v2} = \dfrac{z_2}{\cos^3\beta} = \dfrac{67}{\cos^3 17°08'46''}$	$z_{v2} = 76.8$

三、斜齿圆柱齿轮传动的强度计算

1. 受力分析

如图 7-21 所示,忽略齿面间的摩擦力,作用在斜齿圆柱齿轮齿面上齿宽中点处的法向力 F_n 可分解为三个相互垂直的分力:

$$\left.\begin{aligned} \text{切向力} \quad & F_t = \frac{2T_1}{d_1} \\ \text{径向力} \quad & F_r = \frac{F_t}{\cos\beta}\tan\alpha_n \\ \text{轴向力} \quad & F_x = F_t\tan\beta \\ \text{法向力} \quad & F_n = \frac{F_t}{\cos\beta\cos\alpha_n} \end{aligned}\right\} \quad (7\text{-}30)$$

式中,T_1 是作用在小齿轮上的转矩;d_1 是小齿轮分度圆直径;β 是螺旋角;α_n 是法向齿形角。

切向力 F_t 和径向力 F_r 方向的判定方法与直齿圆柱齿轮相同,主动轮轴向力的方向可用左右手定则判定:主动轮左旋用左手,主动轮右旋用右手,用手握住齿轮的轴线,四指弯曲的方向表示齿轮的转动方向,这时拇指的指向即为主动轮轴向力 F_{x1} 的方向。从动轮轴向力 F_{x2} 的方向与之相反。

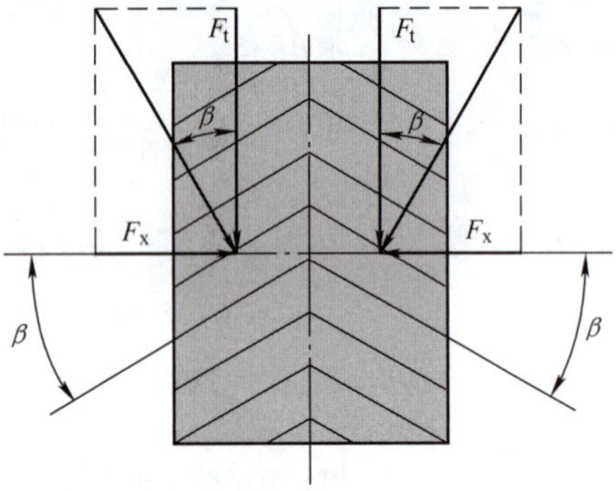

由式(7-30)可知,螺旋角越大,轴向力也越大,这就限制了斜齿圆柱齿轮传动采用较大的螺旋角。为了克服这一缺点,可采用图 7-1e 所示的人字齿轮传动,以抵消轴向力(图7-22),所以人字齿轮可取较大的螺旋角。

人字齿轮传动常用于大功率传动装置中,其缺点是制造较困难。

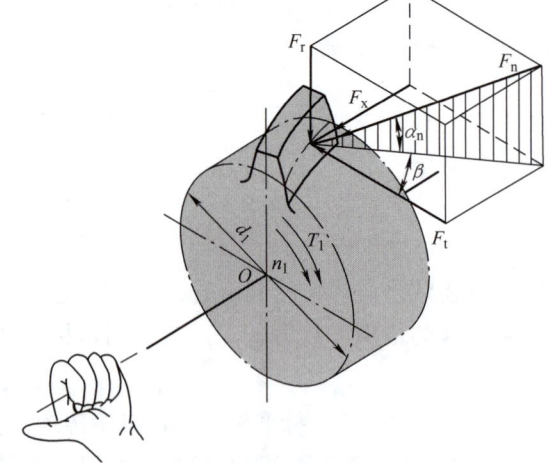

图 7-21 斜齿圆柱齿轮受力

图 7-22 人字齿轮的受力

2. 齿面接触疲劳强度计算

一对斜齿圆柱齿轮传动的强度与其当量直齿圆柱齿轮传动的强度相近,因此斜齿圆柱齿轮传动的齿面接触疲劳强度计算,仍然可以采用直齿圆柱齿轮传动的计算公式[式(7-18)和式(7-19)]。式中的节点区域系数 Z_H 按表 7-9 查取;载荷系数 K 的取值,除考虑式(7-16)中所述各因素外,随着螺旋角的增大,应取小值。

表 7-9 节点区域系数 Z_H

$\beta/(°)$	8	9	10	11	12	13	14	15	16	17	18	19	20
Z_H	2.47	2.47	2.46	2.46	2.45	2.44	2.43	2.42	2.42	2.41	2.39	2.38	2.37

3. 齿根弯曲疲劳强度计算

斜齿圆柱齿轮传动的齿根弯曲疲劳强度校核也可采用式(7-20),只需将模数 m 改为法

向模数 m_n，即

$$\sigma_F = \frac{2KT_1}{bd_1 m_n} Y_{FS} \leq [\sigma_F] \qquad (7-31)$$

将 $b = \psi_d d_1$ 和 $d_1 = \frac{m_n z_1}{\cos\beta}$ 代入式（7-31），即得设计式

$$m_n \geq \sqrt[3]{\frac{2KT_1 \cos^2\beta}{\psi_d z_1^2} \left(\frac{Y_{FS}}{[\sigma_F]}\right)} \qquad (7-32)$$

式中，β 是螺旋角；Y_{FS} 是复合齿形系数，按 $z_v = z/\cos^3\beta$ 查表 7-6；m_n 是法向模数；载荷系数 K 的取值同直齿圆柱齿轮，但应随螺旋角的增大而取小值；其余各参数的意义与单位同前。

例 7-5 现有一标准斜齿圆柱齿轮传动（图 7-23a），已知法向模数 $m_n = 2.5\text{mm}$，齿数 $z_1 = 24$、$z_2 = 106$，螺旋角 $\beta = 9°59'12''$，传递功率 $P = 10\text{kW}$，主动轮转速 $n_1 = 970\text{r/min}$，转动方向和螺旋线方向如图 7-23 所示。忽略齿面间的摩擦，计算并在图中画出作用在从动轮上的各分力。

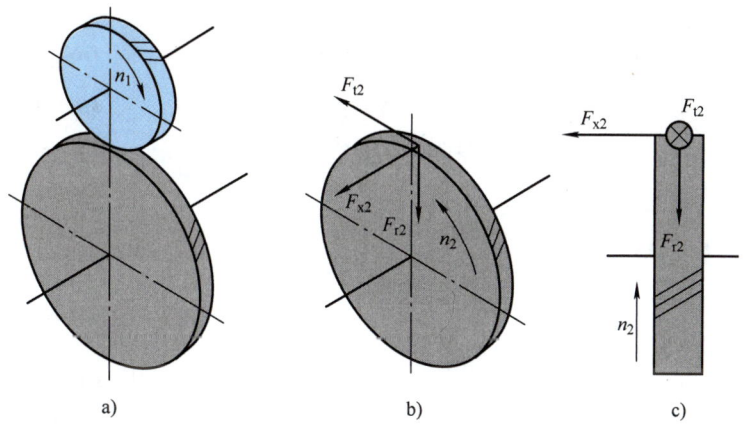

图 7-23 例 7-5 图

解

计 算 与 说 明	主 要 结 果
1. 确定从动轮的转向和受力方向	图 7-23b、c
2. 计算小齿轮的载荷和分度圆直径	
小齿轮转矩　　$T_1 = 9.55 \times 10^6 \dfrac{P}{n_1} = 9.55 \times 10^6 \times \dfrac{10}{970} \text{N}\cdot\text{mm}$	$T_1 = 9.85 \times 10^4 \text{N}\cdot\text{mm}$
小齿轮分度圆直径　　$d_1 = \dfrac{m_n z_1}{\cos\beta} = \dfrac{2.5 \times 24}{\cos 9°59'12''} \text{mm}$	$d_1 = 60.92\text{mm}$
3. 计算从动轮的受力	
切向力　　$F_{t2} = F_{t1} = \dfrac{2T_1}{d_1} = \dfrac{2 \times 9.85 \times 10^4}{60.92} \text{N}$	$F_{t2} = 3234\text{N}$
径向力　　$F_{r2} = \dfrac{F_{t2}}{\cos\beta} \tan\alpha_n = \dfrac{3234 \tan 20°}{\cos 9°59'12''} \text{N}$	$F_{r2} = 1195\text{N}$
轴向力　　$F_{x2} = F_{t2} \tan\beta = 3234 \tan 9°59'12'' \text{N}$	$F_{x2} = 569\text{N}$

例 7-6 设计一单级减速器中的斜齿圆柱齿轮传动。已知传递功率 $P=4.5\text{kW}$,小齿轮转速 $n_1=328\text{r/min}$,传动比 $i=4.68$,双向运转,载荷有中等冲击。

解 小齿轮选用 40Cr 表面淬火,齿面平均硬度 50HRC;大齿轮选用 45 钢表面淬火,齿面平均硬度 46HRC。这是闭式硬齿面齿轮传动,故可先按弯曲疲劳强度设计,再校核其接触疲劳强度,设计计算步骤如下:

计 算 与 说 明	主 要 结 果
1. 按齿根弯曲疲劳强度设计	
(1) 许用齿根应力	
极限应力 $\sigma_{\text{Flim}}=(10.5HRC+195)\times 0.7$(表7-4,双向运转)	$\sigma_{\text{Flim1}}=504\text{MPa}$
	$\sigma_{\text{Flim2}}=475\text{MPa}$
安全系数 取	$S_F=1.4$
许用齿根应力 $[\sigma_F]=\dfrac{\sigma_{\text{Flim}}}{S_F}$	$[\sigma_{F1}]=360\text{MPa}$
	$[\sigma_{F2}]=339\text{MPa}$
(2) 确定齿轮模数	
小齿轮转矩 $T_1=9.55\times 10^6 \dfrac{P}{n_1}=9.55\times 10^6\times\dfrac{4.5}{328}\text{N·mm}$	$T_1=1.31\times 10^5\text{N·mm}$
齿宽系数 单级传动,齿轮相对轴承对称布置,由表7-7	$\psi_d=0.8$
载荷系数 载荷有中等冲击,斜齿硬齿面齿轮,取	$K=1.6$
齿数 取	$z_1=28$
$z_2=iz_1=4.68\times 28=131.04$,取	$z_2=131$
初设螺旋角 初取 $\beta=15°$	
当量齿数 $z_v=\dfrac{z}{\cos^3\beta}$	$z_{v1}=31.1$
	$z_{v2}=145.4$
复合齿形系数 由表7-6	$Y_{FS1}=4.11$
	$Y_{FS2}=4.00$
判断计算对象 $\left.\begin{array}{l}\dfrac{Y_{FS1}}{[\sigma_{F1}]}=\dfrac{4.11}{360}=0.0114\\[2mm]\dfrac{Y_{FS2}}{[\sigma_{F2}]}=\dfrac{4.00}{339}=0.0118\end{array}\right\}$ 将较大者代入式(7-32)	
计算齿轮模数 $m_n\geqslant\sqrt[3]{\dfrac{2KT_1\cos^2\beta}{\psi_d z_1^2}\left(\dfrac{Y_{FS}}{[\sigma]_F}\right)}$	
$=\sqrt[3]{\dfrac{2\times 1.6\times 1.31\times 10^5\times\cos^2 15°}{0.8\times 28^2}\times 0.0118}\text{mm}$	
$=1.95\text{mm}$	
标准模数 由表7-2	$m_n=2\text{mm}$
2. 确定几何参数与尺寸	
中心距 $a=\dfrac{m_n(z_1+z_2)}{2\cos\beta}=\dfrac{2\times(28+131)}{2\cos 15°}\text{mm}=164.6\text{mm}$,取	$a=165\text{mm}$

(续)

计 算 与 说 明	主 要 结 果
实际螺旋角 $\beta = \arccos\dfrac{m_n(z_1+z_2)}{2a} = \arccos\dfrac{2\times(28+131)}{2\times 165}$ （实际螺旋角与前设螺旋角 $\beta = 15°$ 很接近，故上面确定的参数可使用，否则应重设 β 角或调整齿数后再进行计算）	$\beta = 15°29'55''$
分度圆直径 $d = \dfrac{m_n z}{\cos\beta}$	$d_1 = 58.11\text{mm}$ $d_2 = 271.89\text{mm}$
齿宽 $b = \psi_d d_1 = 0.8\times 58.11\text{mm} = 46.5\text{mm}$，取 $b_1 = b + (5\sim 10)\text{mm}$，取	$b_2 = b = 48\text{mm}$ $b_1 = 55\text{mm}$
3. 校核齿面接触疲劳强度 （1）许用接触应力 极限应力 $\sigma_{\text{Hlim}} = 10HRC + 670$ （表 7-4）	$\sigma_{\text{Hlim1}} = 1170\text{MPa}$ $\sigma_{\text{Hlim2}} = 1130\text{MPa}$
安全系数 取	$S_H = 1$
许用接触应力 $[\sigma_H] = \dfrac{\sigma_{\text{Hlim}}}{S_H}$	$[\sigma_{H1}] = 1170\text{MPa}$ $[\sigma_{H2}] = 1130\text{MPa}$
（2）验算齿面接触应力 弹性系数 由表 7-5 节点区域系数 由表 7-9 齿面接触应力 $\sigma_H = Z_E Z_H \sqrt{\dfrac{2KT_1}{bd_1^2}\left(\dfrac{i+1}{i}\right)}$ $= 189.8\times 2.42\times\sqrt{\dfrac{2\times 1.6\times 1.31\times 10^5}{48\times 58.11^2}\times\dfrac{4.68+1}{4.68}}\text{MPa}$ 由于 $\sigma_H < [\sigma_{H2}]$（取两齿轮材料较弱者进行比较），故	$Z_E = 189.8\sqrt{\text{MPa}}$ $Z_H = 2.42$ $\sigma_H = 814\text{MPa}$ 接触疲劳强度足够
4. 齿轮的结构设计（略）	

第九节 直齿锥齿轮传动

一、基本参数和几何尺寸计算

锥齿轮传动用于传递相交轴间的运动和动力。本节仅讨论两轴交角 $\Sigma = 90°$ 的标准直齿锥齿轮传动（图 7-24）。

锥齿轮有分度圆锥、齿顶圆锥、齿根圆锥和基圆锥。它们的锥底圆分别称为分度圆、齿顶圆、齿根圆和基圆，这些圆的直径依次用 d、d_a、d_f 和 d_b 表示。

一对锥齿轮传动相当于一对节圆锥作纯滚动。一对标准直齿锥齿轮传动时，节圆锥与分度圆锥重合。分度圆锥母线长度称为锥距，用 R 表示。

分度圆锥母线与轴线间的夹角称为分度圆锥角，用 δ 表示。显然，轴交角 $\Sigma = \delta_1 + \delta_2 = 90°$。

锥齿轮齿宽用 b 表示。为了保证锥齿轮轮齿小端所必需的刚度并便于加工，齿宽 b 一般不应大于 $0.35R$，通常取齿宽系数 $\psi_R = b/R = 0.25 \sim 0.3$。

轴交角 $\Sigma = 90°$ 的标准直齿锥齿轮传动的传动比为

$$i = \frac{n_1}{n_2} = \frac{z_2}{z_1} = \frac{d_2}{d_1}$$
$$= \tan\delta_2 = \cot\delta_1 \quad (7\text{-}33)$$

锥齿轮的轮齿分布在圆锥体上，其齿形从大端到小端逐渐减小，即从大端到小端模数不同。国家标准规定锥齿轮大端分度圆上的模数为标准模数 m，其值见表 7-10；大端分度圆上的压力角为标准齿形角 α，一般取 $\alpha = 20°$。这样，以大端计算和测量的尺寸相对误差较小，同时也便于估计传动的外廓尺寸。

轴交角 $\Sigma = 90°$ 的标准直齿锥齿轮传动的几何尺寸计算见表 7-11（参见图 7-24）。

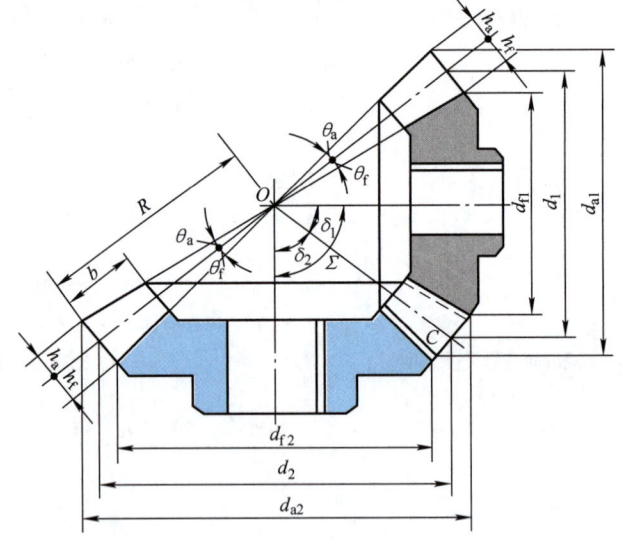

图 7-24 $\Sigma = 90°$ 的直齿锥齿轮传动

表 7-10 锥齿轮标准模数系列 （mm）

…	1	1.125	1.25	1.375	1.5	1.75	2	2.25	2.5
2.75	3	3.25	3.5	3.75	4	4.5	5	5.5	6
6.5	7	8	9	10	11	12	14	16	18
20	22	25	28	…					

注：本表摘自 GB/T 12368—1990。

表 7-11 $\Sigma = 90°$ 的标准直齿锥齿轮传动的几何尺寸计算

名 称	代 号	计 算 公 式
分度圆锥角	δ_1	$\delta_1 = \arctan\dfrac{z_1}{z_2}$
	δ_2	$\delta_2 = \arctan\dfrac{z_2}{z_1}$
齿 顶 高	h_a	$h_a = h_a^* m$，其中 $h_a^* = 1$
顶 隙	c	$c = c^* m$，其中 $c^* = 0.2$
齿 根 高	h_f	$h_f = h_a + c = 1.2m$
齿 高	h	$h = h_a + h_f = 2.2m$
分度圆直径	d	$d = mz$
齿顶圆直径	d_a	$d_a = d + 2h_a\cos\delta$
齿根圆直径	d_f	$d_f = d - 2h_f\cos\delta$
锥 距	R	$R = \dfrac{1}{2}\sqrt{d_1^2 + d_2^2} = \dfrac{m}{2}\sqrt{z_1^2 + z_2^2}$
齿 宽	b	$b = \psi_R R, \psi_R \approx 0.25 \sim 0.3$
齿 顶 角	θ_a	$\theta_a = \arctan\dfrac{h_a}{R}$
齿 根 角	θ_f	$\theta_f = \arctan\dfrac{h_f}{R}$

二、背锥与当量齿数

从理论上讲，锥齿轮的齿廓曲线为球面渐开线；但球面渐开线无法在平面上展开，给设计和制造带来许多困难，因此采用近似的方法来研究锥齿轮的齿廓曲线。

如图 7-25 所示，过锥齿轮大端分度圆上 C 点作球面的切线 O_1C 与轴线交于 O_1 点，以 OO_1 为轴线、O_1C 为母线作一圆锥，这个圆锥称为锥齿轮的背锥。显然，背锥与球面渐开线在分度圆处相切。将锥齿轮大端球面齿形向背锥上投影，所得齿形与锥齿轮大端齿形非常接近。若将背锥展开即得扇形平面，以扇形的圆心为圆心，以背锥母线长度 $\overline{O_1C}$ 为分度圆半径，取锥齿轮大端模数为模数，齿形角 $\alpha = 20°$，可得一扇形齿轮。

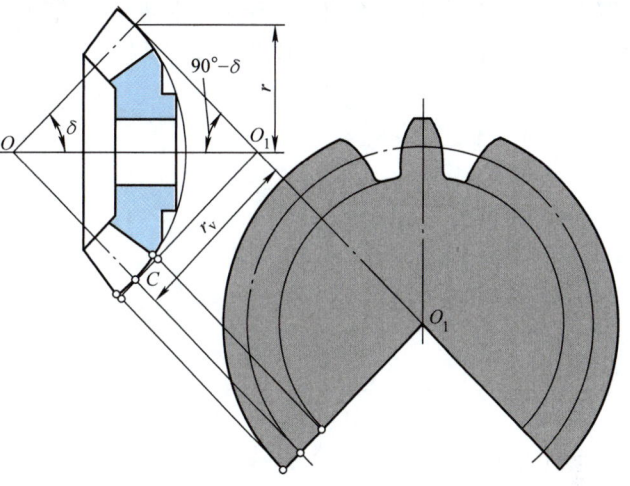

图 7-25 锥齿轮的当量齿轮

将上述扇形齿轮补充成完整的圆柱齿轮，该齿轮称为锥齿轮的当量齿轮，其齿数称当量齿数，用 z_v 表示。由图 7-25 所示可知，当量齿轮的分度圆半径 $r_v = \overline{O_1C} = r/\cos\delta$，而 $r_v = mz_v/2$，$r = mz/2$，所以

$$z_v = \frac{z}{\cos\delta} \tag{7-34}$$

由于当量直齿圆柱齿轮不发生切齿干涉的最少齿数 $z_{v\,min} = 17$，所以直齿锥齿轮不发生切齿干涉的最少齿数为

$$z_{min} = z_{v\,min}\cos\delta = 17\cos\delta \tag{7-35}$$

一对直齿锥齿轮正确啮合的条件是：除两锥齿轮的模数和齿形角分别相等外，两轮的锥距还必须相等。

三、直齿锥齿轮传动的受力分析

锥齿轮的受力从小端到大端是不均匀的。但为了计算方便，工程上仍将沿齿宽分布的载荷简化成集中作用在分度圆锥齿宽中点处的法向力 F_n，如图 7-26 所示。忽略齿面间的摩擦，法向力 F_n 可分解成三个互相垂直的分力，即

$$\left.\begin{array}{l} 切向力 \quad F_{t1} = \dfrac{2T_1}{d_{m1}} \\ 径向力 \quad F_{r1} = F_{t1}\tan\alpha\cos\delta_1 \\ 轴向力 \quad F_{x1} = F_{t1}\tan\alpha\sin\delta_1 \end{array}\right\} \tag{7-36}$$

式中，T_1 是作用在小锥齿轮上的转矩；d_{m1} 是小锥齿轮在齿宽中点处的直径，即平均直径，$d_{m1} = (1 - 0.5\psi_R)d_1$；$\alpha$ 是齿形角；δ_1 是小锥齿轮的分度圆锥角。

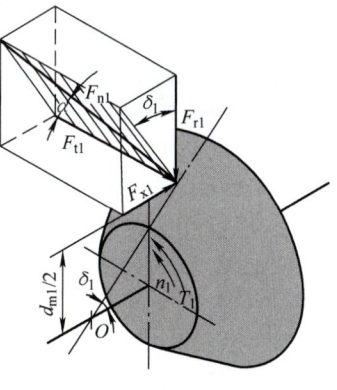

图 7-26 直齿锥齿轮的受力分析

从动轮的受力可根据作用力与反作用力的关系按下列公式求得

$$F_{t1} = -F_{t2}, F_{r1} = -F_{x2}, F_{x1} = -F_{r2}$$

例 7-7 在图 7-27a 所示直齿锥齿轮传动中，已知齿数 $z_1 = 24$，$z_2 = 48$，模数 $m = 3\text{mm}$，齿宽 $b = 20\text{mm}$，传递功率 $P = 2.5\text{kW}$，主动小齿轮转速 $n_1 = 750\text{r/min}$，转动方向如图 7-27a 所示。忽略齿面间的摩擦，计算并在图 7-27b、c 中画出大齿轮的各分力。

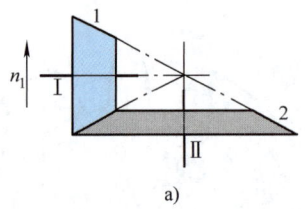
a)
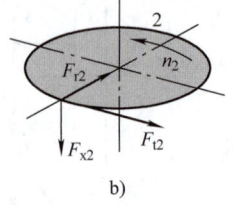
b)
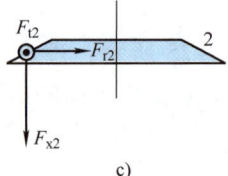
c)

图 7-27　例 7-7 图

解

计　算　与　说　明	主　要　结　果
1. 确定大齿轮所受各分力的方向	图 7-27b、c
2. 计算大齿轮的受力	
小锥齿轮转矩　　$T_1 = 9.55 \times 10^6 \dfrac{P}{n_1} = 9.55 \times 10^6 \times \dfrac{2.5}{750} \text{N} \cdot \text{mm}$	$T_1 = 3.2 \times 10^4 \text{N} \cdot \text{mm}$
分度圆直径　　$d_1 = mz_1 = 3 \times 24\text{mm}$	$d_1 = 72\text{mm}$
$d_2 = mz_2 = 3 \times 48\text{mm}$	$d_2 = 144\text{mm}$
锥距　　$R = \dfrac{1}{2}\sqrt{d_1^2 + d_2^2} = \dfrac{1}{2} \times \sqrt{72^2 + 144^2}\text{mm}$	$R = 80.5\text{mm}$
齿宽系数　　$\psi_R = \dfrac{b}{R} = \dfrac{20}{80.5}$	$\psi_R = 0.25$
小锥齿轮平均直径　　$d_{m1} = (1 - 0.5\psi_R)d_1 = (1 - 0.5 \times 0.25) \times 72\text{mm}$	$d_{m1} = 63\text{mm}$
小锥齿轮分度圆锥角　　$\delta_1 = \arctan \dfrac{z_1}{z_2} = \arctan \dfrac{24}{48}$	$\delta_1 = 26°33'54''$
大锥齿轮的切向力　　$F_{t2} = F_{t1} = \dfrac{2T_1}{d_{m1}} = \dfrac{2 \times 3.2 \times 10^4}{63}\text{N}$	$F_{t2} = 1016\text{N}$
大锥齿轮的径向力　　$F_{r2} = F_{x1} = F_{t1}\tan\alpha\sin\delta_1 = 1016\tan20°\sin26°33'54''$	$F_{r2} = 165\text{N}$
大锥齿轮的轴向力　　$F_{x2} = F_{r1} = F_{t1}\tan\alpha\cos\delta_1 = 1016\tan20°\cos26°33'54''$	$F_{x2} = 331\text{N}$

四、直齿锥齿轮传动的强度计算

直齿锥齿轮传动的强度计算比较复杂，通常是把直齿锥齿轮传动转化为齿宽中点处的一对当量直齿圆柱齿轮传动作近似计算。将齿宽中点处当量直齿圆柱齿轮的有关参数代入式（7-18）和式（7-20），经过适当变换，即可得到下述相应的计算公式。

齿面接触疲劳强度校核式和设计式分别为

$$\sigma_H = Z_E Z_H \sqrt{\dfrac{4KT_1}{\psi_R(1 - 0.5\psi_R)^2 d_1^3 i}} \leqslant [\sigma_H] \qquad (7\text{-}37)$$

$$d_1 \geqslant \sqrt[3]{\frac{4KT_1}{\psi_R(1-0.5\psi_R)^2 i}\left(\frac{Z_E Z_H}{[\sigma_H]}\right)^2} \qquad (7-38)$$

齿根弯曲疲劳强度校核式和设计式分别为

$$\sigma_F = \frac{4KT_1}{\psi_R(1-0.5\psi_R)^2 z_1^2 m^3 \sqrt{i^2+1}} Y_{FS} \leqslant [\sigma_F] \qquad (7-39)$$

$$m \geqslant \sqrt[3]{\frac{4KT_1}{\psi_R(1-0.5\psi_R)^2 z_1^2 \sqrt{i^2+1}}\left(\frac{Y_{FS}}{[\sigma_F]}\right)} \qquad (7-40)$$

式中，Z_E、Z_H、K、$[\sigma_H]$、$[\sigma_F]$ 的取值和计算与直齿圆柱齿轮传动相同；Y_{FS} 按当量齿数 $z_v = z/\cos\delta$ 由表 7-6 查取。

第十节　齿轮的结构

齿轮的结构因其直径不同而异。当齿顶圆直径 $d_a \leqslant 200$mm，并满足图 7-28 中所示的 e 值时，一般制成图示的实心结构。小直径的钢制齿轮，当不满足图 7-28 所示的 e 值时，应将齿轮与轴制成一体，称为齿轮轴（图 7-29）。

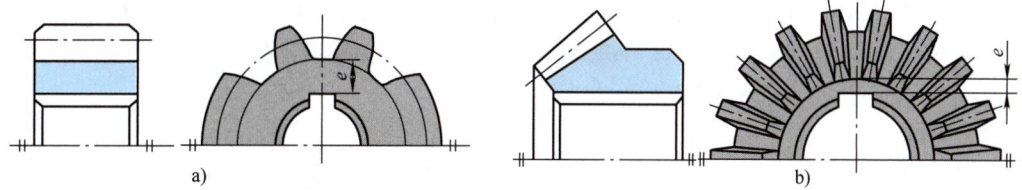

图 7-28　实心齿轮

a）圆柱齿轮 $e \geqslant (2\sim2.5)m_n$　b）锥齿轮 $e \geqslant (1.6\sim2)m$

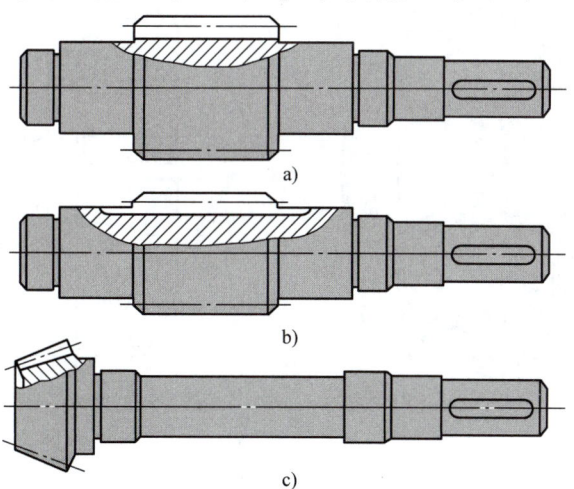

图 7-29　齿轮轴

当齿顶圆直径 $d_a = 200\sim500$mm 时，为减轻质量，可采用腹板式结构（图 7-30）。腹板上开孔的数目按结构尺寸大小及需要而定。

当圆柱齿轮齿顶圆直径 $d_a > 400$mm、锥齿轮齿顶圆直径 $d_a > 300$mm 时，因为锻造困难，可采用铸造齿轮（图 7-31）。圆柱齿轮可铸成轮辐式结构，锥齿轮可铸成带加强肋的腹板式结构。

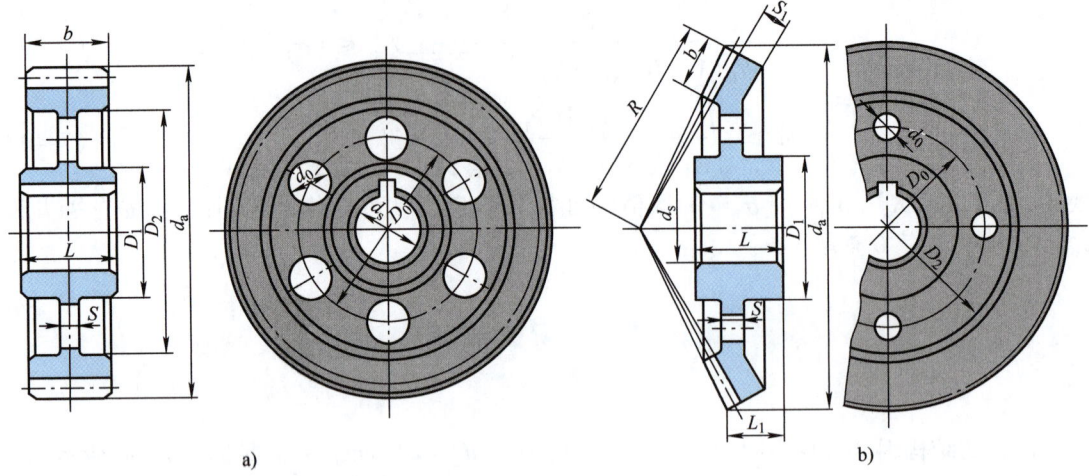

图 7-30　腹板式齿轮

a）圆柱齿轮 $D_1 = 1.6d_s$；$D_2 = d_a - 10m_n$；$D_0 = 0.5(D_1 + D_2)$；$d_0 = 0.25(D_2 - D_1)$；
$S = 0.3b$；但不小于 10mm；当 $b = (1 \sim 1.5)\, d_s$ 时，取 $L = b$，否则取 $L = (1.2 \sim 1.5)\, d_s$

b）锥齿轮 $D_1 = 1.6d_s$；D_2 由结构定；$D_0 = 0.5(D_1 + D_2)$；$d_0 = 0.25(D_2 - D_1)$；$S = 3m$，
但不小于 10mm；$S_1 = 0.2b$，但不小于 10mm；$L = (1 \sim 1.2)\, d_s$；L_1 由结构定

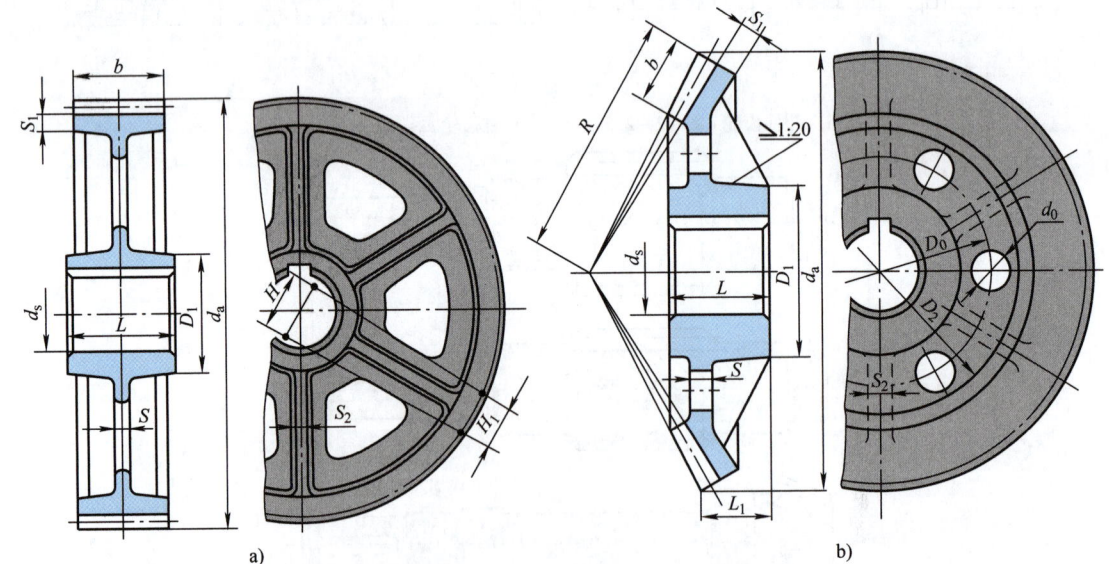

图 7-31　铸造齿轮

a）圆柱齿轮 $D_1 = (1.6 \sim 1.8)d_s$；$L = (1.2 \sim 1.5)d_s$；$H = 0.8d_s$；$H_1 = 0.8H$；$S = 0.2H$；
$S_1 = 5m_n$，但不小于 10mm；$S_2 = H/6$，但不小于 10mm

b）锥齿轮 $S_2 = 0.8S$；其余尺寸同图 7-30b

习 题

7-1 现有一标准直齿圆柱齿轮传动。已知齿数 $z_1=23$, $z_2=57$, 模数 $m=2.5\text{mm}$。求其传动比、分度圆直径、齿顶圆直径、齿根圆直径、基圆直径、中心距、齿距、齿厚、齿槽宽以及渐开线在分度圆处的曲率半径和齿顶圆上的压力角。

7-2 备品库内有一标准直齿圆柱齿轮，已知齿数为38，测得齿顶圆直径为99.85mm。现准备将它用在中心距为115mm 的传动中，试确定与之配对的齿轮齿数、模数、分度圆直径、齿顶圆直径和齿根圆直径。

7-3 画出如图 7-32 所示齿轮所受各分力的方向，图 7-32a、c、d 所示为主动轮，图 7-32b、e 所示为从动轮（图中"○"表示啮合点位置）。

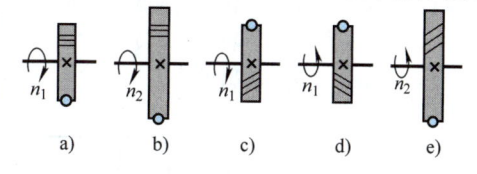

图 7-32 题 7-3 图

7-4 现有一开式标准直齿圆柱齿轮传动。已知小齿轮材料为45钢调质处理，齿面硬度230HBW，大齿轮材料为 ZG310-570 正火处理，齿面硬度190HBW, $z_1=18$, $z_2=55$, $m=4\text{mm}$, $b_1=74\text{mm}$, $b_2=68\text{mm}$, 传递功率 $P=4\text{kW}$, 小齿轮转速 $n_1=720\text{r/min}$, 双向运转，载荷有中等冲击，齿轮相对轴承非对称布置。试校核该齿轮传动的强度。

7-5 在一单级标准直齿圆柱齿轮减速器中，已知小齿轮材料为45钢调质处理，齿面平均硬度220HBW，大齿轮材料为 ZG310-570 正火处理，齿面平均硬度180HBW, $z_1=20$, $z_2=80$, 中心距 $a=250\text{mm}$, 小齿轮齿宽 $b_1=65\text{mm}$, 大齿轮齿宽 $b_2=60\text{mm}$。若输出转速 $n_2=250\text{r/min}$, 单向转动，载荷平稳，求此减速器能传递的最大功率。

7-6 设计一单级减速器中的直齿圆柱齿轮传动。已知传递的功率 $P=10\text{kW}$, 小齿轮转速 $n_1=960\text{r/min}$, 传动比 $i=4.2$, 单向运转，载荷平稳，齿轮相对轴承对称布置。

7-7 拟用一斜齿圆柱齿轮传动代替一标准直齿圆柱齿轮传动，已知直齿圆柱齿轮 $z_1=21$, $z_2=53$, $m=2.5\text{mm}$。要求在不改变齿数和标准模数的前提下，把中心距圆整成尾数为0或5的整数，试确定斜齿轮的螺旋角、分度圆直径、齿顶圆直径、齿根圆直径、端面模数和当量齿数。

7-8 图 7-33a 所示为二级斜齿圆柱齿轮减速器。已知Ⅰ轴为输入轴，其转动方向和轮1的螺旋线方向如图所示。为使Ⅱ轴上齿轮2、3的轴向力能互相抵消一部分，要求：

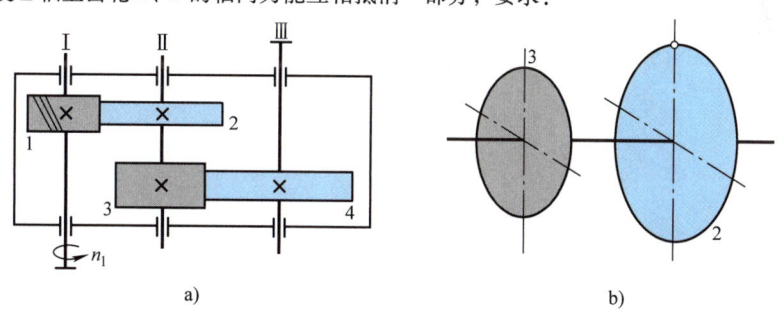

图 7-33 题 7-8 图

1) 确定齿轮2、3、4的转动方向和螺旋线方向。
2) 若输入功率 $P=7.5\text{kW}$, Ⅰ轴转速 $n_1=1450\text{r/min}$, 高速级齿数 $z_1=20$, $z_2=51$, 模数 $m_{n12}=3\text{mm}$, 中心距 $a_{12}=110\text{mm}$; 低速级齿数 $z_3=18$, $z_4=62$, 模数 $m_{n34}=5\text{mm}$, 中心距 $a_{34}=205\text{mm}$。试计算作用在齿轮2、3上的各分力，并在图 7-33b 中画出这些分力的方向。

7-9 设计一单级减速器中的斜齿圆柱齿轮传动。已知传递的功率 $P=13\text{kW}$, 小齿轮转速 $n_1=970\text{r/min}$, 传动比 $i=4.5$, 双向运转，载荷有中等冲击，齿轮相对轴承对称布置。

7-10 一轴交角 $\Sigma=90°$ 的标准直齿锥齿轮传动，已知 $z_1=32$, $z_2=70$, $m=3\text{mm}$。试计算两锥齿轮的分度圆锥角、分度圆直径、齿顶圆直径、齿根圆直径、锥距和当量齿数。

7-11 有三对 $\Sigma = 90°$ 的标准直齿锥齿轮,参数分别为:第一对,$z_1 = 20$,$z_2 = 40$,$m = 3$mm,$\alpha = 20°$;第二对,$z_1 = 40$,$z_2 = 40$,$m = 3$mm,$\alpha = 20°$;第三对,$z_1 = 20$,$z_2 = 40$,$m = 5$mm,$\alpha = 20°$。试问:三个 $z_2 = 40$ 的齿轮能否互换?为什么?

7-12 图 7-34a 所示为一直齿锥齿轮—斜齿圆柱齿轮减速器。已知锥齿轮齿数 $z_1 = 20$,$z_2 = 40$,模数 $m = 5$mm,齿宽 $b = 35$mm;斜齿轮齿数 $z_3 = 30$,$z_4 = 80$,模数 $m_n = 4$mm;主动轴 I 的转动方向如图所示。为使 II 轴上齿轮 2、3 的轴向力完全抵消,要求:

1)确定齿轮 3 和齿轮 4 的螺旋线方向。
2)计算齿轮 3 和齿轮 4 的螺旋角大小。
3)在图 7-34b 中画出齿轮 2 和齿轮 3 的转动方向和各分力方向。

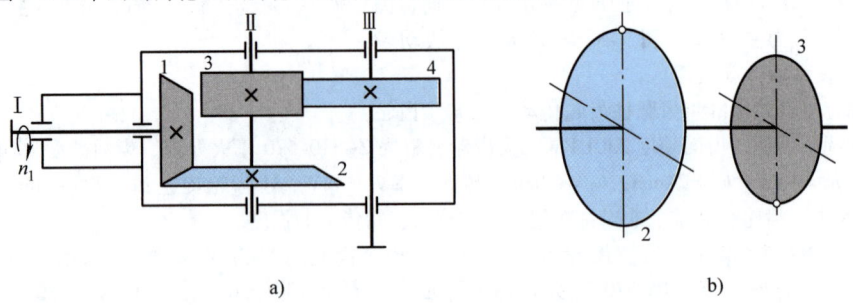

图 7-34 题 7-12 图

7-13 设计一轴交角 $\Sigma = 90°$ 的开式直齿锥齿轮传动。已知传递的功率 $P = 3$kW,传动比 $i = 2.8$,小齿轮转速 $n_1 = 970$r/min,且相对轴承悬臂布置,单向运转,载荷有中等冲击。

第八章 蜗杆传动

> **重点学习内容**
>
> 1. 蜗杆传动的主要参数和正确啮合条件
> 2. 蜗杆传动的传动比及主要几何尺寸计算
> 3. 蜗杆传动的受力分析、效率及热平衡计算

第一节　概　述

蜗杆传动（图8-1）用于传递交错轴间的回转运动和动力，通常两轴交错角为90°。蜗杆类似于螺杆，有左旋和右旋之分，除特殊要求外，均应采用右旋蜗杆；蜗轮可以看成是一个具有凹形轮缘的斜齿轮，其齿面与蜗杆齿面共轭。在蜗杆传动中，一般以蜗杆为主动件。

按照蜗杆分度曲面形状的不同，蜗杆传动分为圆柱蜗杆传动（图8-2a）、环面蜗杆传动（图8-2b）和锥蜗杆传动（图8-2c）。环面蜗杆和锥蜗杆的制造较困难，安装要求较高，因而应用不如圆柱蜗杆广泛。

由于所采用的加工方法不同，圆柱蜗杆又有阿基米德蜗杆、法向直廓蜗杆、渐开线蜗杆和圆弧圆柱蜗杆等多种形式。阿基米德蜗杆的端面齿廓为阿基米德螺旋线，轴截面内齿廓为直线（图8-3a）；法向直廓蜗杆的齿廓在轮齿的法平面内是直线（图8-3b）；渐开线蜗杆的端面齿廓为渐开线，在与基圆柱相切的平面内，齿廓一侧为直线，另一侧为凸形曲线（图8-3c）；圆弧圆柱蜗杆在轴平面内的齿廓为凹圆弧（图8-3d）。本章主要讨论阿基米德蜗杆传动。

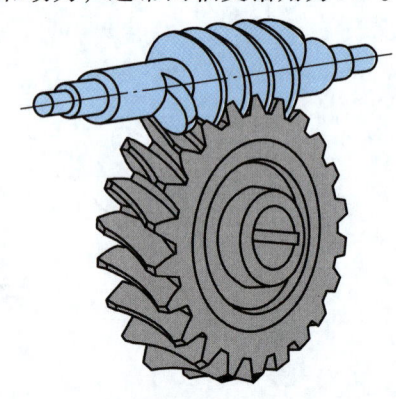

图 8-1　蜗杆传动

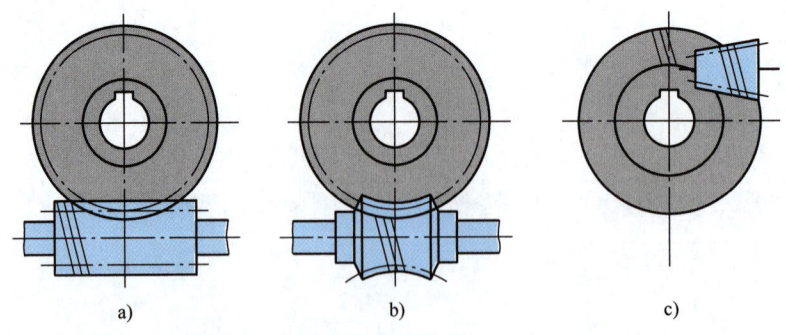

图 8-2　蜗杆传动的类型

a) 圆柱蜗杆传动　b) 环面蜗杆传动　c) 锥蜗杆传动

与齿轮传动相比，蜗杆传动的主要优点是：①结构紧凑，传动比大。在动力传动中，单级传动的传动比 $i = 8 \sim 80$；在分度机构中，传动比可达1000；②传动平稳，噪声低；③当

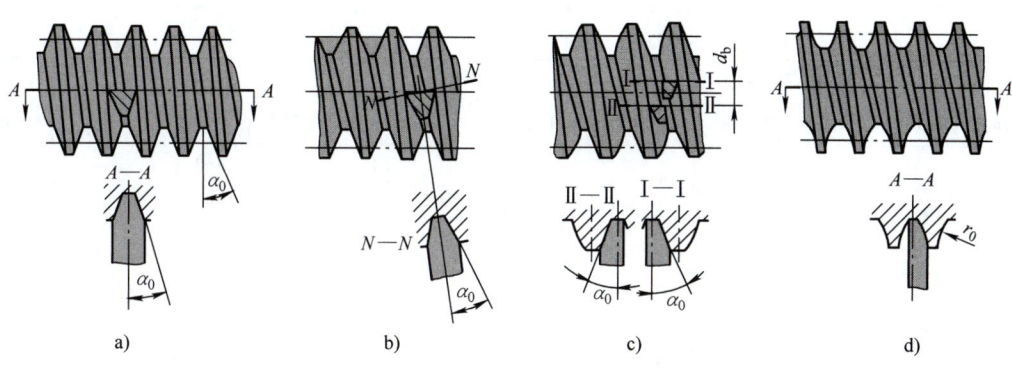

图 8-3　圆柱蜗杆的几种类型

a）阿基米德蜗杆　b）法向直廓蜗杆　c）渐开线蜗杆　d）圆弧圆柱蜗杆

蜗杆导程角很小时，能实现反行程自锁，用于某些手动的简单起重设备中，可防止起吊的重物因自重而下坠。蜗杆传动的主要缺点是：①传动效率较低，发热量大，故闭式传动长期连续工作时必须考虑散热问题；②传递功率较小，通常不超过 50kW；③蜗轮齿圈常需用较贵重的青铜制造，成本较高。

第二节　蜗杆传动的主要参数和几何尺寸计算

一、模数和齿形角

图 8-4 所示为阿基米德蜗杆传动。通过蜗杆轴线并与蜗轮轴线垂直的平面称为中间平面。在中间平面内，蜗杆具有齿条形直线齿廓，其两侧边夹角 $2\alpha = 40°$，蜗杆与蜗轮的啮合相当于齿条与渐开线齿轮的啮合。因此，蜗杆的轴向模数 m_{x1}、轴向齿形角 α_{x1} 应分别与蜗轮的端面模数 m_{t2}、端面齿形角 α_{t2} 相等，并符合标准值。动力圆柱蜗杆传动的标准模数值见表 8-1，蜗杆传动标准齿形角 α 通常为 20°。

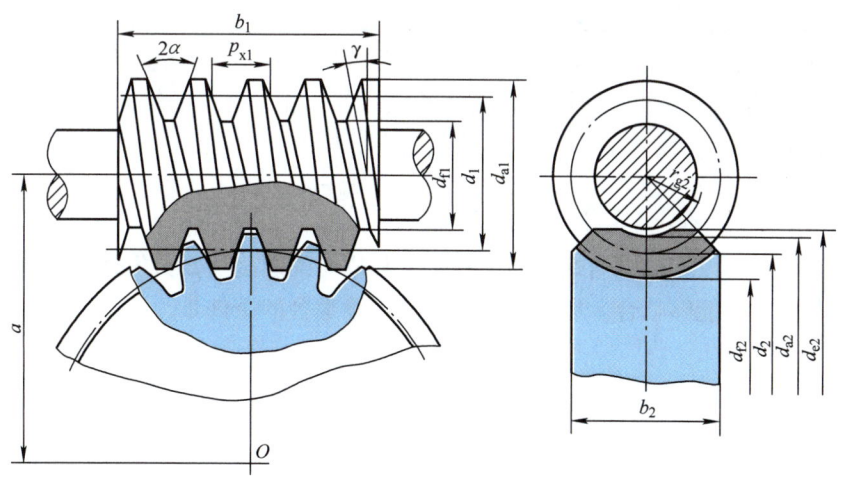

图 8-4　阿基米德蜗杆传动

表 8-1 动力圆柱蜗杆传动的标准模数 m 和蜗杆分度圆直径 d_1

m/mm	d_1/mm	z_1	m^2d_1/mm³	m/mm	d_1/mm	z_1	m^2d_1/mm³	m/mm	d_1/mm	z_1	m^2d_1/mm³
1	18	1	18	4	40	1,2,4,6	640	10	160	1	16000
1.25	20	1	31		(50)	1,2,4	800	12.5	(90)	1,2,4	14063
	22.4	1	35		71	1	1136		112	1,2,4	17500
1.6	20	1,2,4	51	5	(40)	1,2,4	1000		(140)	1,2,4	21875
	28	1	72		50	1,2,4,6	1250		200	1	31250
2	(18)	1,2,4	72		(63)	1,2,4	1575	16	(112)	1,2,4	28672
	22.4	1,2,4,6	90		90	1	2250		140	1,2,4	35840
	(28)	1,2,4	112	6.3	(50)	1,2,4	1985		(180)	1,2,4	46080
	35.5	1	142		63	1,2,4,6	2500		250	1	64000
2.5	(22.4)	1,2,4	140		(80)	1,2,4	3175	20	(140)	1,2,4	56000
	28	1,2,4,6	175		112	1	4445		160	1,2,4	64000
	(35.5)	1,2,4	222	8	(63)	1,2,4	4032		(224)	1,2,4	89600
	45	1	281		80	1,2,4,6	5120		315	1	126000
3.15	(28)	1,2,4	278		(100)	1,2,4	6400	25	(180)	1,2,4	112500
	35.5	1,2,4,6	352		140	1	8960		200	1,2,4	125000
	(45)	1,2,4	447	10	(71)	1,2,4	7100		(280)	1,2,4	175000
	56	1	556		90	1,2,4,6	9000		400	1	250000
4	(31.5)	1,2,4	504		(112)	1,2,4	11200	—	—	—	—

注：1. 本表是根据 GB/T 10085—1988 编制的。
  2. 括号内数字尽可能不采用。
  3. m^2d_1 为导出值。

二、蜗杆导程角和蜗轮螺旋角

  蜗杆分度圆柱螺旋线上任一点的切线与端面间所夹的锐角称为蜗杆的导程角，用 γ 表示（图 8-5）。设 z_1 为蜗杆头数（即蜗杆螺旋线的线数），p_{x1} 为蜗杆的轴向齿距，P_h 为蜗杆螺旋线的导程，如图 8-5 所示，将蜗杆分度圆柱展开，则有

$$\tan\gamma = \frac{P_h}{\pi d_1} = \frac{z_1 p_{x1}}{\pi d_1} = \frac{z_1 \pi m}{\pi d_1} = \frac{z_1 m}{d_1} \tag{8-1}$$

  从图 8-6 所示可以看出，当蜗杆的导程角 γ 与蜗轮的螺旋角 β 数值相等、螺旋线方向相同时，蜗杆与蜗轮才能够啮合。因此，蜗杆传动正确啮合的条件是

$$\left.\begin{array}{r} m_{x1} = m_{t2} = m \\ \alpha_{x1} = \alpha_{t2} = \alpha \\ \gamma = \beta,\text{且旋向相同} \end{array}\right\} \tag{8-2}$$

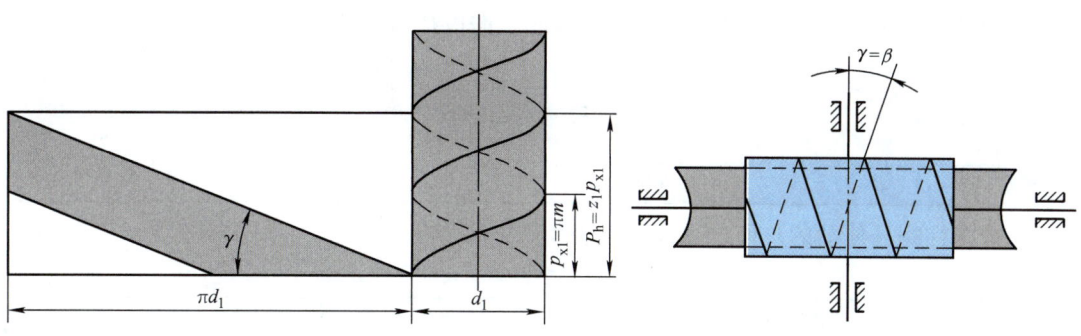

图 8-5　蜗杆的导程角　　　　　图 8-6　蜗杆导程角和蜗轮螺旋角的关系

三、蜗杆分度圆直径

由式（8-1）可知，$d_1 = mz_1/\tan\gamma$。这表明，当模数 m 一定时，改变蜗杆头数 z_1 或导程角 γ，蜗杆分度圆直径 d_1 也随之改变。在蜗杆传动中，蜗轮齿面的加工是用与蜗杆基本尺寸相同的滚刀切制的。这就是说，即使模数相同，不同直径的蜗杆就需要配备相应数量的蜗轮滚刀。这给刀具的储存和标准化都带来不便。为此，国家标准规定：蜗杆分度圆直径 d_1 为标准值，同一标准模数，d_1 一般不多于 4 个。动力传动用蜗杆分度圆标准直径见表 8-1。

四、蜗杆头数和蜗轮齿数

蜗杆头数 z_1 少，易于得到大传动比和实现反行程自锁，但相应导程角小，效率低，发热量大；蜗杆头数多，效率高，但头数过多时，导程角大，制造困难。通常，蜗杆头数可根据传动比按表 8-2 选取。

表 8-2　蜗杆头数的选取

传动比 i	5~8	7~16	15~32	30~80
蜗杆头数 z_1	6	4	2	1

蜗轮的齿数 $z_2 = iz_1$。为了保证传动的平稳性，z_2 不宜小于 27；但 z_2 过大将使蜗轮尺寸增大，蜗杆的长度也随之增加，从而降低蜗杆的刚度，影响啮合精度，故通常取 $z_2 = 28$~80。

五、蜗杆传动的传动比

当蜗杆主动时，蜗杆的螺旋齿面推动蜗轮的轮齿使其转动。因此，在中间平面节点处，蜗杆的轴向速度 v_{x1} 等于蜗轮的圆周速度 v_2，即 $v_{x1} = v_2$。而

$$v_{x1} = P_h n_1 = z_1 p_{x1} n_1 = z_1 \pi m n_1$$
$$v_2 = \pi d_2 n_2 = \pi m z_2 n_2$$

所以

$$z_1 n_1 = z_2 n_2$$

故传动比

$$i = \frac{n_1}{n_2} = \frac{z_2}{z_1} \tag{8-3}$$

值得注意的是，因为 $z_2 = d_2/m, z_1 = d_1\tan\gamma/m$，所以传动比为

$$i = \frac{n_1}{n_2} = \frac{z_2}{z_1} = \frac{d_2}{d_1\tan\gamma} \neq \frac{d_2}{d_1}$$

六、蜗杆传动的几何尺寸计算

标准圆柱蜗杆传动的几何尺寸计算见表8-3（参见图8-4）。

表 8-3　标准圆柱蜗杆传动的几何尺寸计算

名　　称	代　号	公　式　与　说　明
蜗杆导程	P_h	$P_h = z_1 p_{x1}$
齿　　距	p	$p_{x1} = p_{t2} = \pi m$
齿顶高	h_a	$h_a = h_a^* m = m$，其中 $h_a^* = 1$
顶　　隙	c	$c = c^* m = 0.2m$，其中 $c^* = 0.2$
齿根高	h_f	$h_f = h_a + c = 1.2m$
齿　　高	h	$h = h_a + h_f = 2.2m$
蜗杆分度圆直径	d_1	由表 8-1 取标准值
蜗杆齿顶圆直径	d_{a1}	$d_{a1} = d_1 + 2h_a = d_1 + 2m$
蜗杆齿根圆直径	d_{f1}	$d_{f1} = d_1 - 2h_f = d_1 - 2.4m$
蜗杆导程角	γ	$\tan\gamma = \dfrac{mz_1}{d_1}$
蜗杆齿宽	b_1	$b_1 \geq (11.5 + 0.08z_2)m$
蜗轮分度圆直径	d_2	$d_2 = mz_2$
蜗轮喉圆直径	d_{a2}	$d_{a2} = d_2 + 2h_a = m(z_2 + 2)$
蜗轮齿根圆直径	d_{f2}	$d_{f2} = d_2 - 2h_f = m(z_2 - 2.4)$
蜗轮顶圆直径	d_{e2}	当 $z_1 = 1$ 时，$d_{e2} \leq d_{a2} + 2m$ 当 $z_1 = 2 \sim 3$ 时，$d_{e2} \leq d_{a2} + 1.5m$ 当 $z_1 = 4$ 时，$d_{e2} \leq d_{a2} + m$
蜗轮咽喉母圆半径	r_{g2}	$r_{g2} = a - \dfrac{d_{a2}}{2}$
蜗轮螺旋角	β	$\beta = \gamma$，与蜗杆螺旋方向相同
蜗轮齿宽	b_2	$b_2 \leq 0.7d_{a1}$
中 心 距	a	$a = \dfrac{d_1 + d_2}{2} = \dfrac{d_1 + mz_2}{2}$

注：采用变位蜗杆传动，可在一定条件下配凑中心距、改变传动比以及改变蜗杆传动性能。关于变位蜗杆传动的理论与计算参见《机械设计》教材等有关资料。

例 8-1　现有一单头右旋阿基米德蜗杆，齿形角 $\alpha = 20°$，测得蜗杆齿顶圆直径 $d_{a1} = 49.95$mm，沿齿顶量得两个齿距的平均值为 $2p_{x1} = 15.65$mm。欲配制一蜗轮，使其用于传动比 $i = 62$ 的动力蜗杆传动，试计算所配制蜗轮的主要尺寸。

解

计 算 与 说 明	主 要 结 果
确定模数　由 $2p_{x1} = 2\pi m$ 得	
$m = \dfrac{2p_{x1}}{2\pi} = \dfrac{15.65}{2\pi}\text{mm} = 2.49\text{mm}$，由表 8-1 取	$m = 2.5\text{mm}$
确定蜗杆分度圆直径　$d_1 = d_{a1} - 2m = (49.95 - 2 \times 2.5)\text{mm} = 44.95\text{mm}$	
由表 8-1 取	$d_1 = 45\text{mm}$
蜗轮齿数　$z_2 = iz_1 = 62 \times 1$	$z_2 = 62$
蜗轮螺旋角　$\beta = \gamma = \arctan\dfrac{mz_1}{d_1} = \arctan\dfrac{2.5 \times 1}{45}$	$\beta = 3°10'47''$（右旋）
蜗轮分度圆直径　$d_2 = mz_2 = 2.5 \times 62\text{mm}$	$d_2 = 155\text{mm}$
蜗轮喉圆直径　$d_{a2} = d_2 + 2m = (155 + 2 \times 2.5)\text{mm}$	$d_{a2} = 160\text{mm}$
蜗轮齿根圆直径　$d_{f2} = d_2 - 2.4m = (155 - 2.4 \times 2.5)\text{mm}$	$d_{f2} = 149\text{mm}$
蜗轮顶圆直径　$d_{e2} \leq d_{a2} + 2m = (160 + 2 \times 2.5)\text{mm} = 165\text{mm}$，取	$d_{e2} = 165\text{mm}$
中心距　$a = \dfrac{d_1 + d_2}{2} = \dfrac{45 + 155}{2}\text{mm}$	$a = 100\text{mm}$
蜗轮咽喉母圆半径　$r_{g2} = a - \dfrac{d_{a2}}{2} = \left(100 - \dfrac{160}{2}\right)\text{mm}$	$r_{g2} = 20\text{mm}$
蜗轮齿宽　$b_2 \leq 0.7 d_{a1} = 0.7 \times 49.95\text{mm} \approx 35\text{mm}$，取	$b_2 = 35\text{mm}$

第三节　蜗杆传动的相对滑动速度、效率和润滑

一、蜗杆传动的相对滑动速度

如图 8-7 所示，蜗杆传动即使在节点 C 处啮合，齿面间也存在较大的相对滑动，相对滑动速度 v_s 沿着齿面螺旋线的方向。设 v_1 和 v_2 分别为蜗杆与蜗轮在节点处的圆周速度，由于蜗杆与蜗轮两轴交错角为 90°，因此相对滑动速度为

$$v_s = \dfrac{v_1}{\cos\gamma} = \dfrac{v_2}{\sin\gamma} = \sqrt{v_1^2 + v_2^2} \qquad (8\text{-}4)$$

由式（8-4）可知，相对滑动速度 v_s 比 v_1、v_2 都大。它对传动在啮合处的润滑情况及磨损、胶合都有很大影响，一般应限制 $v_s \leq 15\text{m/s}$。

二、蜗杆传动的效率

闭式蜗杆传动（如蜗杆减速器）的总效率 η 一般包括三部分：轮齿的啮合效率 η_1、考虑轴承摩擦损耗时的效率 η_2 和考虑箱体内润滑油搅动时的效率 η_3，即

$$\eta = \eta_1 \eta_2 \eta_3$$

其中，起主要作用的是轮齿的啮合效率 η_1，当蜗杆主动时

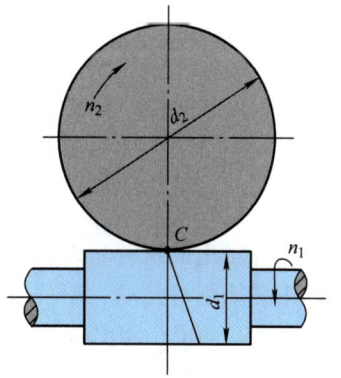

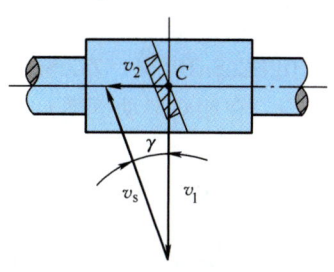

图 8-7　蜗杆传动的滑动速度

$$\eta_1 = \frac{\tan\gamma}{\tan(\gamma + \rho_v)} \quad (8\text{-}5)$$

式中，ρ_v 是当量摩擦角，其值与蜗杆传动的材料、表面硬度和相对滑动速度有关。对于在油池中工作的钢制蜗杆和铜制蜗轮，一般取 $\rho_v = 2°17'30'' \sim 2°52'$；对于开式传动的铸铁蜗轮，一般取 $\rho_v = 5°42'30'' \sim 6°50'30''$。

轴承摩擦及搅油这两项功率损耗较小，一般取 $\eta_2\eta_3 = 0.95 \sim 0.97$，则传动总效率为

$$\eta = \eta_1\eta_2\eta_3 = (0.95 \sim 0.97)\eta_1$$

初始设计时，可根据选定的蜗杆头数，按表 8-4 估取传动的总效率 η 和啮合效率 η_1，η_1 应略高于 η。

表 8-4　普通圆柱蜗杆传动的总效率

蜗杆头数 z_1	1	2	4 或 6	要求反行程自锁时
传动总效率 η	0.70 ~ 0.75	0.75 ~ 0.82	0.82 ~ 0.92	< 0.5

三、蜗杆传动的润滑

蜗杆传动的润滑对提高传动效率、减轻磨损及防止产生胶合都十分重要。润滑剂通常采用黏度较大的矿物油。润滑油中往往加入各种添加剂，以提高传动的抗胶合能力。但是，用青铜制造的蜗轮不能采用抗胶合能力强的活性润滑油，以免腐蚀青铜。闭式蜗杆传动一般采用油池润滑或喷油润滑，开式蜗杆传动采用黏度较高的齿轮油或润滑脂润滑。

第四节　蜗杆和蜗轮的材料及结构

一、蜗杆和蜗轮的材料

考虑到蜗杆传动齿面间相对滑动速度较大的特点，蜗杆副的材料不但要有一定的强度，而且要有良好的减摩性、耐磨性和抗胶合能力。

蜗杆常用的材料是碳钢和合金钢，并要求齿面有较高的硬度和较小的表面粗糙度值。高速、重载的蜗杆传动，蜗杆常用 20、20Cr 钢等经渗碳淬火，使表面硬度达到 58 ~ 63HRC，或采用 45、40Cr、40CrNi 钢等经表面淬火，使表面硬度达到 45 ~ 55HRC。对于一般用途的蜗杆传动，蜗杆可采用 40、45 钢经调质处理，硬度为 220 ~ 250HBW。

蜗轮的常用材料为青铜。在高速、重载、相对滑动速度 $v_s > 3\text{m/s}$ 的重要传动中，蜗轮可选用 ZCuSn10Pb1、ZCuSn5Pb5Zn5 等锡青铜，这些材料的抗胶合能力强，减摩性好，但价格较贵。在相对滑动速度 $v_s \leq 4\text{m/s}$ 的传动中，蜗轮可选用 ZCuAl10Fe3 铝青铜，它的抗胶合能力稍差，但强度高，价格便宜。在低速、轻载、相对滑动速度 $v_s \leq 2\text{m/s}$ 的传动中，蜗轮也可用 HT150、HT200 制造。

二、蜗杆和蜗轮的结构

蜗杆螺旋部分的直径不大，所以常和轴做成一体，称为蜗杆轴。蜗杆轴的结构要考虑蜗

杆齿面的加工方法。常见的蜗杆轴结构如图 8-8 所示，其中图 8-8a、b 所示的结构既可以车制，也可以铣制；对于图 8-8c 所示的结构，由于齿根圆直径小于相邻轴段的直径，因此只能铣制。图 8-8b 所示蜗杆轴的刚度较其他两种差。

蜗轮常见的结构有整体式和组合式两种。铸铁蜗轮和小尺寸青铜蜗轮常采用整体式结构（图 8-9）。对于较大尺寸的蜗轮，为了节省有色金属，常采用青铜齿圈和铸铁轮心的组合结构。图 8-10a 所示是在铸铁轮心上加铸青铜齿圈，然后切齿，常用于成批制造的蜗轮；图 8-10b 所示是用过盈配合将齿圈装在铸铁的轮心上，为了增加连接的可靠性，常在接合缝处拧上螺钉，螺钉孔中心线要偏向铸铁一边，以易于钻孔；当蜗轮直径较大时，齿圈和轮心可采用铰制孔用螺栓连接（图 8-10c）。

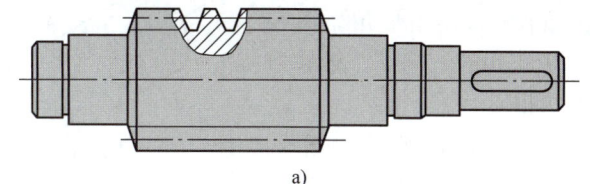
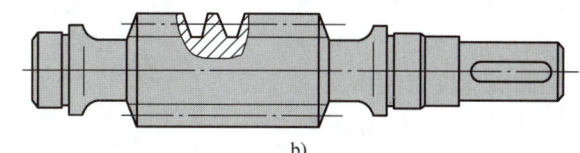
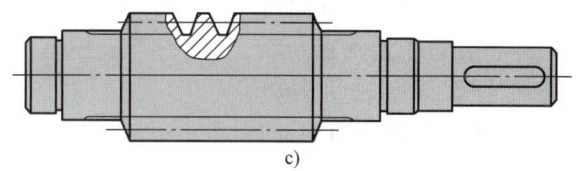

图 8-8　蜗杆轴的结构

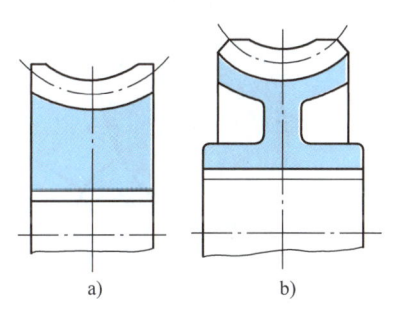

图 8-9　整体式蜗轮

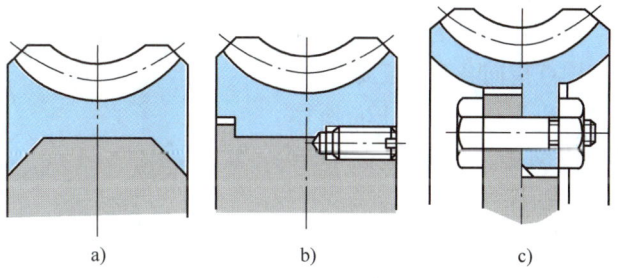

图 8-10　组合式蜗轮

第五节　蜗杆传动的受力分析

如图 8-11 所示的蜗杆传动，以蜗杆为主动件，作用在齿面上的法向力 F_n 可以分解成三个互相垂直的分力：切向力 F_t、轴向力 F_x 和径向力 F_r。各分力的计算通常采用下面的简化方法，即

$$\left.\begin{aligned} F_{t1} &= \frac{2T_1}{d_1} = -F_{x2} \\ F_{t2} &= \frac{2T_2}{d_2} = -F_{x1} \\ F_{r2} &= F_{t2}\tan\alpha = -F_{r1} \end{aligned}\right\} \quad (8\text{-}6)$$

式中，T_1、T_2 分别是作用在蜗杆和蜗轮上的转矩，$T_2 = T_1 i \eta_1$；i 是传动比；η_1 是啮合效率；d_1、d_2 分别是蜗杆和蜗轮的分度圆直径；α 是齿形角，通常 $\alpha = 20°$；负号"－"表示力的方向相反。

蜗杆切向力 F_{t1} 和蜗轮轴向力 F_{x2} 是一对作用与反作用力。因为蜗杆为主动件，所以其切向力 F_{t1} 的方向与蜗杆受力点的圆周速度方向相反。

蜗杆轴向力 F_{x1} 和蜗轮切向力 F_{t2} 是一对作用与反作用力。蜗杆轴向力 F_{x1} 的方向可用主动轮左、右手定则来判断（参阅第七章斜齿轮受力分析）。从动件蜗轮切向力 F_{t2} 的方向与蜗轮受力点的圆周速度方向相同，据此可以判断蜗轮的转动方向。

蜗杆和蜗轮的径向力方向从作用点指向各自的轮心。

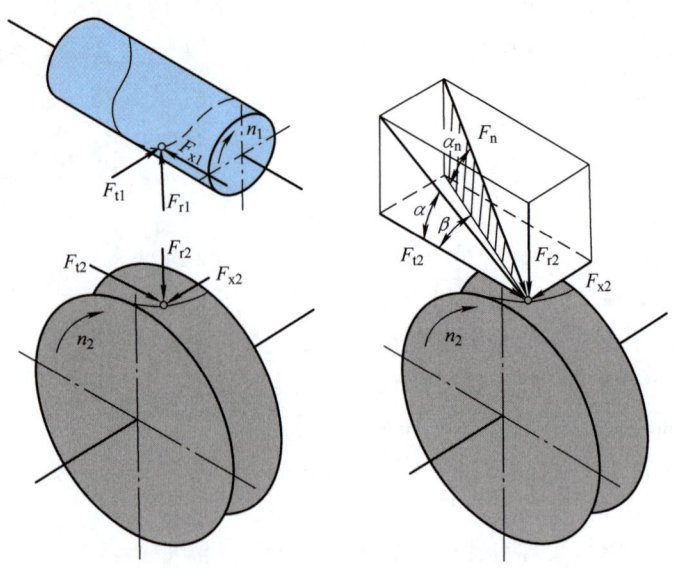

图 8-11　蜗杆传动的受力分析

例 8-2　在图 8-12a 所示蜗杆传动中，已知模数 $m = 8$mm，蜗杆头数 $z_1 = 2$（右旋），蜗杆分度圆直径 $d_1 = 80$mm，传动比 $i = 20.5$，蜗杆轴输入功率 $P_1 = 7.5$kW，转速 $n_1 = 960$r/min，转动方向如图所示。取啮合效率 $\eta_1 = 0.81$，试求：

1）蜗轮的螺旋线方向和转动方向；
2）计算并画出啮合点处各分力。

解

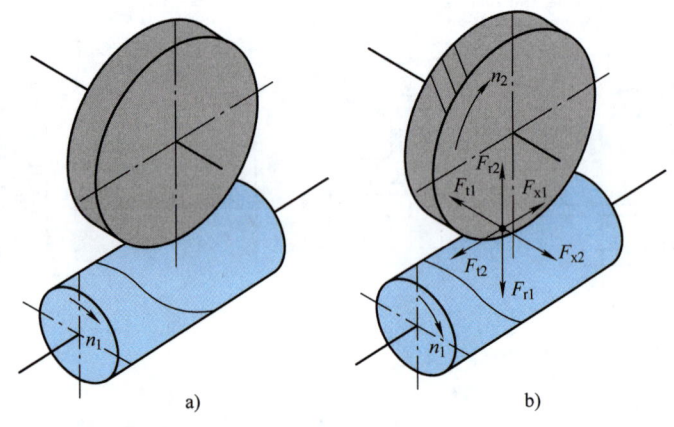

图 8-12　例 8-2 图

计　算　与　说　明	主　要　结　果
1. 确定蜗轮的螺旋线方向和转动方向	右旋，顺时针方向转动
2. 确定蜗杆蜗轮各分力的方向	图 8-12b
3. 计算各分力	

(续)

计 算 与 说 明	主 要 结 果
蜗杆轴的转矩 $T_1 = 9.55 \times 10^6 \dfrac{P_1}{n_1} = \dfrac{9.55 \times 10^6 \times 7.5}{960} \text{N} \cdot \text{mm}$	$T_1 = 7.46 \times 10^4 \text{N} \cdot \text{mm}$
蜗轮轴转矩 $T_2 = T_1 i \eta_1 = 7.46 \times 10^4 \times 20.5 \times 0.81 \text{N} \cdot \text{mm}$	$T_2 = 1.24 \times 10^6 \text{N} \cdot \text{mm}$
蜗轮分度圆直径 $d_2 = m z_2 = m z_1 i = 8 \times 2 \times 20.5 \text{mm}$	$d_2 = 328 \text{mm}$
蜗杆切向力和蜗轮轴向力 $F_{t1} = F_{x2} = \dfrac{2T_1}{d_1} = \dfrac{2 \times 7.46 \times 10^4}{80} \text{N}$	$F_{t1} = F_{x2} = 1865 \text{N}$
蜗杆轴向力和蜗轮切向力 $F_{x1} = F_{t2} = \dfrac{2T_2}{d_2} = \dfrac{2 \times 1.24 \times 10^6}{328} \text{N}$	$F_{x1} = F_{t2} = 7561 \text{N}$
蜗杆和蜗轮的径向力 $F_{r1} = F_{r2} = F_{t2} \tan\alpha = 7561 \tan 20° \text{N}$	$F_{r1} = F_{r2} = 2752 \text{N}$

第六节 蜗杆传动的失效形式和工作能力计算

齿轮传动的失效形式在蜗杆传动中也会发生。由于蜗杆传动的相对滑动速度较大,发热量大,效率较低,所以主要失效形式常为齿面的磨损、胶合和点蚀,而且因为蜗杆材料的强度较蜗轮高且齿形连续,使得失效主要发生在蜗轮齿面上。目前,对磨损和胶合尚缺乏完善的计算方法和数据,因此对于蜗杆传动的强度,通常是仿照圆柱齿轮的齿面接触疲劳强度和齿根弯曲疲劳强度,对蜗轮齿面进行条件性计算,并在选取许用应力时,适当考虑胶合和磨损因素的影响。蜗杆传动的设计计算准则为:对于闭式蜗杆传动,蜗轮齿圈多用锡青铜制造,其轮齿的主要失效形式为疲劳点蚀,故通常按蜗轮齿面接触疲劳强度进行计算;此外,传动连续工作时,还应进行热平衡计算。对于开式蜗杆传动,磨损和胶合为其主要失效形式,通常只计算蜗轮齿根弯曲疲劳强度。

蜗杆轴本身的强度和刚度计算方法与轴相同。

一、蜗轮齿面的接触疲劳强度计算

蜗轮齿面的接触疲劳强度计算与斜齿轮类似,仍以式(7-17)为基础,按蜗杆传动在节点处的啮合条件来计算蜗轮齿面的接触应力,其接触疲劳强度校核式为

$$\sigma_H = \frac{480}{d_2}\sqrt{\frac{KT_2}{d_1}} \leq [\sigma_H] \tag{8-7}$$

将 $d_2 = mz_2$ 代入式(8-7),则有设计式

$$m^2 d_1 \geq KT_2 \left(\frac{480}{z_2[\sigma_H]}\right)^2 \tag{8-8}$$

式中, d_1、d_2 分别是蜗杆和蜗轮的分度圆直径(mm); T_2 是作用在蜗轮轴上的转矩

（N·mm）；K 是载荷系数，$K = 1.1 \sim 1.3$，当工作载荷变化较大，蜗轮圆周速度较高时取较大值；$[\sigma_H]$ 是蜗轮材料的许用接触应力（MPa），见表 8-5。

表 8-5 蜗轮的许用接触应力 $[\sigma_H]$ （MPa）

配对材料		滑 动 速 度/（m·s^{-1}）					
蜗杆	蜗轮	0.25	0.5	1	2	3	4
20、20Cr 渗碳淬火 45 钢表面淬火	HT150	166	150	127	95	—	—
	HT200	202	182	154	115	—	—
	ZCuAl10Fe3	190	180	173	163	154	149
45 钢调质	HT150	139	125	106	79	—	—
	HT200	168	152	128	96	—	—
抗拉强度 $\sigma_b < 300$MPa 的青铜蜗轮							
蜗轮材料	铸造方法	蜗杆齿面硬度					
		≤45HRC			>45HRC		
ZCuSn10Pb1	砂型铸造	150			180		
	金属型铸造	220			268		
ZCuSn5Pb5Zn5	砂型铸造	113			135		
	金属型铸造	128			140		
	离心铸造	158			183		

（表头附注：灰铸铁或抗拉强度 $\sigma_b \geq 300$MPa 的青铜蜗轮）

按式（8-8）计算出 $m^2 d_1$ 值并考虑蜗杆头数 z_1，由表 8-1 即可确定模数 m 和蜗杆分度圆直径 d_1。

二、蜗轮轮齿的弯曲疲劳强度计算

蜗轮轮齿形状复杂，很难精确确定轮齿的危险截面和实际弯曲应力。但轮齿的抗弯曲能力远大于抗点蚀和抗胶合能力。只有蜗轮采用脆性材料，或传动承受强烈冲击等特殊情况下，或在开式传动中，才计算其弯曲疲劳强度。其近似校核式和设计式分别为

$$\sigma_F = \frac{1.64KT_2}{d_1 d_2 m} Y_{Fa} \leq [\sigma_F] \quad (8-9)$$

$$m^2 d_1 \geq \frac{1.64KT_2}{z_2 [\sigma_F]} Y_{Fa} \quad (8-10)$$

式中，Y_{Fa} 是齿形系数，按蜗轮当量齿数 $z_v = z_2/\cos^3 \gamma$ 查表 8-6；$[\sigma_F]$ 是蜗轮的许用齿根应力（MPa），见表 8-7；其他参数的取值和计算同式（8-7）、式（8-8）。

设计时导程角 γ 尚未确定，可根据蜗杆头数作如下估取：当 $z_1 = 1$ 时，$\gamma = 3° \sim 8°$；当 $z_1 = 2$ 时，$\gamma = 8° \sim 16°$；当 $z_1 = 4$ 时，$\gamma = 16° \sim 30°$。

表 8-6 蜗轮的齿形系数 Y_{Fa}

蜗轮当量齿数 z_v	20	24	26	28	30	32	35	37
齿形系数 Y_{Fa}	2.24	2.14	2.10	2.04	1.99	1.94	1.86	1.82
蜗轮当量齿数 z_v	40	45	50	60	80	100	150	300
齿形系数 Y_{Fa}	1.76	1.68	1.64	1.59	1.52	1.47	1.44	1.40

表 8-7　蜗轮的许用齿根应力 $[\sigma_F]$　　　　（MPa）

蜗轮材料	铸造方法	单齿侧工作	双齿侧工作
ZCuSn10Pb1	砂型铸造	50	35
	金属型铸造	67	50
ZCuSn5Pb5Zn5	砂型铸造	39	32
	金属型铸造	39	32
	离心铸造	45	40
ZCuAl10Fe3	砂型铸造	84	78
	金属型铸造	93	86
HT150	砂型铸造	40	25
HT200	砂型铸造	48	30

三、蜗杆传动的热平衡计算

在单位时间内，蜗杆传动由于摩擦损耗产生的热量为

$$Q_1 = 1000P_1(1-\eta)$$

以自然冷却方式从箱体外壁散发到空气中去的热量为

$$Q_2 = k_t A(t - t_0)$$

当达到热平衡时，$Q_1 = Q_2$，这时润滑油的工作温度为

$$t = t_0 + \frac{1000P_1(1-\eta)}{k_t A} \qquad (8-11)$$

由式（8-11）可得保持正常工作油温所需的散热面积为

$$A = \frac{1000P_1(1-\eta)}{k_t(t-t_0)} \qquad (8-12)$$

式中，P_1 是蜗杆传动的输入功率（kW）；η 是蜗杆传动的总效率；k_t 是传热系数，$k_t = 10 \sim 17 \mathrm{W/(m^2 \cdot \text{℃})}$，当周围空气流通良好时取大值；$A$ 是散热面积（$\mathrm{m^2}$），指内壁被油飞溅到，外壁被周围空气所冷却的箱体表面积；t 是箱体内油的工作温度（℃），一般应小于 60～70℃，最高不超过 80℃；t_0 是环境温度，一般取 $t_0 = 20$℃。

如果油温超过限定温度，或箱体散热面积不足时，可以采取下列措施：
1) 在箱体外铸出或焊上散热片，以增大散热面积。
2) 在蜗杆轴上装置风扇，以增大传热系数（图 8-13a）。

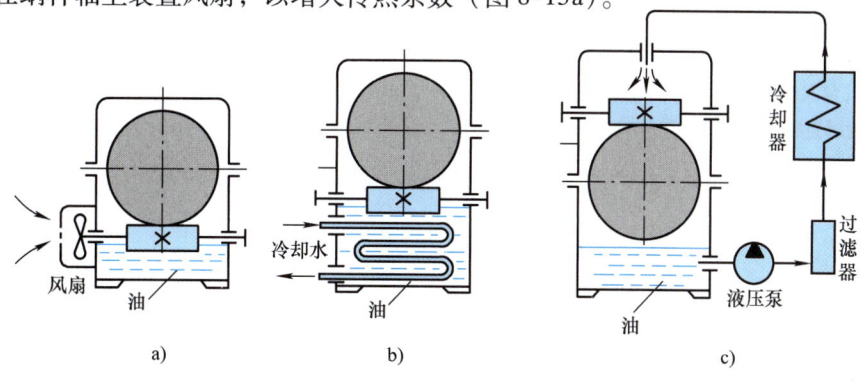

图 8-13　蜗杆传动的冷却方法
a) 风扇冷却　b) 蛇形管冷却　c) 压力喷油循环冷却

3）在油池中装置蛇形管冷却（图 8-13b）。
4）采用压力喷油循环冷却（图 8-13c）。

例 8-3 设计一单级阿基米德蜗杆减速器。已知输入轴传递功率 $P_1 = 2.8$ kW，转速 $n_1 = 960$ r/min，传动比 $i = 20$，单向传动，载荷平稳，长期连续运转。

解 减速器为闭式传动，蜗杆选用 45 钢经表面淬火，齿面硬度 >45HRC，蜗轮轮缘选用 ZCuSn10Pb1，砂型铸造。根据载荷与工作情况，应按蜗轮齿面接触疲劳强度设计，并进行热平衡计算。设计计算步骤如下：

计 算 与 说 明		主 要 结 果
1. 按蜗轮齿面接触疲劳强度设计		
蜗轮材料的许用接触应力	由表 8-5	$[\sigma_H] = 180$ MPa
蜗杆头数	由表 8-2	$z_1 = 2$
蜗轮齿数	$z_2 = iz_1 = 20 \times 2$	$z_2 = 40$
蜗轮转速	$n_2 = \dfrac{n_1}{i} = \dfrac{960}{20}$ r/min	$n_2 = 48$ r/min
估取啮合效率	参考表 8-4，估取 $\eta_1 = 0.8$	
蜗轮轴转矩	$T_2 = 9.55 \times 10^6 \dfrac{P_1 \eta_1}{n_2} = 9.55 \times 10^6 \times \dfrac{2.8 \times 0.8}{48}$ N·mm	$T_2 = 4.5 \times 10^5$ N·mm
载荷系数	载荷平稳，蜗轮转速不高，取	$K = 1.1$
计算 $m^2 d_1$ 值	$m^2 d_1 \geq KT_2 \left(\dfrac{480}{z_2 [\sigma_H]}\right)^2$	
	$= 1.1 \times 4.5 \times 10^5 \times \left(\dfrac{480}{40 \times 180}\right)^2$ mm^3	
	$= 2200$ mm^3	
模数	由表 8-1 取标准值	$m = 6.3$ mm
蜗杆分度圆直径	由表 8-1 取标准值	$d_1 = 63$ mm
2. 计算相对滑动速度与传动效率		
蜗杆导程角	$\gamma = \arctan \dfrac{m z_1}{d_1} = \arctan \dfrac{6.3 \times 2}{63}$	$\gamma = 11°18'36''$
蜗杆分度圆的圆周速度	$v_1 = \dfrac{\pi d_1 n_1}{60 \times 1000} = \dfrac{\pi \times 63 \times 960}{60 \times 1000}$ m/s	$v_1 = 3.17$ m/s
相对滑动速度	$v_s = \dfrac{v_1}{\cos\gamma} = \dfrac{3.17}{\cos 11°18'36''}$ m/s	$v_s = 3.23$ m/s
当量摩擦角	取 $\rho_v = 2°30'$	
验算啮合效率	$\eta_1 = \dfrac{\tan\gamma}{\tan(\gamma + \rho_v)} = \dfrac{\tan 11°18'36''}{\tan(11°18'36'' + 2°30')} = 0.81$	与初取值相近
传动总效率	$\eta = 0.96 \eta_1 = 0.96 \times 0.81$	$\eta = 0.78$，在表 8-4 所列范围内
3. 确定主要几何尺寸		
蜗轮分度圆直径	$d_2 = m z_2 = 6.3 \times 40$ mm	$d_2 = 252$ mm
中心距	$a = \dfrac{d_1 + d_2}{2} = \dfrac{63 + 252}{2}$ mm	$a = 157.50$ mm
4. 热平衡计算		
环境温度	取 $t_0 = 20$℃	
工作温度	取 $t = 70$℃	
传热系数	取 $k_t = 13$ W/(m²·℃)	
需要的散热面积	$A = \dfrac{1000 P_1 (1 - \eta)}{k_t (t - t_0)} = \dfrac{1000 \times 2.8 \times (1 - 0.78)}{13 \times (70 - 20)}$ m²	$A = 0.95$ m²
5. 减速器的结构设计	（略）	

习 题

8-1 一标准阿基米德蜗杆传动,已知模数 $m=10\text{mm}$,蜗杆分度圆直径 $d_1=90\text{mm}$,蜗杆头数 $z_1=2$,传动比 $i=15.5$。试计算该蜗杆传动的主要几何尺寸及蜗轮的螺旋角 β。

8-2 一标准阿基米德蜗杆传动,测得蜗杆齿顶圆直径 $d_{a1}=62.25\text{mm}$,蜗杆头数 $z_1=1$,蜗轮齿数 $z_2=62$,蜗轮喉圆直径 $d_{a2}=201.50\text{mm}$。试确定标准模数和蜗杆分度圆直径,并计算蜗杆导程角 γ 及中心距 a。

8-3 图 8-14 所示为蜗杆—斜齿圆柱齿轮传动。已知:在蜗杆传动中,模数 $m=10\text{mm}$,蜗杆分度圆直径 $d_1=90\text{mm}$,蜗杆头数 $z_1=2$,右旋,蜗轮齿数 $z_2=31$,蜗杆传动的啮合效率 $\eta_1=0.8$;在斜齿圆柱齿轮传动中,模数 $m_n=6\text{mm}$,齿数 $z_3=24$,$z_4=72$,螺旋角 $\beta=16°15'37''$;Ⅰ轴输入功率 $P_1=10\text{kW}$,转速 $n_1=970\text{r/min}$,转向如图所示。不计斜齿轮传动及轴承的功率损失,要求:

1) 在图中画出斜齿轮 3 和 4 的转动方向及合理的螺旋线方向。

2) 计算并在图中画出蜗轮 2 和斜齿轮 3 的各分力。

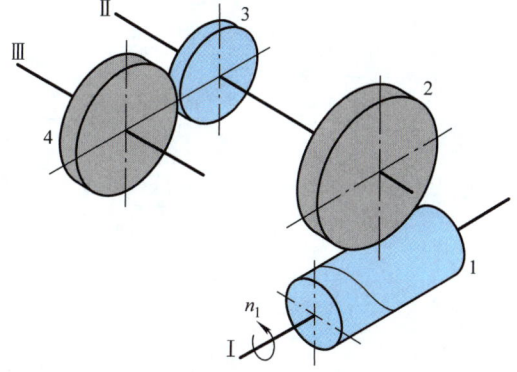

图 8-14 题 8-3 图

8-4 图 8-15 所示为斜齿圆柱齿轮—蜗杆传动。已知:在斜齿圆柱齿轮传动中,齿数 $z_1=23$,$z_2=42$,模数 $m_n=3\text{mm}$;在蜗杆传动中,模数 $m=5\text{mm}$,蜗杆分度圆直径 $d_3=50\text{mm}$,蜗杆头数 $z_3=2$,右旋,蜗轮齿数 $z_4=30$,啮合效率 $\eta_1=0.8$;两级传动的中心距相等;输入功率 $P_1=3\text{kW}$,输入轴转速 $n_1=1430\text{r/min}$,转向如图所示。不计斜齿轮传动及轴承的功率损失,欲使轴Ⅱ上齿轮 2 和蜗杆 3 的轴向力互相抵消一部分,要求:

1) 在图中画出齿轮 1 和齿轮 2 的螺旋线方向及蜗轮 4 的转动方向。

2) 在图中画出齿轮 2 各分力的方向。

3) 求斜齿轮的螺旋角 β、蜗杆导程角 γ 及作用在蜗轮上的转矩 T_4。

8-5 设计如图 8-16 所示带式输送机中阿基米德蜗杆传动。已知蜗杆输入功率 $P_1=8\text{kW}$,转速 $n_1=960\text{r/min}$,传动比 $i=20.5$,电动机驱动,载荷平稳,连续工作。

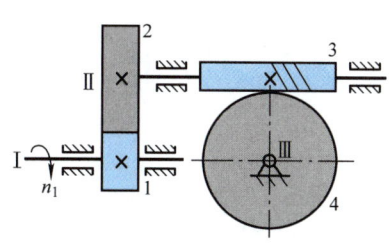

图 8-15 题 8-4 图

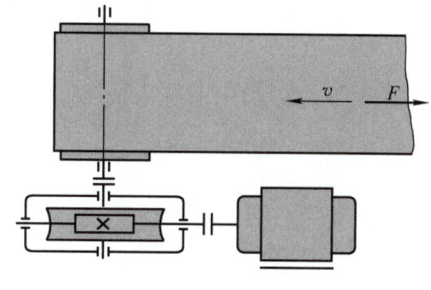

图 8-16 题 8-5 图

第九章 齿轮

> **重点学习内容**

1. 定轴轮系和周转轮系的传动比计算
2. 轮系中从动轮转动方向的判定

单级齿轮传动或蜗杆传动是比较简单的传动形式。在实际工程中，为了满足各种不同的工作要求，常常采用一系列齿轮（包括蜗杆蜗轮）将主动轴与从动轴连接起来。这种由一系列齿轮组成的传动系统称为轮系。

轮系主要分为定轴轮系和周转轮系两类。在图 9-1 所示的轮系中，传动工作时，每个齿轮的几何轴线位置都是固定不变的，这种轮系称为定轴轮系。在图 9-2 所示的轮系中，传动工作时，至少有一个齿轮的几何轴线是绕位置固定的另一齿轮几何轴线在转动，这种轮系称为周转轮系。

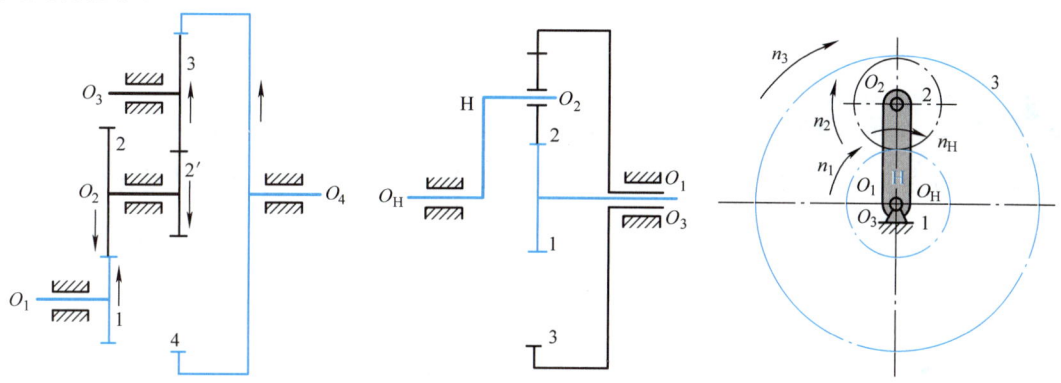

图 9-1　定轴轮系　　　　　图 9-2　周转轮系

在轮系中，主动轴与从动轴的角速度之比或转速之比，称为轮系的传动比。如图 9-1 所示轮系的传动比为

$$i_{14} = \frac{\omega_1}{\omega_4} = \frac{n_1}{n_4}$$

第一节　定轴轮系及其传动比计算

一、单级传动的传动比

单级传动（图 9-3）的传动比大小为

$$i_{12} = \frac{\omega_1}{\omega_2} = \frac{n_1}{n_2} = \frac{z_2}{z_1}$$

式中，角速度 ω 和转速 n 都是既有大小又有方向的矢量，而齿数 z 却是只有大小，没有方向的标量。因此，当用齿数比来确定传动比时，不仅要计算出传动比数值的大小，还要确定两轴间的转向关系。如果两轴平行（图 9-3a、b），则既可用图示的箭头法来表示两轴间的转

向关系，也可用符号法来表示两轴间的转向关系。当用符号法表示两轴间的转向关系时，若为外啮合（图9-3a），两轴转向相反，则传动比 $i_{12} = \omega_1/\omega_2 = n_1/n_2 = -z_2/z_1$；若为内啮合（图9-3b），两轴转向相同，则传动比 $i_{12} = \omega_1/\omega_2 = n_1/n_2 = +z_2/z_1$。如果两轴不平行（图9-3c、d），则两轴间的转向关系只能用箭头法来表示。其中，锥齿轮传动（图9-3c）的箭头画法，要注意箭头对箭头或箭尾对箭尾；而蜗杆传动（图9-3d）的箭头画法，则应按第八章第五节所述画出蜗轮的转动方向。

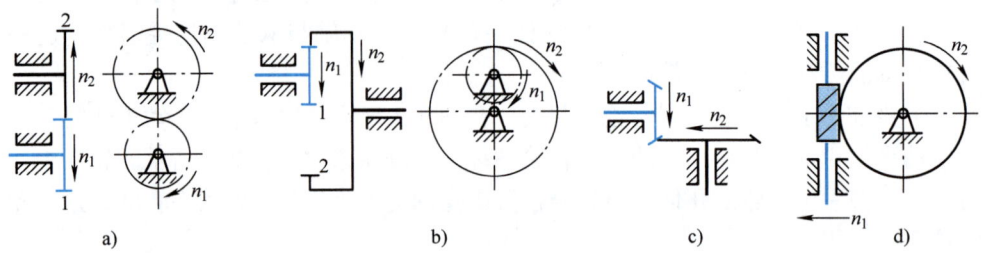

图 9-3　单级传动

二、定轴轮系的传动比

现以图9-1所示为例来说明定轴轮系传动比的计算。在该轮系中，各级传动比分别为

$$i_{12} = \frac{\omega_1}{\omega_2} = \frac{n_1}{n_2} = -\frac{z_2}{z_1}$$

$$i_{2'3} = \frac{\omega_{2'}}{\omega_3} = \frac{n_{2'}}{n_3} = -\frac{z_3}{z_{2'}}$$

$$i_{34} = \frac{\omega_3}{\omega_4} = \frac{n_3}{n_4} = +\frac{z_4}{z_3}$$

将上述各级传动比相乘，则

$$i_{12}i_{2'3}i_{34} = \frac{\omega_1}{\omega_2}\frac{\omega_{2'}}{\omega_3}\frac{\omega_3}{\omega_4} = \frac{\omega_1}{\omega_4} = \frac{n_1}{n_2}\frac{n_{2'}}{n_3}\frac{n_3}{n_4} = \frac{n_1}{n_4} = i_{14} = (-1)^2 \frac{z_2}{z_1}\frac{z_3}{z_{2'}}\frac{z_4}{z_3} = (-1)^2 \frac{z_2 z_4}{z_1 z_{2'}}$$

即该轮系的传动比为

$$i_{14} = \frac{\omega_1}{\omega_4} = \frac{n_1}{n_4} = i_{12}i_{2'3}i_{34} = (-1)^2 \frac{z_2 z_4}{z_1 z_{2'}}$$

上式表明：

1) 定轴轮系的传动比等于各级传动比的连乘积，数值上还等于轮系中所有从动轮齿数的连乘积除以所有主动轮齿数的连乘积。

2) 齿轮3在轮系中既是从动轮（2'-3之间），又是主动轮（7-4之间），这种齿轮称为惰轮（或介轮）。惰轮的齿数对轮系传动比的数值没有影响，但却影响轮系主动轴与从动轴之间的转向关系。

3) 对于各种定轴轮系，主动轮与从动轮间的转向关系都可用箭头法判定；对于所有轴线都平行的定轴轮系，还可以用符号法判定，具体方法是：在齿数比前加 $(-1)^m$，m 为轮系中的外啮合次数。在图9-1所示的定轴轮系中，所有轴线都互相平行，且有两次外啮合，

即 $m=2$，所以在齿数比前加 $(-1)^2$。

综上所述，将定轴轮系传动比的计算写成通式，若主动轮用下角标 M、从动轮用下角标 B 表示，即有

$$i_{MB} = \frac{\omega_M}{\omega_B} = \frac{n_M}{n_B} = (-1)^m \frac{\text{轮系中各对齿轮从动轮齿数的连乘积}}{\text{轮系中各对齿轮主动轮齿数的连乘积}} \quad (9-1)$$

式中，m 是轮系中外啮合的齿轮对数。

例 9-1 在图 9-4 所示的定轴轮系中，已知 $z_1=18$，$z_2=54$，$z_{2'}=16$，$z_3=32$，$z_{3'}=2$（右旋），$z_4=40$，齿轮 1 为主动轮，其转速 $n_1=3000\text{r/min}$，转向如图所示。求蜗轮的转速 n_4 并判断其转动方向。

解 这是一个含有锥齿轮传动和蜗杆传动的定轴轮系，主动轮与从动轮间的转向关系只能用箭头法判定，如图所示。

该轮系不含惰轮，由式（9-1），轮系的传动比为

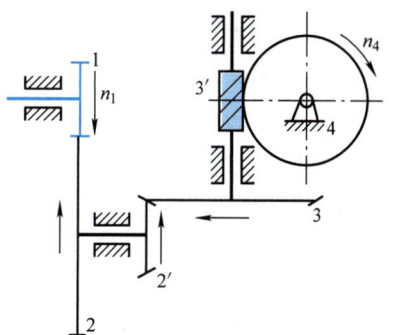

图 9-4 例 9-1 图

$$i_{14} = \frac{n_1}{n_4} = \frac{z_2 z_3 z_4}{z_1 z_{2'} z_{3'}} = \frac{54 \times 32 \times 40}{18 \times 16 \times 2} = 120$$

则蜗轮的转速 $\quad n_4 = \dfrac{n_1}{i_{14}} = \dfrac{3000}{120}\text{r/min} = 25\text{r/min}$（顺时针方向转动）

第二节 周转轮系及其传动比计算

一、周转轮系的组成

在图 9-2 所示的周转轮系中，外齿轮 1、内齿轮 3 和构件 H 的轴线重合并且几何位置固定，它们都绕同一条轴线转动；齿轮 2 一方面绕自己的几何轴线自转，另一方面又随构件 H 作公转。轴线位置固定的齿轮 1、3 称为太阳轮；既作自转又作公转的齿轮 2 称为行星轮，轮系中有无行星轮是判断周转轮系的主要标志；支撑行星轮的构件 H 称为系杆（也称转臂或行星架）。

图 9-2 所示轮系的两个太阳轮都能转动，该机构的活动构件数 $n=4$，低副数 $P_L=4$，高副数 $P_H=2$，机构的自由度 $F=3n-2P_L-P_H=3\times4-2\times4-2=2$，即该轮系需要有两个原动件才能有确定的运动。这种周转轮系称为差动轮系。

在图 9-5 所示的周转轮系中，固定了一个太阳轮，活动构件数 $n=3$，低副数 $P_L=3$，高副数 $P_H=2$，机构的自由度 $F=1$，这时轮系只需要一个原动件就具有确定的运动。这种周转轮系称为行星轮系。

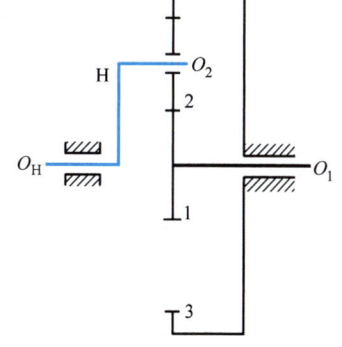

图 9-5 行星轮系

二、周转轮系的传动比

在周转轮系中，行星轮的运动不是绕固定轴线的简单运动，所以其传动比不能直接使用定轴轮系传动比的计算方法进行计算。

如果能使转臂变为固定不动的构件，同时保持原周转轮系中各个构件之间的相对运动关系不变，则原周转轮系就转化成为一个假想的定轴轮系，这时便可应用定轴轮系传动比的计算方法，求出原周转轮系的传动比。

采用反转法可使周转轮系转化为假想的定轴轮系。如给图9-2所示的周转轮系增加一个绕固定轴线的公共转速"$-n_H$"（图9-6a），系杆H就静止不动了。于是，所有齿轮几何轴线的位置便全部固定，原周转轮系（图9-2）便转化成了定轴轮系（图9-6b）。这一定轴轮系称为原周转轮系的转化轮系。各构件转化前后的转速见表9-1。

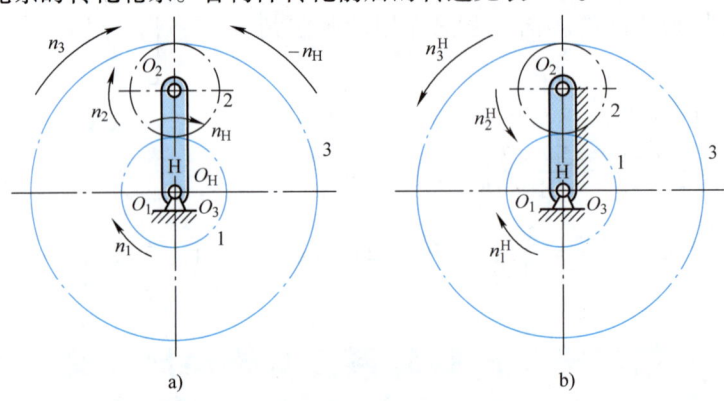

图9-6 周转轮系的转化

表9-1 图9-2所示各构件转化前后的转速

构 件 号	原周转轮系中各构件的转速	转化轮系中各构件的转速
1	n_1	$n_1^H = n_1 - n_H$
2	n_2	$n_2^H = n_2 - n_H$
3	n_3	$n_3^H = n_3 - n_H$
H	n_H	$n_H^H = n_H - n_H = 0$

转化轮系中各构件的转速 n_1^H、n_2^H、n_3^H 及 n_H^H 都带有上标H，表示这些转速是各构件对系杆H的相对转速。这样就可利用定轴轮系传动比的计算方法，求出转化轮系中齿轮1与齿轮3的传动比

$$i_{13}^H = \frac{n_1^H}{n_3^H} = \frac{n_1 - n_H}{n_3 - n_H} = (-1)^1 \frac{z_2 z_3}{z_1 z_2} = -\frac{z_3}{z_1}$$

式中有三个转速：n_1、n_3 和 n_H。如果已知其中的两个转速，则可求出第三个转速；如果已知其中的一个转速，则可求出另外两个转速间的关系，即原周转轮系中相应两个构件间的实际传动比。

将上式推广到一般的周转轮系中，并以 n_G 和 n_K 表示任意两个齿轮的转速，则其转化轮系传动比的计算式为

$$i_{\mathrm{GK}}^{\mathrm{H}} = \frac{n_{\mathrm{G}}^{\mathrm{H}}}{n_{\mathrm{K}}^{\mathrm{H}}} = \frac{n_{\mathrm{G}} - n_{\mathrm{H}}}{n_{\mathrm{K}} - n_{\mathrm{H}}} = (-1)^m \frac{\text{齿轮 G 到 K 之间各从动轮齿数的连乘积}}{\text{齿轮 G 到 K 之间各主动轮齿数的连乘积}} \quad (9-2)$$

采用反转法计算周转轮系的传动比，应注意以下几方面的问题：

1) 反转法只能用于平行轴间的构件。在图 9-8 所示的轮系中，构件 1、3、H 轴线平行，它们之间可以应用反转法，若构件 2 与其他构件的轴线不平行，则在构件 2 和其他构件之间就不能应用反转法。

2) 由于采用反转法时给整个机构加上了一个公共转速"$-n_{\mathrm{H}}$"，因此转化轮系的传动比计算属于代数运算。计算时，应将各轮转速的符号一并代入，齿数比前应该根据齿轮的转向关系，冠以正负号（见下面的例题）。

3) 对于不是所有轴线都平行的周转轮系，在对其转化轮系进行传动比计算时，齿数比前的符号不是依据外啮合的次数而是用箭头法来确定的。由于转化轮系中各构件的转动方向并不代表构件的实际转向，故用箭头法确定符号时画虚线箭头（图 9-8）。

例 9-2 在图 9-2 所示周转轮系中，已知 $z_1 = 20$，$z_2 = 30$，$z_3 = 80$，齿轮 1 和齿轮 3 的转速为 $n_1 = n_3 = 10 \mathrm{r/min}$，两轮转向相反。求系杆的转速 n_{H} 和传动比 i_{H1}。

解 设齿轮 1 的转动方向为正，即 $n_1 = 10\mathrm{r/min}$，则 $n_3 = -10\mathrm{r/min}$。转化轮系的传动比为

$$i_{13}^{\mathrm{H}} = \frac{n_1^{\mathrm{H}}}{n_3^{\mathrm{H}}} = \frac{n_1 - n_{\mathrm{H}}}{n_3 - n_{\mathrm{H}}} = (-1)^1 \frac{z_3}{z_1} = -\frac{80}{20} = -4$$

式中，齿数比前有 $(-1)^1$，是因为转化轮系的所有构件的轴线都平行，且有一次外啮合。

将转速的大小和转向符号一并代入公式，有

$$\frac{10 - n_{\mathrm{H}}}{-10 - n_{\mathrm{H}}} = -4$$

则

$$n_{\mathrm{H}} = -6 \mathrm{r/min}$$

式中，负号表示系杆 H 与齿轮 1 的转动方向相反。

所以

$$i_{\mathrm{H1}} = \frac{n_{\mathrm{H}}}{n_1} = -\frac{6}{10} = -0.6$$

式中，传动比为负值，也说明系杆 H 与齿轮 1 的转动方向相反。

例 9-3 在图 9-7 所示轮系中，已知 $z_1 = 30$，$z_2 = 31$，$z_{2'} = 30$，$z_3 = 29$，求传动比 i_{H1}。

解 齿轮 3 与机架固定在一起，故 $n_3 = 0$。这是一个机构自由度为 1 的行星轮系。由

$$i_{13}^{\mathrm{H}} = \frac{n_1 - n_{\mathrm{H}}}{n_3 - n_{\mathrm{H}}} = \frac{n_1 - n_{\mathrm{H}}}{0 - n_{\mathrm{H}}} = (-1)^2 \frac{z_2 z_3}{z_1 z_{2'}} = \frac{31 \times 29}{30 \times 30} = \frac{899}{900}$$

有

$$\frac{n_1 - n_{\mathrm{H}}}{-n_{\mathrm{H}}} = -\frac{n_1}{n_{\mathrm{H}}} + 1 = \frac{899}{900}$$

于是

$$i_{\mathrm{H1}} = \frac{n_{\mathrm{H}}}{n_1} = \frac{1}{1 - \frac{899}{900}} = 900$$

这个周转轮系的 4 个齿轮的齿数都不多，齿数差也很少，但获得的传动比却很大，这在定轴轮系中是难以实现的。但传动比越大，效率越低，故只适用于传递运动，而不适用于传递动力。

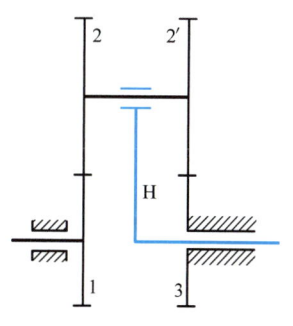

图 9-7 简单行星轮系

例 9-4 在图 9-8 所示差动轮系中，已知 $z_1 = z_3$。若 n_1 和 n_H 转动方向相反，且都等于 10r/min。求齿轮 3 的转速 n_3 并判断其转动方向。

解 齿轮 1、3 和系杆 H 的转动轴线平行，可以对它们应用反转法。设齿轮 1 的转动方向为正，即 $n_1 = 10\text{r/min}$，则 $n_H = -10\text{r/min}$。在转化轮系中，有

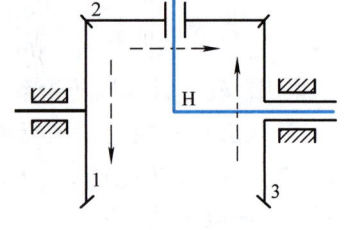

图 9-8 差动轮系

$$i_{13}^H = \frac{n_1 - n_H}{n_3 - n_H} = -\frac{z_3}{z_1} = -1$$

式中，齿数比前的负号是根据图中虚线箭头得到的，所以

$$n_3 = 2n_H - n_1 = [2 \times (-10) - 10]\text{r/min} = -30\text{r/min}$$

结果为负值，表示轮 3 的转动方向与轮 1 相反。

在本例中，若 n_1 和 n_H 转动方向相同，且都等于 10r/min，则 $n_3 = 10\text{r/min}$，结果为正值，即 n_3 与 n_1 转动方向相同。由此说明，图中的虚线箭头并不代表实际构件的转动方向。

三、混合轮系

在实际工程中，有时在一个轮系中包含几个基本的周转轮系，或在一个轮系中同时包含定轴轮系和周转轮系，这种轮系称为混合轮系。混合轮系不可能转化成一个单一的定轴轮系，故不能一次求解，而必须先将各个基本的轮系区分开来，然后对每一个基本轮系分别进行计算，最后根据各个基本轮系间的连接关系求出所需要的结果。

例 9-5 在图 9-9 所示的轮系中，已知 $z_1 = 20$，$z_2 = 30$，$z_3 = 80$，$z_4 = 40$，$z_5 = 20$。求传动比 i_{15}。

解 这个轮系包含两个基本轮系，一个是由齿轮 1、2、3 和系杆 H 组成的周转轮系，另一个是由齿轮 4、5 组成的定轴轮系。在这两个基本轮系中，系杆 H 与齿轮 4 固连在一起，具有相同的转速，即 $n_H = n_4$。

在由齿轮 1、2、3 和系杆 H 组成的周转轮系中，由

$$i_{13}^H = \frac{n_1 - n_H}{n_3 - n_H} = \frac{n_1 - n_4}{0 - n_4} = -\frac{z_3}{z_1} = -\frac{80}{20} = -4$$

得

$$n_4 = \frac{n_1}{5} \tag{a}$$

在由齿轮 4、5 组成的定轴轮系中，由

$$i_{45} = \frac{n_4}{n_5} = -\frac{z_5}{z_4} = -\frac{20}{40} = -\frac{1}{2}$$

得

$$n_4 = -\frac{n_5}{2} \tag{b}$$

联立式（a）和式（b），得

$$i_{15} = \frac{n_1}{n_5} = -2.5$$

式中负号表示齿轮 1 与齿轮 5 的转向相反。

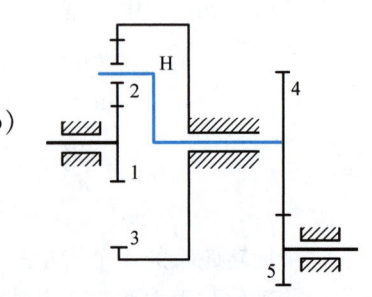

图 9-9 混合轮系

第三节 轮系的功用

轮系被广泛地应用于各种机械中，其主要功用所述如下。

1. 获得较大的传动比

一对齿轮传动的传动比不能很大（见第十五章表15-3），一般取 $i_{max} = 5 \sim 7$。当需要两轴之间的传动比较大时，可以采用轮系传动，通过一系列互相啮合的齿轮或蜗杆蜗轮，将主动轴与从动轴连接起来，既可以获得较大的传动比，又不致使传动的外廓尺寸过大。如图9-10所示，在传动比相同的情况下，轮系（图中点画线所示）比单级齿轮传动（图中双点画线所示）的外廓尺寸要小得多。当要求传动比很大时，可采用行星轮系传动。

2. 获得中心距较大的传动

如图9-11所示，若轴Ⅰ和轴Ⅱ之间采用一对齿轮传动（图中双点画线所示），则所需齿轮直径很大；而采用轮系传动（图中点画线所示），可有效地缩小齿轮直径。这样，既能使传动比保持不变，又能节省材料和减轻机器的重量。

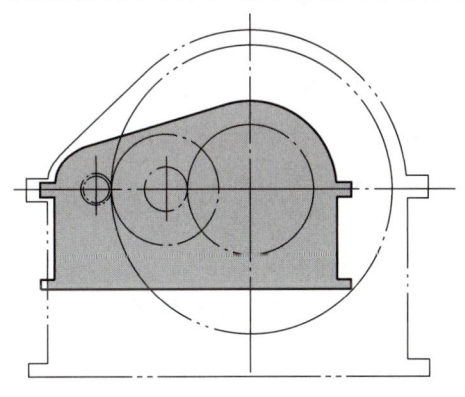

图9-10 大传动比的传动

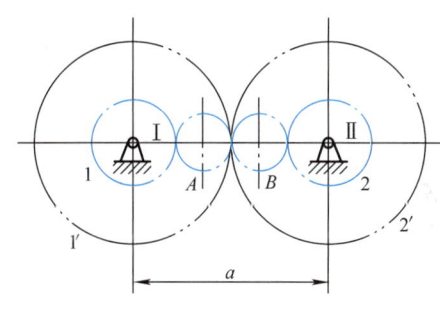

图9-11 较大中心距传动

3. 改变从动轴的转速和转向

在主动轴转速和转向不变的情况下，利用轮系可以使从动轴获得不同的转速和转向。如图9-12所示轮系，轴Ⅰ及轴Ⅲ分别为主动轴和从动轴。齿轮3、3′及3″都固定在轴Ⅲ上，齿轮1、1′及1″为一整体且与轴Ⅰ用滑键相连，可在轴Ⅰ上滑动。当齿轮1与2、2与3啮合时，可使从动轴获得某一转向的转速；当齿轮1′与3′或1″与3″啮合时，则可使从动轴获得另一转向的转速。

4. 实现分路传动

利用轮系可以使一个主动轴带动若干个从动轴同时转动。如图9-13所示的轮系，可把主动轴的转动分成7路传出。

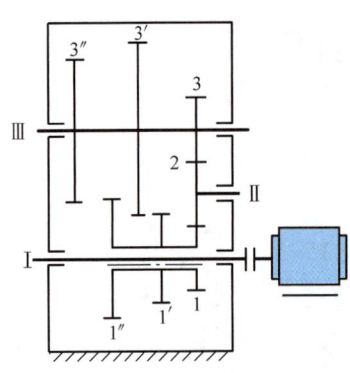

图 9-12　改变从动轴的转速和转向

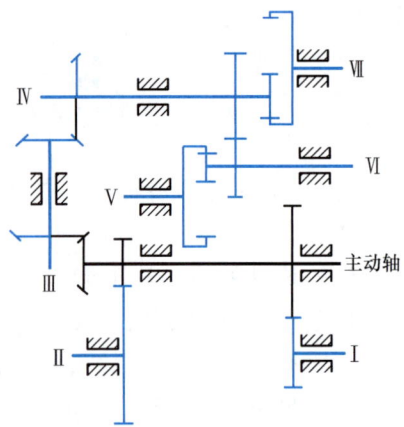

图 9-13　实现分路传动

5. 实现运动的分解与合成

利用差动轮系，可以把一个原动件的运动按给定条件分解成两个从动件的运动；也可以把两个原动件的运动合成为一个从动件的运动。轮系的这种性能在汽车后桥、机床以及其他机械中都得到了广泛的应用。例 9-4 所示就是一个典型的差动轮系。

6. 减速器

减速器是由封闭在刚性壳体内的齿轮传动或蜗杆传动所组成的独立部件，也是轮系应用的常见形式。通常安装在原动机和工作机之间，起降低转速和增大转矩的作用。

减速器具有结构紧凑、效率高、使用和维护简单等特点，所以应用广泛。它的主要参数已经标准化，并由专业厂家进行生产。一般情况下，按工作要求，根据传动比 i、输入轴转速 n 和功率 P 等选用标准减速器，必要时也可以自行设计与制造。

减速器按传动原理可分为普通减速器和行星减速器两类。全部由定轴轮系组成的减速器称为普通减速器，主要由周转轮系组成的减速器称为行星减速器。在没有特别说明的情况下，减速器指的都是普通减速器。

（1）普通减速器　普通减速器的种类很多，分类方法也各不相同。

1）按传动的类型，减速器分为圆柱齿轮减速器、锥齿轮减速器、蜗杆减速器、锥齿轮—圆柱齿轮减速器和蜗杆—圆柱齿轮减速器等。

2）按传动的级数，减速器分为一级、二级、三级和多级减速器。

两级和两级以上的圆柱齿轮减速器，按布置形式又分为展开式、分流式和同轴式等。

尽管减速器有多种形式，但它们在结构上没有本质的差别，都是由齿轮、蜗杆和蜗轮、轴、轴承、箱体等基本零件配置而成的，都需考虑润滑、密封、调整等问题。有关减速器的结构与设计方面的知识，可参阅有关的著作与图册。

（2）行星减速器　行星减速器的突出特点是传动效率可以很高，传动比范围广，传递功率也可以从几瓦到几十万千瓦，而体积和质量却比普通齿轮减速器、蜗杆减速器小得多。

行星减速器有渐开线齿轮减速器、摆线针轮减速器和谐波齿轮减速器等。它们都具有传动比大、结构紧凑、相对体积小等特点。但总的来说，行星减速器结构比较复杂，对制造精度要求较高。

行星减速器的类型很多，选择时应考虑结构尺寸、传动比范围、传动的功率和效率等因素。一般来说，转化轮系传动比为负的周转轮系总比转化轮系传动比为正的周转轮系效率高。当传动功率较大时，需要优先考虑其效率。

减速器的主要形式及分类见表9-2。

表9-2 减速器的主要形式及分类

		单级减速器	二级减速器	三级减速器
齿轮减速器	圆柱齿轮	直齿$i\leqslant 5$斜齿、人字齿$i\leqslant 10$	a) 展开式 b) 分流式　c) 同轴式 $i=8\sim 40$	$i=40\sim 400$
	锥齿轮或锥齿轮—圆柱齿轮	直齿$i\leqslant 3$ 斜齿$i\leqslant 6$	$i=8\sim 15$	$i=25\sim 75$
蜗杆减速器		蜗杆下置 $i=10\sim 80$	$i=60\sim 3500$	—
蜗杆—齿轮减速器		—	$i=35\sim 150$　$i=50\sim 250$	—
行星齿轮减速器		$i=2\sim 12$	$i=25\sim 2500$	$i=100\sim 1000$

习 题

9-1 在图 9-14 所示的轮系中,已知 $z_1 = z_2 = z_{3'} = z_4 = 20$,$z_3 = z_5 = 60$。求该轮系的传动比 i_{15}。

9-2 在图 9-15 所示的轮系中,已知 $z_1 = 20$,$z_2 = 40$,$z_{2'} = 20$,$z_3 = 30$,$z_{3'} = 20$,$z_4 = 40$。求该轮系的传动比 i_{14}。

9-3 在图 9-16 所示的轮系中,已知 $z_1 = 15$,$z_2 = 25$,$z_{2'} = 15$,$z_3 = 30$,$z_{3'} = 15$,$z_4 = 30$,$z_{4'} = 2$(右旋),$z_5 = 60$。求该轮系的传动比 i_{15},并判断蜗轮 5 的转动方向。

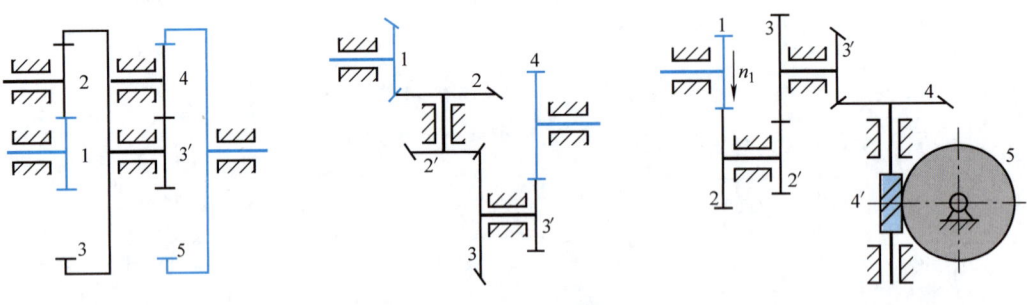

图 9-14　题 9-1 图　　　　图 9-15　题 9-2 图　　　　图 9-16　题 9-3 图

9-4 图 9-17 所示为钟表传动系统简图。已知各齿轮的齿数分别为 $z_1 = 72$,$z_2 = 12$,$z_{2'} = 64$,$z_{2''} = z_3 = z_4 = 8$,$z_{3'} = 60$,$z_5 = z_6 = 24$,$z_{5'} = 6$。求分针 m 和秒针 s 之间的传动比 i_{ms} 及时针 h 和分针 m 之间的传动比 i_{hm}。

9-5 图 9-18 所示为一手动提升机构。已知各齿轮的齿数 $z_1 = 20$,$z_2 = 40$,蜗杆头数 $z_{2'} = 2$(右旋),蜗轮齿数 $z_3 = 120$,齿轮传动和蜗杆传动的效率分别为 0.94 和 0.84;与蜗轮固连的鼓轮 4 直径 $d_4 = 0.2$m,手柄转动半径 $r_1 = 0.1$m。当提升重物 $W = 30$kN 时,求作用于手柄上的圆周力。

9-6 图 9-19 所示为矿井电钻传动简图,已知齿轮齿数 $z_1 = 15$,$z_3 = 45$,电动机转速 $n = 3000$r/min。试求钻头的转速 n_H。

9-7 在图 9-20 所示的轮系中,已知 $z_1 = 12$,$z_2 = 28$,$z_{2'} = 14$,$z_3 = 54$。求传动比 i_{1H}。

9-8 在图 9-21 所示的轮系中,已知 $z_1 = 20$,$z_2 = 40$,$z_{2'} = 20$,$z_3 = 20$,$z_4 = 60$。求传动比 i_{1H}。

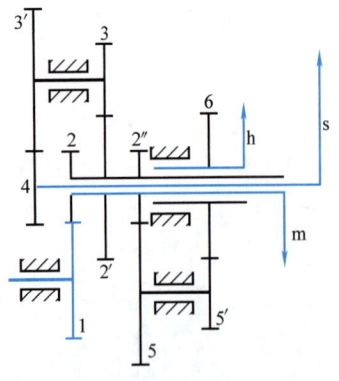

图 9-17　题 9-4 图

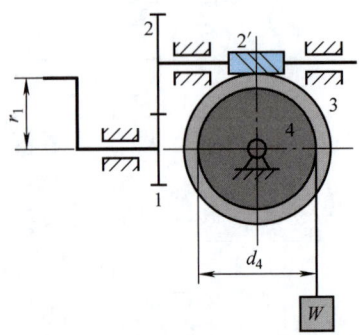

图 9-18　题 9-5 图

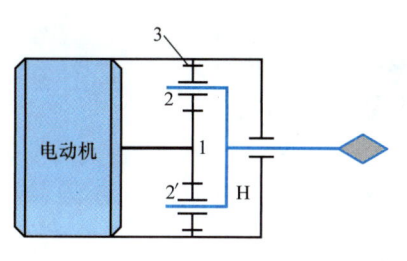 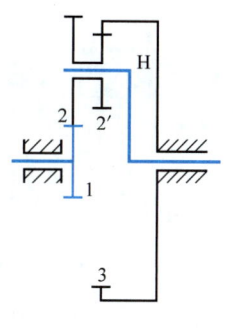 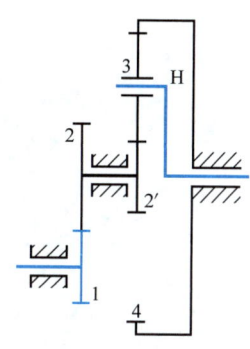

图 9-19　题 9-6 图　　　　图 9-20　题 9-7 图　　　　图 9-21　题 9-8 图

9-9　在图 9-22 所示的轮系中，已知 $z_1 = z_2 = 17$，$z_{2'} = 30$，$z_3 = 45$，齿轮 1 的转速 $n_1 = 100\text{r/min}$。求系杆的转速 n_H。

9-10　在图 9-23 所示的轮系中，已知 $z_1 = 22$，$z_2 = 17$，$z_3 = 88$，$z_{3'} = z_5 = 19$，$z_4 = 17$。求传动比 i_{15}。

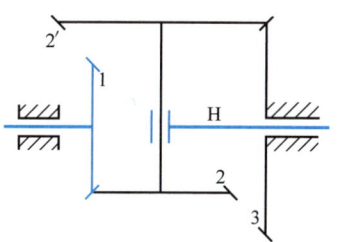 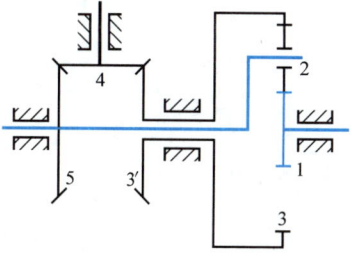

图 9-22　题 9-9 图　　　　　　图 9-23　题 9-10 图

第十章　带传动和链传动

> **重点学习内容**

1. 带传动的受力分析、失效形式及设计准则
2. 普通 V 带传动的参数选择和设计计算
3. 链传动的运动特性
4. 滚子链传动的参数选择和设计计算

带传动和链传动都是利用挠性元件（带和链）传递运动和动力的机械传动。这两种传动形式与其他传动形式相比较，更适用于两轴中心距较大的场合，在各种机械中得到了广泛的应用。

第一节 带传动概述

一、带传动的组成及带的类型

如图 10-1 所示，带传动由主动轮、从动轮和张紧在两轮上的封闭环形带组成。

按照横截面形状不同，带分为平带、V 带、圆带和多楔带等多种类型（图 10-2a～d）。安装时，将带张紧套在带轮上，使带与带轮互相压紧。当主动轮转动时，依靠带与带轮接触弧面间的摩擦力，将主动轮的运动和动力传递给从动轮，因此这些类型的带传动属于摩擦传动。同步带（图 10-2e）则属于啮合传动，主要是靠带上的齿和带轮上的齿相互啮合传递运动和动力。

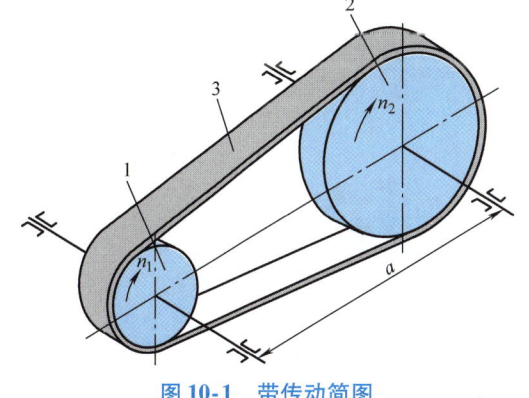

图 10-1 带传动简图
1—主动轮 2—从动轮 3—封闭环形带

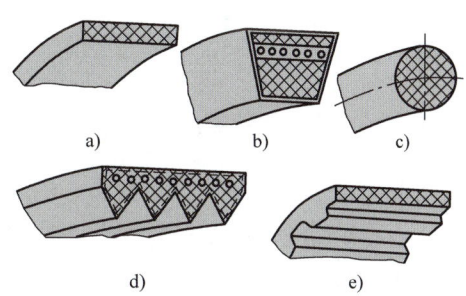

图 10-2 带的类型
a) 平带 b) V 带 c) 圆带 d) 多楔带 e) 同步带

1. 平带传动

平带由多层胶帆布构成，其横截面为扁平矩形，与带轮表面相接触的内侧面为其工作面。平带传动结构简单，带长可根据需要剪截后用接头接成封闭环形。平带传动的形式有：开口传动，用于两带轮轴线平行、转向相同的传动中（图 10-1）；交叉传动，用于两带轮轴线平行、转向相反的传动中（图 10-3a）；半交叉传动，用于两带轮轴线在空间交错的传动中，交错角通常为 90°（图 10-3b）。

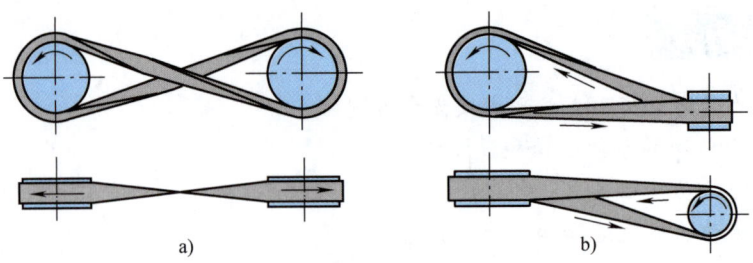

图 10-3 平带传动
a) 交叉传动 b) 半交叉传动

2. V 带传动

V 带的横截面为等腰梯形,与带轮轮槽相接触的两侧面为其工作面,带与轮槽槽底不接触。

在摩擦因数 μ 及张紧程度等其他条件相同的情况下,V 带传动比平带传动产生的摩擦力及承载能力要大得多。如图 10-4 所示,由于带的张紧作用,当带在带轮上受到相同的作用力 F_Q 时,平带工作面和 V 带工作面上的正压力分别为

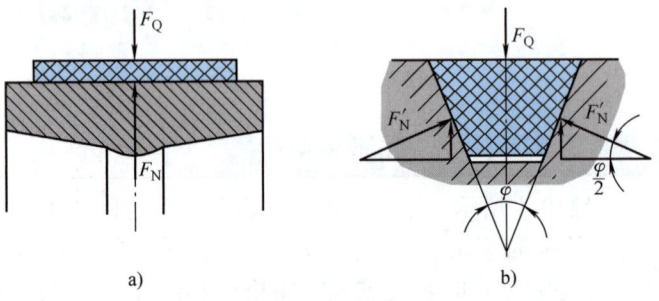

图 10-4 平带、V 带与带轮间受力的比较

$$F_N = F_Q \text{ 和 } 2F'_N = \frac{F_Q}{\sin\frac{\varphi}{2}}$$

工作时,平带传动和 V 带传动产生的摩擦力分别为

$$F_\mu = \mu F_N = \mu F_Q \text{ 和 } F'_\mu = 2\mu F'_N = \frac{\mu}{\sin\frac{\varphi}{2}} F_Q = \mu_v F_Q$$

式中,φ 是 V 带轮轮槽角;μ_v 是当量摩擦因数。

上式表明,V 带传动产生的摩擦力 F'_μ 大于平带传动产生的摩擦力 F_μ,也相当于摩擦因数从 μ 增加到 $\mu_v = \mu/\sin(\varphi/2)$,例如当 $\varphi = 38°$ 时,$\mu_v \approx 3.07\mu$。这说明 V 带传动的承载能力比平带大得多,或者说在传递相同功率时,V 带传动可得到较紧凑的结构,而且 V 带传动通常是多根带并用,因此应用更为广泛;但只能用于开口传动。

3. 圆带传动

圆带的横截面为圆形,只能用于轻载机械及仪表等装置中。

4. 多楔带传动

多楔带是在平带基体下做出多根纵向楔体而成,楔的侧面为带的工作面。这种带兼有平带和 V 带的特点,适用于传递动力大且要求结构紧凑的场合。

5. 同步带传动

同步带为内侧有齿的无接头环形带，又称同步齿形带，与之相配合的带轮上也有相应的齿。工作时靠带齿与轮齿的相互啮合传递运动和动力，从而保证主动轮和从动轮的圆周速度始终同步，因而具有准确的传动比；但对制造与安装的精度要求较高，成本较高。

二、带传动的特点及应用

带传动的主要优点是：① 适应于两轴中心距较大的传动；② 带具有良好的弹性，可以缓冲、吸振，尤其是 V 带没有接头，传动平稳，噪声小；③ 当过载时，带与带轮之间会自动打滑，可以防止其他零件因过载而损坏；④ 结构简单，制造与维护方便，成本低。其主要缺点是：① 外廓尺寸较大，不紧凑；② 工作时带与带轮接触面间存在滑动，不能保证准确的传动比；③ 传动效率较低，带的寿命较短；④ 常需要张紧装置。

根据上述特点，带传动多用于两轴中心距较大，传动比要求不严格的机械中。一般带传动允许的传动比 $i_{max} = 7$，功率 $P \leqslant 50 \mathrm{kW}$，带速 $v = 5 \sim 25 \mathrm{m/s}$，传动效率 $\eta = 0.90 \sim 0.96$。

第二节 普通 V 带传动的结构及尺寸参数

V 带有普通 V 带、窄 V 带、宽 V 带、半宽 V 带、大楔角 V 带、接头 V 带、联组 V 带等多种类型，其中普通 V 带应用最广，本节主要介绍普通 V 带及带轮。

一、普通 V 带的结构和规格

普通 V 带为无接头的环形传动带，如图 10-5 所示，它由包布、顶胶、抗拉体和底胶等组成。带所受拉力主要由抗拉体承受，其材料为抗拉强度较高的化学纤维，按照抗拉体的结构不同分为绳芯 V 带和帘布芯 V 带两种形式。带弯曲时，顶胶和底胶分别产生拉伸变形和压缩变形。带的表层为用橡胶帆布制成的包布。

当 V 带在带轮上弯曲时，带中保持原有长度不变的周线称为节线（图10-6a）。由全部节线组成的面称为节面（图10-6b），带的节面宽度称为节宽，以 b_p 表示。带在弯曲时，节宽保持不变。

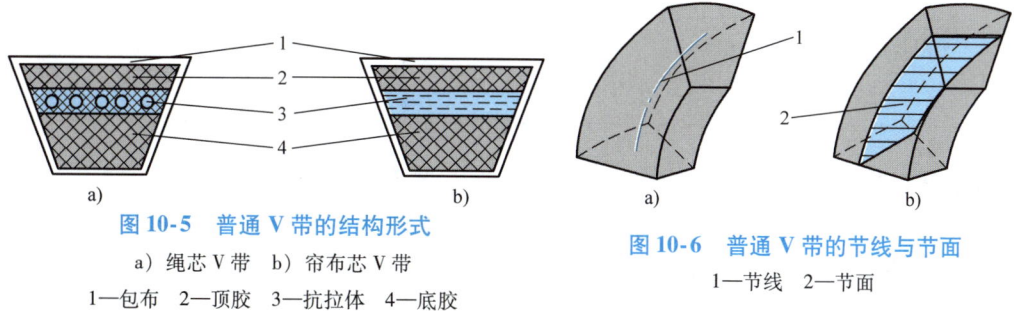

图 10-5 普通 V 带的结构形式
a) 绳芯 V 带 b) 帘布芯 V 带
1—包布 2—顶胶 3—抗拉体 4—底胶

图 10-6 普通 V 带的节线与节面
1—节线 2—节面

普通 V 带已经标准化，根据横截面面积大小的不同，分为 Y、Z、A、B、C、D、E 七种型号。各种型号普通 V 带和带轮轮槽截面的基本参数和尺寸见表 10-1。

表 10-1　普通 V 带和带轮轮槽截面的基本参数和尺寸　　　　　　（mm）

V 带参数 \ V 带型号		Y	Z	A	B	C	D	E
顶宽	b	6.0	10.0	13.0	17.0	22.0	32.0	38.0
节宽	b_p	5.3	8.5	11.0	14.0	19.0	27.0	32.0
高度	h	4.0	6.0	8.0	11.0	14.0	19.0	23.0
楔角	α	40°						
单位带长的质量 $m/(kg \cdot m^{-1})$		0.03	0.06	0.10	0.17	0.30	0.63	0.97

V 带截面

V 带轮参数 \ V 带型号			Y	Z	A	B	C	D	E
基准宽度	b_d		5.3	8.5	11.0	14.0	19.0	27.0	32.0
顶宽	$b \approx$		6.3	10.1	13.2	17.2	23.0	32.7	38.7
基准线上槽高	h_{amin}		1.6	2.0	2.75	3.5	4.8	8.1	9.6
基准线下槽高	h_{fmin}		4.7	7.0	8.7	10.8	14.3	19.9	23.4
槽间距	e		8 ±0.3	12 ±0.3	15 ±0.3	19 ±0.4	25.5 ±0.5	37 ±0.6	44.5 ±0.7
第一槽对称面至带轮端面的距离	f_{min}		7±1	8±1	10^{+2}_{-1}	12.5^{+2}_{-1}	17^{+2}_{-1}	23^{+3}_{-1}	29^{+4}_{-1}
轮缘厚度	δ_{min}		5	5.5	6	7.5	10	12	15
轮槽角 φ	32°	相应的基准直径 d_d	≤60	—	—	—	—	—	—
	34°		—	≤80	≤118	≤190	≤315	—	—
	36°		>60	—	—	—	—	≤475	≤600
	38°		—	>80	>118	>190	>315	>475	>600
极限偏差			±1°				±30′		
带轮的外径	d_a		$d_a = d_d + 2h_a$						

V 带轮轮槽截面

普通 V 带的带高与节宽之比（h/b_p）约为 0.7，楔角 $\alpha = 40°$。

V 带的节线长度称为基准长度，用 L_d 表示。每种型号的普通 V 带都有系列基准长度，以满足不同中心距的需要。各种型号普通 V 带的基准长度及长度修正系数见表 10-2。

表 10-2　普通 V 带的基准长度及长度修正系数

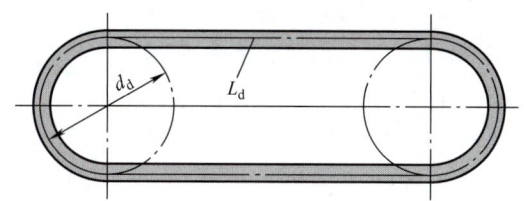

Y L_d/mm	K_L	Z L_d/mm	K_L	A L_d/mm	K_L	B L_d/mm	K_L	C L_d/mm	K_L	D L_d/mm	K_L	E L_d/mm	K_L
200	0.81	405	0.87	630	0.81	930	0.83	1565	0.82	2740	0.82	4660	0.91
224	0.82	475	0.90	700	0.83	1000	0.84	1760	0.85	3100	0.86	5040	0.92
250	0.84	530	0.93	790	0.85	1100	0.86	1950	0.87	3330	0.87	5420	0.94
280	0.87	625	0.96	890	0.87	1210	0.87	2195	0.90	3730	0.90	6100	0.96
315	0.89	700	0.99	990	0.89	1370	0.90	2420	0.92	4080	0.91	6850	0.99
355	0.92	780	1.00	1100	0.91	1560	0.92	2715	0.94	4620	0.94	7650	1.01
400	0.96	920	1.04	1250	0.93	1760	0.94	2880	0.95	5400	0.97	9150	1.05
450	1.00	1080	1.07	1430	0.96	1950	0.97	3080	0.97	6100	0.99	12230	1.11
500	1.02	1330	1.13	1550	0.98	2180	0.99	3520	0.99	6840	1.02	13750	1.15
		1420	1.14	1640	0.99	2300	1.01	4060	1.02	7620	1.05	15280	1.17
		1540	1.54	1750	1.00	2500	1.03	4600	1.05	9140	1.08	16800	1.19
				1940	1.02	2700	1.04	5380	1.08	10700	1.13		
				2050	1.04	2870	1.05	6100	1.11	12200	1.16		
				2200	1.06	3200	1.07	6815	1.14	13700	1.19		
				2300	1.07	3600	1.09	7600	1.17	15200	1.21		
				2480	1.09	4060	1.13	9100	1.21				
				2700	1.10	4430	1.15	10700	1.24				
						4820	1.17						
						5370	1.20						
						6070	1.24						

注：同种规格的带长有不同的公差，使用时应按配组公差选购。带的基准长度极限偏差和配组公差可查机械设计手册。

普通 V 带标记示例：

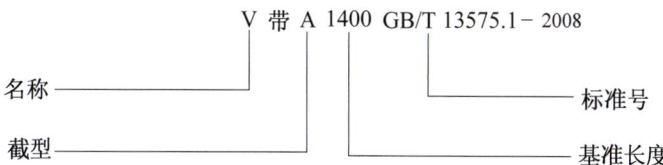

二、V 带轮的材料和结构

V 带轮通常采用铸铁、钢或非金属制成。一般可采用铸铁 HT150、HT200，高速时宜采用钢制带轮。

V带轮一般由轮缘、腹板（或轮辐）和轮毂三部分组成（图10-7）。在轮缘处有相应的轮槽，各种型号V带轮轮槽的参数及尺寸见表10-1。应当指出，各种型号普通V带的楔角α均为40°，但V带在不同直径的带轮上弯曲时，其截面变形，楔角变小。为使带能有效地紧贴在轮槽两侧面上，应使带轮的轮槽角φ等于或尽量接近于变形后的V带楔角，故限定φ小于40°，且随带轮直径的减小而减小，见表10-1。

带轮上轮槽宽度等于V带节宽b_p的圆周直径，称为V带轮的基准直径d_d。国家标准规定了V带轮的基准直径系列，见表10-3。

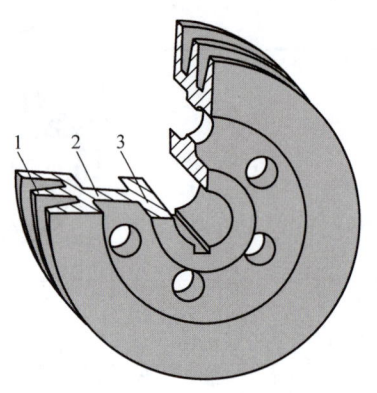

图10-7　V带轮（腹板式）
1—轮缘　2—腹板　3—轮毂

表10-3　V带轮的基准直径系列　　　　　　　　　　（mm）

28	31.5	35.5	40	45	50	56	63	71	75	80	85	90	95	100
106	112	118	125	132	140	150	160	170	180	200	224	236	250	265
280	300	315	335	355	375	400	425	450	475	500	(530)	560	600	630
(670)	710	750	800	900	1000	1060	1120	1250	1400	1500	1600	1800	2000	

按直径大小不同，V带轮可制成实心式、腹板式或轮辐式等结构形式（图10-8）。当带轮基准直径$d_d \leq (2.5 \sim 3)d$（d为轴的直径）时，采用实心式结构；当$d_d \leq 300$mm时，采用腹板式结构，其中$d_2 - d_1 \geq 100$mm时，为了便于安装起吊和减轻质量，可在腹板上开孔；当直径很大时，宜采用轮辐式结构。

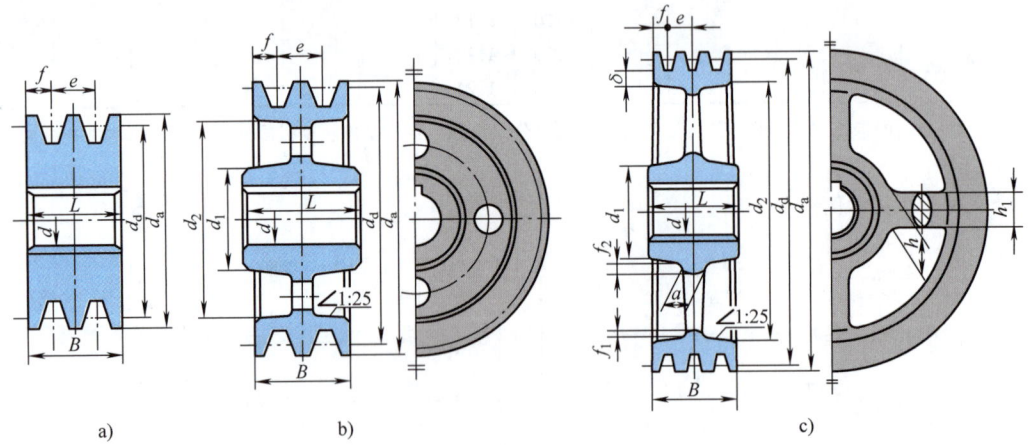

图10-8　V带轮的各部结构尺寸
a）实心式　b）腹板式　c）轮辐式

V带轮其他尺寸可按下面的经验公式确定（或查阅机械设计手册），即

$$d_1 = (1.8 \sim 2)d$$
$$d_2 = d_a - 2(h_a + h_f + \delta)$$
$$L = (1.5 \sim 2)d$$

$$B = (z-1)e + 2f$$

式中，z 是 V 带根数。

带轮的结构力求简单、易于制造，避免产生过大的铸造内应力；带轮工作面应精细加工，以免带过快磨损；高速带轮还应进行动平衡试验。

第三节　带传动的工作原理

一、受力分析

1. 带的拉力

安装带传动时，传动带以一定的张紧力紧套在两个带轮上，此张紧力称为初拉力。传动静止时（图10-9a），带两边的拉力相等，均为初拉力 F_0。传动工作时（图10-9b），由于带轮给带的摩擦力 F_μ 的作用，绕进主动轮 1 的一侧带被进一步拉紧，称为紧边，其拉力由 F_0 增大到 F_1；另一侧带则被放松，称为松边，其拉力由 F_0 减小到 F_2。

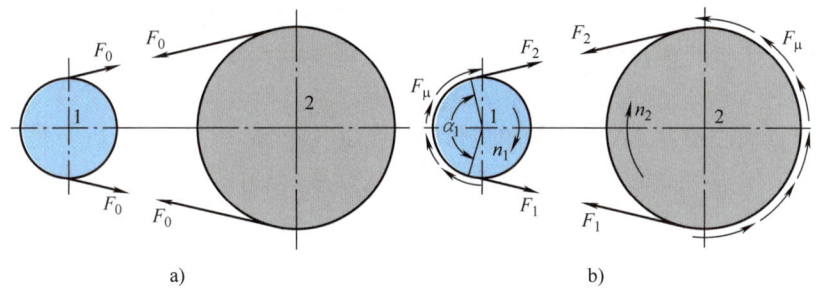

图 10-9　带传动的受力分析

设环形带的总长度不变，则紧边拉力的增量等于松边拉力的减量，即

$$F_1 - F_0 = F_0 - F_2$$

所以

$$F_1 + F_2 = 2F_0 \tag{10-1}$$

紧边拉力 F_1 与松边拉力 F_2 之差称为有效拉力，即

$$F = F_1 - F_2 \tag{10-2}$$

有效拉力 F、带速 v 与带传递的功率 P 之间的关系为

$$P = \frac{Fv}{1000} \tag{10-3}$$

式中，各参数的单位为 $P(\text{kW})$；$F(\text{N})$；$v(\text{m/s})$。

实际上，有效拉力是工作机对带传动的需求力，是靠带轮与带之间产生的摩擦力驱动的，因此它等于带与带轮接触弧面上的摩擦力之和。在传动正常工作时，此摩擦力属于静摩擦，并存在一个极限值。当带传动传递的功率 P 增大到使有效拉力 F 超过该极限摩擦力时，带与带轮之间就会产生全面而显著的相对滑动，这种现象称为打滑。打滑时，带传动不能正常工作，而且会造成带的严重磨损，因此打滑是带传动的一种失效形式。

显然，在即将打滑的状态下，带传动的有效拉力达到最大值。此时，根据挠性体摩擦的欧拉公式，对于平带传动，忽略离心力的影响，F_1 和 F_2 之间的关系为

$$F_1 = F_2 e^{\mu\alpha} \tag{10-4}$$

式中，e 是自然对数的底，e = 2.718；α 是带与带轮接触弧所对的中心角，称为包角。

由式（10-2）和式（10-4）可得带的最大有效拉力为

$$F = F_1 - F_2 = F_1\left(1 - \frac{1}{e^{\mu\alpha}}\right) = F_2(e^{\mu\alpha} - 1) \tag{10-5}$$

将式（10-5）代入式（10-1）并整理得

$$F = 2F_0 \frac{e^{\mu\alpha} - 1}{e^{\mu\alpha} + 1} = 2F_0\left(1 - \frac{2}{e^{\mu\alpha} + 1}\right) \tag{10-6}$$

式（10-6）表明，带传动的最大有效拉力与摩擦因数、包角有关，且与初拉力成正比。因此，增大摩擦因数、包角和初拉力，都可以提高带传动的承载能力，但 F_0 过大将缩短带的使用寿命。

V 带传动只须把式（10-4）~式（10-6）中的 μ 用 μ_v 代替，便得到其相应的计算公式。

2. 离心拉力

传动工作时，带绕在带轮上作圆周运动而产生离心力。虽然离心力只产生在带的圆周运动部分，但由此产生的离心拉力却作用在带的全长上，其大小为

$$F_c = qv^2 \tag{10-7}$$

式中，F_c 是带的离心拉力（N）；q 是单位带长的质量（kg/m），见表 10-1；v 是带速（m/s）。

由于离心力使带与带轮之间的正压力及摩擦力减小，因而降低了带传动的承载能力。

二、带的应力

带传动工作时，带中应力由三部分组成。

（1）紧边和松边拉力产生的拉应力　由 F_1 和 F_2 产生的拉应力分别为

$$\sigma_1 = \frac{F_1}{A}, \quad \sigma_2 = \frac{F_2}{A}$$

（2）离心拉应力　由 F_c 产生的离心拉应力为

$$\sigma_c = \frac{F_c}{A} = \frac{qv^2}{A}$$

式中，σ_c 是带的离心拉应力（MPa）；F_c 是带的离心拉力（N）；A 是带的横截面面积（mm²）。

（3）弯曲应力　带绕在带轮上产生弯曲应力（图 10-10），其值可由材料力学求得，即

$$\sigma_b = E \frac{2y}{d}$$

式中，E 是带的弹性模量（MPa）；y 是带的中性层到最外层的距离（mm）；d 是带轮的计算直径，即带的中性层在带轮上的圆周直径（mm），对 V 带传动，式中 d 是 V 带轮的基准直径 d_d。

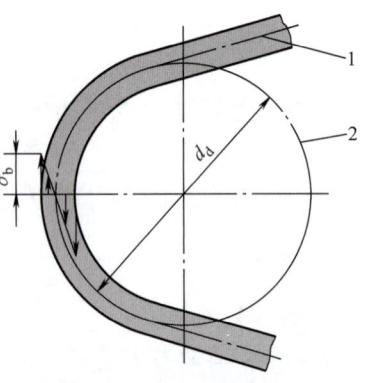

图 10-10　带的弯曲应力
1—V 带节线　2—V 带轮基准圆

若两带轮的直径不同，则带在带轮上的弯曲应力也不等，其中在小带轮上带的弯曲应力较大。

图 10-11 所示为带传动工作时带的应力分布情况，其中小带轮为主动轮，带上各截面应力的大小用自该点引出的径向线或带的垂线的长短来表示。显然，在运转一周的过程中，带经受交变应力作用，最大应力发生在紧边刚绕上主动小带轮的那个截面上，其值为

$$\sigma_{max} = \sigma_1 + \sigma_c + \sigma_{b1}$$

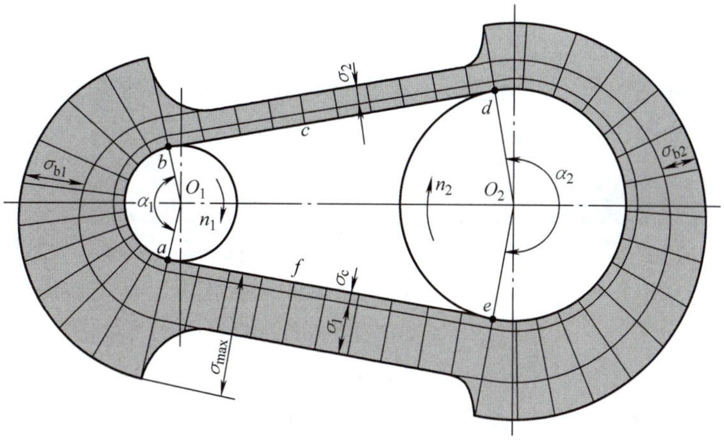

图 10-11 带的应力分布

由于交变应力的作用，将引起带的疲劳破坏（脱层、断裂），这是带传动的另一种失效形式。

三、带的弹性滑动

带具有较好的弹性，受拉力作用时将产生弹性变形。如图 10-12 所示，当带自 a 点刚刚绕上主动轮时，带中拉力等于紧边拉力 F_1，此时，带速等于主动轮的圆周速度；当带随主动轮运动至 c 点时，带中拉力已逐渐降为松边拉力 F_2。与此同时，带的拉伸变形量也随之逐渐减小，从而导致带沿带轮轮面向拉力较大的紧边方向产生相对滑动。这种由于带的弹性变形引起的带在带轮上的微小滑动，称为带的弹性滑动。研究表明，在主动轮上，带的弹性滑动发生在靠近松边的部分接触弧上，称为滑动弧，用 α_1' 表示；靠近紧边的一部分接触弧上不发生弹性滑动，称为静止弧，用 α_1'' 表示。随着传递功率的增加，滑动弧 α_1' 逐渐增大，静止弧 α_1'' 逐渐减小。当 α_1'' 减小为零，带在整个接触弧上都发生弹性滑动时，即产生打滑现象。弹性滑动直接导致传动效率降低，带的磨损加快，而且带在两轮上的速度不等。

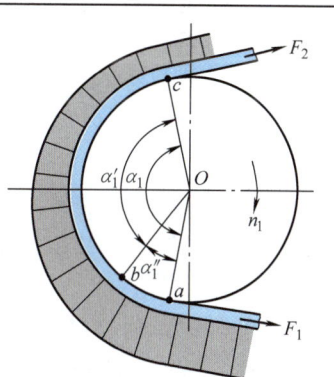

图 10-12 带传动的弹性滑动

在主动轮上，弹性滑动的结果使带速 v 滞后于主动轮的圆周速度 v_1。在从动轮上，也会产生弹性滑动，但结果是使带速 v 超前于从动轮的圆周速度 v_2，故有 $v_2 < v_1$。通常将从动轮圆周速度的降低率称为滑动率，用 ε 表示。设 n_1、n_2 分别为主、从动轮的转速，则

$$\varepsilon = \frac{v_1 - v_2}{v_1} = 1 - \frac{v_2}{v_1} = 1 - \frac{d_2 n_2}{d_1 n_1} \tag{10-8}$$

整理式（10-8）可得从动轮的计算直径和转速分别为

$$d_2 = (1-\varepsilon)d_1\frac{n_1}{n_2}, \quad n_2 = (1-\varepsilon)n_1\frac{d_1}{d_2} \tag{10-9}$$

通常，滑动率 $\varepsilon = (1\sim2)\%$，其值很小，在一般计算中可不考虑。

如果忽略弹性滑动，带传动的传动比为

$$i = \frac{n_1}{n_2} = \frac{d_2}{d_1} \tag{10-10}$$

应当指出，带的弹性滑动和打滑是两个完全不同的概念。弹性滑动是由于带的弹性以及工作时紧、松两边存在的拉力差引起的，是带传动中不可避免的现象；而打滑则是由于过载引起的一种失效，在带传动正常工作时应该避免出现打滑。

四、带传动的设计准则

由上述分析可知，带传动的主要失效形式为打滑和带的疲劳破坏。因此，带传动的设计准则是：在保证传动不打滑的前提下，带具有足够的疲劳强度。传动应满足的强度条件为

$$\begin{cases}\sigma_{\max} = \sigma_1 + \sigma_c + \sigma_{b1} \leq [\sigma]\\ \sigma_1 \leq [\sigma] - \sigma_c - \sigma_{b1}\end{cases} \tag{10-11}$$

式中，$[\sigma]$ 是在特定条件下根据疲劳寿命试验确定的带的许用拉应力。

将式（10-5）代入式（10-3），并以 $F_1 = \sigma_1 A$ 及式（10-11）进行置换，整理后可得带传动在既不打滑又有足够疲劳强度时单根带所能传递的功率

$$P = \frac{([\sigma] - \sigma_c - \sigma_{b1})\left(1 - \dfrac{1}{e^{\mu\alpha}}\right)Av}{1000} \tag{10-12}$$

式中，各参数的单位为 $P(\text{kW})$；$A(\text{mm}^2)$；$v(\text{m/s})$；应力 (MPa)。

第四节　普通 V 带传动的设计计算

普通 V 带传动的设计，是在给定的条件下确定带传动的参数。给定的条件包括：① 传动的用途、工作情况及原动机的类型、起动方式；② 传递的功率；③ 大、小带轮的转速等。设计内容有：① 选取 V 带的型号、计算基准长度和根数；② 确定传动的中心距；③ 确定带轮的结构与尺寸；④ 计算作用在轴上的载荷；⑤ 设计传动的张紧装置。

普通 V 带传动的一般设计步骤如下所述。

一、确定 V 带的型号和带轮基准直径

1. 计算设计功率

设计功率是根据带传递的功率、载荷性质、连续工作时间等确定的，即

$$P_d = K_A P \tag{10-13}$$

式中，P_d 是设计功率（kW）；K_A 是工况系数，见表 10-4；P 是传递的功率（kW）。

表 10-4 工况系数 K_A

工况		K_A					
		空、轻载起动			重载起动		
		每天工作时间/h					
		<10	10~16	>16	<10	10~16	>16
载荷变动最小	液体搅拌机、通风机和鼓风机（≤7.5kW）、离心式水泵和压缩机、轻负荷输送机	1.0	1.1	1.2	1.1	1.2	1.3
载荷变动小	带式输送机（不均匀负荷）、通风机（>7.5kW）、旋转式水泵和压缩机（非离心式）、发电机、金属切削机床、印刷机、旋转筛、锯木机和木工机械	1.1	1.2	1.3	1.2	1.3	1.4
载荷变动较大	制砖机、斗式提升机、往复式水泵和压缩机、起重机、磨粉机、冲剪机床、橡胶机械、振动筛、纺织机械、重载输送机	1.2	1.3	1.4	1.4	1.5	1.6
载荷变动很大	破碎机（旋转式、颚式等）、磨碎机（球磨、棒磨、管磨）	1.3	1.4	1.5	1.5	1.6	1.8

注：1. 空、轻载起动——电动机（交流起动、三角起动直流并励）、四缸以上的内燃机、装有离心式离合器、液力联轴器的动力机等。

2. 重载起动——电动机（联机交流起动、直流复励或串励）、四缸以下的内燃机。

3. 反复起动、正反转频繁、工作条件恶劣等场合，应将表中 K_A 值乘以 1.2；增速时 K_A 值查机械设计手册。

2. 选择 V 带型号

V 带的型号根据设计功率 P_d 和小带轮的转速 n_1 按图 10-13 所示确定。若由 P_d 和 n_1 确定的坐标点靠近两种型号的交界处，可先取两种型号计算，然后进行分析比较来决定取舍。选用较小截面的型号，会使带的根数增加；选用较大截面的型号，会使传动结构尺寸增大，但所需带的根数将相应减少。

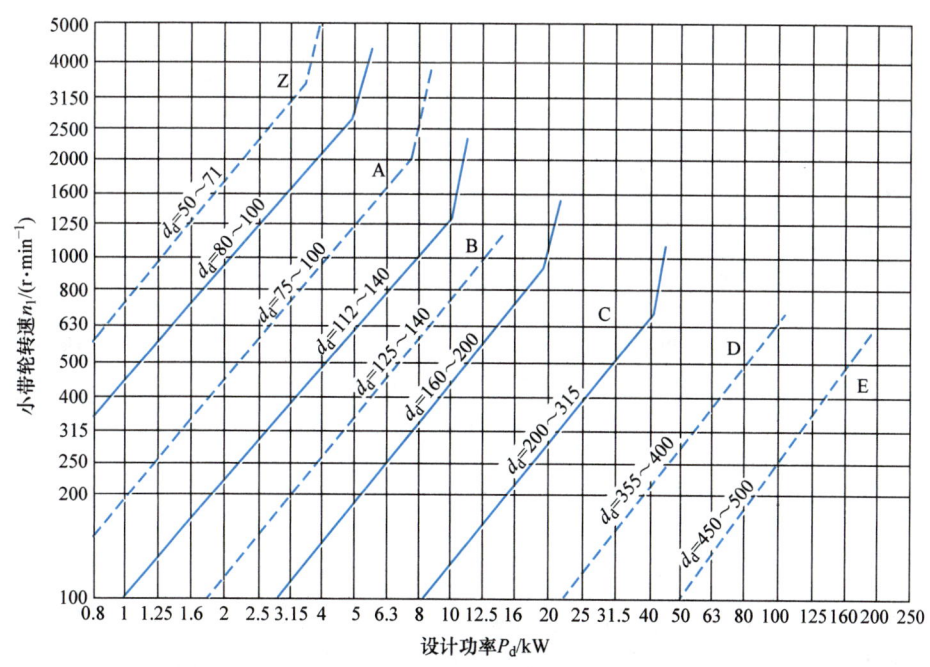

图 10-13　普通 V 带选型图

3. 确定带轮的基准直径

为了减小弯曲应力，应尽可能选用较大的带轮直径。但直径增大会加大传动的外廓尺寸，故应根据实际情况选取适当的带轮直径。如图 10-13 所示普通 V 带选型图中所列带轮基准直径为相应型号小带轮的推荐使用基准直径 d_{d1}，起始值为其最小基准直径（所选小带轮基准直径应符合表 10-3 中的系列尺寸）；大带轮基准直径可按 $d_{d2} = id_{d1}$ 计算，当要求传动比误差较小时，应考虑滑动率按式（10-9）计算大带轮直径（注意以 d_d 取代 d），并从表 10-3 中选取与计算值接近的系列尺寸。

4. 验算带速

若带速过高，离心力较大，则会降低传动的工作能力；反之，带速太低，由式（10-3）可知，传递功率一定时，F 过大，所需带的根数较多，各根带受载不均现象严重。一般应使带速 $v = 5 \sim 25 \text{m/s}$，较适宜的速度 $v = 10 \sim 20 \text{m/s}$。带速的计算式为

$$v = \frac{\pi d_{d1} n_1}{60 \times 1000} \tag{10-14}$$

式中，各参数的单位为 $v(\text{m/s})$；$d_{d1}(\text{mm})$；$n_1(\text{r/min})$。

二、确定中心距和 V 带基准长度

1. 初选中心距

V 带传动中心距应适宜。如中心距过大，则带的长度增加，传动中易引起带的振颤；如中心距过小，当带速一定时，单位时间内带绕经带轮的次数增多，带的应力循环次数增加，易造成带的疲劳损坏。一般可根据传动的需要初选中心距 a_0，即

$$0.7(d_{d1} + d_{d2}) \leq a_0 \leq 2(d_{d1} + d_{d2}) \tag{10-15}$$

2. 确定 V 带基准长度

先根据带传动的几何关系、带轮的基准直径及初选中心距，计算所需 V 带基准长度 L_{d0}，即

$$L_{d0} = 2a_0 + \frac{\pi}{2}(d_{d1} + d_{d2}) + \frac{1}{4a_0}(d_{d2} - d_{d1})^2 \tag{10-16}$$

然后从表 10-2 中选取与 L_{d0} 接近的 V 带基准长度 L_d。

3. 计算实际中心距

根据选定的 L_d，可计算带传动的实际中心距 a，即

$$a \approx a_0 + \frac{L_d - L_{d0}}{2} \tag{10-17}$$

考虑安装调整和补偿张紧力的需要，通常将带传动设计成中心距可调的结构，其调整范围为

$$\left.\begin{aligned} a_{\min} &= a - 0.015L_d \\ a_{\max} &= a + 0.03L_d \end{aligned}\right\} \tag{10-18}$$

4. 验算小带轮包角

小带轮包角计算式为

$$\alpha_1 = 180° - \frac{d_{d2} - d_{d1}}{a} \times 57.3° \tag{10-19}$$

一般要求 $\alpha_1 \geq 120°$，个别情况可小到 90°。这主要是因为如果 α_1 过小，则传动容易打滑，带的工作能力不能充分发挥。由式（10-19）可知，小带轮包角 α_1 随中心距 a 的增大及传动比 $i = d_{d2}/d_{d1}$ 的减小而增大，故可通过适当增大中心距或减小传动比来增大小带轮包角。

三、确定 V 带的根数

1. 单根 V 带的基本额定功率

单根 V 带的基本额定功率，是指在包角 $\alpha_1 = \alpha_2 = 180°$（$i=1$）、$L_d$ 为某一特定值、载荷平稳的条件下，根据式（10-12）并以 μ_v 代替 μ 计算得到的单根 V 带所能传递的功率。表 10-5 列出了不同型号的单根普通 V 带的基本额定功率 P_1 值。

表 10-5　单根普通 V 带的基本额定功率 P_1

（$\alpha_1 = \alpha_2 = 180°$，特定基准长度，载荷平稳）　　　　　　　　　　（kW）

型号	小带轮基准直径 d_{d1}/mm	小带轮转速 n_1/(r·min^{-1})											
		400	700	800	980	1200	1450	1600	2000	2400	2800	3200	3600	4000
Y	20	—	—	—	0.01	0.02	0.02	0.03	0.03	0.04	0.04	0.05	0.06	0.06
	28	—	—	0.03	0.04	0.04	0.04	0.05	0.06	0.07	0.08	0.09	0.10	0.11
	31.5	—	0.03	0.04	0.04	0.05	0.06	0.06	0.07	0.09	0.10	0.11	0.12	0.13
	40	—	0.04	0.05	0.06	0.07	0.08	0.09	0.11	0.12	0.14	0.15	0.16	0.18
	50	0.05	0.06	0.07	0.08	0.09	0.11	0.12	0.14	0.16	0.18	0.20	0.22	0.23
Z	50	0.06	0.09	0.10	0.12	0.14	0.16	0.17	0.20	0.22	0.26	0.28	0.30	0.32
	63	0.08	0.13	0.15	0.18	0.22	0.25	0.27	0.32	0.27	0.41	0.45	0.47	0.49
	71	0.09	0.17	0.20	0.23	0.27	0.31	0.33	0.39	0.46	0.50	0.54	0.58	0.61
	80	0.14	0.20	0.22	0.26	0.30	0.36	0.39	0.44	0.50	0.56	0.61	0.64	0.67
	90	0.14	0.22	0.24	0.28	0.33	0.37	0.40	0.48	0.54	0.60	0.64	0.68	0.72
A	75	0.27	0.42	0.45	0.52	0.60	0.68	0.73	0.84	0.92	1.00	1.04	1.08	1.09
	90	0.39	0.63	0.68	0.79	0.93	1.07	1.15	1.34	1.50	1.64	1.75	1.83	1.87
	100	0.47	0.77	0.83	0.97	1.14	1.32	1.42	1.66	1.87	2.05	2.19	2.28	2.34
	125	0.67	1.11	1.19	1.40	1.66	1.93	2.07	2.44	2.74	2.98	3.16	3.26	3.28
	160	0.94	1.56	1.69	2.00	2.36	2.74	2.94	3.42	3.80	4.06	4.19	4.17	3.98
B	125	0.84	1.34	1.44	1.67	1.93	2.20	2.33	2.64	2.85	2.96	2.85	2.80	2.51
	160	1.32	2.16	2.32	2.72	3.17	3.64	3.86	4.15	4.40	4.60	4.75	4.89	4.80
	200	1.85	3.06	3.30	3.86	4.50	5.15	5.46	6.13	6.47	6.43	5.95	4.98	3.47
	250	2.50	4.14	4.46	5.22	6.04	6.85	7.20	7.87	8.22	7.89	7.14	5.60	3.12
	280	2.89	4.77	5.13	5.93	6.90	7.78	8.12	8.60	8.22	6.80	4.26	—	—
C	200	1.39	1.92	2.41	2.87	3.30	3.80	4.07	4.66	5.29	5.86	6.07	6.28	6.34
	250	2.03	2.85	3.62	4.33	5.00	5.82	6.23	7.18	8.21	9.06	9.38	9.63	9.62
	315	2.86	4.04	5.14	6.17	7.14	8.34	8.92	10.23	11.53	12.48	12.72	12.67	12.14
	400	3.91	5.54	7.06	8.52	9.82	11.52	12.10	13.67	15.04	15.51	15.24	14.08	11.95
	450	4.51	6.40	8.20	9.81	11.29	12.98	13.80	15.39	16.59	16.41	15.57	13.29	9.64
D	355	5.31	7.35	9.24	10.90	12.39	14.04	14.82	16.30	17.25	16.70	15.63	12.97	—
	450	7.90	11.02	13.85	16.40	18.67	21.12	22.25	24.16	24.84	22.42	19.59	11.24	—
	560	10.76	15.07	18.95	22.38	25.22	28.28	29.55	31.00	29.67	22.08	15.13	—	—
	710	14.55	20.35	25.45	29.76	33.18	25.97	36.87	35.58	27.88	—	—	—	—
	800	16.76	23.39	29.08	33.72	37.13	39.26	39.55	35.26	21.32	—	—	—	—
E	500	10.86	14.96	18.55	21.65	24.21	26.62	27.57	28.52	25.53	16.25	—	—	—
	630	15.65	21.69	26.95	31.36	34.83	37.64	38.52	37.14	29.17	—	—	—	—
	800	21.70	30.05	37.05	42.53	46.26	47.47	47.38	39.08	16.46	—	—	—	—
	900	25.15	34.71	42.49	48.20	51.48	51.13	49.21	34.01	—	—	—	—	—
	1000	28.52	39.17	47.52	53.12	55.45	52.26	48.19	—	—	—	—	—	—

注：本表摘自 GB/T 13575.1—2008。

2. 计算 V 带根数

V 带的根数可由设计功率 P_d 除以单根 V 带的基本额定功率 P_1 来计算确定。当实际工作条件与表 10-5 的特定条件不同时，应对 P_1 进行修正，故带的根数为

$$z = \frac{P_d}{(P_1 + \Delta P_1) K_\alpha K_L} \qquad (10\text{-}20)$$

式中，ΔP_1 是单根普通 V 带基本额定功率的增量（kW），见表 10-6，它考虑了 $i \neq 1$ 时带绕在大带轮上产生的弯曲应力比绕在小带轮上的小，使所能传递的功率有所增加；K_α 是包角修正系数，见表 10-7；K_L 是带长修正系数，见表 10-2。

带的根数越多，则带轮越宽，越容易导致各根带受载不均，故通常控制带的根数 $z \leq 10$。

表 10-6　单根普通 V 带 $i \neq 1$ 时额定功率的增量 ΔP_1　　　　（kW）

型号	传动比 i	小带轮转速 $n_1/(\text{r}\cdot\text{min}^{-1})$										
		200	300	400	500	600	700	800	950	1200	1450	1600	2000
Y	1.35~1.5	0.00	—	0.00	—	0.00	0.00	0.01	0.01	0.01	0.01	
	1.51~1.99	0.00	—	0.00	—	0.00	0.00	0.01	0.01	0.01	0.01	
	≥2	0.00	—	0.00	—	0.00	0.01	0.01	0.01	0.01	0.01	
Z	1.35~1.5	0.00	—	0.01	—	0.01	0.01	0.02	0.02	0.02	0.02	
	1.51~1.99	0.00	—	0.01	—	0.01	0.02	0.02	0.02	0.02	0.03	
	≥2	0.00	—	0.01	—	0.02	0.02	0.02	0.03	0.03	0.03	—
A	1.35~1.51	0.02	—	0.04	—	0.07	0.08	0.08	0.11	0.13	0.15	—
	1.52~1.99	0.02	—	0.04	—	0.08	0.09	0.10	0.13	0.15	0.17	—
	≥2	0.03	—	0.05	—	0.09	0.10	0.11	0.15	0.17	0.19	—
B	1.35~1.51	0.05	—	0.10	—	0.17	0.20	0.23	0.30	0.36	0.39	0.44
	1.52~1.99	0.06	—	0.11	—	0.20	0.23	0.26	0.34	0.40	0.45	0.51
	≥2	0.06	—	0.13	—	0.22	0.25	0.30	0.38	0.46	0.51	0.57
C	1.35~1.51	0.14	0.21	0.27	0.34	0.41	0.48	0.55	0.65	0.82	0.99	1.10	1.23
	1.52~1.99	0.16	0.24	0.31	0.39	0.47	0.55	0.63	0.74	0.94	1.14	1.25	1.41
	≥2	0.18	0.26	0.35	0.44	0.53	0.62	0.71	0.83	1.06	1.27	1.41	1.59
D	1.35~1.51	0.49	0.73	0.97	1.22	1.46	1.70	1.95	2.31	2.92	3.52	3.89	4.38
	1.52~1.99	0.56	0.83	1.11	1.39	1.67	1.95	2.22	2.64	3.34	4.03	4.45	5.01
	≥2	0.63	0.94	1.25	1.56	1.88	2.19	2.50	2.97	3.75	4.53	5.00	5.62
E	1.35~1.51	0.96	1.45	1.93	2.41	2.89	3.38	3.86	4.58			—	—
	1.52~1.99	1.10	1.65	2.20	2.75	3.31	3.86	4.41	5.23			—	—
	≥2	1.24	1.86	2.48	3.10	3.72	4.34	4.96	5.89				

表 10-7　包角修正系数 K_α

$\alpha_1/(°)$	180	175	170	165	160	155	150	145	140	135
K_α	1.00	0.99	0.98	0.96	0.95	0.93	0.92	0.91	0.89	0.88
$\alpha_1/(°)$	130	125	120	115	110	105	100	95	90	
K_α	0.86	0.84	0.82	0.80	0.78	0.76	0.74	0.72	0.69	

四、计算作用在轴上的载荷

1. 计算初拉力

为了保证带传动的正常工作,应使带具有一定的初拉力。初拉力不足,产生的摩擦力较小,传动易打滑,带的工作能力不能充分发挥;初拉力过大,将降低带的使用寿命,增大轴与轴承的受力。较适宜的初拉力为

$$F_0 = 500 \frac{P_d}{zv}\left(\frac{2.5}{K_\alpha} - 1\right) + qv^2 \qquad (10\text{-}21)$$

式中,各参数的单位为 F_0(N);P_d(kW);q(kg/m);v(m/s)。

2. 计算作用在轴上的载荷

为了设计轴与轴承,需计算带传动作用在轴上的载荷 F_Q,通常取带两边初拉力的合力(图 10-14)作近似计算,即

$$F_Q = 2F_0 z\sin\frac{\alpha_1}{2} \qquad (10\text{-}22)$$

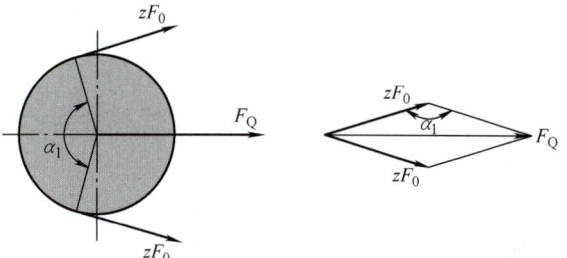

图 10-14 带传动作用在轴上的载荷

五、带轮的尺寸及结构设计

参见第二节中的"V 带轮的材料和结构"或有关机械设计手册。

例 10-1 设计一电动机与减速器之间的普通 V 带传动。已知:电动机功率 $P = 5\text{kW}$,转速 $n_1 = 1460\text{r/min}$,减速器输入轴转速 $n_2 = 320\text{r/min}$,载荷变动最小,负载起动,每天工作 16h,要求结构紧凑。

解

计 算 与 说 明		主 要 结 果
1. 确定 V 带型号		
工况系数	由表 10-4	$K_A = 1.2$
设计功率	$P_d = K_A P = 1.2 \times 5\text{kW}$	$P_d = 6\text{kW}$
V 带型号	由图 10-13	A 型
2. 确定 V 带轮直径		
小带轮基准直径	由图 10-13 及表 10-3 取	$d_{d1} = 100\text{mm}$
验算带速	$v = \dfrac{\pi d_{d1} n_1}{60 \times 1000} = \dfrac{\pi \times 100 \times 1460}{60 \times 1000}\text{m/s}$	$v = 7.64\text{m/s}$ 在允许范围内
大带轮基准直径	$d_{d2} = d_{d1}\dfrac{n_1}{n_2} = 100 \times \dfrac{1460}{320}\text{mm} = 456\text{mm}$,由表 10-3 取	$d_{d2} = 450\text{mm}$
传动比	$i = \dfrac{d_{d2}}{d_{d1}} = \dfrac{450}{100}$	$i = 4.5$
3. 确定中心距及 V 带基准长度		
初定中心距	由 $0.7(d_{d1} + d_{d2}) \leq a_0 \leq 2(d_{d1} + d_{d2})$ 知 $385\text{mm} \leq a_0 \leq 1100\text{mm}$ 要求结构紧凑,可初取中心距	$a_0 = 600\text{mm}$

（续）

计 算 与 说 明	主 要 结 果
初定 V 带基准长度 $L_{d0} = 2a_0 + \dfrac{\pi}{2}(d_{d1}+d_{d2}) + \dfrac{1}{4a_0}(d_{d2}-d_{d1})^2$ $= \left[2\times 600 + \dfrac{\pi(100+450)}{2} + \dfrac{(450-100)^2}{4\times 600}\right]$ mm $= 2115$ mm	
V 带基准长度 由表 10-2 取	$L_d = 2050$ mm
传动中心距 $a \approx a_0 + \dfrac{L_d - L_{d0}}{2} = \left(600 + \dfrac{2050-2115}{2}\right)$ mm	$a = 567.5$ mm
小带轮包角 $\alpha_1 = 180° - 57.3° \dfrac{d_{d2}-d_{d1}}{a}$ $= 180° - 57.3° \times \dfrac{450-100}{567.5}$	$\alpha_1 = 144°$
4. 确定 V 带根数	
单根 V 带的基本额定功率 由表 10-5	$P_1 = 1.32$ kW
额定功率增量 由表 10-6	$\Delta P_1 = 0.17$ kW
包角修正系数 由表 10-7	$K_\alpha = 0.90$
带长修正系数 由表 10-2	$K_L = 1.04$
V 带根数 $z = \dfrac{P_d}{(P_1+\Delta P_1)K_\alpha K_L} = \dfrac{6}{(1.32+0.17)\times 0.90 \times 1.03} = 4.30$，取	$z = 5$
5. 计算作用在轴上的载荷	
V 带单位长度质量 由表 10-1	$q = 0.1$ kg/m
初拉力 $F_0 = 500 \dfrac{P_d}{zv}\left(\dfrac{2.5}{K_\alpha}-1\right) + qv^2$ $= \left[500 \times \dfrac{6}{5\times 7.64} \times \left(\dfrac{2.5}{0.90}-1\right) + 0.1\times 7.64^2\right]$ N	$F_0 = 145$ N
作用在轴上的载荷 $F_Q = 2F_0 z \sin\dfrac{\alpha_1}{2} = 2\times 145 \times 5 \sin\dfrac{144°}{2}$ N	$F_Q = 1379$ N
6. 带轮结构设计（略）	

第五节   带传动的张紧装置及安装维护

一、带传动的张紧装置

带工作一段时间后会产生塑性伸长，导致初拉力降低，影响正常传动。为了使带产生并保持一定的初拉力，带传动应设置张紧装置。常用的张紧装置按中心距是否可调分为两类。

1. 中心距可调张紧装置

图 10-15 所示为中心距可调张紧装置的应用实例。其中，图 10-15a、b 所示为定期调整张紧装置，当带需要张紧时，通过调整螺栓改变电动机的位置，加大传动中心距，使带获得所需的张紧力。如图 10-15a 所示适用于两轴中心连线水平或倾斜不大的传动，如图 10-15b

所示适用于两轴中心连线铅垂或接近于铅垂方向的传动。图10-15c所示为自动张紧装置，电动机固定在摆架上，靠电动机与摆架的自重实现张紧。自动张紧装置常用于中、小功率的传动。

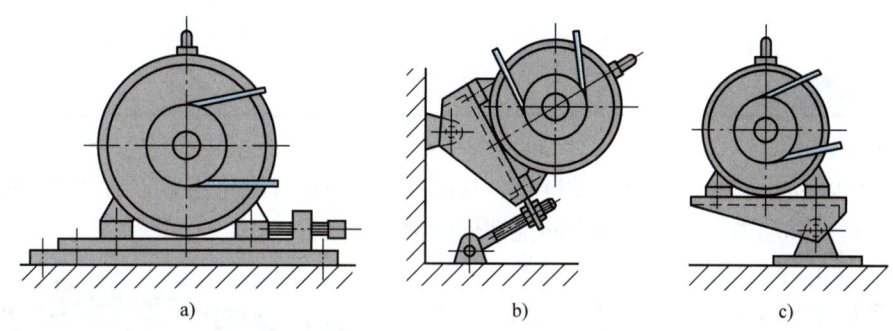

图 10-15　中心距可调张紧装置

2. 中心距不可调张紧装置

中心距不可调时，用张紧轮实现张紧。图10-16a所示为定期调整装置，通过定期调整张紧轮达到使带张紧的目的。在这种张紧装置中，张紧轮压在带的松边内侧，避免了带的反向弯曲；而且张紧轮应尽量靠近大带轮，防止因张紧而导致小带轮包角减小过多。图10-16b所示为自动张紧装置，重锤使张紧轮自动压在松边的外侧。为了增大小带轮包角，张紧轮应靠近小带轮。这种张紧使带受到反向弯曲，从而会降低带的使用寿命。

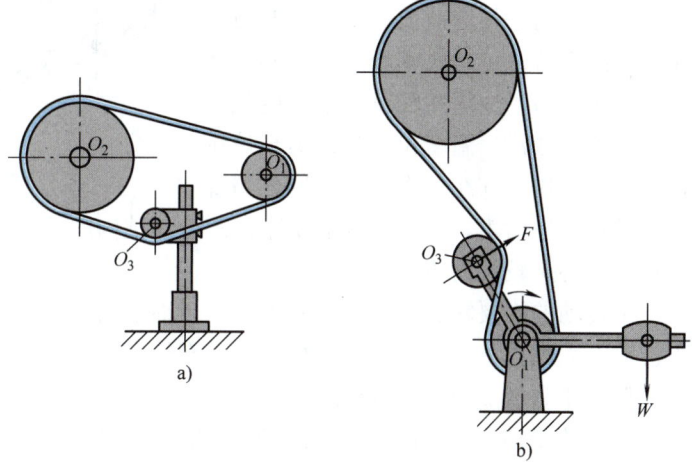

图 10-16　中心距不可调张紧装置

二、V带传动的安装与维护

在V带传动的安装与使用过程中应注意以下几个问题：

1）安装时两带轮轴线必须平行，两轮轮槽中线必须对正，以减轻带的磨损。

2）为了保证安全，带传动一般应安装防护罩，并在使用过程中定期检查、调整带的张紧力。

3）带不宜与酸、碱、油一类介质接触，工作温度一般不应超过60℃，以防带的迅速老化。

4）多根带并用时，为避免各根带受载不均，带的配组代号应相同。若其中一根带松弛或损坏，应全部同时更换，以免新旧带并用时，新带短、旧带长而加速新带的磨损。

第六节 链传动及其结构

一、概述

1. 链传动的组成

如图 10-17 所示，链传动由主动链轮、从动链轮和挠性环形链组成，通过链与链轮轮齿的啮合传递运动和动力，属于具有中间挠性件的啮合传动。

2. 链传动的特点及应用

链传动既不同于挠性带的摩擦传动，也不同于齿轮的啮合传动。与带传动相比，链传动具有如下优点：①没有滑动，能保证准确的平均传动比；②低速时可传递较大的载荷，传动效率较高；③不需要很大的张紧力，作用在轴及轴承上的载荷较小；④在油污、温度较高等恶劣环境中仍能正常工作；⑤在工作条件相同的情况

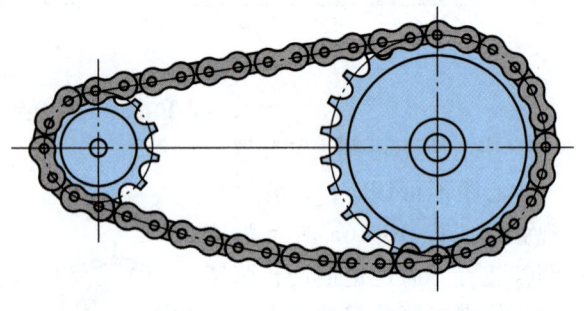

图 10-17 链传动简图

下，结构比较紧凑。与齿轮传动相比，链传动结构简单，对制造和安装的精度要求较低，能适用于中心距较大的传动。

链传动的主要缺点是：①只能用于平行轴之间的传动；②瞬时链速不稳定，瞬时传动比不准确，因此传动平稳性较差，冲击和噪声较大；③不宜在载荷变化很大和急速反向的传动中应用；④制造费用比带传动高。

通常链传动允许的传动比 $i_{max}=7$，传递的功率 $P\leqslant 100\mathrm{kW}$，链速 $v\leqslant 15\mathrm{m/s}$，传动效率 $\eta=0.94\sim 0.97$，广泛应用于农业、矿山、机床、起重运输等机械中。

二、链的结构

传动链按结构不同主要有滚子链、齿形链等。

1. 滚子链

滚子链应用较广，其结构如图 10-18 所示，由内链板、外链板、销轴、套筒和滚子等组成。销轴与外链板、套筒与内链板之间均采用过盈配合，而销轴与套筒、套筒与滚子之间则采用间隙配合，从而使链与链轮在进入和退出啮合时套筒可绕销轴、滚子可绕套筒转动。此时滚子与链轮轮齿之间为滚动摩擦，有效地削减了链与轮齿的磨损。链的内、外链板均为"∞"字形，使链板各横截面接近等强度并减轻质量。

相邻两销轴中心之间的距离称为链节距，用 p 表示，它是链的主要参数。链节距越大，则各部尺寸越大，所能传递的功率也越大。

链的长度用链节数 L_p 表示。链节数最好为偶数，以便在接头处恰好为内链板与外链板相搭接。接头处可用钢丝锁销、开口锁销或弹簧卡片将销轴与连接链板固定（图 10-19a、b、c）。当链节数为奇数时，需要用过渡链节闭合链条（图 10-19d）。过渡链节在工作中不

仅受拉力，而且受附加弯矩的作用，一般应尽量避免使用。但是，这种链节的弹性较好，可以缓冲和吸振，故在重载、有冲击、经常正反转条件下工作时，可采用全部由过渡链节组成的弯板链（图10-20）。

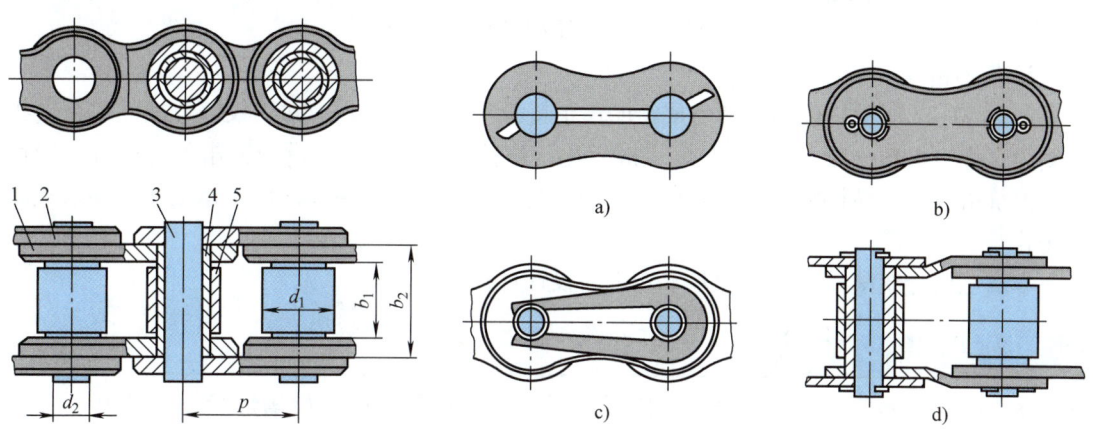

图10-18 滚子链
1—内链板 2—外链板 3—销轴
4—套筒 5—滚子

图10-19 链接头形式
a）钢丝锁销 b）开口锁销
c）弹簧卡片 d）过渡链节

在需要传递较大功率时，可采用多排链，如双排链（图10-21）或三排链。多排链可视为几条单排链用长销轴连接构成。通常，排数越多承载能力越大，但制造和装配误差也越大，各排链受载不均现象越严重，故排数一般不超过4。

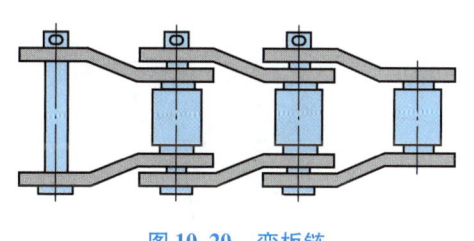

图10-20 弯板链

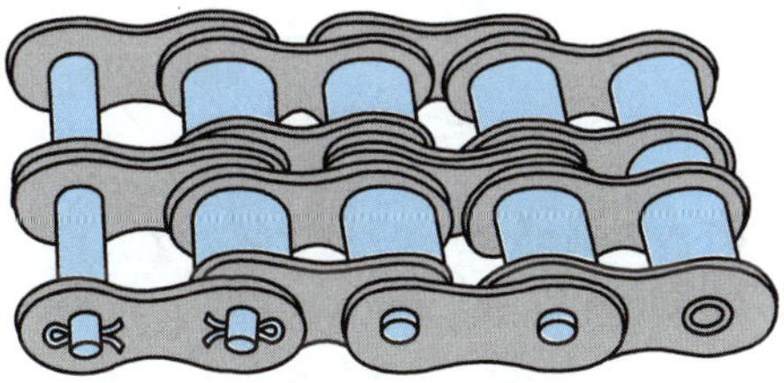

图10-21 双排链

滚子链已经标准化，分为A、B、C和H等系列，常用A系列，其尺寸及主要参数见表10-8。

表10-8 滚子链的主要尺寸和极限拉伸载荷

链号	链节距 p/mm	滚子直径 d_{1max}/mm	销轴直径 d_{2max}/mm	内节内宽 b_{1min}/mm	内节外宽 b_{2max}/mm	排距 p_t/mm	单排链单位长度质量 q/(kg·m^{-1})	单排链极限拉伸载荷 F_B/N
08A	12.70	7.92	3.98	7.85	11.17	14.38	0.6	13900
10A	15.875	10.16	5.09	9.40	13.84	18.11	1.0	21800
12A	19.05	11.91	5.96	12.57	17.75	22.78	1.5	31300
16A	25.40	15.88	7.94	15.75	22.60	29.29	2.6	55600
20A	31.75	19.05	9.54	18.90	27.45	35.76	3.8	86700
24A	38.10	22.23	11.11	25.22	35.45	45.44	5.6	125000
28A	44.45	25.40	12.71	25.22	37.18	48.87	7.5	170000
32A	50.80	28.58	14.29	31.55	45.21	58.55	10.10	223000
40A	63.50	39.68	19.85	37.85	54.88	71.55	16.10	347000

注：1. 本表摘自 GB/T 1243—2006，其中单排链单位长度质量摘自产品样本。
　　2. 表中链号数乘以25.4/16 即为链节距（mm）。

链的标记方法为

链号-排数-整链链节数　标准编号

例：A系列、节距31.75mm、双排、60节的滚子链标记为

20A-2-60　GB/T 1243—2006

2. 齿形链

如图10-22所示，齿形链是由成组的齿形链板左右交错排列，并用铰链连接而成，链板两侧为直边，夹角一般为60°。与滚子链相比，这种链传动平稳，承受冲击的性能好，噪声小，但价格较贵，结构复杂，也较重，多用于高速（链速可达40m/s）和运动精度要求较高的场合。

本章主要介绍滚子链传动的基本知识与设计计算。

三、链轮的齿形

图10-23所示为GB/T 1243—2006规定的滚子链链轮的端面齿槽形状，它是由r_i和r_e为半径的两段圆弧在滚子链定位圆弧角a处光滑连接（相切）而成，故称双圆弧齿形。实际齿槽的形状还必须在规定的尺寸范围内，即在最小齿槽形状和最大齿槽形状之间，齿槽极限尺寸的计算公式见表10-9。这种齿形具有较好的啮合特性，它的齿形是用标准刀具加工而成，故在链轮的零件图上不必画出轮齿的端面齿形，只需在齿形栏内注明"齿形按GB/T 1243—2006规定制造"即可。

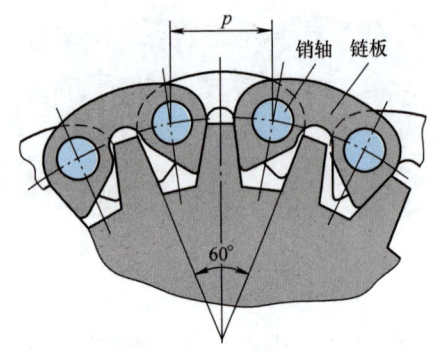

图10-22　齿形链

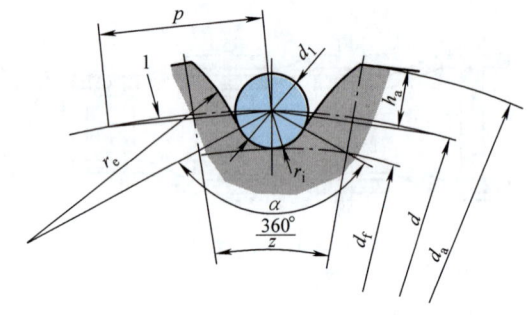

图10-23　滚子链链轮的端面齿槽形状

表10-9　滚子链链轮的齿槽尺寸计算公式

名称	代号	最大齿槽形状	最小齿槽形状
齿侧圆弧半径	r_e	$r_{e\min} = 0.008d_1(z^2+180)$	$r_{e\max} = 0.12d_1(z+2)$
滚子定位圆弧半径	r_i	$r_{i\max} = 0.505d_1 + 0.069\sqrt[3]{d_1}$	$r_{i\min} = 0.505d_1$
滚子定位圆弧角	α	$\alpha_{\min} = 120° - \dfrac{90°}{z}$	$\alpha_{\max} = 140° - \dfrac{90°}{z}$

链轮的轴向齿形和尺寸也应符合GB/T 1243—2006的规定，见图10-24所示和表10-10，且要在链轮的零件图上绘出轴面齿形并注出其主要尺寸。

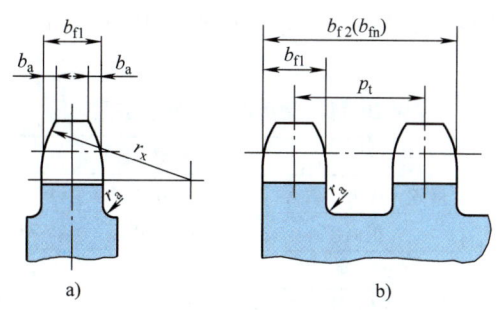

图 10-24 滚子链链轮的轴向齿形

表 10-10 滚子链链轮的轴向齿廓尺寸　　　　　　　　　　　　（mm）

名　称		代号	计 算 公 式		备　注
			$p \leqslant 12.7$	$p > 12.7$	
齿宽	单排	b_{f1}	$0.93b_1$	$0.95b_1$	$p > 12.7$ 时，经制造厂家同意，亦可使用 $p \leqslant 12.7$ 时的齿宽。b_1 为内链节内宽，见表 10-8
	双排、三排		$0.91b_1$	$0.93b_1$	
	四排以上		$0.88b_1$		
齿边倒角		b_a	$b_{a公称} = 0.06p$		适用于 081、083、084 和 085 规格链条
			$b_{a公称} = 0.13p$		适用于其余链条
齿侧半径		r_x	$r_{公称} = p$		
齿侧凸缘（或排间槽）圆角半径		r_a	$r_a \approx 0.04p$		
链轮齿总宽		b_{fn}	$b_{fn} = (n-1)p_t + b_{f1}$ n 为排数		

绕在链轮上的链节销轴中心所在的圆周称为链轮的分度圆，其直径用 d 表示。链轮的主要尺寸（图 10-23）计算公式为

分度圆直径
$$d = \frac{p}{\sin\frac{180°}{z}}$$

齿顶圆直径
$$d_{amax} = d + 1.25p - d_1$$
$$d_{amin} = d + p\left(1 - \frac{1.6}{Z}\right) - d_1$$

齿根圆直径
$$d_f = d - d_1$$

(10-23)

式中，d_1 是滚子直径。

四、链轮的结构及材料

链轮可根据直径大小制成实心式、腹板式或组合式等结构形式（图 10-25）。组合式链轮的齿圈磨损后可以更换。

链轮轮齿应具有足够的强度和耐磨性。其材料通常多为优质碳素钢或合金钢并进行热处理，对于尺寸较大的链轮也可用碳素钢焊接而成。此外，由于传动中

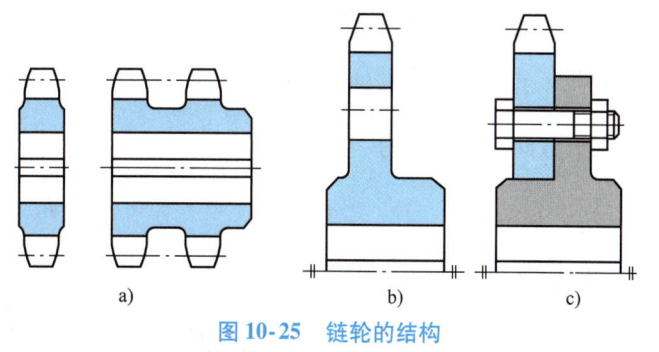

图 10-25　链轮的结构
a）实心式　b）腹板式　c）组合式

小链轮的啮合次数比大链轮多，故小链轮的材料应优于大链轮。常用的链轮材料见表 10-11。

表 10-11 常用链轮材料及应用

材料	热处理	齿面硬度	应用
15、20	渗碳+淬火+回火	50～60HRC	$z \leq 25$，有冲击载荷的链轮
35	正火	160～200HBW	$z > 25$ 的链轮
45、50、ZG310-570	淬火+回火	40～50HRC	无剧烈振动及冲击载荷的链轮
15Cr、20Cr	渗碳+淬火+回火	50～60HRC	$z < 25$ 的大功率链轮
40Cr、35SiMn、35CrMo	淬火+回火	40～50HRC	要求强度较高及耐磨损的重要链轮
Q235、Q255	焊接后退火	≈140HBW	中低速、中等功率、直径较大的链轮

第七节 链传动的运动特性与受力分析

一、链速与传动比的不均匀性

链传动中，链与链轮的啮合可以看作链绕在正多边形轮上并随之转动（图 10-26），正多边形的边长等于链的节距 p，边数等于链轮齿数 z。链轮转动一周，链转过的长度为 zp，则链的平均速度为

$$v = \frac{pz_1 n_1}{60 \times 1000} = \frac{pz_2 n_2}{60 \times 1000} \tag{10-24}$$

由此可得链传动的平均传动比

$$i = \frac{n_1}{n_2} = \frac{z_2}{z_1} \tag{10-25}$$

式中，v 是链速（m/s）；p 是链节距（mm）；n_1、n_2 分别是主、从动链轮的转速（r/min）；z_1、z_2 分别是主、从动链轮的齿数。

由式（10-24）和式（10-25）可知，链的平均速度和平均传动比都等于常数。但事实上，即便主动轮的角速度 ω_1 为常数，链速 v 和从动轮的角速度 ω_2 也都是变化的。分析如下：

图 10-26a 所示为主动轮 1 和从动轮 2 在传动中的一个任意位置。为便于分析，假设链的紧边在传动中总是处于水平位置。此时分析主动轮 1 可知，链的绝对速度等于处在最高位置的销轴 A 的速度，而销轴 A 和链轮上的 A 点具有相同的圆周速度，都等于 $\frac{1}{2} d_1 \omega_1$。因此，链在水平方向上的速度为

$$v = \frac{1}{2} d_1 \omega_1 \cos\beta \tag{10-26}$$

式中，β 是销轴中心和主动链轮中心的连线与铅垂线之间的夹角。

分析图 10-26 所示可知，从销轴 A 啮入链轮到下一销轴 B 啮入链轮的过程中，A 始终处于最高位置，其间 β 角在 $-\varphi_1/2$ 到 $+\varphi_1/2$ 之间变化（$\varphi_1 = 360°/z_1$）。当 $\beta = 0°$ 时（图

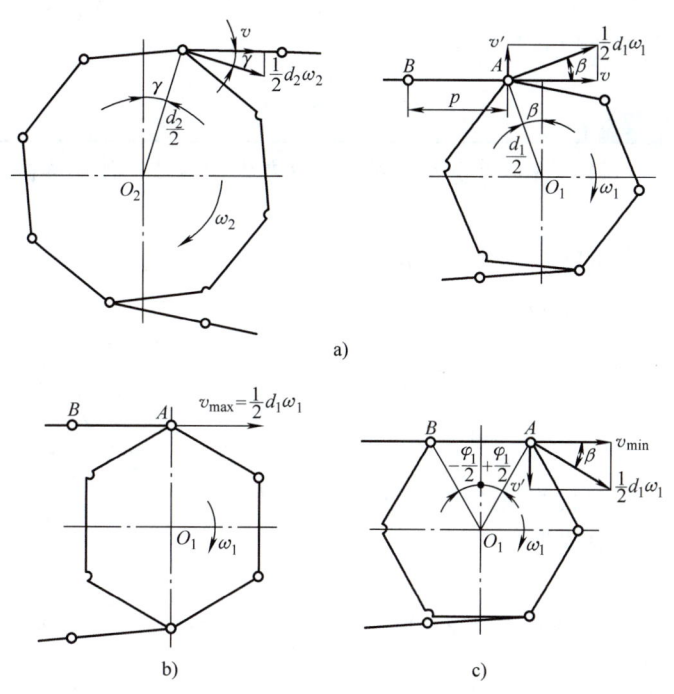

图 10-26 链传动的运动分析

10-26b)，$v = v_{max} = \frac{1}{2}d_1\omega_1$；当 $\beta = \pm \varphi_1/2$ 时（图 10-26c），$v = v_{min} = \frac{1}{2}d_1\omega_1\cos\frac{\varphi_1}{2}$。可见，链速是由小到大，又由大到小的变化，每转过一个链节，就重复一次上述的变化，从而导致了链速的不均匀性。而且，链轮齿数越少，β 角变化范围就越大，链速的不均匀性就越严重。

在相同的周期内，链沿铅垂方向的分速度 $v' = \frac{1}{2}d_1\omega_1\sin\beta$ 也在作周期性变化，变化的趋势是由大到小，再由小到大，从而使链在运动中不断地上下抖动。

同理，分析图 10-26a 中所示从动轮 2 可知，链的水平速度与从动轮角速度之间的关系为

$$v = \frac{1}{2}d_2\omega_2\cos\gamma \tag{10-27}$$

式中，γ 是销轴中心和从动链轮中心的连线与铅垂线之间的夹角，其变化范围为 $\pm 180°/z_2$。

由于链速 v 和 γ 角的周期性变化，导致了从动轮角速度 ω_2 也作周期性变化。

由式（10-26）和式（10-27）可得链传动的瞬时传动比

$$i' = \frac{\omega_1}{\omega_2} = \frac{d_2\cos\gamma}{d_1\cos\beta} \tag{10-28}$$

显然，链传动的瞬时传动比在一般情况下得不到恒定值。只有当 $z_1 = z_2$，且链的紧边长度恰为链节距 p 的整数倍（可保证 γ 与 β 在每个瞬时都相等）时，才能得到恒定的瞬时传动比。

链速和从动轮角速度的周期性变化，使链传动产生动载荷，并且链轮转速越高，链节距越大，链轮齿数越少，则工作时产生的动载荷就越大。

此外，链节与链轮轮齿进入啮合时，以一定的相对速度接近，使传动产生冲击载荷。链速在铅垂方向上的变化以及链在起动、制动、反向等情况下出现的惯性冲击，也将使传动产生动载荷。

为了减小动载荷，提高传动的平稳性，在链传动设计中应选用较小的链节距，适当增加

链轮的齿数，并限制链轮的最高转速。

二、受力分析

链传动在工作中，紧边与松边受力不同。若不考虑动载荷，作用在链上的力所述如下。

1. 工作拉力 F_1

工作拉力只作用在链的紧边上，其值为

$$F_1 = 1000 \frac{P}{v} \tag{10-29}$$

式中，P 是传递的功率（kW）；v 是链速（m/s）；F_1 是工作拉力（N）。

2. 离心拉力 F_2

这是由链随链轮转动的离心力产生的拉力，它作用在链的全长上，其计算式为

$$F_2 = qv^2$$

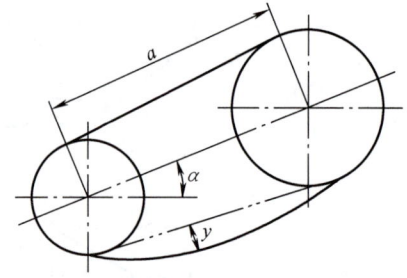

图 10-27 链的垂度

式中，q 是单排链单位长度质量（kg/m），见表 10-8；v(m/s)；F_2 是离心拉力（N）。

3. 链的垂度拉力 F_3

这是由链的自重产生的拉力（图 10-27），也作用在链的全长上，其值可按下式计算

$$F_3 = K_y qga$$

式中，K_y 是垂度系数，见表 10-12；a 是中心距（m）；g 是重力加速度（m/s²）；F_3 是垂度拉力（N）。

表 10-12 垂度系数 K_y

α	0°（水平布置）	30°	60°	75°	90°（垂直布置）
K_y	7	6	4	2.5	1

注：α 是指两链轮中心连线与水平面间的夹角。

综上所述，链的紧边拉力由三部分组成，松边拉力由两部分组成，即

紧边拉力总和 $F = F_1 + F_2 + F_3$
松边拉力总和 $F' = F_2 + F_3$ (10-30)

由以上分析可知，在一周的运转过程中，链也经受变载荷的作用。

受力分析的另一个目的是确定传动作用在轴上的载荷。因为离心力对轴不产生压力，所以链传动作用在轴上的载荷 F_Q 等于紧、松两边拉力之和减去两边的离心拉力，即

$$F_Q = F + F' - 2F_2 = F_1 + 2F_3$$

实际上，垂度拉力比较小，通常近似取

$$F_Q = 1.2F_1 \tag{10-31}$$

第八节　滚子链传动的设计计算

一、失效形式

链轮的主要失效形式是轮齿磨损。在多数情况下，链传动的设计使链的失效先于链轮，

因此下面仅讨论链的失效形式。滚子链常见的失效形式有五种。

（1）疲劳破坏　链在工作中承受变载荷，从而使链受到变应力的作用。待应力循环至一定次数时，将产生疲劳破坏，其主要是链板的疲劳拉断和铰链工作面的疲劳点蚀。在正常润滑条件下，链的疲劳破坏是决定链传动承载能力的主要因素。

（2）铰链磨损　链在进入啮合和退出啮合时，销轴与套筒接触表面产生相对滑动，使铰链磨损，链节距加大，从而导致链节向轮齿齿顶方向移动（图10-28），磨损严重时常会出现跳齿和脱链现象。

（3）冲击破坏　经常起动、反转、制动的链传动，销轴、套筒、滚子等元件常会发生冲击疲劳破坏。

（4）胶合　润滑不良或转速过高，都会使销轴与套筒的接触表面产生胶合破坏。

（5）过载拉断　这种破坏多发生在低速、重载条件下。通常当链速 $v<0.6\text{m/s}$ 时，需要校核链的静强度。

二、功率曲线与额定功率

1. 极限功率曲线

链传动的失效形式限定了传动的承载能力。图10-29所示为链在一定使用寿命和具有良好润滑的条件下，各种失效形式限定的极限功率曲线。由图可见，润滑条件对传动的承载能力起着至关重要的作用。

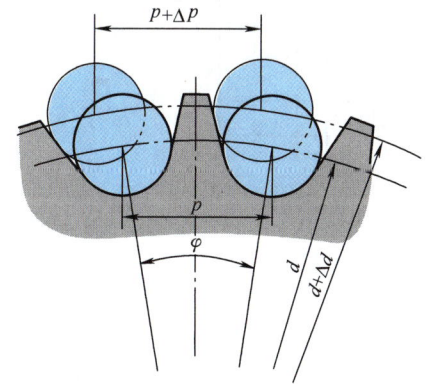

图10-28　铰链磨损的影响

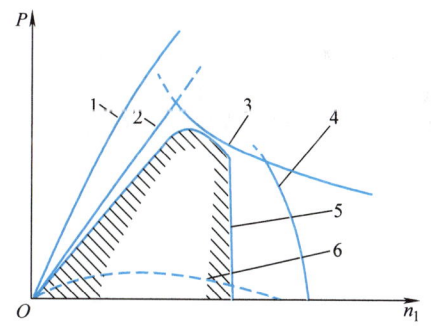

图10-29　滚子链极限功率曲线

1—铰链磨损强度极限　2—链板疲劳强度极限
3—冲击疲劳强度极限　4—胶合破坏极限　5—额定功率曲线　6—润滑不良、工作条件恶劣等情况下的功率曲线

2. 额定功率曲线

图10-30所示为A系列单排滚子链的额定功率曲线，它是在特定试验条件下得到的。试验条件为：单排滚子链，两轴水平布置，大、小链轮共面，$z_1=19$、链长 $L_p=100$ 节，按推荐使用的润滑方式（图10-31）润滑，链的工作寿命为15000h，载荷平稳，链因磨损引起的相对伸长量不超过3%。

设计中，当 P_0 与 n_1 已知时，可按图10-30选择所需链的型号。应该指出，若不能按图10-31推荐的方式润滑，图中 P_0 将降低到下列值：当 $v\leqslant 1.5\text{m/s}$ 时，降至 $(0.3\sim 0.6)P_0$；

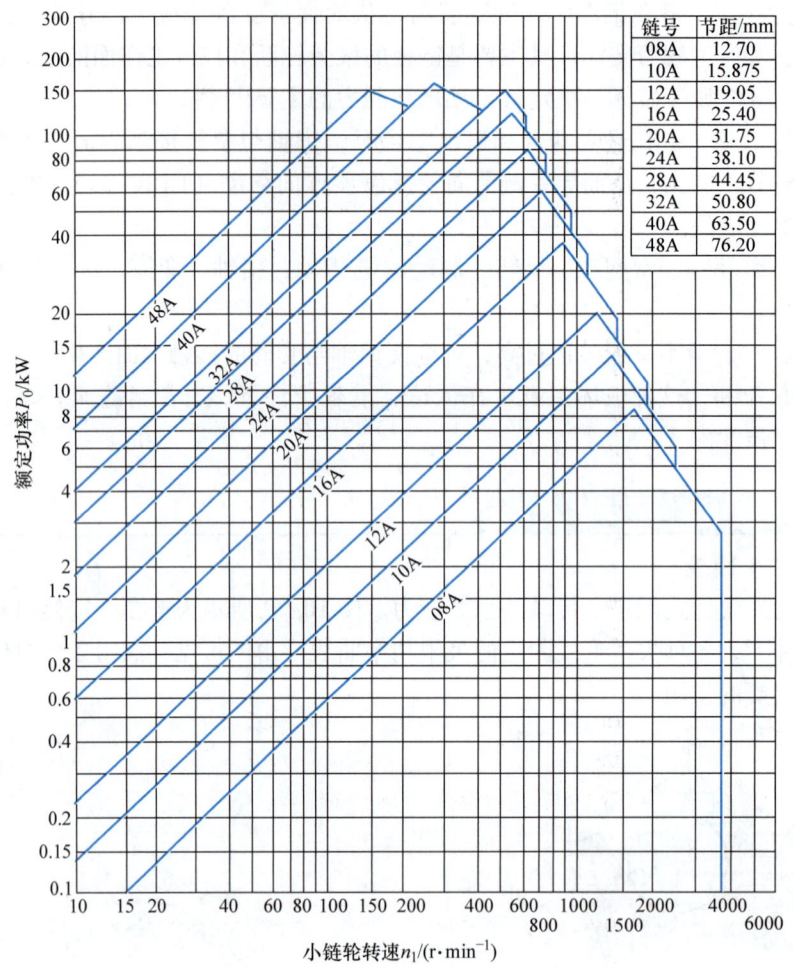

图 10-30 单排滚子链额定功率曲线

当 $1.5\text{m/s} < v \leqslant 7\text{m/s}$ 时，降至 $(0.15\sim0.3)P_0$；当 $v > 7\text{m/s}$ 而润滑又不良时，传动不可靠，应避免使用。

三、主要参数的选择

1. 传动比

一般取链传动的传动比 $i \leqslant 7$，最好为 3 左右。若传动比过大，将会使小链轮包角过小，啮合齿数过少，从而加速轮齿的磨损。但对于载荷平稳的低速传动，传动比可以达到 10。

2. 链轮齿数

链轮齿数对传动的平稳性和使用寿命有直接的影响。齿数过少时，将增大传动的运动不均匀性和动载荷；同时增大链节在进入和退出链轮时的相对转角，增大链的工作拉力，从而加速链节的磨损。因此，链轮齿数不宜过少。通常，可根据链速由表 10-13 确定小链轮齿数。当链速很低时，允许 $z_{\min} = 9$。

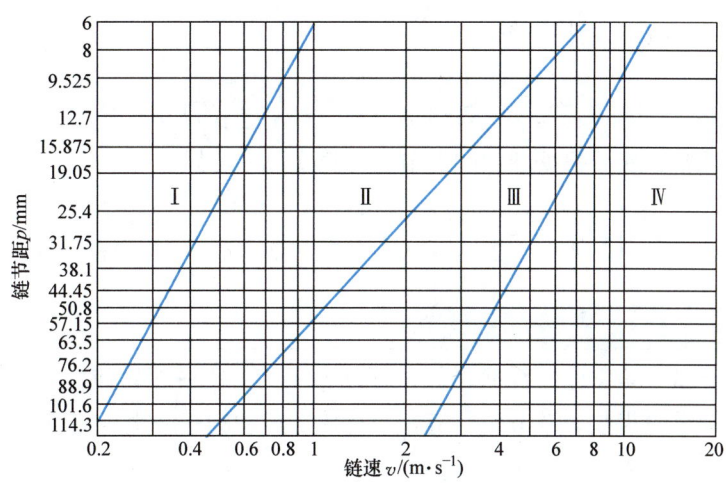

图 10-31 推荐使用的润滑方式

Ⅰ—人工定期润滑　Ⅱ—滴油润滑　Ⅲ—油浴或飞溅润滑　Ⅳ—压力喷油润滑

表 10-13　小链轮齿数

链速 $v/(\mathrm{m \cdot s^{-1}})$	<0.6	0.6~3	3~8	>8
齿数 z_1	≥13	≥15~17	≥19~21	≥23

大链轮齿数 $z_2 = iz_1$，通常取 $z_2 \leq 120$。这主要是因为链轮齿数过多时，不但会增大传动尺寸，而且链节磨损后容易产生脱链现象。由图 10-28 所示可知，链节磨损引起的链节距增量 Δp 与链轮分度圆直径的增量 Δd 之间有如下关系

$$\Delta d = \frac{\Delta p}{\sin(180°/z)}$$

由上式可见，当 Δp 一定时，z 越多，Δd 就越大，链节就越靠近齿顶，越容易导致脱链现象。

为使各链节磨损均匀，当链长 L_p 取偶数时，链轮齿数最好取奇数。

3. 链节距

链节距 p 越大，其承载能力越高，但运动不均匀性、动载荷和噪声也越大。因此，在满足承载能力的前提下，应选取较小的链节距。高速、重载时宜选用小节距多排链。当载荷和传动比较大，中心距较小时，也宜选用小节距多排链。当传动比较小，速度不太高，而中心距较大时，宜选用大节距单排链。

4. 链长和中心距

通常是在初定中心距以后确定链长 L_p，一般情况下初选中心距 $a_0 = (30 \sim 50)p$。中心距越小，结构尺寸就越小，但同时小轮包角越小，参加啮合的齿数越少，而且当链速一定时，单位时间内链节与链轮的啮合次数增加，从而加速链的磨损；中心距过大时，在运转中链容易颤抖，故一般限制 $a_{0\max} = 80p$。

为避免参加啮合的链轮齿数过少，通常小链轮包角不宜小于 120°，故也限制最小中心距

$$\left.\begin{array}{l}当 i < 4 时 \quad a_{0\min} = \frac{1}{2}(d_{a1} + d_{a2}) + 30 \sim 50\mathrm{mm} \\ 当 i \geq 4 时 \quad a_{0\min} = \frac{1}{2}(d_{a1} + d_{a2})\frac{9+i}{10}\end{array}\right\} \quad (10\text{-}32)$$

初定中心距后，按下式计算链长

$$L_p = \frac{z_1 + z_2}{2} + 2\frac{a_0}{p} + \frac{p}{a_0}\left(\frac{z_2 - z_1}{2\pi}\right)^2 \tag{10-33}$$

计算的链节数应圆整，然后根据圆整的链节数计算实际中心距，即

$$a = \frac{p}{4}\left[\left(L_p - \frac{z_1 + z_2}{2}\right) + \sqrt{\left(L_p - \frac{z_1 + z_2}{2}\right)^2 - 8\left(\frac{z_2 - z_1}{2\pi}\right)^2}\right] \tag{10-34}$$

四、链传动的设计计算步骤

链传动的设计是在给定原始数据（如传递功率，大、小链轮转速）、工作状况、外部环境等条件下，确定链轮齿数、链节距、链长、排数、传动的中心距、链轮材料、链轮结构尺寸以及传动的润滑方式等。

当链速 $v \geqslant 0.6\,\mathrm{m/s}$ 时，设计的一般步骤如下：

（1）确定链轮齿数　初设链速，由表 10-13 选取小链轮齿数 z_1；用 $z_2 = iz_1 = \frac{n_1}{n_2}z_1$ 计算大链轮齿数，并作适当圆整。

（2）初定中心距　取 $a_0 = (30 \sim 50)p$。

（3）确定链长　链长 L_p 由式（10-33）计算，并作适当圆整。

（4）确定额定功率　图 10-30 给出的 P_0 是在特定条件下传递的额定功率，而实际工作条件往往与特定条件有一定差异，因此需对 P_0 值加以修正。实际工作中链传动的额定功率应满足

$$K_z K_L K_p P_0 \geqslant K_A P$$

即

$$P_0 \geqslant \frac{K_A P}{K_z K_L K_p} \tag{10-35}$$

式中，P 是传动的名义功率（kW）；K_A 是工况系数，见表 10-14；K_z 是小链轮齿数系数，见表 10-15；K_L 是链长系数，见表 10-15；K_p 是多排链系数，见表 10-16。

表 10-14　工况系数 K_A

工作机载荷性质	原　动　机	
	电动机、汽轮机	内　燃　机
平　　稳	1.0	1.2
中等冲击	1.3	1.4
严重冲击	1.5	1.7

表 10-15　修正系数 K_z 和 K_L

在图 10-30 中，n_1 与 P_0 交点的位置	位于功率曲线顶点左侧（链板疲劳）	位于功率曲线顶点右侧（冲击疲劳）
小链轮齿数系数 K_z	$\left(\dfrac{z_1}{19}\right)^{1.08}$	$\left(\dfrac{z_1}{19}\right)^{1.5}$
链长系数 K_L	$\left(\dfrac{L_p}{100}\right)^{0.26}$	$\left(\dfrac{L_p}{100}\right)^{0.5}$

表 10-16　多排链系数 K_p

链排数 n	1	2	3	4	5
K_p	1	1.7	2.5	3.3	4.0

（5）确定链节距　链节距可根据传动所需额定功率 P_0 和小链轮的转速 n_1 由图 10-30 选取。

（6）计算实际中心距　实际中心距可由式（10-34）计算。

一般应将链传动设计成中心距可调整的结构，以便当链的松边垂度过大时进行调整；当中心距不可调整时，应增设张紧装置。

（7）验算链速　链的速度按式（10-24）计算，检查链速是否符合选取 z_1 时初设的链速。若不符，应重新选取小链轮齿数再进行计算。

（8）计算作用在轴上的载荷　载荷 F_Q 可由式（10-31）计算。

（9）确定润滑方式和张紧装置　润滑方式根据链速 v 和链节距 p 由图 10-31 选定，张紧装置见第九节。

（10）选择链轮材料并确定其结构尺寸。

例 10-2　设计一锅炉清渣链传动装置。选用 Y 系列电动机，已知传动功率 $P = 5.5\text{kW}$，转速 $n_1 = 750\text{r/min}$，工作机转速 $n_2 = 260\text{r/min}$，传动布置倾角 $\alpha = 40°$，中等冲击，要求中心距可调。

解

计　算　与　说　明		主　要　结　果
1. 选定链轮齿数		
小链轮齿数	设链速 $v = 3 \sim 8\text{m/s}$，由表 10-13 取	$z_1 = 21$
传动比	$i = \dfrac{n_1}{n_2} = \dfrac{750}{260}$	$i = 2.88$
大链轮齿数	$z_2 = iz_1 = 2.88 \times 21 = 60.48$，取	$z_2 = 61$
2. 确定链节距和中心距		
初定中心距	$a_0 = 40p$	
计算链长	$L_p = \dfrac{z_1 + z_2}{2} + 2\dfrac{a_0}{p} + \dfrac{p}{a_0}\left(\dfrac{z_2 - z_1}{2\pi}\right)^2$	
	$= \dfrac{21+61}{2} + 2 \times \dfrac{40p}{p} + \dfrac{p}{40p}\left(\dfrac{61-21}{2\pi}\right)^2 = 122.01$ 节，取	$L_p = 122$ 节
工况系数	由表 10-14	$K_A = 1.3$
小链轮齿数系数	由表 10-15　$K_z = \left(\dfrac{z_1}{19}\right)^{1.08} = \left(\dfrac{21}{19}\right)^{1.08}$（设链板疲劳）	$K_z = 1.11$
链长系数	由表 10-15　$K_L = \left(\dfrac{L_p}{100}\right)^{0.26} = \left(\dfrac{122}{100}\right)^{0.26}$（设链板疲劳）	$K_L = 1.05$
多排链系数	由表 10-16（单排链），取	$K_p = 1$
额定功率	$P_0 \geq \dfrac{K_A P}{K_z K_L K_p} = \dfrac{1.3 \times 5.5}{1.11 \times 1.05 \times 1}\text{kW}$	$P_0 \geq 6.13\text{kW}$
链节距	根据 P_0 及 n_1 由图 10-30 选 10A 滚子链（与假设链板疲劳相符）	$p = 15.875\text{mm}$

(续)

计算与说明	主要结果
实际中心距 $a = \dfrac{p}{4}\left[\left(L_p - \dfrac{z_1+z_2}{2}\right) + \sqrt{\left(L_p - \dfrac{z_1+z_2}{2}\right)^2 - 8\left(\dfrac{z_2-z_1}{2\pi}\right)^2}\right]$mm $= \dfrac{15.875}{4} \times \left[\left(122 - \dfrac{21+61}{2}\right) + \sqrt{\left(122 - \dfrac{21+61}{2}\right)^2 - 8\left(\dfrac{61-21}{2\pi}\right)^2}\right]$mm	$a = 635$mm
3. 验算链速　　$v = \dfrac{z_1 n_1 p}{60 \times 1000} = \dfrac{21 \times 750 \times 15.875}{60 \times 1000}$m/s	$v = 4.17$m/s 与初设相符
4. 计算作用在轴上的载荷	
工作拉力　　$F_1 = \dfrac{1000P}{v} = \dfrac{1000 \times 5.5}{4.17}$N $= 1319$N	
轴上载荷　　$F_Q = 1.2 F_1 = 1.2 \times 1319$N $= 1583$N	$F_Q = 1583$N
5. 确定润滑方式　　由图 10-31	油浴或飞溅润滑
6. 链轮结构设计（略）	

五、滚子链传动静强度计算

当链速 $v < 0.6$m/s 时，链的主要失效形式是静力拉断，故应进行静强度校核。链传动的静强度安全系数应满足的条件为

$$S = \frac{nF_B}{K_A F} \geqslant 7 \tag{10-36}$$

式中，S 是链传动的静强度安全系数；n 是链排数；F_B 是单排链极限拉伸载荷，见表 10-8；F 是链的紧边总拉力，见式（10-30）。

第九节　链传动的正确使用和维护

一、链传动的润滑

良好的润滑可以缓和冲击，减小磨损，延长使用寿命。润滑方式和适用范围如图 10-31 所示。

润滑油可选用 L-AN32、L-AN46 或 L-AN68 全损耗系统用油。温度高或载荷大时，宜选用黏度高的润滑油；反之，则选用黏度较低的润滑油。

二、链传动的布置

链传动的布置见表 10-17。

表 10-17　链传动的布置

传动条件	正确布置	不正确布置	说　明
$i = 2 \sim 3$ $a = (30 \sim 50)p$			两轮轴线在同一水平面上，紧边在上面较好；但必要时，也允许紧边在下面
$i > 2$ $a < 30p$			两轮轴线不在同一水平面上，松边应在下面，否则松边下垂量增大，链条易与小链轮卡死
$i < 1.5$ $a > 60p$			两轮轴线在同一水平面上，松边应在下面，否则下垂量增大，松边可能与紧边相碰，需经常调整中心距
i, a 为任意值			两轮轴线在同一铅垂面内，下垂量增大，会减少下链轮的有效啮合齿数，降低传动的工作能力。为此应采用：①中心距可调；②设张紧装置；③上下两轮轴线错开，使其不在同一铅垂面内

三、链传动的张紧

链传动张紧的目的是为了减小链松边的垂度，防止啮合不良和链的抖动。当两链轮中心连线的倾斜角（图 10-27）$\alpha > 60°$ 时，必须增设张紧装置。

链传动的张紧方法很多，最常用的是通过增大两链轮的中心距实现张紧。当中心距不可调时，可利用张紧装置实现张紧，常用的张紧装置有：①张紧轮（图 10-32a、b），通过定期或自动调整张紧轮的位置使链张紧。一般宜将张紧轮装在链的松边且靠近主动轮的位置上，张紧轮的直径与小链轮的直径接近为好。②托板（图 10-32c），通过调整托板的位置使链张紧。托板上最好衬以橡胶、塑料或胶木，以减小链的磨损。

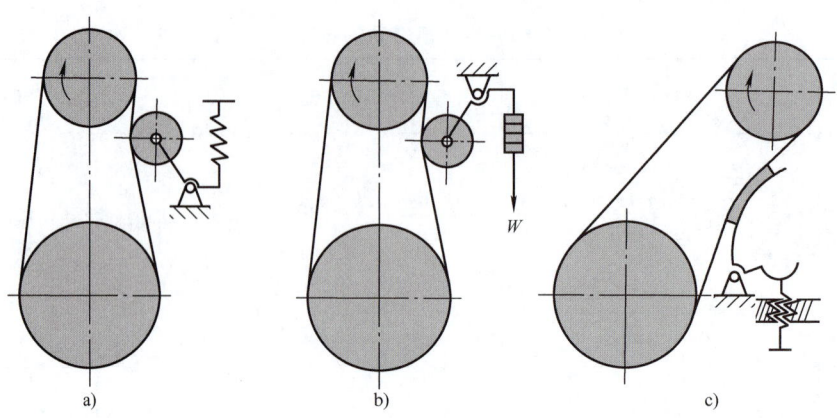

图 10-32　链传动的张紧装置

四、链传动的维护

在链传动的使用过程中，应注意保持链与链轮的良好工作状态，定期清洗链与链轮，更换损坏的链节等。为了保证工作安全，可为链传动设置护罩，护罩同时还可以起到防尘和减小噪声的作用。

习　题

10-1　一带式输送机采用 3 根 B 型普通 V 带传动。已知主动轮转速 $n_1=980$ r/min，主动轮基准直径 $d_{d1}=160$ mm，从动轮基准直径 $d_{d2}=355$ mm，中心距 $a=720$ mm，带的基准长度 $L_d=2240$ mm，单班制工作，冲击载荷较小。试求该传动所能传递的最大功率。

10-2　设计鼓风机用普通 V 带传动。已知电动机功率 $P=7.5$ kW，小带轮转速 $n_1=1460$ r/min，鼓风机转速 $n_2=700$ r/min，每日工作 16h，要求传动中心距 $a\leqslant 800$ mm。

10-3　设计用于螺旋输送机的滚子链传动。已知电动机功率 $P=4$ kW，转速 $n_1=720$ r/min，安装在输送机上链轮的转速 $n_2=240$ r/min，载荷平稳，单班制工作，水平布置，要求中心距可以调节。

10-4　一电动机驱动的滚子链传动，已知链轮齿数 $z_1=15$，$z_2=49$，采用单排 12A 滚子链，中心距 $a=650$ mm，布置倾角 $\alpha=30°$，传递功率 $P=2.2$ kW，主动轮转速 $n_1=960$ r/min，工作时有中等冲击，油浴润滑。试验算该链传动的工作能力。

第十一章

鈾

> **重点学习内容**
>
> 1. 轴的结构设计
> 2. 轴的强度计算

第一节 概　述

轴是组成机器的重要零件，它主要用于支承作回转运动的零件（如带轮、齿轮、叶轮以及各种车轮等），并传递运动和动力。

一、轴的分类

轴的分类方法很多，其中常用的有以下两种：

（1）按照轴的受载情况分类　按照受载情况不同，可分为传动轴、心轴和转轴三类。

1）传动轴。工作时只传递转矩而不承受弯矩（图11-1），或承受很小弯矩的轴称为传动轴。

2）心轴。工作时只承受弯矩而不传递转矩的轴称为心轴。心轴可以是固定不动的（图11-2a），也可以是转动的（图11-2b）。在静载荷作用下，固定的心轴产生静应力，转动的心轴产生对称循环应力。

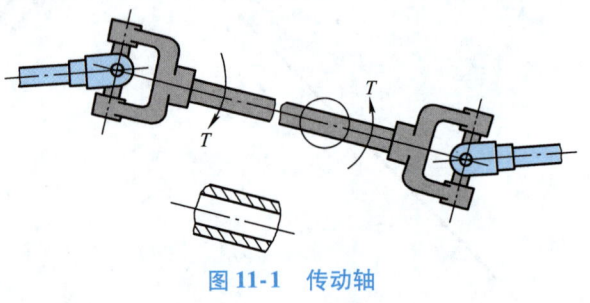

图 11-1　传动轴

3）转轴。工作时既承受弯矩又传递转矩的轴称为转轴。转轴是机械中最常见的轴，如带轮轴、齿轮轴（图11-3）等。

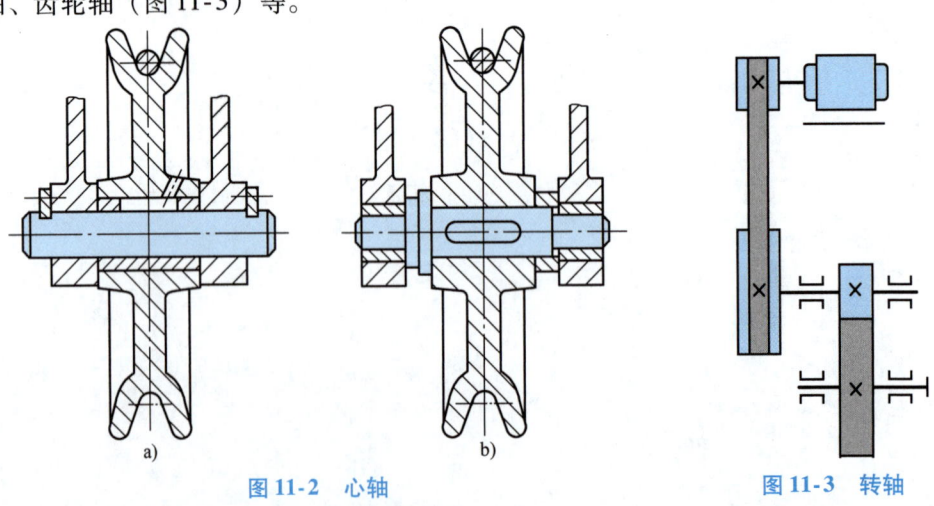

图 11-2　心轴
a）固定的心轴　b）转动的心轴

图 11-3　转轴

（2）按照轴线形状分类　按照轴线形状不同，可分为直轴、曲轴和挠性轴三类。

1）直轴。直轴用于一般的机械传动中，按其外形不同可分为光轴（图 11-2a）和阶梯轴（图 11-2b）。阶梯轴便于轴上零件的安装与固定，应用最广。按心部结构不同，直轴又可分为实心轴（图 11-2）和空心轴（图 11-1）。空心轴主要用于机械中的特殊要求，也可以减轻零件的质量。

2）曲轴。曲轴（图 11-4）常用于往复式机械中，实现运动方式的转换。由于曲轴属于专门机械（如曲柄压力机、内燃机等）中的专用零件，故本课程不予讨论。

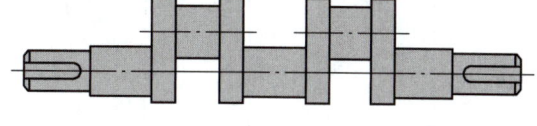

图 11-4　曲轴

3）挠性轴。挠性轴是由几层紧贴在一起的钢丝卷绕而成的（图 11-5a），可以将转矩和回转运动传递到空间任意位置（图 11-5b）。

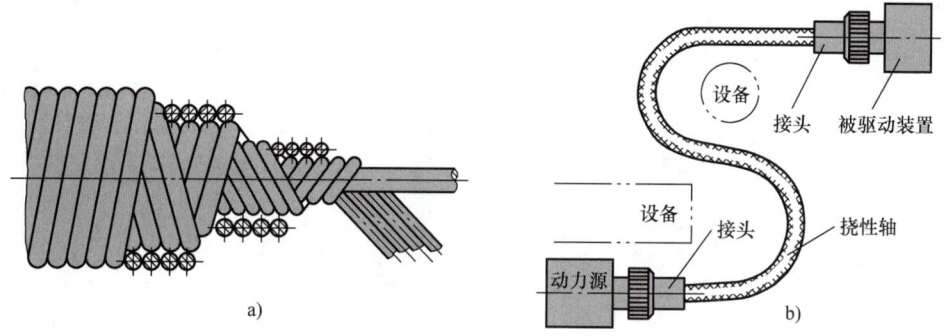

图 11-5　挠性轴
a) 挠性轴的绕制　b) 挠性轴的应用

二、轴设计的主要问题

轴设计的主要问题是选择轴的适宜材料，合理确定轴的结构，计算轴的工作能力。在一般情况下，轴的工作能力主要取决于它的强度。为了防止轴的断裂，应根据使用条件对轴进行强度计算；对于有刚度要求的轴，还要进行刚度计算，以防止产生不允许的变形量。此外，对于高速运转的轴，还应进行振动稳定性计算，以防止共振现象产生。本章重点讨论轴的结构设计和强度计算问题。

三、轴的材料

轴工作时产生的应力多为交变应力，使得轴的损坏常具有疲劳性质。因此，轴的材料应具有较高的抗疲劳强度、较低的应力集中敏感性和良好的加工性能等特点。

轴的主要材料是碳素钢和合金钢。

碳素钢比合金钢价廉，对应力集中的敏感性较低，而且可以用热处理的方法提高其耐磨性和抗疲劳强度，应用较广。常用的有 35、45、50 等优质中碳钢，其中以 45 钢应用最广。

合金钢具有较高的力学性能和较好的淬透性，常用于受力较大而且要求直径较小、质量较轻或要求耐磨性较好的轴。常用的有 20Cr、40Cr、40MnB 等。值得注意的是：各种碳钢和合金钢的弹性模量相差无几，因此，用合金钢代替碳素钢并不能提高轴的刚度。

球墨铸铁、合金铸铁具有良好的吸振性和耐磨性，便于铸成复杂的形状，而且对应力集中不敏感。有的生产厂家已经用它来代替钢材，制造形状复杂的轴，如曲轴、凸轮轴等；其缺点是冲击韧度低、铸造品质不易控制，可靠性较差。

表 11-1 列出了轴的常用材料及其主要力学性能，供设计时参考选用。

表 11-1 轴的常用材料及其主要力学性能和许用弯曲应力

材料	热处理	毛坯直径 /mm	硬度 HBW	抗拉强度 σ_b	屈服强度 σ_s	弯曲疲劳极限 σ_{-1}	扭转疲劳极限 τ_{-1}	静应力 $[\sigma_{+1W}]$	脉动循环应力 $[\sigma_{0W}]$	对称循环应力 $[\sigma_{-1W}]$	应用
						MPa					
20	正火	≤100	103~156	400	220	165	95	130	70	40	用于载荷不大，要求韧性较高的轴
	正火回火	>100~300		380	200	155	90				
35	正火	≤100	149~187	520	270	210	120	170	75	45	用于要求有一定强度和加工塑性的轴，可做一般转轴、曲轴等
	正火回火	>100~300		500	260	205	115				
	调质	≤100	156~207	560	300	230	130	175	85	50	
		>100~300		540	280	220	125				
45	正火	≤100	170~217	600	300	240	140	200	95	55	用于重要的轴，应用最为广泛
	正火回火	>100~300	162~217	580	290	235	135				
	调质	≤200	217~255	650	360	270	155	215	100	60	
40Cr	调质	≤100	241~286	750	550	350	200	245	120	70	用于载荷较大而无很大冲击的重要的轴
		>100~300		700	500	320	185				
40MnB	调质	≤200	241~286	750	500	335	195	245	120	70	性能接近40Cr，用于重要的轴
40CrNi	调质	≤100	270~300	900	735	430	260	270	130	75	用于很重要的轴
		>100~300	240~270	785	570	370	210				
38SiMnMo	调质	≤100	229~286	750	600	360	210	275	120	70	用于重载荷的轴
		>100~300	217~269	700	550	335	195				
20Cr	渗碳+淬火+回火	≤100	表面 56~62 HRC	640	390	305	160	215	100	60	用于要求强度、韧性和耐磨性均较高的轴
38CrMoAlA	调质	≤60	293~321	930	785	440	280	275	125	75	用于要求高耐磨性、高强度且热处理（渗氮）变形小的轴
		>60~100	277~302	835	685	410	270				
		>100~160	241~277	785	590	375	220				
30Cr13	调质	≤100	≥241	835	635	395	230	275	130	75	用于在腐蚀条件下工作的轴
QT400-15	—		156~197	400	300	145	125	100	—	—	多用于制造形状复杂的曲轴、凸轮轴等
QT600-3	—		197~269	600	420	215	185	150	—	—	

注：1. 表中所列弯曲疲劳极限 σ_{-1} 值基本是按下列公式计算：碳钢 $\sigma_{-1} \approx 0.43\sigma_b$，合金钢 $\sigma_{-1} \approx 0.2(\sigma_b+\sigma_s)+100$，不锈钢 $\sigma_{-1} \approx 0.27(\sigma_b+\sigma_s)$，各种钢 $\tau_{-1} \approx 0.156(\sigma_b+\sigma_s)$；球墨铸铁 $\sigma_{-1} \approx 0.36\sigma_b$，$\tau_{-1} \approx 0.31\sigma_b$。

2. 球墨铸铁的屈服强度为 $\sigma_{0.2}$。

3. 其他力学性能，一般可取 $\tau_s \approx (0.55\sim0.62)\sigma_s$，$\sigma_0 \approx 1.4\sigma_{-1}$，$\tau_0 \approx 1.5\tau_{-1}$。

第二节　轴的结构设计

轴的结构设计就是根据轴的受载情况和工作条件确定轴的形状和全部结构尺寸。影响轴结构的主要因素有：

1）轴上零件的类型（如带轮、齿轮、轴承等）、尺寸和数量。
2）轴上零件的布置及所受载荷的大小、方向和性质。
3）轴上零件的定位和固定方法。
4）轴的加工及装配工艺。
5）其他要求，如在车床中为减轻轴的质量和进料需要而设计空心轴等。

尽管影响轴结构的因素很多，而且轴的结构形式也可以是多种多样的，但其结构形状都必须满足如下要求：

1）轴及轴上零件有确定的工作位置，而且固定可靠。
2）轴径须符合标准直径系列。
3）有利于提高轴的强度和刚度，力求轴的受力合理，尽量避免或减小应力集中。
4）具有良好的加工和装配工艺性能。

综上所述，轴结构设计的总原则是：在满足工作能力的前提下，力求轴的尺寸小，质量轻，工艺性好。现结合图11-3中所示小齿轮轴的设计，讨论轴结构设计中需要解决的主要问题。

图11-6和图11-7所示都是图11-3中所示小齿轮轴的结构简图，轴上装有带轮和齿轮，并用滑动轴承支承。图11-6所示的光轴虽然便于加工，但轴上齿轮装拆困难，齿轮和带轮的轴向位置也不便于固定，而且轴还会在轴承中发生轴向窜动。而图11-7所示的阶梯轴则便于实现轴结构设计的各项要求，所以是广泛采用的结构形式。

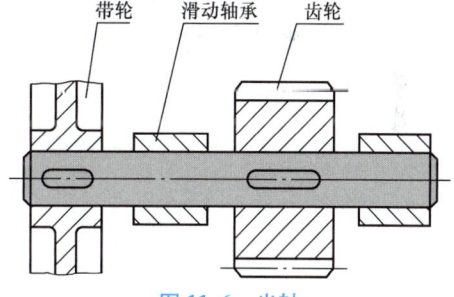

图11-6　光轴

如图11-7所示，在轴的结构中，②和⑦段为轴与轴承配合的部分，称为轴颈；①和④段为轴与传动件轮毂配合的部分，称为轴头；其余为连接轴颈和轴头而设置的轴段，称为轴身；相邻两段轴径间的阶梯称为轴肩；图中⑤为具有左右轴肩的短轴段，称为轴环。

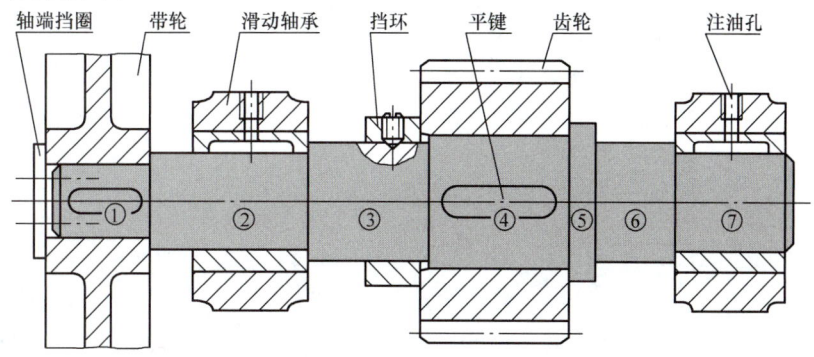

图11-7　阶梯轴

一、轴上零件的固定方法

为了保证机器的正常工作,轴上零件应定位准确,固定可靠。定位是针对安装而言,以保证零件确定的安装位置;固定是针对工作而言,使零件在机器运转过程中保持原来的位置不变。作为结构措施,两者都可起固定作用,故在此均作为固定方法进行讨论。

(1) 轴上零件的轴向固定　零件的轴向固定可采用轴肩、轴环、套筒、圆螺母等方式,其结构形式、特点及应用见表 11-2。

表 11-2　轴上零件的轴向固定方法

序号	固定方法	简　图	特 点 及 应 用
1	轴肩、轴环		简单可靠,能承受较大载荷 为了使零件端面与轴肩贴合,轴上圆角半径 r 应小于零件毂孔的圆角半径 R 或倒角高度 C,即 $r<R$ 或 $r<C$;同时还须保证轴肩高度 $a>R$(或 C)。一般取 $a\approx(0.07\sim0.1)d+1\sim2\text{mm}$ 轴环宽度 $b\approx1.4a$
2	套筒		两零件相隔距离 L 不大时,用套筒作轴向固定零件,结构简单,可减少轴的阶梯数。但不适用于轴转速较高的场合
3	圆螺母		固定可靠,可承受大的轴向力。用于固定轴中部的零件时,可避免采用过长的套筒,以减轻质量。但轴上须车制螺纹和退刀槽,应力集中较大,故常用于轴端零件固定。一般用细牙螺纹
4	圆锥面和轴端挡圈		用圆锥面配合可使轴和轮毂间无径向间隙,能承受冲击和振动载荷,定心精度高,拆卸容易。但加工圆锥表面配合比较困难 轴端挡圈(又称压板),用于轴端零件的固定,可承受较大的轴向力
5	弹性挡圈		结构简单、紧凑,只能承受较小的轴向力,且可靠性差,常用于滚动轴承的轴向固定

(续)

序号	固定方法	简 图	特 点 及 应 用
6	轴端卡板		适用于心轴轴端零件的固定,只能承受较小的轴向力
7	挡环和紧定螺钉		挡环用紧定螺钉与轴固定,结构简单,但不能承受大的轴向力 紧定螺钉适用于轴向力很小、转速很低或仅为防止偶然轴向滑移的场合。同时可起周向固定作用
8	销连接		结构简单,但轴的应力集中较大,用于受力不大、同时需要周向固定的场合

(2) 轴上零件的周向固定　零件的周向固定实质是轴毂连接问题,可采用键、过盈配合等方式,其结构形式、特点及应用见表11-3。

表11-3　轴上零件的周向固定方法

序号	固定方法	简 图	特 点 及 应 用
1	键连接	平键　　楔键	平键连接:定心性好,可用于较高精度、高转速及受冲击或变载荷作用的场合 楔键连接:不适用于要求严格对中、有冲击载荷或高速回转的场合。能承受单向轴向力
2	花键连接		承载能力高,对中性和导向性好,但制造比较困难,成本高
3	紧定螺钉连接	见表11-2	见表11-2
4	销连接	见表11-2	见表11-2

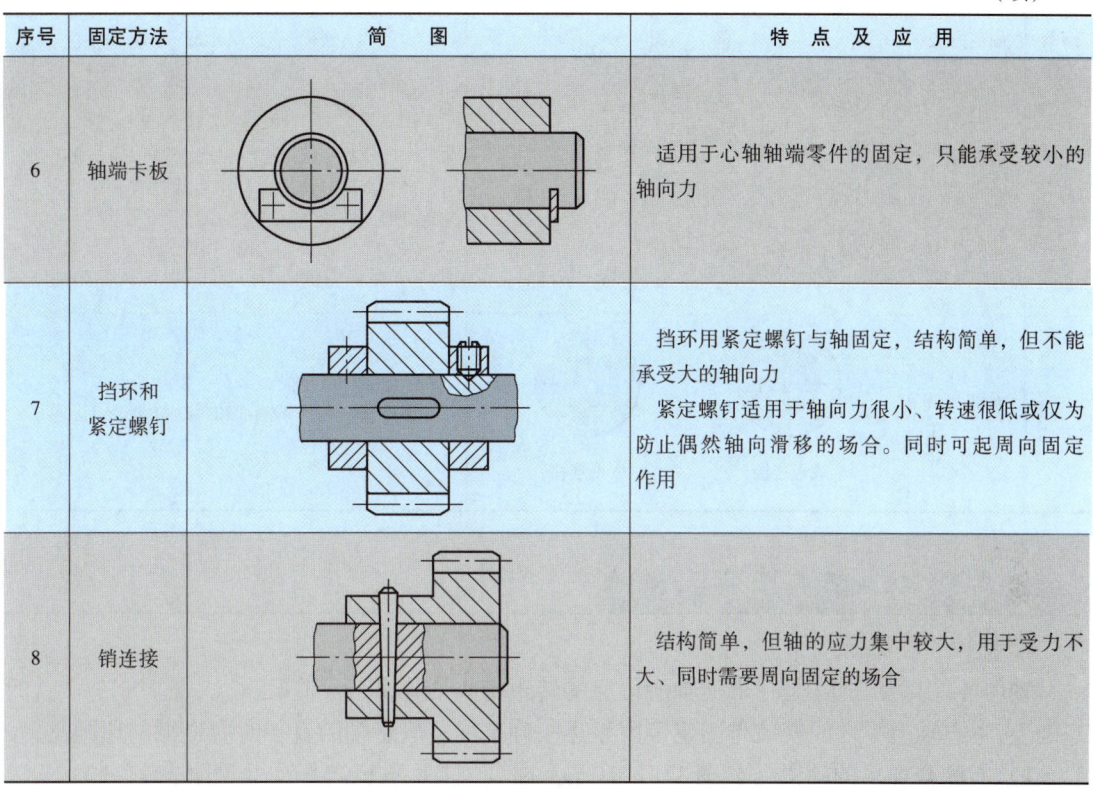

(续)

序号	固定方法	简图	特点及应用
5	过盈配合连接	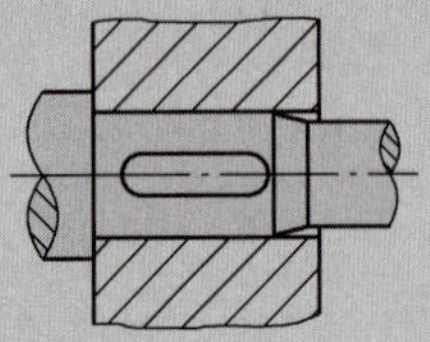	结构简单，对中性好，承载能力高，可同时起轴向固定作用，但不宜用于经常拆卸的场合。常与平键连接联合使用，以承受大的循环变化载荷、振动或冲击载荷
6	无键连接	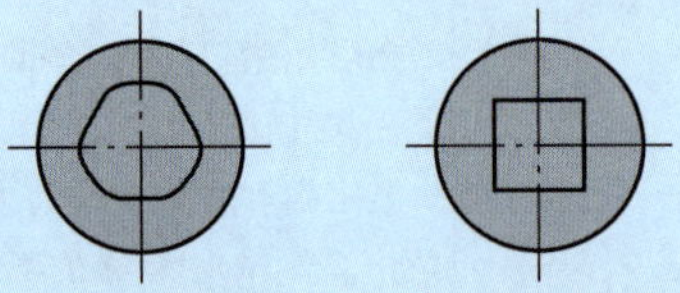 成形连接　方形连接	成形连接：可承受大载荷，但制造困难 方形连接：多用于轴端和手动机构中

二、各段轴径与长度的确定

1. 轴径的确定原则

轴的各段直径，通常是在根据轴所传递的转矩初步估算出最小直径 $d_{\min}$ [见式(11-2)] 的基础上，考虑轴上零件的安装与固定等因素逐一确定的。确定轴的直径时应遵循的原则是：

1）有配合要求的轴段（如图 11-7 中所示的①、④）取标准直径（见附表 11-1）。

2）与标准件相配合的轴段直径，均应采用相应的标准值。例如，与滚动轴承相配合的轴颈，应按滚动轴承标准规定的内孔直径选取（见第 12 章第六节）。

3）轴肩分定位轴肩和非定位轴肩两种。定位轴肩的高度按表 11-2 给定的尺寸确定。非定位轴肩是为便于轴上零件的安装而设置的工艺轴肩（如图 11-7 中所示③与④间的轴肩），其高度可以很小（如图 11-11a 中所示 $\phi44$mm 与 $\phi45$mm 之间的轴肩），但仍须符合 1）的要求。为了减少轴的阶梯数，也可以不设非定位轴肩，而按相同轴径上不同的轴段采用不同的公差带达到便于轴上零件安装的目的。

滚动轴承的定位轴肩高度应该低于轴承内圈的高度（见表 11-2 中 3 号图），以便于轴承的拆卸（图 12-35），具体数值可查阅滚动轴承标准。

4）轴中间装有过盈配合零件时（如图 11-7 中所示的齿轮），该零件装配时需要通过的其他轴段（图 11-7 中所示的①、②、③）直径应小于零件毂孔直径，而且在轴头的装入端设置导入锥或倒角，以便于安装。

2. 轴的各段长度应满足的要求

轴的各段长度主要是根据轴上零件的轴向尺寸及轴系结构的总体布置来确定的，设计时应满足的要求是：

1）轴头与传动件轮毂相配合部分的长度（如图 11-7 所示①、④），一般应小于轮毂长度 1~2mm，以保证传动件能够得到可靠的轴向固定。

2）轴颈的长度一般等于轴承的宽度（如图 11-7 所示⑦、表 11-2 中第 3 行图），但也不尽然（如图 11-7 所示②、表 11-2 中第 2 行图），应视具体结构和功用而定。

3）各段轴身的长度，可根据总体结构的需要（如轴上零件间的相互位置、装拆要求、轴承间隙的调整等）来确定。

三、轴上零件的布置与结构

轴上零件的布置与结构形式等都直接影响到轴的受力状态，从而影响其强度和刚度。

1. 尽量减小轴上的载荷

合理安排动力传递路线可以减小轴的受载。例如，在图 11-8 所示的两种布置方案中，如图 11-8a 所示布置输入转矩为 T_1+T_2，也是轴所受的最大转矩；图 11-8b 所示布置输入转矩同样是 T_1+T_2，但轴所受的最大转矩为 T_1。显然，图 11-8b 所示的布置使轴受载较小。因此，在实际设计中，当轴上动力需要两个或两个以上的零件输出时，应尽可能将动力输入零件布置在输出零件的中间。

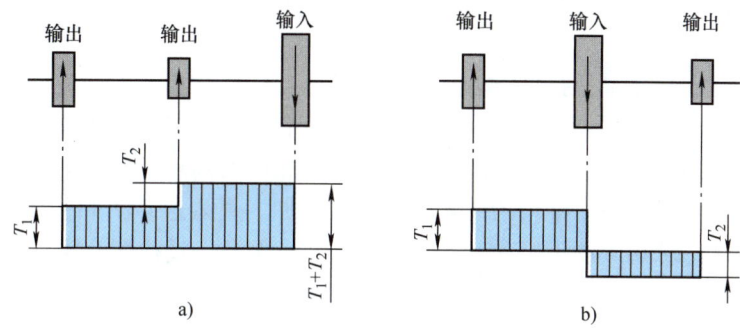

图 11-8 轴上零件的两种布置方案

改变轴上零件的结构也可以减轻轴所受载荷。图 11-9 所示为起重卷筒的两种不同结构方案，其中图 11-9a 所示的结构是将大齿轮和卷筒分别与轴固连成一体，转矩经轴传给卷筒，这样卷筒轴既承受弯矩又传递转矩；而图 11-9b 所示的结构是将大齿轮和卷筒直接固连成一体，转矩经大齿轮直接传给卷筒，这时卷筒轴只承受弯矩而不传递转矩。两种结构相比，当起吊同样的载荷 W 时，图 11-9b 所示的结构所需卷筒轴的直径较小。

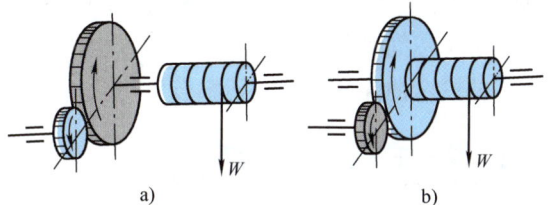

图 11-9 不同的起重卷筒结构

2. 减小轴的变形

为了减小轴的弯曲变形量，应尽可能将轴上受力较大的零件放在靠近轴承处，或缩短轴的长度。当轴的长度不能再缩短时，方可考虑适当增大轴的直径，以满足轴的刚度要求。

四、避免或减小应力集中

应力集中常常是产生疲劳裂纹的根源。为了提高轴的疲劳强度，应从结构设计、加工工艺等方面采取措施，减小应力集中，对于用合金钢制造的轴尤其应注意这一点。

1）尽量避免在轴上，特别是应力较大的部位，安排应力集中严重的结构，如螺纹、横孔、凹槽等。例如，在表 11-2 中，第三行图所示的螺纹及退刀槽引起的应力集中都比较大，改用第二行图所示的套筒固定齿轮，既可简化轴的结构，又可减小应力集中。

2) 当应力集中不可避免时，应采取减小应力集中的措施，如适当加大阶梯轴轴肩处的圆角半径、在轴上或轮毂上设置卸载槽（图 11-10a、b）等。由于轴上零件的端面应与轴肩定位面靠紧，使得轴的圆角半径常常受到限制，这时可采用凹切圆槽（图 11-10c）或过渡肩环（图 11-10d）等结构。

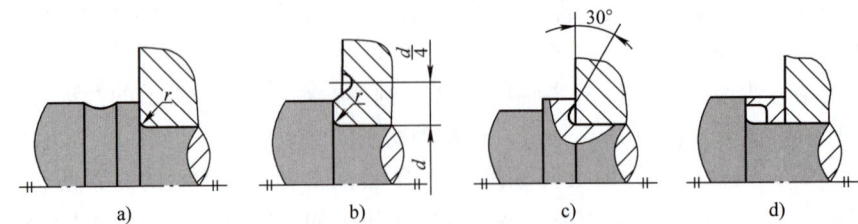

图 11-10　减小应力集中的结构

五、改善轴的结构工艺性

轴的结构应便于加工和装配，以提高劳动生产率和降低成本。例如：

为了便于切削加工，一根轴上的圆角应尽可能取相同的圆角半径，退刀槽或砂轮越程槽取相同的宽度和倒角尺寸等；键槽的设置也应在同一加工直线上（图 11-7）。

为了便于装配，轴端应加工出 45°（或 30°、60°）倒角，过盈配合零件装入端常加工出导向锥面。

第三节　轴的强度计算

轴的强度计算，尤其是转轴和心轴的强度计算，通常是在初步完成轴的结构设计之后进行的。对于不同受载和应力性质的轴，应采用不同的计算方法。其中，传动轴按扭转强度计算；心轴按弯曲强度计算；转轴按弯扭合成进行强度计算。

一、传动轴的强度计算

传动轴工作时受扭，由材料力学可知，圆截面轴的扭转强度条件为

$$\tau_\mathrm{T} = \frac{T}{W_\mathrm{T}} = \frac{9.55 \times 10^6 P}{0.2 d^3 n} \leqslant [\tau_\mathrm{T}] \tag{11-1}$$

计算轴的直径时，式（11-1）可以写成

$$d \geqslant \sqrt[3]{\frac{9.55 \times 10^6}{0.2[\tau_\mathrm{T}]}} \sqrt[3]{\frac{P}{n}} = C \sqrt[3]{\frac{P}{n}} \tag{11-2}$$

式中，τ_T 是轴扭转的切应力（MPa）；T 是轴传递的转矩（N·mm）；W_T 是轴的抗扭截面系数，实心轴取 $W_\mathrm{T} \approx 0.2d^3$（mm³）；$P$ 是轴传递的功率（kW）；n 是轴的转速（r/min）；d 是轴的直径（mm）；$[\tau_\mathrm{T}]$ 是轴材料的许用切应力（MPa），见表 11-4；C 是与轴材料有关的系数，见表 11-4。

表 11-4 轴常用材料的 $[\tau_T]$ 值和 C 值

轴的材料	Q235,20	35	45	40Cr, 35SiMn, 40MnB, 38SiMnMo, 30Cr13, 20CrMnTi
$[\tau_T]$ /MPa	12~20	20~30	30~40	40~52
C	160~135	135~118	118~106	106~98

注：1. 当弯矩作用相对于转矩很小或只传递转矩时，$[\tau_T]$ 取较大值，C 取较小值；反之，$[\tau_T]$ 取小值，C 取较大值。

2. 当用 35SiMn 钢时，$[\tau_T]$ 取较小值，C 取较大值。

按式（11-2）求得的直径，还应考虑轴上键槽对轴强度削弱的影响。一般情况下，开一个键槽，轴径应增大 3%；开两个键槽，增大 7%，然后取标准直径。

在转轴的设计中，常用式（11-2）作结构设计前轴径的初步估算，把估算的直径作为轴上受扭段的最小直径（有时也可作轴的最小直径）。

例 11-1 某开式齿轮传动，已知主动轴输入功率 $P=10\text{kW}$，转速 $n_1=350\text{r/min}$，传动比 $i=4.5$，轴的材料均采用 45 钢调质处理。忽略传动装置中的摩擦损失，试为结构设计初步估算主、从动轴的最小直径。

解

计 算 与 说 明	主 要 结 果
1. 计算从动轴的转速 从动轴转速 $\quad n_2 = \dfrac{n_1}{i} = \dfrac{350}{4.5}\text{r/min}$	$n_2 = 77.78\text{r/min}$
2. 求主、从动轴的计算直径 根据轴的材料并考虑弯矩的影响，由表 11-4 取	$C = 118$
主动轴的计算直径 $\quad d_1 \geq C\sqrt[3]{\dfrac{P}{n_1}} = 118 \times \sqrt[3]{\dfrac{10}{350}}\text{mm} = 36.07\text{mm}$	
从动轴的计算直径 $\quad d_2 \geq C\sqrt[3]{\dfrac{P}{n_2}} = 118 \times \sqrt[3]{\dfrac{10}{77.78}}\text{mm} = 59.56\text{mm}$	
计入键槽的影响 $\quad d_1 = 1.03 \times 36.07\text{mm} = 37.15\text{mm}$ $\quad\quad\quad\quad\quad\quad d_2 = 1.03 \times 59.56\text{mm} = 61.35\text{mm}$	
3. 取标准直径 因 d_1、d_2 分别为转矩的输入和输出端直径，均属有配合要求的轴段，由附表 11-1 取标准直径为	$d_1 = 38\text{mm}$ $d_2 = 63\text{mm}$

二、心轴的强度计算

在一般情况下，作用在轴上的载荷方向不变，故心轴的弯曲强度条件为

$$\sigma_W = \frac{M}{W} = \frac{M}{0.1d^3} \leq [\sigma_W] \tag{11-3}$$

计算轴的直径时，式（11-3）可以写成

$$d \geq \sqrt[3]{\frac{M}{0.1[\sigma_W]}} \tag{11-4}$$

式中，σ_W 是轴的弯曲应力（MPa）；M 是作用在轴上的弯矩（N·mm）；W 是轴的抗弯截面系数，取 $W \approx 0.1d^3$（mm³）；d 是轴的计算直径（mm）；$[\sigma_W]$ 是轴材料的许用弯曲应力

（MPa），其值按下述情况选取：轴固定时，若载荷长期作用，取静应力状态下的许用弯曲应力 $[\sigma_{+1W}]$；若载荷时有时无，取脉动循环的许用弯曲应力 $[\sigma_{0W}]$。轴转动时，取对称循环的许用弯曲应力 $[\sigma_{-1W}]$。$[\sigma_{+1W}]$、$[\sigma_{0W}]$、$[\sigma_{-1W}]$ 的取值见表 11-1。

三、转轴的强度计算

转轴的结构设计初步完成之后，轴的支点位置及轴上所受载荷的大小、方向和作用点均为已知。此时，即可求出轴的支承反力，画出弯矩图和转矩图，按弯扭合成强度条件计算轴的直径。

轴的支点位置，对于滑动轴承和滚动轴承都不全是在轴承宽度的中点上。但是，为了简化计算，通常均可将支点位置取在轴承宽度的中点上。

由弯矩图和转矩图可以初步判断轴的危险截面。根据危险截面上产生的弯曲应力 σ_W 和扭切应力 τ_T，参照第三强度理论可以求出钢制轴在复合应力作用下危险截面的当量弯曲应力 σ_{eW}，其强度条件为

$$\sigma_{eW} = \sqrt{\sigma_W^2 + 4\tau_T^2} \leq [\sigma_W]$$

将 $W_T \approx 2W$ 代入上式得

$$\sigma_{eW} = \sqrt{\left(\frac{M}{W}\right)^2 + 4\left(\frac{T}{2W}\right)^2} = \frac{1}{W}\sqrt{M^2 + T^2} \leq [\sigma_W]$$

一般的转轴，σ_W 为对称循环变应力，而 τ_T 的循环特性则随转矩 T 的性质而定。考虑弯曲应力与扭切应力循环特性的差异，将上式中的转矩 T 乘以校正系数 α，即有

$$\sigma_{eW} = \frac{1}{W}\sqrt{M^2 + (\alpha T)^2} = \frac{M_e}{W} \leq [\sigma_{-1W}] \tag{11-5}$$

这样，也可由下式求转轴的计算直径，进行强度校核，即

$$d \geq \sqrt[3]{\frac{M_e}{0.1[\sigma_{-1W}]}} \tag{11-6}$$

式中，M_e 是当量弯矩（N·mm），$M_e = \sqrt{M^2 + (\alpha T)^2}$；$\alpha$ 是应力校正系数，对于不变的转矩，取 $\alpha = [\sigma_{-1W}]/[\sigma_{+1W}] \approx 0.3$；对于脉动循环的转矩，取 $\alpha = [\sigma_{-1W}]/[\sigma_{0W}] \approx 0.6$；对于对称循环的转矩，取 $\alpha = [\sigma_{-1W}]/[\sigma_{-1W}] \approx 1$。

另外，也需要考虑键槽对轴强度削弱的影响，按式（11-6）求得的直径应增大 4% ~ 7%，单键槽时取较小值，双键槽时取较大值。

综上所述，常用转轴的设计步骤是：先按照扭转强度估算轴径，作为轴上受扭段的最小直径；再按照结构设计要求，进行轴的初步结构设计，确定轴的外形和尺寸；然后按弯扭合成强度条件进行校核。若初定轴的直径较小，不能满足强度要求，则需要修改结构设计，直到满足强度要求；若初定轴的直径较大，一般先不修改结构设计，通常是在计算完轴承后再综合考虑是否进行修改设计。

对于一般用途的轴，按照上述方法设计计算即能满足使用要求；对于重要的轴，尚须考虑应力集中、表面状态以及尺寸的影响，用安全系数法作进一步的强度校核，其计算方法见机械设计教材或参考书。

例 11-2 某单级斜齿圆柱齿轮减速器，经初步结构设计，确定输出轴的结构和尺寸如

图 11-11a 所示,空间受力如图 11-11b 所示。已知轴上齿轮的分度圆直径 $d = 280$mm,作用在齿轮上的切向力 $F_t = 5500$N,径向力 $F_r = 2072$N,轴向力 $F_x = 1474$N,传动不逆转,轴的材料为 45 钢,进行调质处理。试校核该轴的强度。

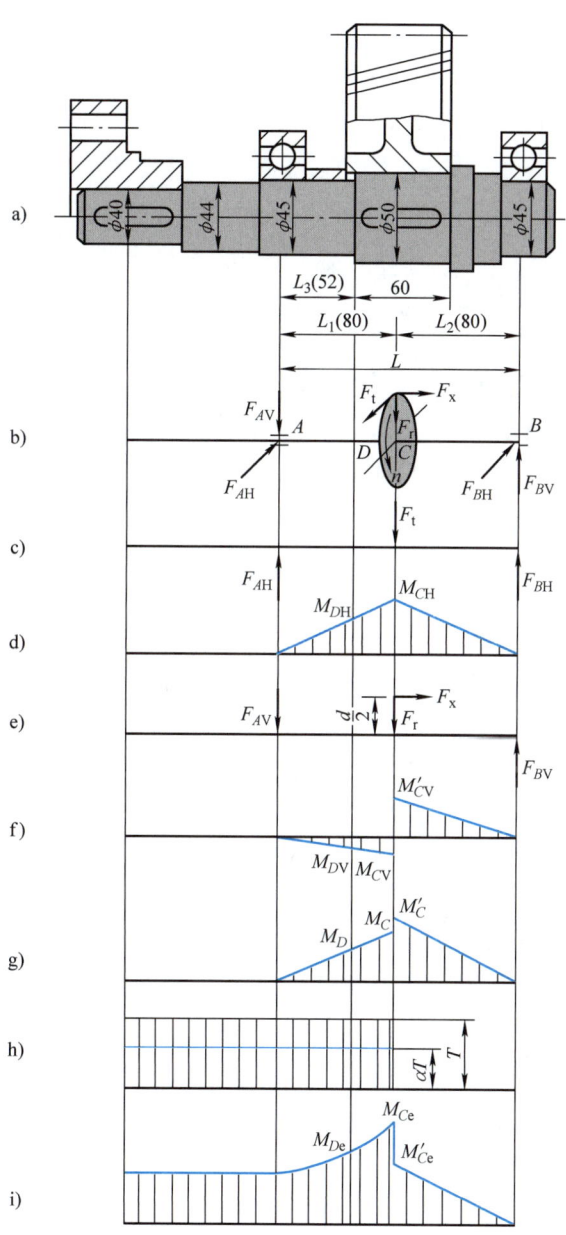

图 11-11 轴的强度计算

a) 轴的结构 b) 轴的空间受力 c) 水平面的受力 d) 水平面的弯矩 M_H e) 垂直面的受力 f) 垂直面的弯矩 M_V g) 合成弯矩 M h) 转矩 T i) 当量弯矩 M_e

解

计 算 与 说 明	主 要 结 果

1. 求水平面支反力（图 11-11c）

$$F_{AH} = F_{BH} = \frac{F_t}{2} = \frac{5500}{2}\text{N}$$

$F_{AH} = F_{BH} = 2750\text{N}$

2. 绘制水平面弯矩 M_H 图（图 11-11d）

$$M_{CH} = F_{AH}L_1 = 2750 \times 80\text{N}\cdot\text{mm}$$

$M_{CH} = 2.2 \times 10^5\text{N}\cdot\text{mm}$

3. 求垂直面支反力（图 11-11e）

由 $\Sigma M_A = 0$，即 $F_r L_1 + F_x \dfrac{d}{2} - F_{BV}L = 0$，得

$$F_{BV} = \frac{F_r L_1 + F_x \dfrac{d}{2}}{L}$$

$$= \frac{2072 \times 80 + 1474 \times \dfrac{280}{2}}{160}\text{N}$$

$F_{BV} = 2326\text{N}$

在铅垂方向上，由 $\Sigma F = 0$，即 $F_{BV} - F_r - F_{AV} = 0$，得

$$F_{AV} = F_{BV} - F_r = (2326 - 2072)\text{N}$$

$F_{AV} = 254\text{N}$

4. 绘制垂直面弯矩 M_V 图（图 11-11f）

$$M_{CV} = F_{AV}L_1 = 254 \times 80\text{N}\cdot\text{mm}$$

$M_{CV} = 2.03 \times 10^4\text{N}\cdot\text{mm}$

$$M'_{CV} = F_{BV}L_2 = 2326 \times 80\text{N}\cdot\text{mm}$$

$M'_{CV} = 1.86 \times 10^5\text{N}\cdot\text{mm}$

5. 绘制合成弯矩 M 图（图 11-11g）

根据合成弯矩 $M = \sqrt{M_H^2 + M_V^2}$ 得

C 截面左侧弯矩

$$M_C = \sqrt{M_{CH}^2 + M_{CV}^2}$$
$$= \sqrt{(2.2 \times 10^5)^2 + (2.03 \times 10^4)^2}\text{N}\cdot\text{mm}$$

$M_C = 2.21 \times 10^5\text{N}\cdot\text{mm}$

C 截面右侧弯矩

$$M'_C = \sqrt{M_{CH}^2 + M'^2_{CV}}$$
$$= \sqrt{(2.2 \times 10^5)^2 + (1.86 \times 10^5)^2}\text{N}\cdot\text{mm}$$

$M'_C = 2.88 \times 10^5\text{N}\cdot\text{mm}$

6. 绘制转矩 T 图（图 11-11h）

$$T = F_t \frac{d}{2} = 5500 \times \frac{280}{2}\text{N}\cdot\text{mm}$$

$T = 7.7 \times 10^5\text{N}\cdot\text{mm}$

7. 绘制当量弯矩 M_e 图（图 11-11i）

由当量弯矩图和轴的结构图可知，C 和 D 处都有可能是危险截面，应分别计算其当量弯矩。此处可将轴的扭切应力视为脉动循环，取 $\alpha \approx 0.6$，则

C 截面左侧当量弯矩

$$M_{Ce} = \sqrt{M_C^2 + (\alpha T)^2}$$
$$= \sqrt{(2.21 \times 10^5)^2 + (0.6 \times 7.7 \times 10^5)^2}\text{N}\cdot\text{mm}$$
$$= 5.12 \times 10^5\text{N}\cdot\text{mm}$$

$M_{Ce} = 5.12 \times 10^5\text{N}\cdot\text{mm}$

C 截面右侧当量弯矩 $M'_{Ce} = M'_C = 2.88 \times 10^5\text{N}\cdot\text{mm}$

C 截面当量弯矩 在以上两数值中取较大值

D 截面弯矩

$$M_{DH} = F_{AH}L_3 = 2750 \times 52\text{N}\cdot\text{mm}$$

$M_{DH} = 1.43 \times 10^5\text{N}\cdot\text{mm}$

$$M_{DV} = F_{AV}L_3 = 254 \times 52\text{N}\cdot\text{mm}$$

$M_{DV} = 1.32 \times 10^4\text{N}\cdot\text{mm}$

D 截面合成弯矩

$$M_D = \sqrt{M_{DH}^2 + M_{DV}^2}$$
$$= \sqrt{(1.43 \times 10^5)^2 + (1.32 \times 10^4)^2}\text{N}\cdot\text{mm}$$

$M_D = 1.44 \times 10^5\text{N}\cdot\text{mm}$

D 截面当量弯矩

$$M_{De} = \sqrt{M_D^2 + (\alpha T)^2}$$
$$= \sqrt{(1.44 \times 10^5)^2 + (0.6 \times 7.7 \times 10^5)^2}\text{N}\cdot\text{mm}$$

$M_{De} = 4.84 \times 10^5\text{N}\cdot\text{mm}$

（续）

计 算 与 说 明	主 要 结 果
8. 求危险截面处轴的计算直径 　许用应力　　　轴的材料选用 45 钢，调质处理，由表 11-1 　C 截面计算直径　$d_C \geqslant \sqrt[3]{\dfrac{M_{Ce}}{0.1[\sigma_{-1W}]}} = \sqrt[3]{\dfrac{5.12 \times 10^5}{0.1 \times 60}}\text{mm} = 44\text{mm}$ 　计入键槽的影响　$d_C = 1.04 \times 44\text{mm}$ 　D 截面计算直径　$d_D \geqslant \sqrt[3]{\dfrac{M_{De}}{0.1[\sigma_{-1}]_W}} = \sqrt[3]{\dfrac{4.84 \times 10^5}{0.1 \times 60}}\text{mm}$	$[\sigma_{-1W}] = 60\text{MPa}$ $d_C = 45.76\text{mm}$ $d_D = 43.2\text{mm}$
9. 校核轴的强度 　经与结构设计（图 11-11a）比较，C 截面和 D 截面的计算直径分别小于其结构设计确定的直径，故	轴的强度足够

习 题

11-1　列举传动轴、心轴、转轴的应用实例各 2 个。

11-2　指出图 11-12 中轴的结构设计不合理及不完善的地方，并画出改正后轴的结构图。

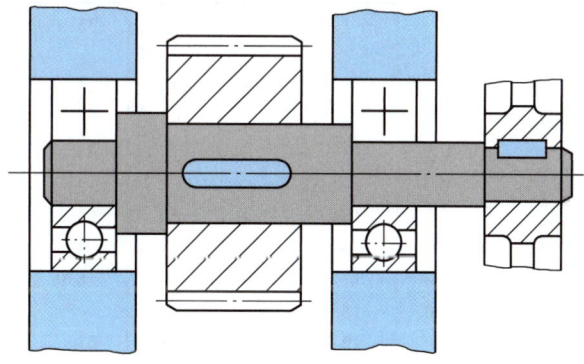

图 11-12　题 11-2 图

11-3　分析图 11-13 所示轴的结构图，指出其中不合理及错误的结构，并画出改正后的结构图。

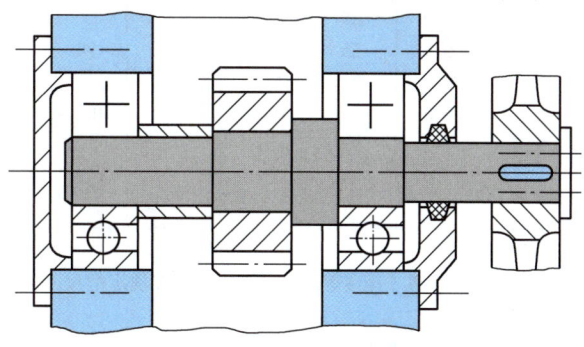

图 11-13　题 11-3 图

11-4　完成如图 11-14 所示带传动和直齿圆柱齿轮传动中轴 I 的结构设计。已知条件如下：

参 数 名 称		数 值	单 位	其 他 条 件
功率	P_1	10	kW	1. 载荷平稳，传动不逆转
转速	n_1	450	r/min	2. 各受力点之间距离如图 11-14 所示
小齿轮分度圆直径	d_1	100	mm	3. 初选深沟球轴承，推荐使用型号如下：
小齿轮宽度	b_1	50	mm	6306 型（内孔直径 $d=30\text{mm}$，宽度 $B=19\text{mm}$）
大带轮宽度	b	40	mm	6307 型（$d=35\text{mm}$，$B=21\text{mm}$）
大带轮作用在轴上的力	F_Q	1300	N	6308 型（$d=40\text{mm}$，$B=23\text{mm}$）
				4. 轴的材料为 45 钢，调质处理

11-5 已知一传动轴的直径 $d=30\text{mm}$，工作转速 $n=800\text{r/min}$，轴的材料为 45 钢，经正火处理，许用扭切应力不超过 40MPa。求该轴能传递的最大功率。

11-6 有一传动轴直径 $d=40\text{mm}$，传递转矩 $T=150\text{N}\cdot\text{m}$。现对机器进行改造，拟把转矩提高 30%，材料和其他工作条件不变，求改造后所需轴的直径。

11-7 按弯扭合成强度条件检查题 11-4 中轴 I 的结构设计，判断轴的直径是否满足强度要求。

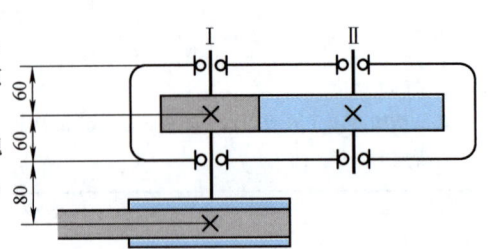

图 11-14 题 11-4 图

附表 11-1 　标准尺寸　　　　　　　　　　　　　　　　（mm）

R10	R′10	R20	R′20	R40	R′40	R10	R′10	R20	R′20	R40	R′40
10.0	10	10.0	10					35.5	36	35.5	36
										37.5	38
		11.2	11			40.0	40	40.0	40	40.0	40
12.5	12	12.5	12	12.5	12					42.5	42
				13.2	13			45.5	45	45.0	45
		14.0	14	14.0	14					47.5	48
				15.0	15	50.0	50	50.0	50	50.0	50
16.0	16	16.0	16	16.0	16					53.0	53
				17.0	17			56.0	56	56.0	56
		18.0	18	18.0	18					60.0	60
				19.0	19	63	63	63	63	63	63
20.0	20	20.0	20	20.0	20					67	67
				21.2	21			71	71	71	71
		22.4	22	22.4	22					75	75
				23.6	24	80	80	80	80	80	80
25.0	25	25.0	25	25.0	25					85	85
				26.5	26			90	90	90	90
		28.0	28	28.0	28					95	95
				30.0	30	100	100	100	100	100	100
31.5	32	31.5	32	31.5	32					106	105
				33.5	34			112	110	112	110
										118	120

注：1. 本表摘自 GB/T 2822—2005。
　　2. 本标准规定的尺寸适用于直径、长度、高度等。对已有专用标准规定的尺寸，应按专用标准选用，如螺纹、滚动轴承等。
　　3. R′ 系列为 R 系列相应各项优先数的化整值。选择系列及单个尺寸时，应首先在优先数系 R 系列中选用标准尺寸，优选的顺序为 R10、R20、R40。如果必须将数值圆整，可在相应的 R′ 系列中选用标准尺寸，其优选的顺序为 R′10、R′20、R′40。

第十二章 轴承

> **重点学习内容**
>
> 1. 径向滑动轴承的结构
> 2. 非液体摩擦径向滑动轴承的设计计算
> 3. 常用滚动轴承的类型与选择
> 4. 滚动轴承的组合设计
> 5. 滚动轴承的选择计算

第一节 概 述

轴承是用来支承轴的部件（图12-1）。根据工作时的摩擦性质，可把轴承分为滑动摩擦轴承（简称滑动轴承）和滚动摩擦轴承（简称滚动轴承）两大类。

在滑动轴承中，根据工作表面的摩擦状态不同，轴承又分为液体摩擦滑动轴承和非液体摩擦滑动轴承两种。摩擦表面完全被润滑油隔开的轴承称为液体摩擦滑动轴承（图12-2a）。液体摩擦滑动轴承的两工作表面不直接接触，摩擦阻力来自润滑油的内部摩擦。因润滑油的摩擦因数很小，所以避免了两表面的磨损。但是，要形成液体摩擦，滑动轴承必须满足一定的工作条件，且要有较高的制造精度。液体摩擦滑动轴承多用于高速、精度要求较高或低速重载的工作场合。摩擦表面不能被润滑油完全隔开的轴承，称为非液体摩擦滑动轴承（图12-2b）。这种轴承因工作表面局部有接触，摩擦因数较大，故摩擦表面容易磨损，但该轴承的结构简单，制造精度要求较低，常在一般转速、载荷不大和精度要求不高的场合使用。

滚动轴承的摩擦阻力较小，起动灵活，机械效率较高，对轴承的维护要求较低。但是，其径向尺寸较大，振动、噪声较大，承受冲击载荷的能力较差，高速、重载下寿命较短。在中、低转速以及精度要求较高的场合广泛应用。

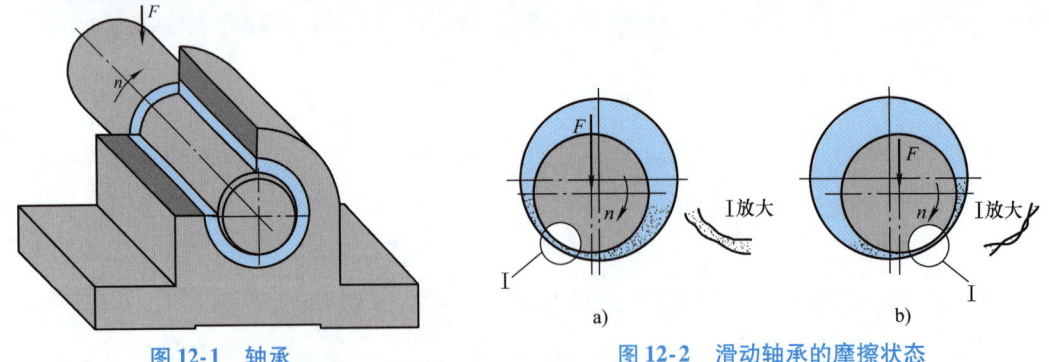

图12-1 轴承　　　图12-2 滑动轴承的摩擦状态

第二节 非液体摩擦滑动轴承的结构和材料

一、径向滑动轴承的结构

工作时只承受径向载荷的滑动轴承，称为径向滑动轴承。这类轴承的结构形式有整体式、剖分式和调心式三种。

(1) 整体式　图 12-3 所示为整体式滑动轴承，由轴承座 1 和轴瓦 2 组成。这种轴承的结构简单，成本低廉；但是摩擦表面磨损后，轴颈与轴瓦之间的间隙无法调整，而且装拆时轴承或轴必须作轴向移动，使装拆不便。因此，整体式轴承只用于轻载、间歇工作且不重要的场合。

(2) 剖分式　如图 12-4 所示的剖分式滑动轴承是滑动轴承的常见形式。它主要由轴承座 1、轴承盖 3、螺栓 4、剖分式轴瓦 6 等零件组成。套管 5 是为防止轴瓦转动而设置的。在轴承盖与轴承座的剖分面上常做出定位止口，还装有少量的垫片 2，以调整轴颈与轴瓦之间由于磨损而产生的间隙。

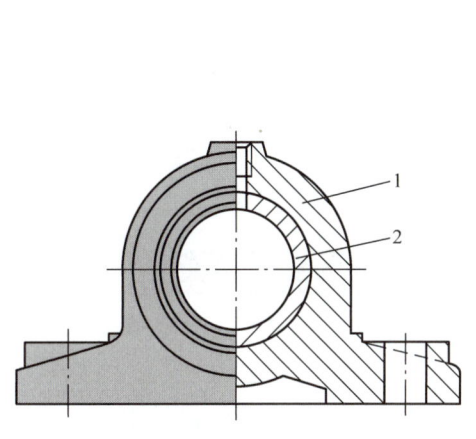

图 12-3　整体式滑动轴承

1—轴承座　2—轴瓦

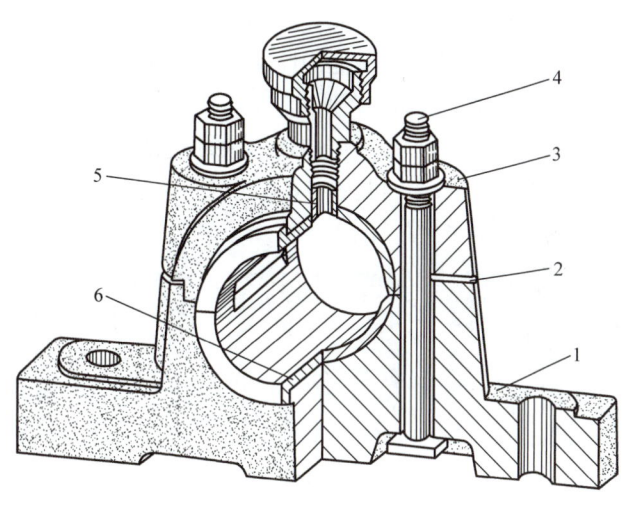

图 12-4　剖分式滑动轴承

1—轴承座　2—垫片　3—轴承盖　4—螺栓　5—套管　6—轴瓦

(3) 调心式　图 12-5 所示为调心式滑动轴承。它利用轴瓦与轴承座间的球面配合使轴瓦可在一定角度范围内摆动，以适应轴受力后产生的弯曲变形，从而避免如图 12-6 所示轴与轴承两端的局部接触和局部磨损。但球面不易加工，故只用于轴承的宽径比 $1.5 < b/d \leqslant 1.75$ 的轴承。轴瓦是轴承与轴颈直接接触的零件，有整体式（图 12-7）和剖分式（图 12-8），分别用于整体式轴承和剖分式轴承。在轴瓦上做出油孔与油沟，以便于给轴承加注润滑油，

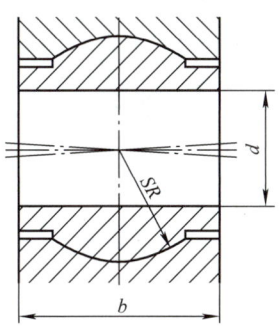

图 12-5　调心式滑动轴承

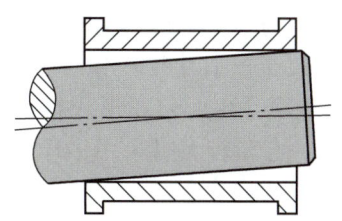

图 12-6　轴瓦端部的局部接触情况

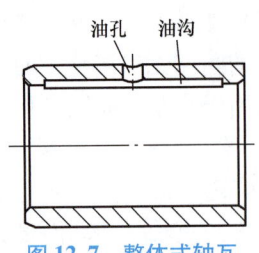

图 12-7 整体式轴瓦

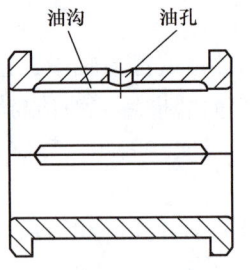 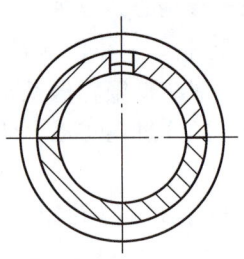

图 12-8 剖分式轴瓦

使摩擦表面得到润滑。油孔与油沟的位置应设置在不承受载荷的区域内。为了使润滑油能均匀分布在整个轴颈上，油沟应有足够的长度，通常可取为轴瓦长度的 80%。剖分式轴瓦常用的油沟形式如图 12-9 所示。

对于重要的轴承，在轴瓦内表面还浇铸一层减摩性能好的衬里，称为轴承衬。轴承衬的厚度为 0.5~6mm，可视轴承尺寸大小而选定。为了保证轴承衬与轴瓦结合牢固，在轴瓦的内表面应制出沟槽（图 12-10）。

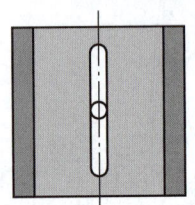 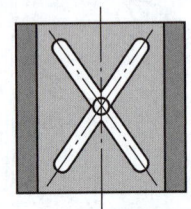 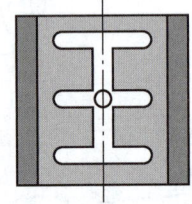

图 12-9 油沟形式

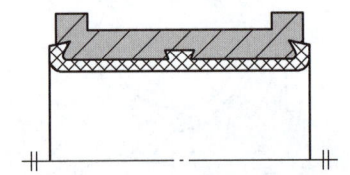

图 12-10 轴瓦与轴承衬的结合形式

二、推力滑动轴承的结构

工作时承受轴向载荷的滑动轴承称为推力滑动轴承。如图 12-11 所示的推力滑动轴承主要由轴承座、衬套、径向轴瓦、止推轴瓦等零件组成。轴的端面与止推轴瓦是轴承的主要工作部分，轴瓦的底部与轴承座为球面接触，可以自动调整位置，以保证轴承摩擦表面的良好接触。销钉是用来防止止推轴瓦随轴转动的。工作时润滑油从下部注入，从上部油管导出。

图 12-12 所示为推力滑动轴承轴颈的几种常见形式。载荷较小时可采用空心端面止推轴颈（图 12-12a）和环形止推轴颈（图 12-12b），载荷较大时采用多环止推轴颈（图 12-12c）。

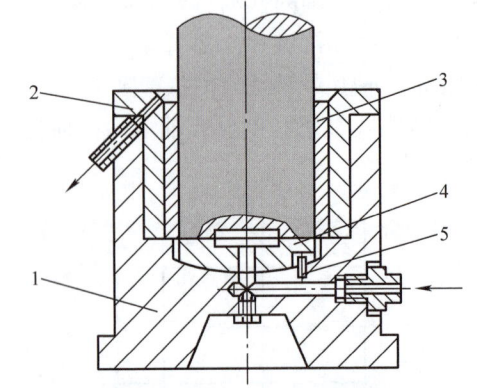

图 12-11 推力滑动轴承
1—轴承座　2—衬套　3—径向轴瓦
4—止推轴瓦　5—销钉

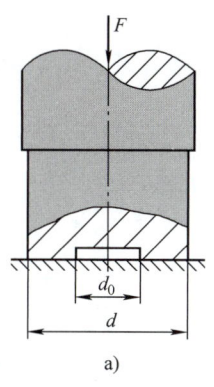 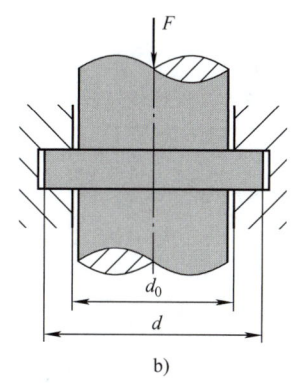 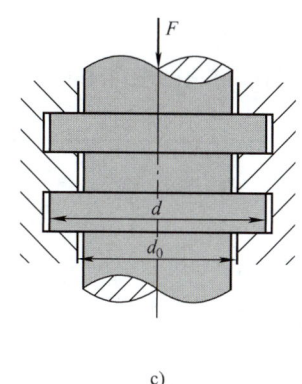

图 12-12　止推轴颈

三、轴承材料

轴承材料是指与轴颈直接接触的轴瓦或轴承衬的材料。滑动轴承工作时，轴瓦与轴颈的工作表面相互摩擦，因此滑动轴承的主要失效形式是轴瓦表面的磨损和胶合。但随着条件的变化也会产生其他失效形式，例如，在冲击载荷和变载荷下产生的疲劳破坏；在局部过高的单位压力下产生的静强度破坏（塑性变形）；由于润滑油中混入硬质微粒、铁屑或其他污物而划伤轴瓦表面；腐蚀性物质或润滑油变质而使轴瓦腐蚀、生锈等。

针对上述失效形式，轴承材料应具有以下性能：

1）足够的强度（包括抗压强度、抗冲击强度、疲劳强度和抗胶合能力）。由于轴上的载荷是通过轴承传到机座上去的，所以轴承材料应具有足够的强度才能保证轴承有较大的承载能力。

2）良好的减摩性、耐磨性和磨合性。好的减摩性是指轴承材料具有较小的摩擦因数；好的耐磨性是指轴承材料抗磨损的能力强；磨合性是指新制造的轴承在机器试运转时易于磨合，使轴颈与轴承实际接触面积加大的性能。

此外，轴承材料还应具有好的导热性、耐腐蚀性、工艺性以及价格低廉等特点。但是，任何一种材料都不可能同时具备上述性能，因而设计时应根据具体工作条件，按主要性能来选择轴承材料。

常用的轴承材料有以下几种：

1）铸造轴承合金（又称巴氏合金）。它分为锡锑轴承合金和铅锑轴承合金两类。这两类合金分别以锡、铅作为基体，加入适量的锑铜、锑锡制成。其基体较软，使材料获得塑性，硬的锑铜、锑锡晶粒起抗磨作用。因此，这两类材料减摩性、磨合性好，抗胶合能力强，适用于高速和重载轴承。但合金的机械强度较低，价格较贵，故只用作轴承衬。

2）铸造铜合金。铸造铜合金是常用的轴瓦材料。这种材料的强度高，减摩性、耐磨性和导热性都较好，可在较高的温度（可达250℃）下工作。但该材料的硬度较高，故要求轴颈也须有较高的硬度。

3）铸铁。铸铁的性能不及铸造轴承合金和铸造铜合金，但价格低廉，适用于低速、轻载且无冲击的不重要的轴承。

除了上述几种材料外，还可采用非金属材料，如塑料、尼龙、橡胶以及粉末冶金等作为轴瓦材料。

常用轴承材料的性能和应用见表 12-1。

表 12-1 常用轴承材料的性能和应用

材料		许用值		最高工作温度/℃	最小轴颈硬度 HBW	应 用
		$[p]$/MPa	$[pv]$/(MPa·m·s^{-1})			
锡锑轴承合金	ZSnSb11Cu6	平稳载荷		150	150	用于高速、重载的重要轴承
		25	20			
	ZSnSb8Cu4	冲击载荷				
		20	15			
铅锑轴承合金	ZPbSb16Sn16Cu2	15	10	150	150	用于中速、中载的轴承，不宜承受显著的冲击载荷
	ZPbSb15Sn5Cu3Cd2	5	5			
锡青铜	ZCuSn10P1	15	15	280	300~400	用于中速、重载及受变载荷的轴承
	ZCuSn5Pb5Zn5	5	10			用于中速、中载的轴承
铅青铜	ZCuPb30	25	30	250~280	300	用于高速、重载的轴承，能承受变载荷和冲击载荷
铝青铜	ZCuAl10Fe3	15	12	280	280	用于润滑良好的低速、重载轴承
	ZCuAl10Fe3Mn2	20	15			
灰铸铁	HT150~HT250	0.1~6	0.3~4.5	150	200~250	用于低速、轻载的不重要轴承

第三节 滑动轴承的润滑

轴承润滑的目的是减小摩擦功率损耗、减轻磨损、冷却轴承、吸振和防锈等。为了保证轴承的正常工作和延长轴承寿命，必须正确地选择润滑剂和润滑装置。

一、润滑剂

润滑剂有液体润滑剂（主要为润滑油）、半液体润滑剂（润滑脂）、固体润滑剂和气体润滑剂。滑动轴承常用的润滑剂有润滑油和润滑脂，其性能及应用见附表 B-2 和附表 B-3。润滑油的润滑性能好，应用最广，高速、轻载时应选用黏度低的润滑油，低速、重载时应选用黏度高的润滑油。润滑脂为半固体状态，具有不易流失等优点。此外，在不宜使用油和脂的特殊场合，如低速、高温（通常不超过 400℃）等工作条件时，可选用固体润滑剂，如石墨、二硫化钼等，也可将固体润滑剂与润滑油、润滑脂混合使用。

二、润滑装置

1. 油润滑轴承的润滑装置

非液体摩擦滑动轴承可根据不同的工作条件选择润滑装置。

1）对于低速或间歇工作的不重要轴承,可定期用油壶向轴承油孔注油。为防止杂物进入轴承,通常在油孔上加装压配式压注油杯(图12-13a),或旋套式油杯(图12-13b)。

2）对于中速、高速和连续运转的重要轴承应连续供油,常用的润滑装置有:

针阀式油杯(图12-14),当手柄直立时,针阀杆被提起,油杯底部的油孔被打开,润滑油通过油孔自动流入轴承。当手柄改变成水平位置时(图12-14),针阀杆在弹簧作用下下压堵住油孔,供油停止。加油量的多少,可以通过旋转调节螺母以改变针阀杆的提升量来加以控制。

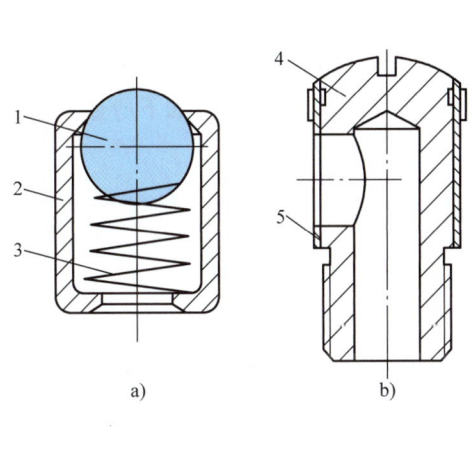
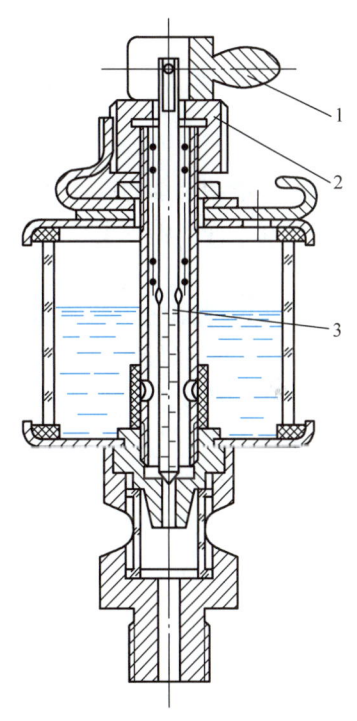

图12-13 油杯

1—钢球 2、4—杯体 3—弹簧 5—旋套

图12-14 针阀式油杯

1—手柄 2—调节螺母 3—针阀

油环润滑(图12-15),在上轴瓦开槽处有一个套在轴颈上的油环,油环下部浸在油池中。轴颈旋转时,依靠摩擦力带动油环旋转,把油带到轴颈上,使轴承得到润滑。这种装置只能用于轴水平布置且中等载荷、连续工作、轴颈转速在100～2000r/min范围内的轴承。

油绳式油杯(图12-16),把用毛线或棉线拧成的芯捻浸在油池内,利用毛细管作用,将油不断地滴入轴承。这种油杯不能调节供油量,且轴承工作或不工作,它都在供油。

2. 脂润滑轴承的润滑装置

脂润滑轴承通常是间歇供油,常用的润滑装置有:

1）压配式压注油杯(图12-13a),可用油枪将润滑脂注入油杯润滑轴承。

2）旋盖式油杯（图12-17），转动杯盖即可将杯体中的润滑脂挤入轴承。

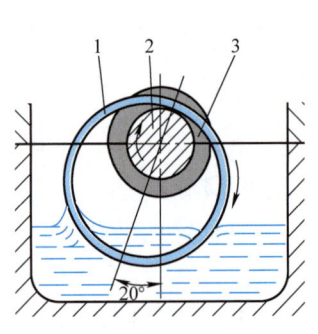

图12-15 油环润滑
1—油环 2—轴颈 3—上轴瓦

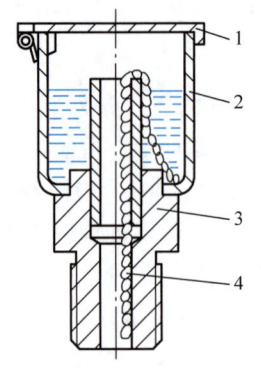

图12-16 油绳式油杯
1—杯盖 2—杯体 3—接头 4—芯捻

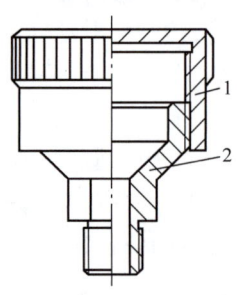

12-17 旋盖式油杯
1—杯盖 2—杯体

第四节　非液体摩擦滑动轴承的设计计算

非液体摩擦滑动轴承的设计计算是在确定了其结构尺寸之后进行校核性计算。
设计的已知条件：轴颈直径、转速、载荷情况和工作要求。设计步骤如下所述。

一、径向滑动轴承的设计

1. 确定轴承结构及轴瓦材料
根据工作条件和要求，确定轴承的结构，并按表12-1选取轴瓦材料。

2. 选取轴承的宽径比
一般情况下取轴承的宽径比 $b/d = 0.5 \sim 1.5$，在选定 b/d 后可由轴径 d 计算轴承宽度。

3. 校核轴承的工作能力
轴承工作能力计算主要包括下述两项。

（1）验算轴承的平均压强 p　为了防止轴承产生过度磨损，应限制轴承的平均压强，即

$$p = \frac{F}{bd} \leq [p] \quad (12\text{-}1)$$

式中，F 是轴承承受的径向载荷；bd 是轴承受压面在垂直于载荷 F 方向的投影面积（图12-18），其中 b 为轴承宽度，d 为轴颈直径；$[p]$ 是轴承材料的许用平均压强，见表12-1。

（2）验算轴承的 pv 值　为了防止轴承工作时产生过高的热量而导致摩擦面的胶合破坏，应限制轴承单位面积的摩擦功率 $pv\mu$，其中摩擦因数 μ 可近似认为是常数，故 pv 越大，摩擦功率越大，温升越高。因此，可通过限制 pv 值限制单位面积上的摩擦功率，即

$$pv = \frac{F}{bd}\left(\frac{\pi n d}{60 \times 1000}\right) = \frac{Fn}{19100 b} \leq [pv] \quad (12\text{-}2)$$

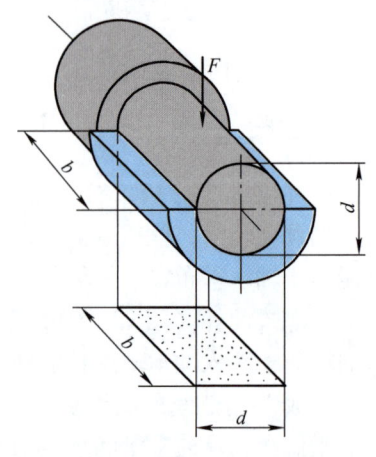

图12-18　轴承承压面积

式中，v 是轴颈的圆周速度（m/s）；n 是轴的转速（r/min）；$[pv]$ 是轴承材料的许用 pv 值（MPa·m/s），见表 12-1。

4. 确定轴承与轴颈之间的间隙

轴承与轴颈之间的间隙是通过选择适当的轴、孔配合实现的。因此，需根据工作条件和使用要求先确定轴承与轴颈间的平均间隙，并根据此间隙选择适当的配合。轴承与轴颈之间的平均间隙可参考下述经验公式计算。

连续或往复运动的通用机械　　$\Delta = 0.001d + 0.025$

粗糙的或作间歇运动的机械　　$\Delta = 0.003d + 0.1$

式中，Δ 是轴承与轴颈之间的平均间隙（mm）；d 是轴颈直径（mm）。

上述平均间隙计算公式适用于轴承材料为铸造轴承合金的轴承。当轴承材料为铸造铜合金时，应将上述计算值乘以 1.5 作为平均间隙值。

轴承与轴颈的配合及其极限间隙见附表 12-1。

二、推力滑动轴承的计算

1. 验算轴承的压强

$$p = \frac{F}{\frac{\pi}{4}(d^2 - d_0^2)z\varphi} \leqslant [p] \tag{12-3}$$

式中，F 是轴承承受的轴向载荷；d_0、d 是轴颈内、外径，如图 12-12 所示，一般取 $d = (1.25 \sim 1.8)d_0$；z 是轴环数；φ 是支承面积减小系数，有油沟时 $\varphi = 0.8 \sim 0.9$，无油沟时 $\varphi = 1.0$；$[p]$ 是轴承材料的许用压强，见表 12-2。

表 12-2　推力滑动轴承的 $[p]$ 与 $[pv]$ 值

轴材料	未淬火钢			淬火钢		
轴瓦材料	铸铁	青铜	轴承合金	青铜	轴承合金	淬火钢
$[p]$/MPa	2~2.5	4~5	5~6	7.5~8	8~9	12~15
$[pv]$/(MPa·m·s^{-1})	1~2.5					

注：多环推力滑动轴承许用压强 $[p]$ 取表值的一半。

2. 验算轴承的值 pv_m

$$pv_m \leqslant [pv] \tag{12-4}$$

$$v_m = \frac{\pi n d_m}{60 \times 1000}$$

式中，v_m 是轴颈平均直径处的圆周速度（m/s）；d_m 是轴颈的平均直径（mm），$d_m = \frac{d + d_0}{2}$；$[pv]$ 是轴承材料的许用 pv 值（MPa·m/s），见表 12-2。

例 12-1　已知一起重机卷筒的滑动轴承所承受的径向载荷 $F = 10^5$N，轴颈直径 $d = 85$mm，转速 $n = 10$r/min，试按非液体摩擦状态设计此轴承。

解

计 算 与 说 明	主 要 结 果
1. 选择轴承类型和材料 　轴承类型　　　　　轴承承受径向载荷，可选 　轴承材料　　　　　此轴承的载荷大、速度低，由表 12-1 选轴瓦材料 　轴承材料的 [p] 　和 [pv] 值	剖分式径向滑动轴承 ZCuAl10Fe3 [p] = 15MPa [pv] = 12MPa·m/s
2. 选取轴承的宽径比 　宽径比　　　　　　取 $b/d = 1$ 　轴承宽度　　　　　$b = d$	$b = 85$mm
3. 校核轴承的工作能力 　轴承的平均压强　　$p = \dfrac{F}{bd} = \dfrac{10^5}{85 \times 85}$MPa 　轴承的 pv 值　　　$pv = p\dfrac{\pi nd}{60 \times 1000}$ 　　　　　　　　　　$= 13.84 \times \dfrac{\pi \times 10 \times 85}{60 \times 1000}$MPa·m/s 　判断轴承工作能力　由于 $p < [p]$，$pv < [pv]$，故	$p = 13.84$MPa $pv = 0.62$MPa·m/s 工作能力满足要求
4. 计算轴承平均间隙，选择配合 　计算平均间隙　　　$\Delta = 1.5 \times (0.001d + 0.025)$ 　　　　　　　　　　$= 1.5 \times (0.001 \times 85 + 0.025)$mm 　轴承配合　　　　　根据计算平均间隙 Δ，由附表 12-1 选取配合 　配合的最大间隙　　$\Delta_{max} = 0.246$mm 　配合的最小间隙　　$\Delta_{min} = 0.072$mm 　实际平均间隙　　　$\Delta' = \dfrac{\Delta_{max} + \Delta_{min}}{2} = \dfrac{0.246 + 0.072}{2}$mm 　结论　　　　　　　轴承实际平均间隙与计算平均间隙很接近，故	$\Delta = 0.165$mm H9/e9 $\Delta' = 0.159$mm 所选配合可用

第五节　液体摩擦滑动轴承简介

液体摩擦是滑动轴承的理想摩擦状态。根据轴承获得液体润滑原理的不同，液体摩擦滑动轴承可分为液体动压滑动轴承和液体静压滑动轴承。

一、液体动压滑动轴承

图 12-19 所示为径向滑动轴承。图 12-19a 所示为轴颈处于静止状态，在外载荷 F 作用下，轴颈与轴承孔在 A 点接触，并形成楔形间隙。图 12-19b 所示为轴颈开始转动，由于摩擦阻力的作用，使轴颈沿轴承孔壁爬行，在 B 点接触。随着转速的升高，由于润滑油的黏性和吸附作用而被带入楔形间隙，使油受挤而产生压力。轴颈的转速越高，带进的油量就越多，油压就越大。图 12-19c 所示为轴颈达到工作转速时，油压在垂直方向的合力与外载荷 F 平衡，润滑油把轴颈抬起，隔开摩擦表面而形成液体润滑。必须指出，液体动压滑动轴承的轴颈与轴承孔是不同心的。从上述分析可知，形成液体动压润滑应具备下列条件：

1）相对运动的两表面要形成楔形间隙。

2）有一定的相对速度，而且相对速度方向应使润滑油从楔形间隙的大口流向小口。

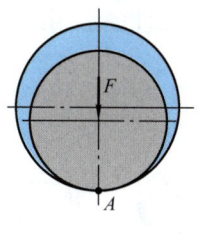
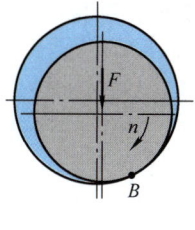
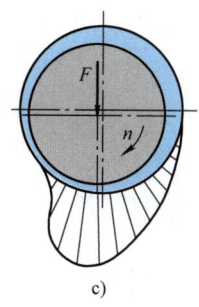

a)   b)   c)

图 12-19   液体动压滑动轴承的工作原理

a) 停机   b) 起动   c) 运行

3) 润滑油具有一定的黏度，并且供油量充足。

4) 工作表面的表面粗糙度值要小。

二、液体静压滑动轴承

液体静压滑动轴承是利用液压泵将高压油通过进油口送入轴承，强制形成具有一定压力的油膜，使轴颈与轴承孔表面隔开而获得液体润滑。

图 12-20 所示为液体静压滑动轴承的示意图。压力油经节流器同时进入几个对称的油腔，然后经轴承间隙流到轴承两端和油槽并流回油箱。当轴承载荷为零时，各油腔压力相等，轴颈与轴承孔同心。当轴承受到外载荷作用时，油腔压力发生变化，这时依靠节流器的自动调节使各油腔压力与外载荷保持平衡，轴承仍然处于液体摩擦状态，但轴颈与轴承孔有少许偏心。

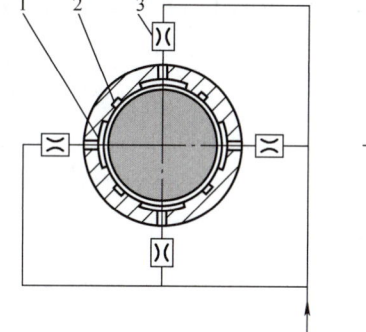
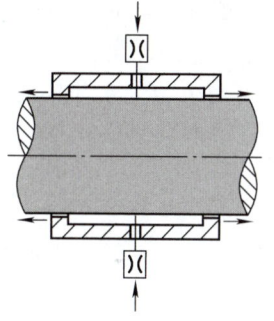

图 12-20   液体静压径向滑动轴承

1—油腔   2—油槽   3—节流器

第六节   滚动轴承的结构、类型和代号

滚动轴承是由专业工厂进行大量生产的标准件产品，设计时可根据载荷的大小与性质、转速高低、旋转精度等条件进行选用。

一、滚动轴承的结构

如图 12-21 所示，滚动轴承由外圈、内圈、滚动体和保持架组成。通常内圈固定在轴颈上随轴转动，外圈装在轴承座孔内不转动；但亦有外圈转动、内圈不动，或内、外圈同时转动的使用情况。滚动体在内、外圈的滚道中滚动，保持架将滚动体均匀隔开，以减小滚动体的摩擦和磨损。

滚动体的形状有球形、圆柱形等多种,图 12-22 所示是几种最常用的滚动体。

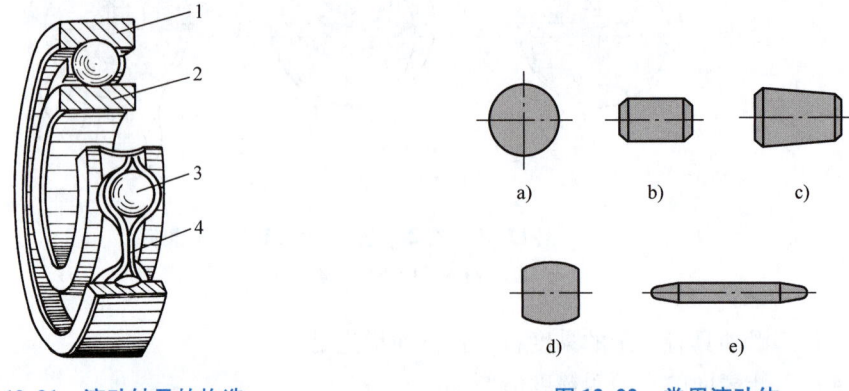

图 12-21　滚动轴承的构造

1—外圈　2—内圈　3—滚动体　4—保持架

图 12-22　常用滚动体

二、常用滚动轴承的类型

滚动轴承的类型很多,下面列出 GB/T 271—2017 综合分类中的常用部分,供选型时参考。

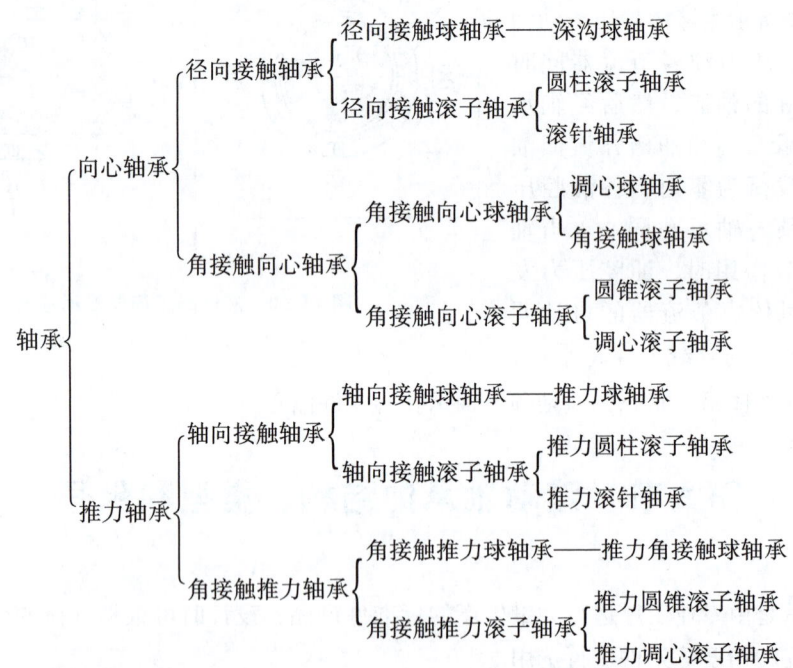

由综合分类可知,按照滚动轴承承受载荷的方向分成两大类,即向心轴承和推力轴承,这里介绍其中几种最常用的类型。

1. 径向接触轴承

轴承主要用于承受径向载荷,这类轴承有:

(1) 深沟球轴承　如图 12-23 所示,主要用于承受径向载荷,也能承受一定的轴向载荷。高速时可代替推力球轴承承受不大的纯轴向载荷。轴承内、外圈轴线允许的偏转角为

$2' \sim 10'$。

（2）圆柱滚子轴承　如图 12-24 所示，结构上分外圈无挡边和内圈无挡边两种类型。轴承内、外圈沿轴向可作相对移动，属于分离型轴承。轴承能承受大的径向载荷，但不能承受轴向载荷。其内、外圈轴线允许的偏转角很小，一般为 $2' \sim 4'$，适用于轴的刚度较大、两轴承孔同轴度好的场合。

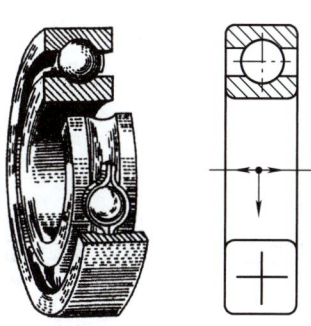

图 12-23　深沟球轴承

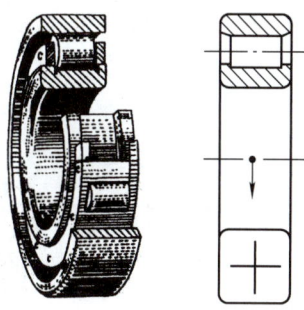

图 12-24　圆柱滚子轴承

2. 角接触向心轴承

这类轴承主要承受径向载荷，但也可以承受一定的轴向载荷。

（1）角接触球轴承　如图 12-25 所示，轴承能同时承受径向和单向轴向载荷，也能承受纯轴向载荷。轴承的接触角，即作用于滚动体上的载荷方向与轴承径向平面间的夹角 α 有 $15°$、$25°$ 和 $40°$ 三种，接触角越大，轴承承受轴向载荷的能力就越强。轴承应成对使用、反向安装（见图 12-41），通常分别装在两个支点上。轴承间隙可调，内、外圈轴线允许的偏转角为 $2' \sim 10'$。

（2）调心球轴承　如图 12-26 所示，轴承外圈滚道是以轴承中心为球心的球面，能自动调心。其允许轴承内、外圈轴线的偏转角较大，一般为 $2° \sim 3°$，能承受径向载荷和较小的轴向载荷。

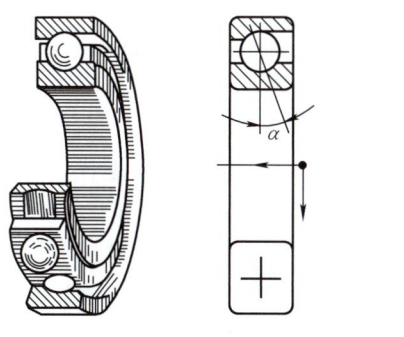

图 12-25　角接触球轴承

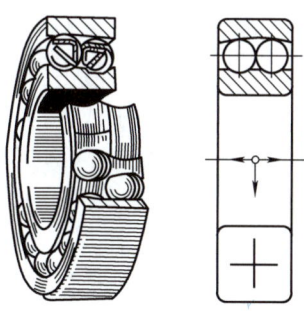

图 12-26　调心球轴承

（3）圆锥滚子轴承　如图 12-27 所示，轴承能同时承受较大的径向和单向轴向载荷。内、外圈沿轴向可以分离，故轴承的装拆方便，轴承间隙可调。轴承应成对使用、反向安装，内、外圈轴线允许的偏转角为 $2'$。

(4) 调心滚子轴承　如图 12-28 所示，轴承能自动调心，内、外圈轴线允许的偏转角为 2.5°，能承受大的径向载荷和小的轴向载荷。

3. 轴向接触轴承

轴承只能承受轴向载荷，也称推力轴承。

图 12-29 所示为只能承受单向轴向载荷的推力球轴承。轴承两个套圈的内孔直径不同。直径较小的套圈紧配在轴颈上，称为轴圈；直径较大的套圈安放在机座上，称为座圈。由于套圈上滚道深度浅，当转速较高时滚动体的离心力大，轴承对滚动体的约束力不够，故允许的转速较低。

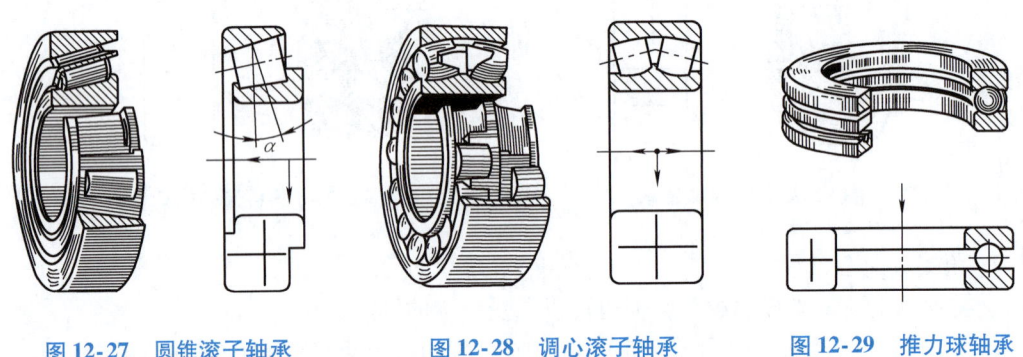

图 12-27　圆锥滚子轴承　　　图 12-28　调心滚子轴承　　　图 12-29　推力球轴承

三、滚动轴承的代号

滚动轴承的类型很多，每种类型又有不同的尺寸、结构和公差等级。为了区分其不同类型、结构、尺寸和公差等级，便于组织生产和选用，国家标准（GB/T 272—2017）规定了滚动轴承的代号表示方法，即轴承代号，并把它标印在轴承的端面上。

滚动轴承代号由前置代号、基本代号和后置代号组成，用字母和数字表示，其各项含义可查轴承样本或设计手册。其中，基本代号是滚动轴承代号的基础，由类型代号、尺寸系列代号以及内径代号组成，并按上述顺序由左向右依次排列，一般为五位数。对于常用的、结构上无特殊要求的轴承，轴承代号由基本代号和公差等级代号组成。

轴承类型代号用阿拉伯数字或大写拉丁字母表示，尺寸系列代号和内径代号用阿拉伯数字表示，公差等级代号以大写拉丁字母与阿拉伯数字组成。轴承类型代号与尺寸系列代号见表 12-3，两者合起来称为组合代号。轴承内径代号见表 12-4。轴承公差等级及其代号见表 12-5。

尺寸系列是轴承的宽度系列或高度系列与直径系列组合的总称。宽度系列是指径向接触轴承或角接触向心轴承的内径相同，而宽度有一个递增的系列尺寸（递增次序为 8, 0, 1, …, 6）。高度系列是指轴向接触轴承的内径相同，轴承高度有一个递增的系列尺寸（递增次序为 7, 9, 1, 2）。直径系列是表示同一类型、内径相同的轴承，其外径有一个递增的系列尺寸（递增次序为 7, 8, 9, 0, 1, …, 5）。

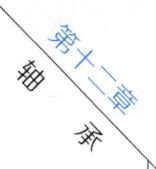

表 12-3 轴承类型代号与尺寸系列代号

轴承类型	类型代号	尺寸系列代号	组合代号	轴承类型	类型代号	尺寸系列代号	组合代号
调心球轴承 GB/T 281—2013	1	(0) 2	12	深沟球轴承 GB/T 276—2013	6	18	618
	(1)	22	22			19	619
	1	(0) 3	13			(1) 0	60
	(1)	23	23			(0) 2	62
调心滚子轴承 GB/T 288—2013	2	22	222			(0) 3	63
		23	223			(0) 4	64
		31	231	角接触球轴承 GB/T 292—2007	7	(1) 0	70
		32	232			(0) 2	72
圆锥滚子轴承 GB/T 297—2015	3	02	302			(0) 3	73
		03	303			(0) 4	74
		13	313	圆柱滚子轴承（外圈无挡边）GB/T 283—2007	N	10	N10
		20	320			(0) 2	N2
		22	322			22	N22
		23	323			(0) 3	N3
推力球轴承 GB/T 28697—2012	5	11	511	圆柱滚子轴承（内圈无挡边）GB/T 283—2007	NU	10	NU10
		12	512			(0) 2	NU2
		13	513			22	NU22
		14	514			(0) 3	NU3

注：表中括号内数据在组合代号中省略。

表 12-4 轴承内径代号

内径代号	00	01	02	03	04~96
轴承内径/mm	10	12	15	17	代号数×5

注：轴承内径代号用两位阿拉伯数字表示。内径为 22、28、32、≥500mm 的轴承用内径数值直接表示，但与组合代号之间用"/"分开。例如，深沟球轴承 62/22，表示其内径 $d=22$mm。

表 12-5 轴承公差等级及其代号

代 号		/P0	/P6	/P6x	/P5	/P4	/P2
公 差	等 级	0级	6级	6x级	5级	4级	2级
	含 义	代号中省略	高于0级	高于0级（适用于圆锥滚子轴承）	高于6、6x级	高于5级	高于4级

例 12-2 说明轴承代号 6215、30208/P6x、7310C/P5 的涵义。

解

6 2 15
— 公差等级为0级（省略）
— 轴承内径 $d=15×5$mm=75mm
— 尺寸系列代号（0）2，其中，宽度系列为 0（省略），直径系列为2
— 类型代号，深沟球轴承

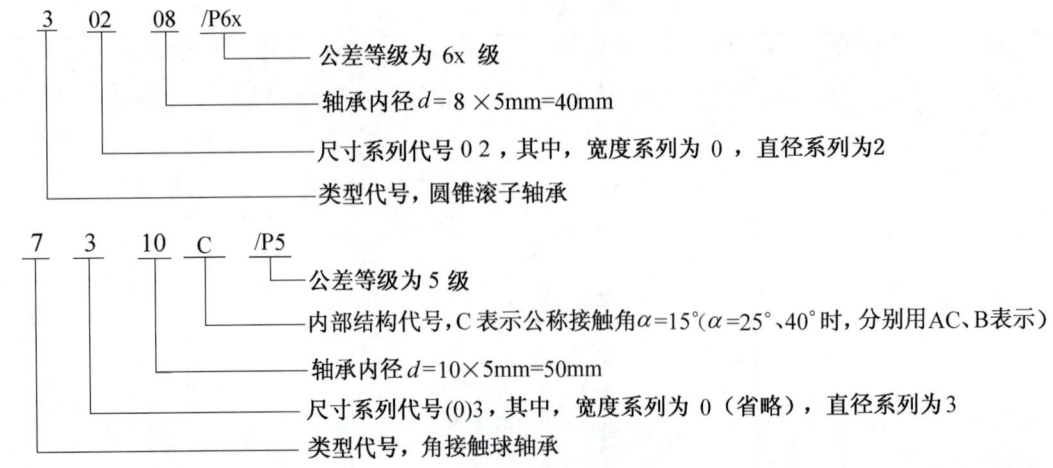

第七节 滚动轴承类型的选择

滚动轴承类型的选择是设计滚动轴承时首先要解决的问题。一般在选择滚动轴承类型时，主要考虑如下几方面因素：

(1) 轴承所受载荷的方向、大小和性质 受纯径向载荷作用时，应选用径向接触轴承。受纯轴向载荷作用时，应选用轴向接触轴承。对于同时承受径向载荷 F_R 和轴向载荷 F_A 作用的轴承，应根据两者的比值 (F_A/F_R) 来确定：若 F_A 相对于 F_R 较小，可选用深沟球轴承，或接触角不大的角接触球轴承，以及圆锥滚子轴承；反之，可选用接触角较大的角接触球轴承；当 F_A 比 F_R 大很多时，则应考虑采用适宜的径向接触轴承与推力轴承相组合的结构类型，如深沟球轴承与推力球轴承的组合等，以分别承受径向和轴向载荷。

在相同外廓尺寸的条件下，一般滚子轴承比球轴承的承载能力大，抗冲击能力强，故当载荷较大或有振动和冲击时宜选用滚子轴承。

(2) 轴承的调心性能 对于因支点跨距大而使轴刚度较差，或因两轴承座孔的同轴度低等原因而使轴挠曲时，应选用允许内、外圈轴线有较大相对偏斜的调心轴承。

圆柱滚子轴承因对内、外圈轴线的偏斜极为敏感，故不能用于轴的刚度差或轴承座孔同轴度低的场合。

(3) 轴承的转速 当轴的转速较高时，还需要考虑轴承的极限转速性能（轴承样本和设计手册中都列出了各种轴承的极限转速 n_{lim}），通常在设计时应使轴承的工作转速低于其极限转速。一般说来，球轴承的极限转速要高于滚子轴承；推力轴承的极限转速要低于其他类型的轴承。因此，在高转速下可考虑采用接触角大的角接触球轴承来代替推力球轴承，在高速、轴向载荷较小时，可采用深沟球轴承代替推力球轴承。另外，在内径相同的同一类型轴承中，外径越大的轴承，其极限转速越低。

(4) 安装空间尺寸的限制 在选择滚动轴承的类型时，还需要考虑轴承有无安装空间尺寸的要求。若轴承的径向尺寸受到限制，可选用同一类型、相同内径轴承中外径较小的型号或调心滚子轴承；若轴承的轴向尺寸受到限制，可考虑采用圆柱滚子轴承等。

（5）经济性　公差等级越高的轴承，价格越高。当公差等级相同时，球轴承比滚子轴承价廉，所以在满足基本要求的前提下应优先选用球轴承。同型号、不同公差等级的轴承价格相差很大，故对高精度轴承应慎重选用。

此外，滚动轴承类型的选择还需和选择计算交替进行，上述影响因素可供初选轴承型号时参考。

第八节　滚动轴承的组合设计

为了保证轴承的正常工作，除了合理选择轴承的类型和尺寸之外，还必须综合考虑滚动轴承轴系的固定，轴承组合结构的调整，轴承的配合、润滑和密封等问题，进行轴承的组合设计。

一、滚动轴承轴系的固定

滚动轴承轴系固定的目的是防止轴工作时发生轴向窜动，保证轴上零件有确定的工作位置。检验轴系固定与否的标志，是看轴受轴向外载荷作用时力能否有效而且正确地传到机架上去。对于径向接触轴承与角接触向心轴承支承的轴系，常用的固定方式有以下两种。

1. 两端固定支承

如图12-30所示，每一个支承只固定轴承内、外圈相对的一个侧面，故只能限制轴的单向移动，两个支承合起来才能限制轴的双向移动。为了补偿轴的受热伸长，对于深沟球轴承（图12-30a），可在轴承外圈与轴承端盖之间留有补偿间隙$\Delta = 0.25 \sim 0.4$mm；对于角接触向心轴承（图12-30b），应在安装时使轴承内留有轴向间隙，但间隙不宜过大，否则会影响轴承的正常工作。这种固定方式结构简单，安装调整容易，适用于工作温度变化不大和较短的轴。

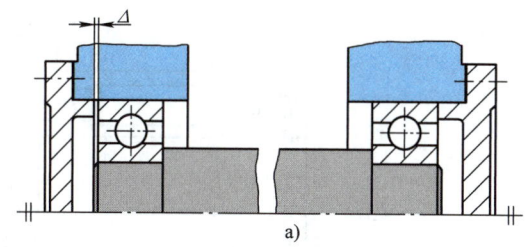

图12-30　两端固定支承

2. 一端固定一端游动支承

如图12-31所示，左支承的轴承内、外圈两侧均固定，从而限制了轴的双向移动；而右支承轴承外圈两侧都不固定，当轴伸长或缩短时轴承可随之作轴向游动。为防止轴承从轴上脱落，游动支承轴承内圈两侧应固

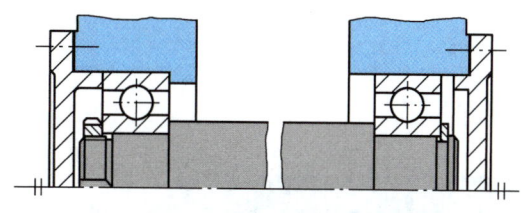

图12-31　一端固定一端游动支承

定。这种固定方式的结构比较复杂，但工作稳定性好，适用于工作温度变化较大的长轴。

二、滚动轴承组合结构的调整

滚动轴承组合结构的调整包括轴承间隙的调整和轴系轴向位置的调整。

1. 轴承间隙的调整

轴承间隙的大小将影响轴承的旋转精度、轴承寿命和传动零件工作的平稳性，故轴承间隙必须能够调整。轴承间隙调整的方法有：

1）如图12-32a所示，靠加减轴承端盖与箱体间刚性垫片的厚度进行调整。

2）如图12-32b所示，通过调整螺栓推动压盖，从而移动滚动轴承的外圈来进行间隙调整，调整后用螺母锁紧。

2. 轴系轴向位置的调整

轴系轴向位置调整的目的是使轴上零件有准确的工作位置。例如，蜗杆传动要求蜗轮的中间平面必须通过蜗杆轴线（图12-33a）；对于一般的直齿锥齿轮传动，要求两锥齿轮的锥顶必须重合（图12-33b）。图12-34所示为小锥齿轮轴的轴承组合结构，轴承装在轴承套杯内，通过加减垫片1的厚度来调整轴承套杯的轴向位置，即可调整锥齿轮的轴向位置。其中，垫片3用于调整轴承间隙。

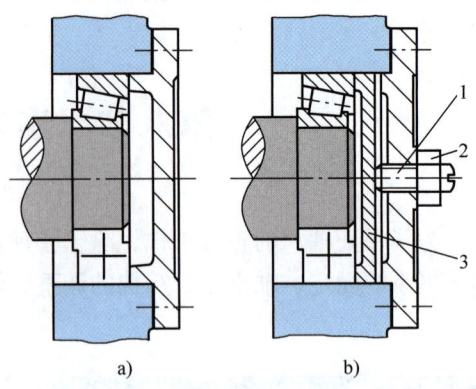

图 12-32　轴承间隙调整

1—螺栓　2—螺母　3—压盖

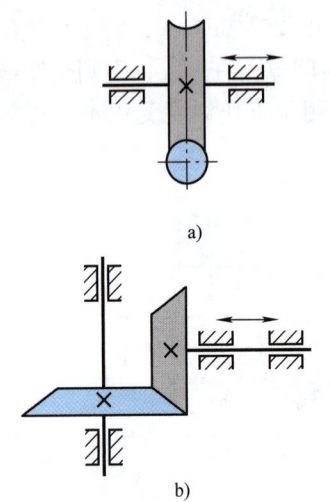

图 12-33　轴系轴向位置调整示例

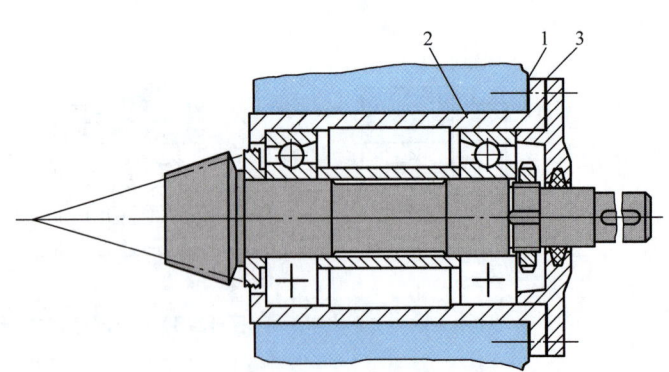

图 12-34　小锥齿轮轴的轴承组合结构

1、3—垫片　2—轴承套杯

三、滚动轴承的配合

滚动轴承的配合是指轴承内圈与轴颈、轴承外圈与轴承座孔的配合。由于滚动轴承是标准件，故内圈与轴颈的配合采用基孔制，外圈与轴承座孔的配合采用基轴制。工作时，通常内圈随轴一起转动，与轴颈配合要紧；外圈不转动，与轴承座孔配合可以松一些。配合的松紧程度根据轴承工作载荷的大小、性质以及转速高低等确定。如转速高、载荷大、冲击振动比较严重时应选用较紧的配合，要求旋转精度高的轴承配合也要紧一些，游动支承外圈与轴承孔的配合则应松一些。具体配合可查附表 12-2 或有关设计手册。

四、滚动轴承的装拆

在轴承组合设计时，应考虑到便于轴承的安装和拆卸，并且在装拆过程中不损坏轴承。由于内圈与轴颈配合较紧，在安装轴承时，对中、小型轴承，可在内圈端面加垫后用锤子轻轻打入；对尺寸较大的轴承，可在压力机上压入，或把轴承放在油里加热至 80~100℃，然后取出套装在轴颈上。轴承的拆卸需要专用拆卸工具（图 12-35）。为使拆卸工具的钩头钩住内圈，应限制轴肩高度。轴肩高度可查附表 12-3~附表 12-5。

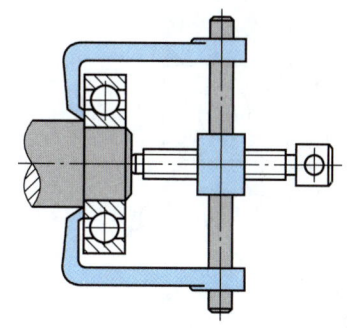

图 12-35　轴承的拆卸工具

五、滚动轴承的润滑

轴承润滑的主要目的是减小摩擦与磨损、缓蚀、吸振与散热。

一般情况下，滚动轴承多采用润滑脂润滑，其特点是润滑脂黏性大，不易流失，便于密封和维护，且不需要经常加油，但是转速较高时，功率损失较大。润滑脂在轴承中的填充量不要超过轴承与机座空间的 1/3~1/2，否则轴承容易过热。

在速度较高或供油方便时，滚动轴承也采用油润滑。润滑油的特点是摩擦阻力小，润滑可靠和散热效果好，但需要有较复杂的密封装置和供油设备。当采用浸油润滑时，其油面高度通常不超过轴承中最低滚动体的中心，否则搅油损失大，轴承温升较高。高速时则应采用滴油或油雾润滑。

选用哪种方式润滑，可根据轴承内径与转速的乘积 dn 值来确定。当 $dn < (2~3) \times 10^5$ mm·r/min 时，轴承可选用润滑脂润滑；若 dn 值超过此范围，轴承应采用润滑油润滑。

六、滚动轴承的密封

轴承的密封是为了防止外部的灰尘、水分及其他杂物进入轴承，并阻止轴承内润滑剂的流失。轴承的密封方法很多，通常可归纳成三类，即接触式密封，非接触式密封和组合式密封。

1. 接触式密封

这类密封的密封件与轴直接接触起密封作用。工作时轴旋转，密封件不转，密封件与轴之间有摩擦与磨损，故轴的转速较高时不宜采用。接触式密封常见的形式有：

（1）毡圈密封　如图 12-36 所示，将矩形截面毡圈安装在轴承端盖的梯形槽内，利用毡圈与轴接触而起密封作用。它适用于环境清洁、轴颈圆周速度 $v < 5$ m/s、工作温度低于 90℃的脂润滑轴承。

（2）密封圈式密封　如图 12-37 所示，在轴承盖内放置一个用耐油橡胶、皮革或塑料制成的唇形密封圈，密封圈唇口上套有一环形螺旋弹簧。安装时，螺旋弹簧把密封圈唇口箍紧在轴上，使密封效果增强。若密封唇的方向朝内（图 12-37a），其主要目的是封油；反之（图 12-37b）则主要是防尘。这种密封装置安装方便、使用可靠，一般用于密封处的圆周速度 $v<7\text{m/s}$、工作环境有灰尘及工作温度在 $-40\sim100\text{℃}$ 范围内的脂或油润滑的轴承。

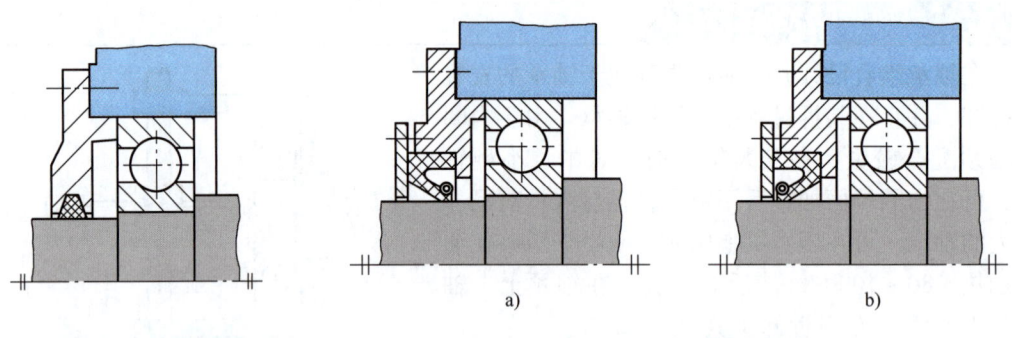

图 12-36　毡圈密封　　　　图 12-37　密封圈式密封

2. 非接触式密封

这类密封是利用间隙密封，其转动件与固定件之间不接触，故允许轴有很高的速度。非接触式密封常见的形式有：

（1）间隙密封　如图 12-38a 所示，利用轴与轴承端盖之间小的径向间隙（0.1～0.3mm）获得密封。间隙越小，轴向宽度越大，密封的效果越好。若在端盖的内孔上再制出几个环形槽（图 12-38b），并填充润滑脂，可提高其密封效果。这种密封适用于具有干燥、清洁环境的脂润滑轴承。

（2）迷宫式密封　如图 12-39 所示，利用轴承端盖和固定于轴上转动件间的曲路间隙获得密封。曲路中的径向间隙取 0.1～0.2mm，轴向间隙取 1.5～2mm。若在曲路中填充润滑脂，可提高密封效果。这种密封可靠，适用于脂润滑或油润滑的轴承。

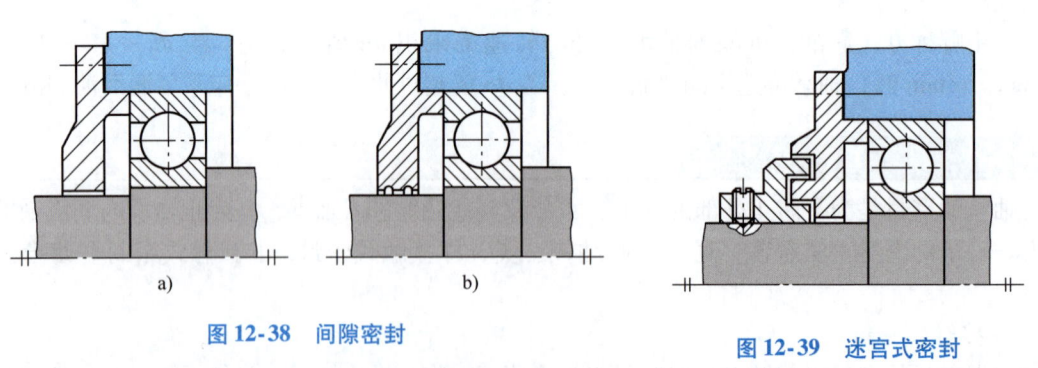

图 12-38　间隙密封　　　　图 12-39　迷宫式密封

3. 组合式密封

这是将上述各种密封方式进行组合使用的密封形式，可以充分发挥其密封性能，提高整体密封效果，如毡圈密封与间隙密封的组合，间隙密封和迷宫式密封的组合等。

第九节 滚动轴承的失效形式和计算

一、滚动轴承的失效形式

1. 疲劳点蚀

轴承工作时,作用于轴上的力是通过轴承内圈、滚动体、外圈传到机座上,使滚动体与内、外圈滚道的接触表面产生接触应力。由于内、外圈要作相对转动,滚动体沿滚道滚动,所以接触表面的接触应力近似按脉动循环规律变化。当应力循环次数达到一定值后,滚动体或内、外圈滚道的表面金属将发生剥落,即形成疲劳点蚀,从而使轴承产生振动和噪声,旋转精度下降,影响机器的正常工作。疲劳点蚀是具有良好润滑和密封条件的滚动轴承的主要失效形式。

2. 塑性变形

当轴承的转速很低($n<10\text{r/min}$)或间歇摆动时,一般不会发生疲劳点蚀,此时轴承往往因受过大的静载荷或冲击载荷,使内、外圈滚道与滚动体接触处的局部应力超过材料的屈服强度而产生塑性变形,形成不均匀的凹坑,使轴承失效。

二、轴承的寿命与寿命计算

1. 轴承的寿命

滚动轴承的寿命是指轴承中任何一个滚动体或内、外圈滚道上出现疲劳点蚀前轴承转过的总转数,或在一定转速下总的工作小时数。

一批类型、尺寸相同的轴承,由于材料、加工精度、热处理与装配质量不可能完全相同,即使在同样条件下工作,各个轴承的寿命也是不同的,寿命最长与最短的相差可达几十倍。因此,人们很难预测单个轴承的具体寿命。为了保证轴承工作的可靠性,在国家标准中规定以基本额定寿命作为计算依据。

轴承的基本额定寿命是指一批相同的轴承,在同样条件下工作,其中有10%的轴承产生疲劳点蚀时转过的总转数,以 L_{10} 表示。

基本额定寿命为 10^6r 时轴承所承受的最大载荷,称为轴承的基本额定动载荷,以 C 表示。轴承在基本额定动载荷作用下,工作 10^6r 不发生疲劳点蚀的可靠度为90%。对于径向接触轴承,C 是径向载荷;对于轴向接触轴承,C 是中心轴向载荷;对于角接触向心轴承,C 是载荷的径向分量。不同类型和不同尺寸轴承的 C 值可查附表12-3~附表12-5,或查轴承样本与设计手册。

2. 轴承寿命计算

轴承基本额定寿命的计算式为

$$L_{10} = \left(\frac{C}{P}\right)^{\varepsilon}$$

式中,L_{10} 是轴承的基本额定寿命(10^6r);P 是当量动载荷(见本节之"三");C 是基本额定动载荷;ε 是寿命指数,球轴承 $\varepsilon=3$,滚子轴承 $\varepsilon=10/3$。

实际计算时,人们习惯以时间作为轴承的寿命。此时,轴承寿命计算的另一表达式为

$$L_{10h} = \frac{10^6}{60n}\left(\frac{C}{P}\right)^\varepsilon$$

当轴承的工作温度高于120℃时,会降低轴承的寿命,影响基本额定动载荷;工作中的冲击和振动也将使轴承实际工作载荷加大,故在用上式计算轴承寿命时,应分别引入温度系数f_t(表12-6)和载荷系数f_p(表12-7)对C值和P值加以修正。此时,轴承的寿命计算式为

$$L_{10h} = \frac{10^6}{60n}\left(\frac{f_t C}{f_p P}\right)^\varepsilon \quad (12\text{-}5)$$

式中,L_{10h}是轴承的基本额定寿命(h);n是轴承转速(r/min)。其余参数单位为C(N);P(N)。

表 12-6 温度系数 f_t

轴承工作温度/℃	≤120	125	150	175	200	225	250	300	350
f_t	1.00	0.95	0.90	0.85	0.80	0.75	0.70	0.60	0.50

表 12-7 载荷系数 f_p

载荷性质	应用举例	f_p
平稳运转或轻微冲击	电动机、通风机、水泵等	1.0~1.2
中等冲击或中等惯性力	减速器、车辆、机床、起重机、造纸机、冶金机械、动力机械等	1.2~1.8
强烈冲击	破碎机、轧钢机、振动筛、钻探机等	1.8~3.0

三、当量动载荷的计算

当量动载荷是一个假想载荷。在这个载荷的作用下,轴承的寿命与实际载荷作用下的寿命相同。

对于仅能承受径向载荷的圆柱滚子轴承,当量动载荷为轴承的径向载荷F_R,即

$$P = F_R \quad (12\text{-}6)$$

对于只能承受轴向载荷的推力球轴承,当量动载荷为轴承的轴向载荷F_A,即

$$P = F_A \quad (12\text{-}7)$$

对于能同时承受径向和轴向载荷的深沟球轴承、调心轴承和角接触向心轴承,当量动载荷的计算式为

$$P = XF_R + YF_A \quad (12\text{-}8)$$

式中,F_R是轴承所受的径向载荷(N);F_A是轴承所受的轴向载荷(N);X是径向动载荷系数,Y是轴向动载荷系数,X、Y的取值见表12-8。

查表12-8时,对于深沟球轴承和7000C型角接触球轴承,需先计算F_A/C_0,查出e值,再计算F_A/F_R并与e比较后才能确定X、Y值。

表 12-8　单列轴承径向动载荷系数 X 和轴向动载荷系数 Y

轴承类型	$\dfrac{F_A}{C_0}$	e	$\dfrac{F_A}{F_R} > e$		$\dfrac{F_A}{F_R} \leq e$	
			Y	X	Y	X
深沟球轴承 （60000）	0.014 0.028 0.056 0.084 0.110 0.170 0.280 0.420 0.560	0.19 0.22 0.26 0.28 0.30 0.34 0.38 0.42 0.44	2.30 1.99 1.71 1.55 1.45 1.31 1.15 1.04 1.00	0.56	0	1
角接触 球轴承	7000C （$\alpha = 15°$） 0.015 0.029 0.058 0.087 0.120 0.170 0.290 0.440 0.580	0.38 0.40 0.43 0.46 0.47 0.50 0.55 0.56 0.56	1.47 1.40 1.30 1.23 1.19 1.12 1.02 1.00 1.00	0.44	0	1
	7000AC （$\alpha = 25°$）	—	0.68	0.87	0.41	0	1
	7000B （$\alpha = 40°$）	—	1.14	0.57	0.35	0	1
圆锥滚子轴承 （30000）	—	附表 12-5	附表 12-5	0.40	0	1

注：1. C_0 为轴承基本额定静载荷，查附表 12-3 ~ 附表 12-5。
　　2. e 为系数 X 和 Y 不同值时 F_A/F_R 适用范围的界限值。
　　3. 对于 F_A/C_0 的其他中间值，其 e 和 Y 值可由线性内插法求得。

四、角接触向心轴承轴向载荷的计算

如图 12-40 所示，由于角接触向心轴承有接触角 α，使得轴承在受到径向载荷作用时，承载区内每一个滚动体的法向力 F_{Qi} 可分解成径向分力 F_{Ri} 和轴向分力 F_{si}。各滚动体轴向分力之和 F_s（$F_s = \sum_i F_{si}$）将使轴承外圈与内圈沿轴向有分离的趋势，故这类轴承都应成对使用，反向安装。

F_s 是在径向载荷作用下产生的轴向力，通常称为内部轴向力，其大小按表 12-9 所给公式求出，方向（对轴而言）沿轴向由轴承外圈的宽边指向窄边。

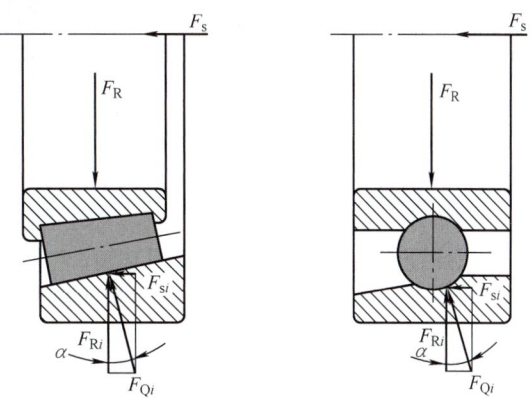

图 12-40　向心角接触轴承的内部轴向力

表 12-9　角接触向心轴承内部轴向力 F_s

角 接 触 球 轴 承			圆锥滚子轴承
7000C	7000AC	7000B	30000
≈0.4F_R	0.68F_R	1.14F_R	$\dfrac{F_R}{2Y}$

注：式中 Y 值是 $F_A/F_R > e$ 时的轴承动载荷系数，e、Y 值查附表 12-5。

角接触向心轴承在成对使用时，实际所受的轴向载荷 F_A 除与轴向外载荷 F_x（若有多个轴向外载荷作用时，应为各载荷的合力）有关外，还应考虑内部轴向力 F_s 的影响。图 12-41 所示为角接触球轴承的两种安装方式，其中图 12-41a 所示为两轴承外圈的窄端面相对，称为面对面安装或正安装；图 12-41b 所示为两轴承外圈的宽端面相对，称为背对背安装或反安装；F_x 为轴向外载荷。如把内部轴向力方向与轴向外载荷方向一致的轴承设为轴承 1，F_{s1}、F_{s2} 分别表示轴承 1、2 的内部轴向力，则两轴承实际所受的轴向载荷可根据轴系受力平衡条件求出。

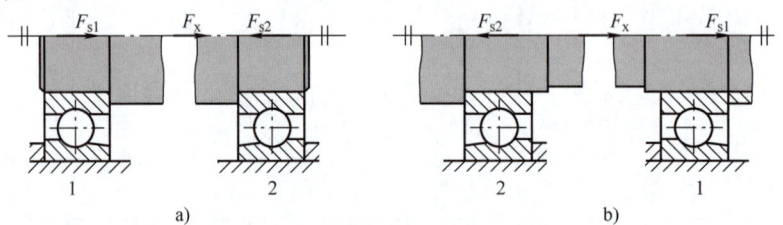

图 12-41　角接触球轴承的轴向载荷分析

当 $F_{s1} + F_x = F_{s2}$ 时，轴系受力达到平衡状态，此时两轴承所受的轴向载荷为

$$F_{A1} = F_{A2} = F_{s1} + F_x = F_{s2}$$

如果 F_{s1}、F_{s2} 和 F_x 不能满足上述轴系的受力平衡条件，则可能有下述两种情况产生：

1) 若 $F_{s1} + F_x > F_{s2}$，则轴有向右移动的趋势。但轴承的组合设计要求轴承的固定必须保证轴不产生轴向窜动，即通过轴承的轴向固定迫使轴承 2 处于被"压紧"状态，而轴承 1 则处于被"放松"状态。根据轴系轴向受力平衡条件可知，两轴承实际所受的轴向载荷为

$$F_{A2} = F_{s1} + F_x \tag{12-9}$$

$$F_{A1} = F_{s1} \tag{12-10}$$

2) 若 $F_{s1} + F_x < F_{s2}$，则轴有向左移动的趋势。同理，轴承 1 被"压紧"，轴承 2 被"放松"。此时，两轴承实际所受的轴向载荷为

$$F_{A1} = F_{s2} - F_x \tag{12-11}$$

$$F_{A2} = F_{s2} \tag{12-12}$$

如果轴向外载荷 F_x 的方向与图 12-41 所示方向相反，则应取"$-F_x$"代入公式计算。

分析式（12-9）~式（12-12）可知，对于角接触球轴承的任意一种安装方式，"压紧"端轴承所受的轴向载荷等于除了其自身的内部轴向力以外的其余轴向力的代数和［式（12-9）、式（12-11）］；"放松"端轴承所受的轴向载荷等于其内部轴向力［式（12-10）、式（12-12）］。应当注意，应用这种方法判断轴承所受的轴向载荷时，其关键是根据轴承的安装方式和受力状况，对轴承的"压紧"端和"放松"端作出正确的判断。

五、滚动轴承的静载荷计算

轴承静载荷计算的目的是防止轴承产生过大的塑性变形。

轴承在静止或缓慢旋转（转速 $n \leqslant 10\text{r/min}$）情况下工作，若受载荷最大的滚动体与内、外圈滚道接触处的接触应力达到：球轴承 4200MPa（调心球轴承 4600MPa），滚子轴承 4000MPa，则作用在轴承上的这个载荷称为基本额定静载荷，以 C_0 表示。实践表明，轴承在不超过该载荷作用下能正常工作。因此，基本额定静载荷是轴承静载荷的计算依据。对于径向接触轴承，C_0 是径向载荷；对于角接触向心轴承，C_0 是载荷的径向分量；对于轴向接触轴承，C_0 是中心轴向载荷。

轴承在工作时，如果同时承受径向载荷与轴向载荷，则应按当量静载荷进行计算。当量静载荷也是一个假想载荷，轴承在这个载荷作用下，受力最大处的滚动体与内、外圈滚道塑性变形量的总和，等于实际载荷作用下塑性变形量的总和。当量静载荷以 P_0 表示，它与实际载荷的关系为

$$P_0 = X_0 F_R + Y_0 F_A \tag{12-13}$$

式中，F_R 是轴承所受的径向载荷（N）；F_A 是轴承所受的轴向载荷（N）；X_0 是径向静载荷系数，Y_0 是轴向静载荷系数，X_0、Y_0 的取值见表 12-10。

当计算结果 $P_0 < F_R$ 时，应取 $P_0 = F_R$。

按当量静载荷计算的强度条件是

$$P_0 \leqslant \frac{C_0}{S_0} \tag{12-14}$$

式中，C_0 是轴承的基本额定静载荷，其值见附表 12-3～附表 12-5；S_0 是安全系数，见表 12-11。

表 12-10 单列轴承径向静载荷系数 X_0 和轴向静载荷系数 Y_0

轴承类型		X_0	Y_0
深沟球轴承		0.6	0.5
角接触球轴承	7000C	0.5	0.46
	7000AC		0.38
	7000B		0.26
圆锥滚子轴承		0.5	见附表 12-5

表 12-11 静强度安全因数 S_0

工作条件		S_0	
		球轴承	滚子轴承
旋转轴承	对旋转精度及平稳性要求高，或受冲击载荷	1.5～2	2.5～4
	正常使用	0.5～2	1～3.5
	对旋转精度及平稳性要求较低，没有冲击载荷	0.5～2	1～3
静止或摆动轴承	水坝闸门装置、附加载荷小的大型起重吊钩	≥1	
	吊桥、附加载荷大的小型起重吊钩	≥1.5～1.6	

例 12-3 一转轴上装有直齿圆柱齿轮。已知齿轮所受的切向力 $F_t = 5000\text{N}$，径向力 $F_r = 1820\text{N}$，齿轮在两轴承间对称布置，工作时有中等冲击，转速 $n = 960\text{r/min}$，要求工作寿命 $L_{10h0} = 8000\text{h}$，试问 6307 型滚动轴承是否可用？

解

计 算 与 说 明	主 要 结 果
1. 计算当量动载荷 P 由于轴承只承受径向载荷，故当量动载荷即为轴承承受的径向载荷（轴承的支承反力）。此处，两轴承支承反力相等，即有	

(续)

计 算 与 说 明	主 要 结 果
当量动载荷 $P_1 = P_2 = \dfrac{\sqrt{F_t^2 + F_r^2}}{2} = \dfrac{\sqrt{5000^2 + 1820^2}}{2}$ N	$F_P = 2660$N
2. 求轴承的实际寿命	
轴承基本额定动载荷 由附表 12-3	$C = 33400$N
温度系数 由表 12-6	$f_t = 1.0$
载荷系数 由表 12-7	$f_p = 1.5$
寿命指数 球轴承	$\varepsilon = 3$
轴承的实际寿命 $L_{10h} = \dfrac{10^6}{60n}\left(\dfrac{f_t C}{f_p P}\right)^\varepsilon$	
$= \dfrac{10^6}{60 \times 960}\left(\dfrac{1 \times 33400}{1.5 \times 2660}\right)^3$ h	$L_{10h} = 10183$h
轴承预期寿命	$L_{10h0} = 8000$h
结论 由于 $L_{10h0} > L_{10h}$,故	6307 轴承可用

例 12-4 在蜗杆减速器中,拟用一对圆锥滚子轴承来支承蜗杆轴工作(图 12-42)。已知轴的转速 $n = 320$r/min,轴颈直径 $d = 40$mm,两轴承径向反力分别为 $F_{R1} = 6000$N,$F_{R2} = 3000$N,外加轴向力 $F_x = 2500$N,工作中有中等冲击,温度低于 100℃,预期使用寿命 $L_{10h0} = 10000$h。试确定轴承型号。

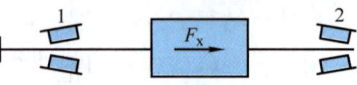

图 12-42 例 12-4 图

解

计 算 与 说 明	主 要 结 果
1. 初选轴承型号	
根据已知工作条件和轴颈,由附表 12-5 初选轴承型号	轴承 30208
基本额定动载荷	$C = 63000$N
计算系数	$e = 0.37$
轴向动载荷系数	$Y = 1.6$
2. 计算轴承内部轴向力	
轴承 1 的内部轴向力 由表 12-9	
$F_{s1} = \dfrac{F_{R1}}{2Y} = \dfrac{6000}{2 \times 1.6}$N,方向向右 →	$F_{s1} = 1875$N
轴承 2 的内部轴向力 由表 12-9	
$F_{s2} = \dfrac{F_{R2}}{2Y} = \dfrac{3000}{2 \times 1.6}$N,方向向左 ←	$F_{s2} = 938$N
3. 计算轴承的轴向载荷	
轴承 2 的轴向载荷 由图 12-42 知,F_{s1} 与 F_x 方向相同,其和	
$F_{s1} + F_x = (1875 + 2500)$N $= 4375$N $> F_{s2}$	
(轴承 2 为 "压紧" 端),所以	
$F_{A2} = F_{s1} + F_x$	$F_{A2} = 4375$N
轴承 1 的轴向载荷 $F_{A1} = F_{s1}$(轴承 1 为 "放松" 端)	$F_{A1} = 1875$N
4. 计算当量动载荷	
轴承 1 的载荷系数 根据 $\dfrac{F_{A1}}{F_{R1}} = \dfrac{1875}{6000} = 0.313 < e$,由表 12-8	$X_1 = 1$,$Y_1 = 0$
轴承 2 的载荷系数 根据 $\dfrac{F_{A2}}{F_{R2}} = \dfrac{4375}{3000} = 1.46 > e$,由表 12-8	$X_2 = 0.4$,$Y_2 = 1.6$
轴承 1 的当量动载荷 $P_1 = X_1 F_{R1} + Y_1 F_{A1} = F_{R1}$	$P_1 = 6000$N

(续)

计 算 与 说 明	主 要 结 果
轴承2的当量动载荷　　$P_2 = X_2 F_{R2} + Y_2 F_{A2} = (0.4 \times 3000 + 1.6 \times 4375)\text{N}$	$P_2 = 8200\text{N}$
轴承的当量动载荷　　取 P_1、P_2 中较大者	$P = 8200\text{N}$
5. 计算轴承实际寿命	
温度系数　　由表 12-6	$f_t = 1.0$
载荷系数　　由表 12-7	$f_p = 1.5$
寿命指数　　滚子轴承	$\varepsilon = \dfrac{10}{3}$
轴承实际寿命 L_{10h}　　$L_{10h} = \dfrac{10^6}{60n}\left(\dfrac{f_t C}{f_p P}\right)^{\varepsilon}$	
$\qquad = \dfrac{10^6}{60 \times 320}\left(\dfrac{1 \times 63000}{1.5 \times 8200}\right)^{\frac{10}{3}} \text{h}$	$L_{10h} = 12064\text{h}$
轴承预期寿命	$L_{10h0} = 10000\text{h}$
结论　　由于 $L_{10h} > L_{10h0}$，故	轴承 30208 满足要求

习 题

12-1　校核一非液体摩擦径向滑动轴承。已知其径向载荷 $F = 16000\text{N}$，轴颈转速 $n = 100\text{r/min}$，轴颈直径 $d = 80\text{mm}$，轴承宽度 $b = 80\text{mm}$，轴瓦材料为 ZCuSn5Pb5Zn5，用脂润滑。

12-2　有一非液体摩擦径向滑动轴承，轴颈直径 $d = 60\text{mm}$，轴承宽度 $b = 60\text{mm}$，轴颈转速 $n = 960\text{r/min}$，轴承材料为 ZCuPb30。试求轴承能承受的最大径向载荷。

12-3　试设计一非液体摩擦径向滑动轴承。已知径向载荷 $F = 2 \times 10^4 \text{N}$，轴颈直径 $d = 100\text{mm}$，转速 $n = 1200\text{r/min}$。

12-4　已知某推力轴承，其轴颈结构为空心端面（图 12-12a），环形承压面的内径 $d_0 = 50\text{mm}$，外径 $d = 70\text{mm}$，转速 $n = 300\text{r/min}$，材料为 45 钢未淬火，轴瓦材料为青铜。试求该轴承能承受的轴向载荷。

12-5　一 6309 型滚动轴承的工作条件为：轴承径向载荷 $F_R = 15000\text{N}$，转速 $n = 100\text{r/min}$，工作中有中等冲击，温度低于 100℃，轴承的预期使用寿命 $L_{10h0} = 10000\text{h}$。试验算该轴承的寿命。

12-6　计算图 12-43 所示轴承的寿命 L_{10h}。已知直齿圆柱齿轮的齿数 $z = 36$，模数 $m = 3\text{mm}$，传递功率 $P = 7\text{kW}$，转速 $n = 600\text{r/min}$，滚动轴承代号为 6205，工作中有中等冲击，温度低于 100℃，齿轮相对轴承对称布置。

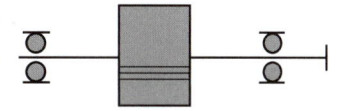

图 12-43　题 12-6 图

12-7　图 12-44 所示的一对 7208AC 轴承分别受径向载荷 $F_{R1} = 5000\text{N}$，$F_{R2} = 3000\text{N}$，轴向外载荷 $F_x = 1700\text{N}$。试求两轴承的内部轴向力 F_s 和轴向载荷 F_A。

12-8　试选择支承蜗杆轴的一对角接触球轴承，要求工作寿命 $L_{10h0} = 4000\text{h}$。已知两轴承的径向反力分别为：$F_{R1} = 4000\text{N}$，$F_{R2} = 3000\text{N}$，蜗杆轴向力 $F_x = 2500\text{N}$，方向如图 12-45 所示；蜗杆的转速 $n = 340\text{r/min}$，轴颈直径 $d = 40\text{mm}$，传动有中等冲击。

图 12-44　题 12-7 图　　　　　　　图 12-45　题 12-8 图

12-9　指出图 12-46 所示结构图中的错误和不合理之处，画出合理的结构图。

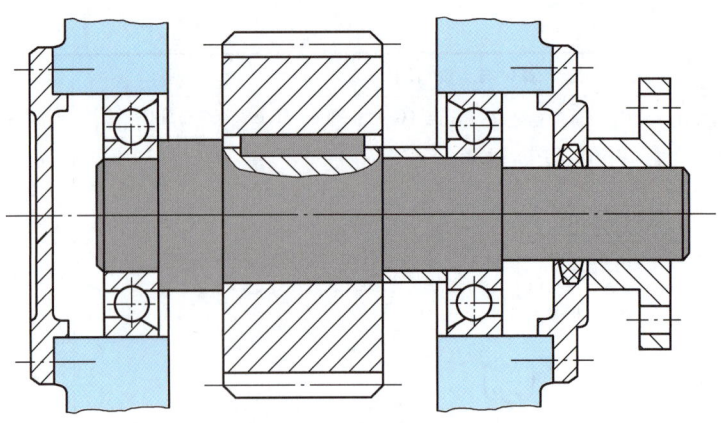

图 12-46 题 12-9 图

附表 12-1 滑动轴承配合及其极限间隙 (μm)

配合种类		$\frac{H8}{f8}$	$\frac{H8}{e7}$	$\frac{H8}{e8}$	$\frac{H9}{f9}$	$\frac{H8}{d8}$	$\frac{H9}{e9}$	$\frac{H10}{c10}$	$\frac{H10}{d10}$	$\frac{H11}{c11}$
轴颈直径/mm		极限间隙 $\left(\frac{max}{min}\right)$								
大于	至									
30	40	+103	+114	+128	+149	+158	+174	+320	+280	+440
		+50	+50	+50	+25	+80	+50	+120	+80	+120
40	50							+330		+450
								+130		+130
50	65	+122	+136	+152	+178	+192	+208	+380	+340	+520
		+30	+60	+60	+30	+100	+60	+140	+100	+140
65	80							+390		+530
								+150		+150
80	100	+144	+161	+180	+210	+228	+246	+450	+400	+610
		+36	+72	+72	+36	+120	+72	+170	+120	+170
100	120							+460		+620
								+180		+180

注:$1\mu m = \frac{1}{1000} mm$。

附表 12-2 安装滚动轴承的轴和轴承座孔公差带

轴承座圈工作条件			应用举例	深沟球轴承和角接触球轴承	圆锥滚子轴承和圆柱滚子轴承	调心滚子轴承	公差带
	旋转状态	载荷		轴承公称内径 d/mm			
轴	内圈相对于载荷方向旋转或载荷方向摆动	轻载荷	电器仪表、机床(主轴)、精密机械、泵、通风机、传送带等	$18 < d \leq 100$	$d \leq 40$	$d \leq 40$	j6
					$40 < d \leq 140$	$40 < d \leq 100$	k6
		正常载荷	一般通用机械、电动机、泵、内燃机、变速器、木工机械等	$18 < d \leq 100$	$d \leq 40$	$d \leq 40$	k5
					$40 < d \leq 100$	$40 < d \leq 65$	m5
						$65 < d \leq 100$	m6
轴承座孔	外圈相对于载荷方向静止	轻载和正常载荷	烘干筒、有调心滚子轴承的大电动机等	所有尺寸的径向接触轴承和角接触向心轴承			G7
			一般机械、铁路车辆轴箱等				H7

注:1. 轻载荷:球轴承 $P \leq 0.07C$,圆锥滚子轴承 $P \leq 0.13C$,其他滚子轴承 $P \leq 0.08C$;
正常载荷:球轴承 $0.07C < P \leq 0.15C$,圆锥滚子轴承 $0.13C < P \leq 0.26C$,其他滚子轴承 $0.08C < P \leq 0.18C$;
P 为当量动载荷,C 为轴承的基本额定动载荷(附表 12-3 ~ 附表 12-5)。
2. 轴承座圈的其他工作条件可查有关设计手册。

附表 12-3 深沟球轴承

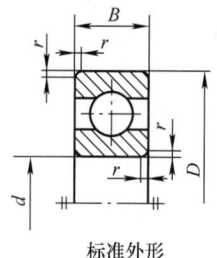
标准外形

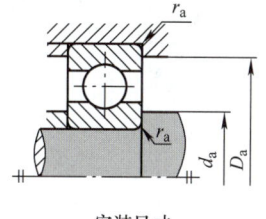
安装尺寸

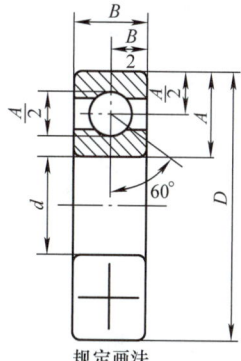
规定画法

标记示例：
滚动轴承 6012 GB/T 276—2013

轴承代号	公称尺寸/mm				安装尺寸/mm			基本额定动载荷 C/kN	基本额定静载荷 C_0/kN
	d	D	B	r_s min	d_a min	D_a max	r_a max		
6004	20	42	12	0.6	25	38	0.6	9.38	5.02
6204		47	14	1.0	26	42	1.0	12.80	6.65
6304		52	15	1.1	27	45	1.0	15.90	7.88
6404		72	19	1.1	27	65	1.0	31.00	15.20
6005	25	47	12	0.6	30	43	0.6	10.00	5.85
6205		52	15	1.0	31	47	1.0	14.00	7.88
6305		62	17	1.1	32	55	1.0	22.20	11.50
6405		80	21	1.5	34	71	1.5	38.20	19.20
6006	30	55	13	1.0	36	50	1.0	13.20	8.30
6206		62	16	1.0	36	56	1.0	19.50	11.50
6306		72	19	1.1	37	65	1.0	27.00	15.20
6406		90	23	1.5	39	81	1.5	47.50	24.5
6007	35	62	14	1.0	41	56	1.0	16.20	10.50
6207		72	17	1.1	42	65	1.0	25.50	15.20
6307		80	21	1.5	44	71	1.5	33.40	19.20
6407		100	25	1.5	44	91	1.5	56.80	29.50
6008	40	68	15	1.0	46	62	1.0	17.00	11.80
6208		80	18	1.1	47	73	1.0	29.50	18.00
6308		90	23	1.5	49	81	1.5	40.80	24.00
6408		110	27	2.0	50	100	2.0	65.50	37.50
6009	45	75	16	1.0	51	69	1.0	21.10	14.80
6209		85	19	1.1	52	78	1.0	31.70	20.70
6309		100	25	1.5	54	91	1.5	52.90	31.80
6409		120	29	2.0	55	110	2.0	77.40	45.40
6010	50	80	16	1.0	56	74	1.0	22.00	16.20
6210		90	20	1.1	57	83	1.0	35.10	23.20
6310		110	27	2.0	60	100	2.0	61.80	38.00
6410		130	31	2.1	62	118	2.1	92.20	55.20
6011	55	90	18	1.1	62	83	1.0	30.20	21.80
6211		100	21	1.5	64	91	1.5	43.20	29.20
6311		120	29	2.0	65	110	2.0	71.50	44.80
6411		140	33	2.1	67	128	2.1	100.00	62.50

(续)

轴承代号	基本尺寸/mm				安装尺寸/mm			基本额定动载荷 C/kN	基本额定静载荷 C_0/kN
	d	D	B	r_s min	d_a min	D_a max	r_a max		
6012	60	95	18	1.1	67	89	1.0	31.50	24.20
6212		110	22	1.5	69	101	1.5	47.80	32.80
6312		130	31	2.1	72	118	2.1	81.80	51.80
6412		150	35	2.1	72	138	2.1	109.00	70.00
6013	65	100	18	1.1	72	93	1.0	32.00	24.80
6213		120	23	1.5	74	111	1.5	57.20	40.00
6313		140	33	2.1	77	128	2.1	93.80	60.50
6413		160	37	2.1	77	148	2.1	118.00	78.50
6014	70	110	20	1.1	77	103	1.0	38.50	30.50
6214		125	24	1.5	79	116	1.5	60.80	45.00
6314		150	35	2.1	82	138	2.1	105.00	68.00
6414		180	42	3.0	84	166	2.5	140.00	99.50
6015	75	115	20	1.1	82	108	1.0	40.20	33.20
6215		130	25	1.5	84	121	1.5	66.00	49.50
6315		160	37	2.1	87	148	2.1	113.00	77.00
6415		190	45	3.0	89	176	2.5	154.00	115.00

注:1. 标准摘自 GB/T 276—2013《滚动轴承 深沟球轴承 外形尺寸》。
2. 表中额定载荷摘自轴承样本。
3. 表中 r_{smin} 为 r 的单向最小倒角尺寸, r_{amax} 为 r_a 的单向最大倒角尺寸。

附表 12-4 角接触球轴承

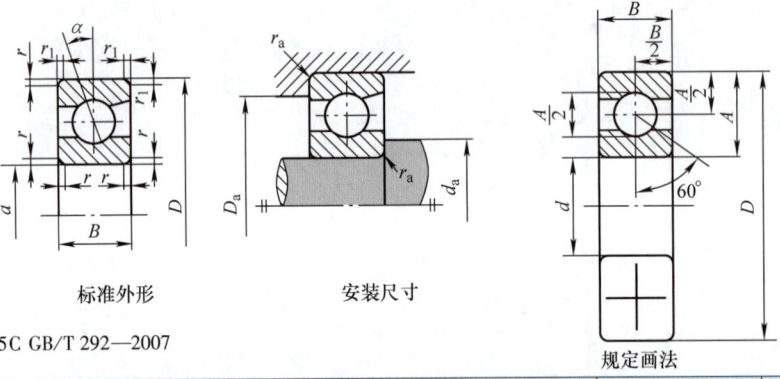

标准外形　　　安装尺寸　　　规定画法

标记示例:
滚动轴承 7205C GB/T 292—2007

轴承代号	基本尺寸/mm					安装尺寸/mm			基本额定动载荷 C/kN	基本额定静载荷 C_0/kN
	d	D	B	r_s min	r_{1s} min	d_a min	D_a max	r_a max		
7204C	20	47	14	1.0	0.3	26	41	1.0	11.2	7.46
7204AC									10.8	7.00
7204B									10.8	6.78
7205C	25	52	15	1.0	0.3	31	46	1.0	12.8	8.95
7205AC									12.2	8.38
7205B									12.2	7.88
7305C		62	17	1.1	0.6	32	55	1.0	21.5	15.80
7206C	30	62	16	1.0	0.3	36	56	1.0	17.8	12.80
7206AC									16.8	12.20

（续）

轴承代号	基本尺寸/mm					安装尺寸/mm			基本额定动载荷 C/kN	基本额定静载荷 C_0/kN
	d	D	B	r_s min	r_{1s} min	d_a min	D_a max	r_a max		
7206B	30	62	16	1.0	0.3	36	56	1.0	15.8	11.20
7306B		72	19	1.1	0.6	37	65	1.0	24.8	17.50
7207C	35	72	17	1.1	0.6	42	65	1.0	23.5	17.50
7207AC									22.5	16.50
7207B									20.8	15.20
7307B		80	21	1.5	0.6	44	71	1.5	29.5	21.20
7208C	40	80	18	1.1	0.6	47	73	1.0	26.8	20.50
7208AC									25.8	19.20
7208B									25.0	18.80
7308C		90	23	1.5	0.6	49	81	1.5	40.2	32.30
7308AC									38.5	30.50
7308B									35.5	26.2
7408AC		110	27	2.0	1.0	50	100	2.0	62.0	49.50
7408B									51.5	41.80
7209C	45	85	19	1.1	0.6	52	78	1.0	29.8	23.80
7209AC									28.2	22.50
7209B									27.8	21.20
7309B		100	25	1.5	0.6	54	91	1.5	45.8	34.50
7210C	50	90	20	1.1	0.6	57	83	1.0	32.8	26.80
7210AC									31.5	25.20
7210B									28.8	22.80
7310B		110	27	2.0	1.0	60	100	2.0	52.5	40.80
7211C	55	100	21	1.5	0.6	64	91	1.5	40.8	33.80
7211AC									38.8	31.80
7211B									35.5	28.80
7311B		120	29	2.0	1.0	65	110	2.0	60.5	48.00
7212C	60	110	22	1.5	0.6	69	101	1.5	44.8	37.80
7212AC									42.8	35.50
7212B									43.2	35.50
7312B		130	31	2.1	1.1	72	118	2.1	69.2	55.50
7213C	65	120	23	1.5	0.6	74	111	1.5	53.8	46.00
7213AC									51.2	43.20
7213B									48.8	41.80
7313B		140	33	2.1	1.1	77	128	2.1	79.5	64.80
7214C	70	125	24	1.5	0.6	79	116	1.5	56.0	49.20
7214AC									53.2	46.20
7214B									53.0	45.50
7314B		150	35	2.1	1.1	82	138	2.1	88.0	72.80
7215C	75	130	25	1.5	0.6	84	121	1.5	79.2	65.70
7215AC									75.3	62.90
7215B									72.8	61.60
7315B		160	37	2.1	1.1	87	148	2.1	124.0	97.20

注：1. 标准摘自 GB/T 292—2007《滚动轴承　角接触球轴承　外形尺寸》。
2. 表中额定载荷摘自轴承样本。
3. 表中 r_{smin}、r_{1smin} 分别为 r、r_1 的最小单一倒角尺寸，r_{amax} 为 r_a 的最大单一倒角尺寸。
4. 轴承代号中的 C、AC、B 分别代表轴承接触角 $\alpha = 15°$、$25°$、$40°$。

附表 12-5　圆锥滚子轴承

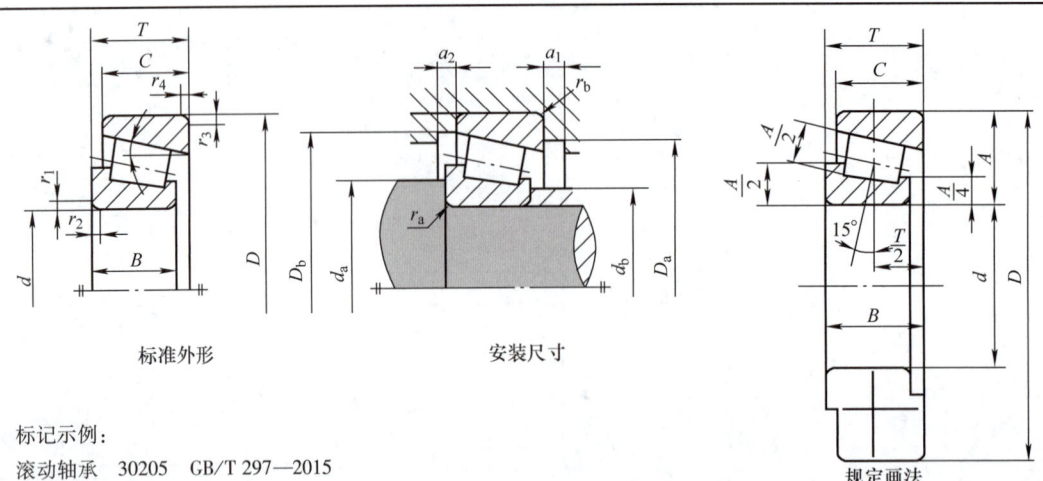

标准外形　　安装尺寸　　规定画法

标记示例：

滚动轴承　30205　GB/T 297—2015

轴承代号	公称尺寸/mm								安装尺寸/mm								基本额定动载荷 C/kN	基本额定静载荷 C_0/kN	计算系数		
	d	D	T	B	C	r_{1s} r_{2s} min	r_{3s} r_{4s} min		d_a min	d_b max	D_a max	D_b min	a_1 min	a_2 min	r_{as} max	r_{bs} max				e	Y	Y_0
30204	20	47	15.25	14	12	1.0	1.0		26	27	41	43	2.0	3.5	1.0	1.0		28.2	30.5	0.35	1.7	1.0
30304		52	16.25	15	13	1.5	1.5		27	28	45	48	3.0	3.5	1.5	1.5		33.0	33.2	0.3	2.0	1.1
30205	25	52	16.25	15	13	1.0	1.0		31	31	46	48	2.0	3.5	1.0	1.0		32.2	37.0	0.37	1.6	0.9
30305		62	18.25	17	15	1.5	1.5		32	34	55	58	3.0	3.5	1.5	1.5		46.8	48.0	0.3	2.0	1.1
30206	30	62	17.25	16	14	1.0	1.0		36	37	56	58	2.0	3.5	1.0	1.0		43.2	50.5	0.37	1.6	0.9
30306		72	20.75	19	16	1.5	1.5		37	40	65	66	3.0	5.0	1.5	1.5		59.0	63.0	0.31	1.9	1.0
30207	35	72	18.25	17	15	1.5	1.5		42	44	65	67	2.0	3.5	1.5	1.5		54.2	63.5	0.37	1.6	0.9
30307		80	22.75	21	18	2.0	1.5		44	45	71	74	3.0	5.5	2.0	1.5		75.2	82.5	0.31	1.9	1.0
30208	40	80	19.25	18	16	1.5	1.5		47	49	73	75	3.0	4.0	1.5	1.5		63.0	74.0	0.37	1.6	0.9
30308		90	25.25	23	20	2.0	1.5		49	52	81	84	3.0	5.5	2.0	1.5		90.8	108.0	0.35	1.7	1.0
30209	45	85	20.75	19	16	1.5	1.5		52	53	78	80	3.0	5.0	1.5	1.5		67.8	83.5	0.4	1.5	0.8
30309		100	27.75	25	22	2.0	1.5		54	59	91	94	3.0	5.5	2.0	1.5		108.0	130.0	0.35	1.7	1.0
30210	50	90	21.75	20	17	1.5	1.5		57	58	83	86	3.0	5.0	1.5	1.5		73.2	92.0	0.42	1.4	0.8
30310		110	29.25	27	23	2.5	2.0		60	65	100	103	4.0	6.5	2.0	2.0		130.0	158.0	0.35	1.7	1.0
30211	55	100	22.75	21	18	2.0	1.5		64	64	91	95	4.0	5.0	2.0	1.5		90.8	115.0	0.4	1.5	0.8
30311		120	31.50	29	25	2.5	2.0		65	70	110	112	4.0	6.5	2.0	2.0		152.0	188.0	0.35	1.7	1.0
30212	60	110	23.75	22	19	2.0	1.5		69	69	101	103	4.0	5.0	2.0	1.5		102.0	130.0	0.4	1.5	0.8
30312		130	33.50	31	26	3.0	2.5		72	76	118	121	5.0	7.5	2.5	2.1		170.0	210.0	0.35	1.7	1.0
30213	65	120	24.75	23	20	2.0	1.5		74	77	111	114	4.0	5.0	2.0	1.5		120.0	152.0	0.4	1.5	0.8
30313		140	36.0	33	28	3.0	2.5		77	83	128	131	5.0	8.0	2.5	2.1		195.0	242.0	0.35	1.7	1.0
30214	70	125	26.25	24	21	2.0	1.5		79	81	116	119	4.0	5.5	2.0	1.5		132.0	175.0	0.42	1.4	0.8
30314		150	38.0	35	30	3.0	2.5		82	89	138	141	5.0	8.0	2.5	2.1		218.0	272.0	0.35	1.7	1.0
30215	75	130	27.25	25	22	2.0	1.5		84	85	121	125	4.0	5.5	2.0	1.5		138.0	185.0	0.44	1.4	0.8
30315		160	40.0	37	31	3.0	2.5		87	95	148	150	5.0	9.0	2.5	2.1		252.0	318.0	0.35	1.7	1.0

注：1. 标准摘自 GB/T 297—2015《滚动轴承　圆锥滚子轴承　外形尺寸》。

　　2. 表中额定载荷摘自轴承样本。

　　3. 表中 r_{1smin}、r_{2smin}、r_{3smin}、r_{4smin} 分别为 r_1、r_2、r_3、r_4 的单向最小倒角尺寸，r_{asmax}、r_{bsmax} 为 r_a、r_b 的单向最大倒角尺寸。

第十三章

联轴器和离合器

> **重点学习内容**
>
> 1. 联轴器的类型、特点、应用及选择
> 2. 常用离合器的工作原理及特点

联轴器和离合器是机械传动中常用的部件。它们主要用于两轴的连接，使其一起转动并传递转矩，有时也可用作安全装置。所不同的是，在机械运转过程中，前者实现的连接一般不能被断开，而后者实现的连接则可通过操纵机构或自动装置随时断开或接通。

第一节　常用联轴器

联轴器的种类很多，其中大部分都已经标准化，一般只需选用即可。在选择时，通常先根据工作要求选择合适的类型；然后按照轴的直径、转矩和转速等参数，查有关标准确定其型号和结构尺寸，必要时还应对其中某些零件进行工作能力验算；最后给出其标记。

一、联轴器的类型

由于制造及安装误差、承载后变形、工作温度变化等影响，联轴器所连接的两轴轴心线往往不能共线（对中），且在工作时两轴之间可能还会产生一定范围的相对位移，如图 13-1 所示。如果联轴器不具备适应这些情况的补偿能力，就会在联轴器、轴和轴承中产生附加载荷，甚至引起强烈的振动。

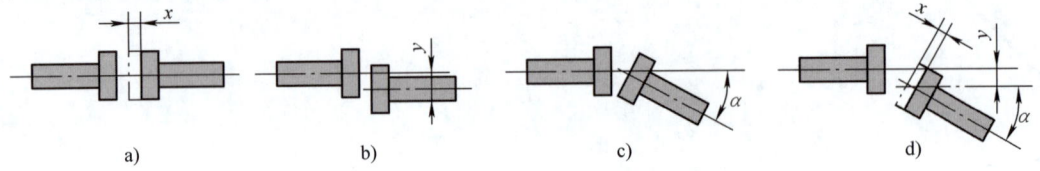

图 13-1　两轴间的相对位移

a）轴向位移　b）径向位移　c）角位移　d）综合位移

根据有无补偿相对位移的能力，联轴器分为刚性联轴器和挠性联轴器。挠性联轴器又分为无弹性元件联轴器和有弹性元件联轴器。另外用作安全装置的联轴器称为安全联轴器。按照 GB/T 12458—2017，联轴器的分类如下所示：

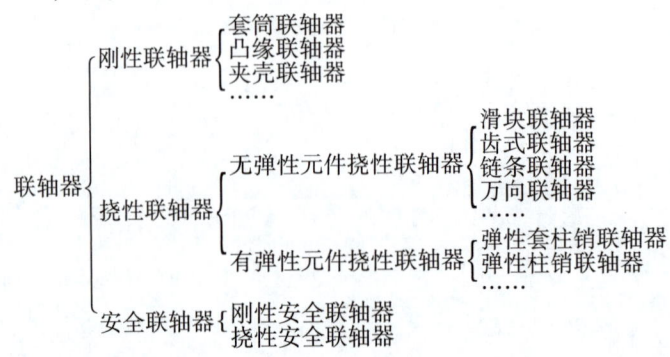

联轴器型号表示方法如下所示：

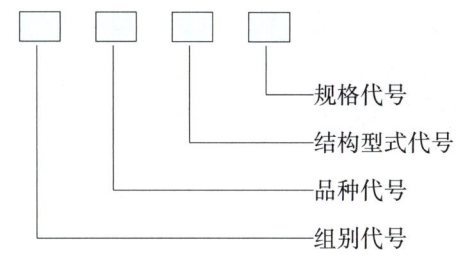

型号示例:

例1 公称转矩为63N·m的基本型弹性套柱销联轴器型号为：LT4。

例2 公称转矩为1000N·m的带制动轮弹性套柱销联轴器型号为：LTZ9。

这里介绍几种常用联轴器的结构、特点和应用。

1. 刚性联轴器

组成刚性联轴器的各元件，连接后成为一个刚性的整体，工作中没有相对运动。因此，刚性联轴器适用于无位移补偿要求的场合。

（1）套筒联轴器（GT型） 如图13-2所示，它是用一个套筒，通过键或销等连接零件使两轴相连。被连接的轴径一般不超过80mm，套筒用35钢或45钢制造。这种联轴器结构简单，径向尺寸小；但传递的转矩较小，不能缓冲和吸振，被连接的两轴必须严格对中，装拆时轴需要作轴向移动，常用于机床传动系统中。

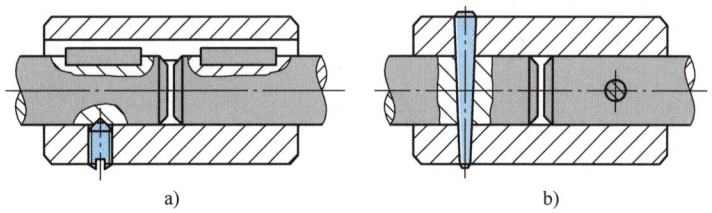

图13-2 套筒联轴器（GT型）

a) 键连接　b) 销连接

在图13-2b所示的联轴器中，如果销的尺寸设计适当，过载时销被剪断，可以防止损坏机器的其他零件。这种能起安全保护作用的联轴器也称为安全联轴器。

（2）凸缘联轴器 如图13-3所示，这是应用较为广泛的一种刚性联轴器。它是用螺栓组把两个带有凸缘的半联轴器连接起来，并通过键实现与两轴的连接。

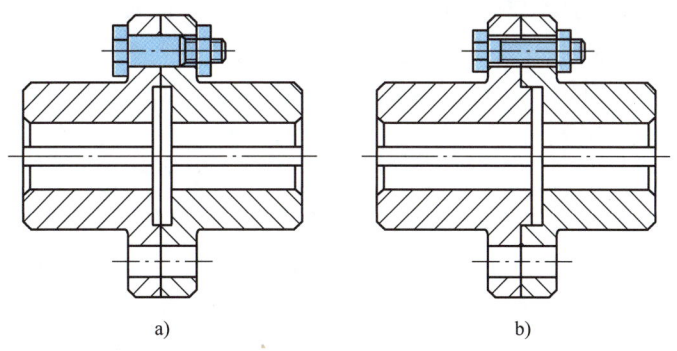

图13-3 凸缘联轴器

a) GY型　b) GYS型

按对中方式的不同，凸缘联轴器有 GY 型和 GYS 型两种。GY 型凸缘联轴器是利用铰制孔用螺栓对中（图 13-3a），装拆时轴不需要作轴向移动，可用于经常装拆的场合；GYS 型凸缘联轴器在两半联轴器中有对中榫，利用半联轴器的凸肩与凹槽对中，装拆时轴需作轴向移动，多用于不常拆卸的场合。

当联轴器外缘的圆周速度 $v<30m/s$ 时，半联轴器可用 HT200 制造；当 $v<50m/s$ 时，可用 ZG 270-500 或 35 钢制造。

凸缘联轴器结构简单，对中精度高，传递的转矩较大，但不能缓冲和吸振。它一般用于转矩较大、载荷平稳、两轴对中性好的场合。

2. 无弹性元件挠性联轴器

由于这种联轴器无弹性元件，位移的补偿是利用联轴器中零件间的相对滑动、间隙等来实现的，所以通常不能缓冲和减振。

(1) 滑块联轴器 图 13-4 所示为滑块联轴器（HH 型），由两个带有凹槽的半联轴器 1 和 3 及一个两端面都有凸榫的中间圆盘 2 组成。半联轴器固装在两根轴端，中间圆盘两端面的凸榫相互垂直，且分别嵌在两个半联轴器的凹槽中。因中间圆盘的凸榫可在两半联轴器的凹槽中往返滑动，故可补偿安装及运转时两轴间的相对位移（图 13-4b）。

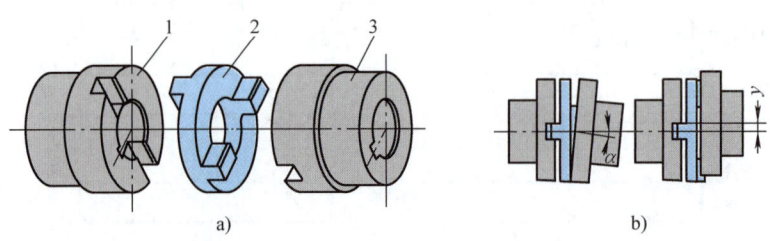

图 13-4 滑块联轴器（HH 型）

1、3—半联轴器 2—中间圆盘

滑块联轴器材料多为中碳钢，凸榫和凹槽的工作表面须淬硬，并在工作时注入润滑剂，以减少滑动面间的磨损。这种联轴器结构简单，径向尺寸小，允许径向位移 $y\leq0.04d$（d 为轴径），角位移 $\alpha\leq30'$。但若两轴不对中，尤其是轴的转速较高时，中间圆盘的偏心将会引起很大的离心力，从而增大动载荷及磨损，故只用于最高转速 $n_{max}\leq250r/min$、载荷平稳的场合。如将中间圆盘制成空心的，可减轻其质量，从而减小上述不利影响。

(2) 齿式联轴器 图 13-5a 所示为鼓形齿齿式联轴器（CG 型），1、4 为两个具有鼓形齿外齿轮的半联轴器，用键分别与两轴相连。2、3 为两个带有内齿轮的外壳，用螺栓 6 将其连接在一起，依靠内、外齿轮相啮合来传递转矩。内、外齿轮的齿数、模数分别相等，一般为 30~80 个齿，齿廓曲线是齿形角为 20° 的渐开线。外齿轮齿顶制成球心位于齿轮轴线上的球面，齿侧制成鼓形（图 13-5b）。内、外齿轮啮合时，要保证具有适当的顶隙和侧隙，用以补偿两轴间可能出现的各种位移（图 13-6）。为了减小补偿位移时齿面的滑动摩擦和磨损，可通过注油孔向壳体内注入润滑油。如图 13-5 所示的密封圈 5 是为防止润滑油泄漏而设置的。

齿轮材料通常为 45 钢或 ZG 310-570，轮齿齿面一般需淬火，当齿轮分度圆的圆周速度 v

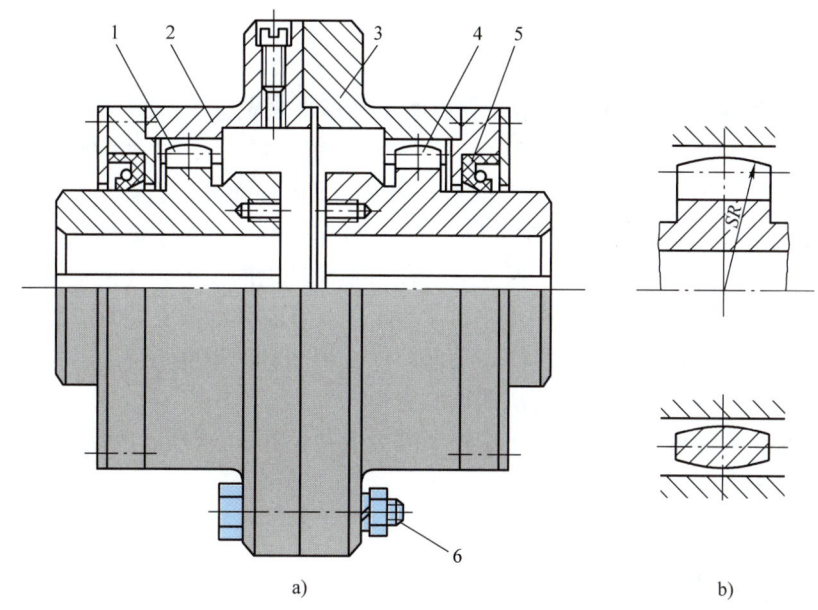

图 13-5　鼓形齿齿式联轴器（CG 型）
1、4—半联轴器　2、3—外壳　5—密封圈　6—螺栓

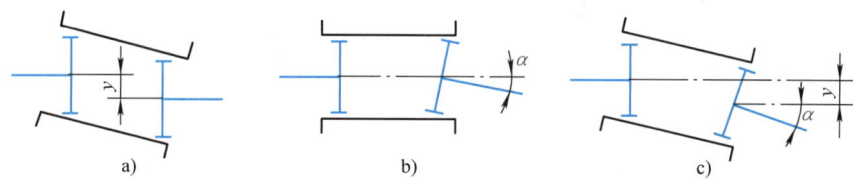

图 13-6　齿式联轴器工作情况示意图
a）补偿径向位移　b）补偿角位移　c）补偿综合位移

<5m/s 时，轮齿可进行调质处理。

齿式联轴器能传递的转矩大，工作可靠，安装精度要求不高，具有补偿综合位移的能力，且补偿量较大；但其结构复杂、质量大、制造成本高，不适用于立轴，主要用于重型机械。

（3）链条联轴器　图 13-7 所示为双排滚子链联轴器（TGS 型），半联轴器 1、3 为两个齿数相同的链轮，分别用键与两轴相连。双排滚子链 2 同时与两个半联轴器的链轮啮合，从而实现两轴的连接。

链条联轴器的润滑对其性能有很大影响。转速较低时应定期涂润滑脂，转速高时更应充分润滑，并安装罩壳。

链条联轴器结构简单，成本低，装拆方便，径向尺寸比其他联轴器小，质量轻，转动惯量小，效率高，工作可靠，使用寿命长，可以在恶劣环境下工作，具有一定的位移补偿能力和缓冲、吸振能力。但是，因链条的套筒与其相配件之间存在间隙，

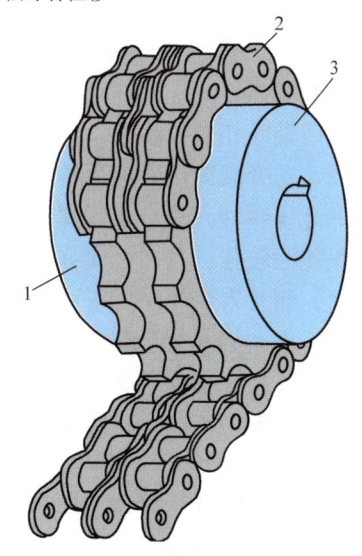

图 13-7　双排滚子链联轴器（TGS 型）
1、3—半联轴器　2—双排滚子链

不适用于逆向传动、起动频繁的传动和立轴传动，且由于受离心力的影响也不宜用于高速传动。

（4）万向联轴器　如图13-8所示，它由两个叉形半联轴器1、2和中间十字轴3组成，十字轴的四端用铰链分别与轴1和轴2上的叉形接头相连。因此，两轴可相对偏斜，且偏斜角 α 可达35°~45°。但是，在这种单万向联轴器中，两轴的瞬时角速度并不时时相等，即当主动轴1以等角速度 ω_1 匀速转动时，从动轴2的角速度 ω_2 却是不断变化的，从而产生附加动载荷，使传动失去平稳性。为了保证从动轴与主动轴以同步的角速度运转，万向联轴器常成对使用，组成双万向联轴器（图13-9）。为此，双万向联轴器安装时应满足如下三个条件：①主、从动轴与中间轴三轴线在同一平面内；②中间轴两端的叉面位于同一平面内；③主动轴与中间轴的夹角等于中间轴与从动轴的夹角。

万向联轴器结构紧凑，维修方便，能补偿较大的角位移，广泛用于汽车、拖拉机、轧钢机和金属切削机床中。

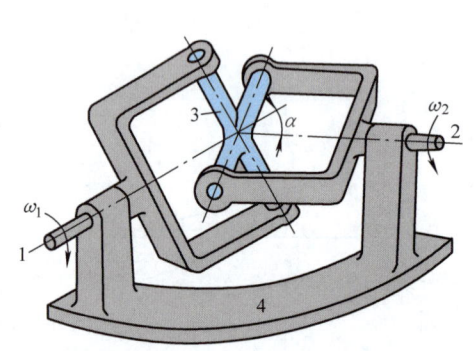

图13-8　万向联轴器示意图

1、2—叉形半联轴器　3—十字轴　4—机架

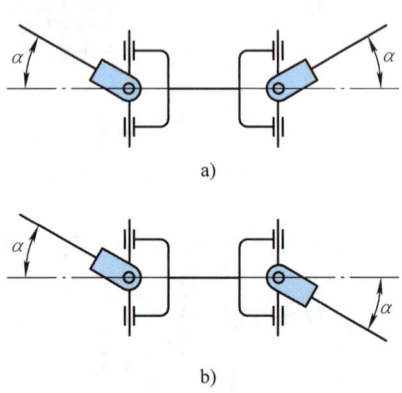

图13-9　双万向联轴器安装示意图

3. 非金属弹性元件挠性联轴器

非金属弹性元件挠性联轴器和金属弹性元件挠性联轴器，都是利用弹性元件的弹性变形来补偿两轴间相对位移的，都属于挠性联轴器。挠性联轴器具有缓冲和吸振功能，因此在频繁起动、受变载荷、高速运转、经常反向和两轴不便于严格对中的地方，最好采用挠性联轴器。非金属弹性元件与金属弹性元件相比，储存能量较多、弹性滞后性能较好，其缓冲能力和消振能力较强，且非金属弹性元件联轴器结构简单、价格便宜，故应用广泛；其缺点是尺寸较大，而且寿命较短。下面介绍两种常用的非金属弹性元件挠性联轴器。

（1）弹性套柱销联轴器（LT型）　其构造和凸缘联轴器相似，只是用套有弹性套的柱销代替了连接螺栓（图13-10）。安装时，两半联轴器之间要留有一定的间隙 C，以便补偿两轴间的轴向位移。半联轴器通常用HT200制造，也可用35钢或ZG 270-500制造；柱销用35钢制造；弹性套以天然橡胶或合成橡胶为材料，且制成蛹状，以提高其弹性。

弹性套柱销联轴器制造容易，装拆方便，但弹性套易磨损，对工作环境有一定要求，常用于工作环境温度在 -20~+70℃ 范围内、无油质及其他有害橡胶的介质中，可传递中或小的转矩。

（2）弹性柱销联轴器（LX型）　如图13-11所示，这种联轴器在结构上类似于弹性套柱销联轴器，只是用尼龙柱销代替弹性套柱销作为中间连接件。为了防止柱销从半联轴器的孔中滑出，可在两端安装固定挡圈。

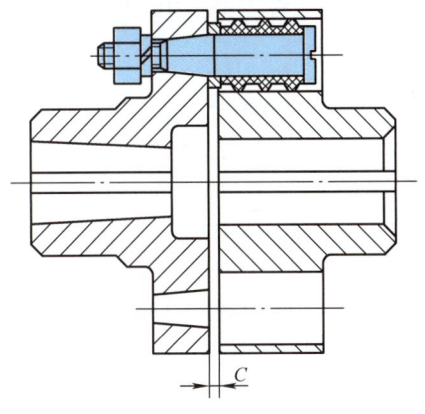

图 13-10　弹性套柱销联轴器（LT 型）

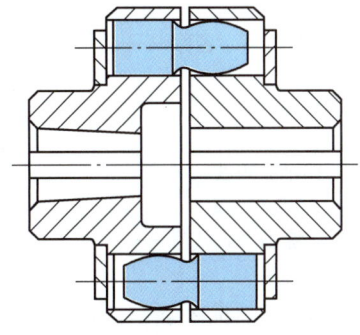

图 13-11　弹性柱销联轴器（LX 型）

与弹性套柱销联轴器相比，弹性柱销联轴器能传递较大的转矩，结构更为简单，安装、制造方便，耐久性好，但补偿两轴的相对位移量要小些。

二、联轴器型号的选择

首先确定其计算转矩，即

$$T_c = KT \tag{13-1}$$

式中，T_c 是轴的计算转矩（N·m）；K 是工作情况系数，见表 13-1；T 是轴的名义转矩（N·m）。

表 13-1　工作情况系数 K

原 动 机	工 作 机		
	转矩变化小	转矩变化 冲击载荷 中等	转矩变化 冲击载荷 大
电动机、汽轮机	1.3～1.5	1.7～1.9	2.3～3.1
多缸内燃机	1.5～1.7	1.9～2.1	2.5～3.3
单、双缸内燃机	1.8～2.4	2.2～2.8	2.8～4.0

然后，根据计算转矩 T_c、轴的转速 n 以及各轴端直径 d 等，从所选类型联轴器的标准中，确定所需要的型号和尺寸。凸缘联轴器、LT 型弹性套柱销联轴器和 LX 型弹性柱销联轴器的部分技术数据分别列于附表 13-1～附表 13-3，其他联轴器的技术数据可查国家标准或《机械设计手册》。选择时应满足：① 计算转矩 T_c 不超过联轴器的公称转矩 T_n，即 $T_c \leq T_n$；② 转速 n 不超过联轴器的许用转速 $[n]$，即 $n \leq [n]$；③ 轴端直径一般应在联轴器的孔径范围之内。

三、联轴器的标记

联轴器标记的构成如下：

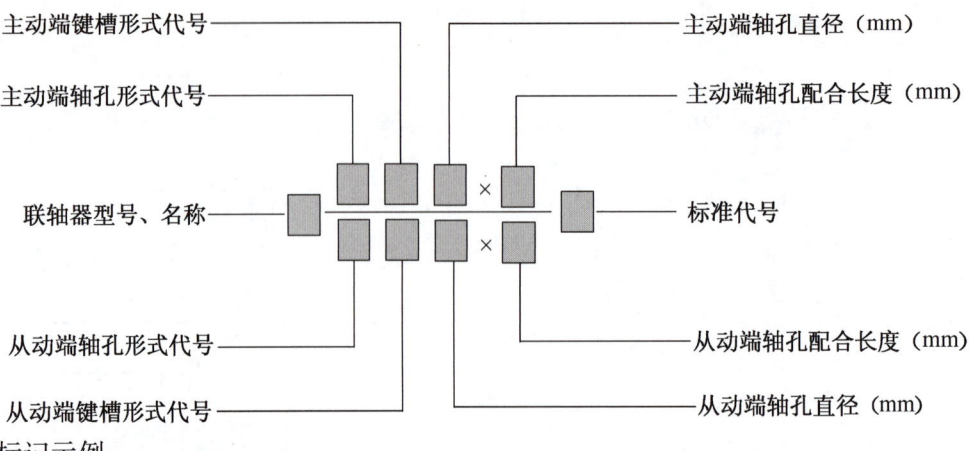

标记示例：

例1　LT5 弹性套柱销联轴器

主动端：J_1 型轴孔，A 型键槽，$d = 30\text{mm}$，$L = 50\text{mm}$

从动端：J_1 型轴孔，B 型键槽，$d = 35\text{mm}$，$L = 50\text{mm}$

LT5 联轴器 $\dfrac{J_1 30 \times 50}{J_1 B35 \times 50}$　GB/T 4323—2017

例2　LTZ10 带制动轮弹性套柱销联轴器

主动端：J_1 型轴孔，A 型键槽，$d = 85\text{mm}$，$L = 100\text{mm}$

从动端：J_1 型轴孔，A 型键槽，$d = 85\text{mm}$，$L = 100\text{mm}$

LTZ10 联轴器 $J_1 85 \times 100$　GB/T 4323—2017

其中，轴孔型式及其代号如图 13-12 所示，键槽型式及其代号见表 13-2。Y 型轴孔、A 型键槽的代号，在标记中可省略不注；联轴器两端轴孔和键槽的形式、尺寸相同时，只标记一端，另一端省略。联轴器的标记示例见附表 13-1~附表 13-3。

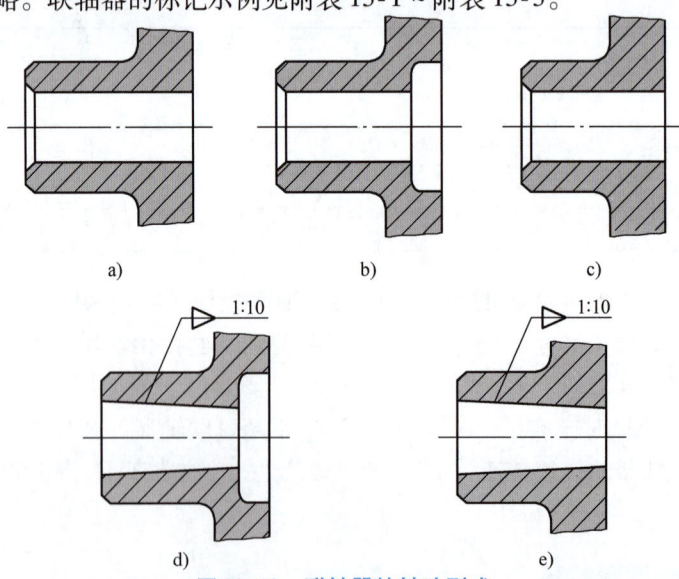

图 13-12　联轴器的轴孔型式

a) 圆柱形轴孔（Y 型）　b) 有沉孔的短圆柱形轴孔（J 型）　c) 无沉孔的短圆柱形轴孔（J_1 型）
d) 有沉孔的长圆锥形轴孔（Z 型）　e) 圆锥形轴孔（Z_1 型）

表 13-2 联轴器轴孔键槽的型式及其代号

轴孔形式	键槽形式	代　号
圆柱形轴孔	平键单键槽	A
	120°布置平键双键槽	B
	180°布置平键双键槽	B_1
圆锥形轴孔	平键单键槽	C

注：各种键槽的尺寸可参考 GB/T 3852—2017。平键键槽的尺寸也可按 GB/T 1096—2003 确定，其中槽宽的极限偏差取为 P9。

例 13-1 在图13-13所示的起重机传动系统中，已知蜗杆减速器的传动效率 $\eta = 0.8$，传动比 $i = 25$；减速器输入轴端直径 $d_1 = 35\text{mm}$，通过一联轴器与 Y160L 型电动机相连；输出轴端直径 $d_2 = 95\text{mm}$，通过另一联轴器与直径 $d_3 = 95\text{mm}$ 的卷筒轴相连。试选择减速器输入轴端和输出轴端的联轴器（查手册知，Y160L—6 型电动机额定功率 $P = 11\text{kW}$，转速为 $n = 970\text{r/min}$，轴径 $d = 42\text{mm}$，轴外伸端长度 $L = 110\text{mm}$）。

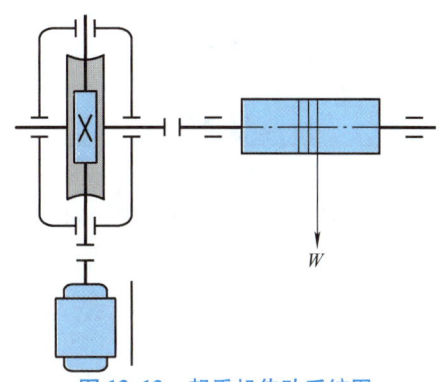

图 13-13 起重机传动系统图

解

计　算　与　说　明	主　要　结　果
1. 选择联轴器类型	
考虑到起重机起动频繁，而且负载起动，蜗杆轴工作时受热伸长量较大，输入端拟采用弹性套柱销联轴器；蜗轮轴转速低，转矩大，与卷筒轴的安装也不易对中，输出端拟采用弹性柱销联轴器	
2. 选择联轴器型号	
（1）计算名义转矩	
蜗杆轴名义转矩　　$T_1 = 9550 \dfrac{P}{n} = 9550 \times \dfrac{11}{970} \text{N} \cdot \text{m}$	$T_1 = 108 \text{N} \cdot \text{m}$
蜗轮轴转速　　$n_2 = \dfrac{n}{i} = \dfrac{970}{25} \text{r/min}$	$n_2 = 38.8 \text{r/min}$
蜗轮轴名义转矩　　$T_2 = 9550 \dfrac{P\eta}{n_2} = 9550 \times \dfrac{11 \times 0.8}{38.8} \text{N} \cdot \text{m}$	$T_2 = 2166 \text{N} \cdot \text{m}$
（2）确定计算转矩	
起重机械的载荷经常变化，按中等冲击载荷考虑，取工作情况系数 $K = 1.9$，则	
蜗杆轴计算转矩　　$T_{c1} = KT_1 = 1.9 \times 108 \text{N} \cdot \text{m}$	$T_{c1} = 205 \text{N} \cdot \text{m}$
蜗轮轴计算转矩　　$T_{c2} = KT_2 = 1.9 \times 2166 \text{N} \cdot \text{m}$	$T_{c2} = 4115 \text{N} \cdot \text{m}$
（3）选择联轴器型号	
由附表 13-2，蜗杆轴输入端选用 LT6 型弹性套柱销联轴器	LT6 联轴器
联轴器标记　　LT6 联轴器 $\dfrac{42 \times 112}{J_1 35 \times 60}$ GB/T 4323—2017	
公称转矩	$T_n = 250 \text{N} \cdot \text{m}$
许用转速	$[n] = 3800 \text{r/min}$
由附表 13-3，蜗轮轴输出端选用 LX7 型弹性柱销联轴器	LX7 联轴器
联轴器标记　　LX7 联轴器 $J_1 95 \times 132$ GB/T 5014—2017	
公称转矩	$T_n = 11200 \text{N} \cdot \text{m}$
许用转速	$[n] = 2360 \text{r/min}$

第二节 离 合 器

离合器的选择方法与联轴器类似。首先根据工作条件和使用要求确定离合器的类型，然后根据计算转矩 $T_c = KT$，在已有的标准或规范中选取适当的型号。工作情况系数 K 仍按表 13-1 选取。离合器种类繁多，常用的可分为牙嵌式与摩擦式两大类。这里仅介绍它们的工作原理及特点，供选型时参考，其主要尺寸和计算可查阅《机械设计手册》。

一、牙嵌离合器

牙嵌离合器由两个端面上带有牙的套筒组成（图 13-14a）。套筒 1 固定在主动轴上，套筒 2 用导向键 3 与从动轴连接。利用操纵机构移动套筒 2，可使两个套筒端面上的牙相互嵌合或分离，从而实现轴的接合与分离。为了便于两轴对中，在套筒 1 中固定有对中环 4，从动轴可在对中环内自由转动。

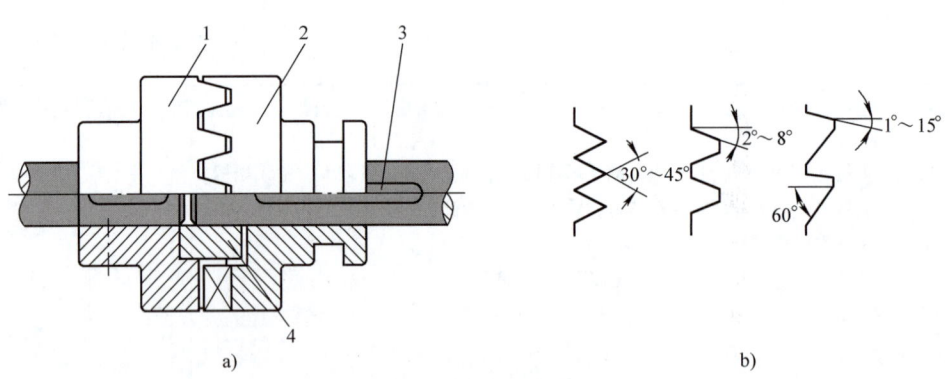

图 13-14 牙嵌离合器
1、2—套筒 3—导向键 4—对中环

牙嵌离合器的牙型有三角形、梯形和锯齿形等，牙型角如图 13-14b 所示。三角形牙便于接合与分离，但强度较弱，只适用于传递小转矩的低速离合器；梯形牙强度较高，能传递较大转矩，且又能自行补偿牙磨损后出现的牙侧间隙，从而避免由于间隙产生的冲击，故应用较广；锯齿形牙比梯形牙的强度还高，传递的转矩也更大，但只能传递单方向的转矩，且反转时齿面间会产生很大的轴向分力，迫使离合器自动分离，因此仅在特定的工作条件下采用。

梯形牙和锯齿形牙的牙数一般为 3~15，三角形牙的牙数一般为 15~60。要求传递转矩大时，应选用较少的牙数；要求接合时间短时，应选用较多的牙数；牙数越多，载荷分布越不均匀。牙嵌离合器的强度主要决定于牙齿，必要时应验算牙面的压强和牙根的弯曲强度。

离合器的材料通常采用低碳钢渗碳淬火或中碳钢表面淬火处理。

牙嵌离合器结构简单，尺寸小，所连接的两轴不会发生相对转动。但接合应在两轴不转动或转速差很小时进行，以免因受冲击载荷而使凸牙断裂。

二、摩擦离合器

图 13-15 所示单片式摩擦离合器是最简单的圆盘摩擦离合器，圆盘 1 固装在主动轴上，圆盘 2 通过导向键安装在从动轴上，操纵滑环 3 可使圆盘 2 作轴向移动。两盘接合时，在轴向力 F 的作用下，圆盘间产生圆周方向的摩擦力，从而实现转矩的传递。单片式离合器结构简单，散热性好，但传递的转矩小，多用于轻型机械。

图 13-16a 所示是一种典型的多片式摩擦离合器结构。主动轴 1 与外套 2 相连接，从动轴 10 与套筒 9 相连接，外套内装有一组摩擦片 4，也称外摩擦片，其形状如图 13-16b 所示。它们的外缘凸齿插在外套的轴向凹槽内，而内缘不与任何零件接触，故可随外套一起回转，又可沿轴向移动。套筒 9 上装有另一组摩擦片 5，也称内摩擦片，其形

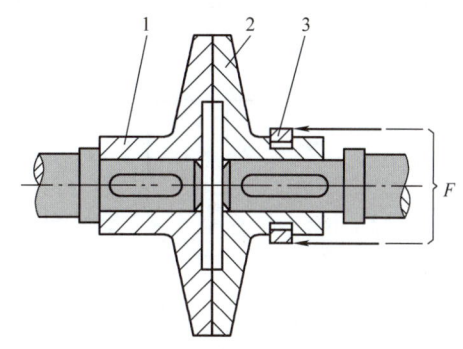

图 13-15　单片式摩擦离合器
1、2—圆盘　3—滑环

状如图 13-16c 所示。它们的内缘凸齿插在套筒的轴向凹槽内，而外缘不与任何零件接触，故可随套筒一起回转，也可沿轴向移动。套筒 9 上开有均布的几个纵向槽，每个槽内安装一个可绕销轴转动的曲臂压杆 8。当滑环 7 左移时，压杆 8 在滑环内锥面的作用下顺时针方向摆动，通过压板 3 将相间叠合的两组摩擦片压靠在调节螺母 6 上（图中所示位置），离合器进入接合状态。当滑环 7 右移至其内锥面与压杆 8 接触时，压杆下面的弹簧片迫使压杆逆时针方向摆动，内、外片之间的压力消失，离合器即分离。若把摩擦片 5 改成碟形（图 13-16d），则分离时借其本身的弹性能自动把摩擦片弹开。螺母 6 用于调节摩擦片之间的压力。

摩擦片材料常采用淬火钢片或压制石棉片。摩擦片的磨损和发热是设计和使用中的一个重要问题。为此，应控制摩擦面上的压强，有时还把摩擦片设计为浸油工作。

与单片式离合器相比，多片式离合器可以在不增加轴向压力和径向尺寸的情况下，通过增加摩擦片的数目来增加所传递的转矩，所以有利于降低离合器的转动惯量，宜用于高速传动中。但如果摩擦片的数目 z 过多，将影响离合器分离的灵活性，所以限制 $z \leqslant 25 \sim 30$。

与牙嵌离合器相比，圆盘摩擦离合器具有下列优点：①被连接的两轴能在任何转速下进行接合，且接合平稳；②改变摩擦面间的压力能调节从动轴的加速时间和所传递的最大转矩；③过载时将产生打滑现象，可避免其他零件受到损坏等。缺点是：①结构复杂，外廓尺寸大；②在接合与分离过程中产生滑动摩擦，所以磨损快、发热量大。

上述离合器也可以借助电磁力来操纵，称为电磁离合器。它依据信息而动作，所以便于遥控，尤其适用于程序控制。

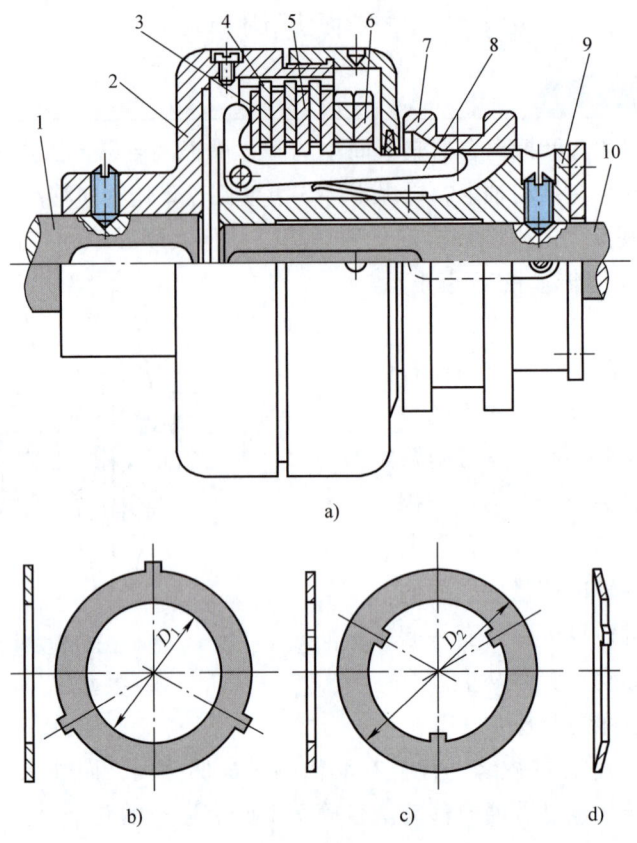

图 13-16 多片式摩擦离合器
1—主动轴 2—外套 3—压板 4、5—摩擦片 6—螺母 7—滑环
8—压杆 9—套筒 10—从动轴

习题

13-1 解释下列联轴器的标记：

(1) GY4 联轴器 $\dfrac{J_1 30 \times 60}{J_1 B_1 28 \times 44}$ GB/T 5843—2003 和 GYS5 联轴器 35×82 GB/T 5843—2003；

(2) LX3 联轴器 $\dfrac{35 \times 82}{J_1 B_1 38 \times 60}$ GB/T 5014—2017 和 LX5 联轴器 55×112 GB/T 5014—2017；

(3) LT3 联轴器 $\dfrac{ZC16 \times 30}{18 \times 42}$ GB/T 4323—2017 和 LT6 联轴器 40×112 GB/T 4323—2017。

13-2 泵与电动机之间用弹性套柱销联轴器连接。已知电动机型号为 Y112M，功率 $P = 4\text{kW}$，转速 $n = 1440\text{r/min}$，电动机轴外伸端直径 $d = 28\text{mm}$，长度 $L = 60\text{mm}$；泵的轴端直径 $d = 25\text{mm}$，长度 $L = 40\text{mm}$。试确定联轴器型号，并写出其标记。

13-3 一带式输送机的传动装置，如图 13-17 所示，已知输送带的速度 $v = 0.9\text{m/s}$，输送带的曳引力 $F = 3000\text{N}$，滚筒直径 $D = 320\text{mm}$，试选择联轴器 2（滚筒轴直径为 50mm，减速器输出轴直径为 50mm）。

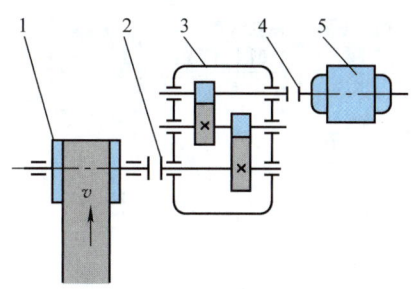

图 13-17　题 13-3 图

1—滚筒　2、4—联轴器　3—减速器　5—电动机

附表 13-1　凸缘联轴器

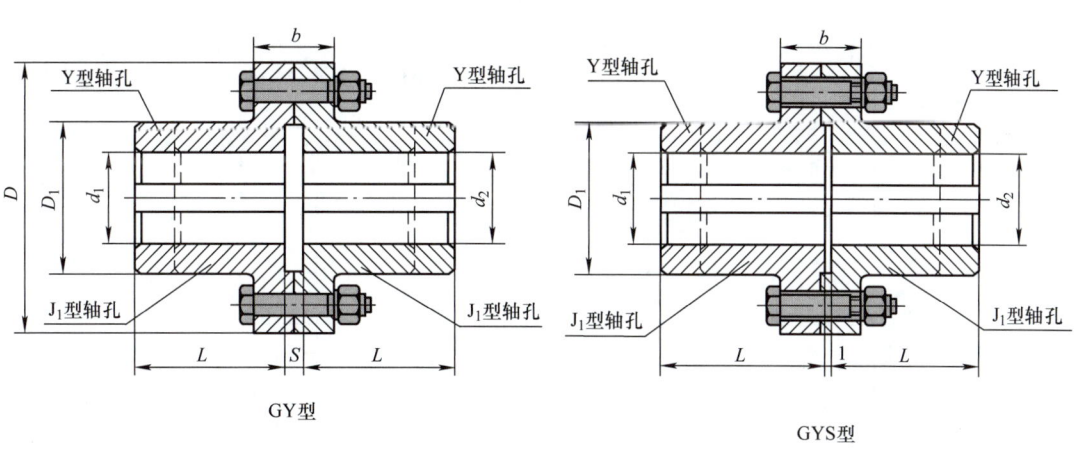

GY型　　　　　　　　　　　　　　　GYS型

标记示例：GY7 联轴器 $\dfrac{60 \times 142}{J_1 B_1 55 \times 84}$　GB/T 5843—2003

主动端：Y 型轴孔，A 型键槽，$d = 60\text{mm}$，$L = 142\text{mm}$

从动端：J_1 型轴孔，B_1 型键槽，$d = 55\text{mm}$，$L = 84\text{mm}$

（续）

型号	公称转矩 $T_n/(\text{N}\cdot\text{m})$	许用转速 $[n]/(\text{r}\cdot\text{min}^{-1})$	尺寸/mm 轴孔直径 d_1、d_2	轴孔长度 L Y型	J_1型	D	D_1	b	b_1	S	质量 m/kg	转动惯量 $I/(\text{kg}\cdot\text{m}^2)$
GY1 GYS1	25	12000	12	32	27	80	30	26	42	6	1.16	0.0008
			14									
			16	42	30							
			18									
			19									
GY2 GYS2	63	10000	16	42	30	90	40	28	44	6	1.72	0.0015
			18									
			19									
			20	52	38							
			22									
			24									
			25	62	44							
GY3 GYS3	112	9500	20	52	38	100	45	30	46	6	2.38	0.0025
			22									
			24									
			25	62	44							
			28									
GY4 GYS4	224	9000	25	62	44	105	55	32	48	6	3.15	0.003
			28									
			30	82	60							
			32									
			35									
GY5 GYS5	400	8000	30	82	60	120	68	36	52	8	5.43	0.007
			32									
			35									
			38									
			40	112	84							
			42									
GY6 GYS6	900	6800	38	82	60	140	80	40	56	8	7.59	0.015
			40	112	84							
			42									
			45									
			48									
			50									
GY7 GYS7	1600	6000	48	112	84	160	100	40	56	8	13.1	0.031
			50									
			55									
			56									
			60	142	107							
			63									
GY8 GYS8	3150	4800	60	142	107	200	130	50	68	10	27.5	0.103
			63									
			65									
			70									
			71									
			75									
			80	172	132							

注：1. 本表摘自 GB/T 5843—2003。
2. 表中 b_1 为 GYH 型有对中环凸缘联轴器外缘的宽度尺寸。
3. B_1 型键槽为 180°布置平键双键槽。
4. 质量、转动惯量是按 GY 型联轴器 Y/J_1 轴孔组合型式和最小轴孔直径计算的。

附表 13-2　LT 型弹性套柱销联轴器

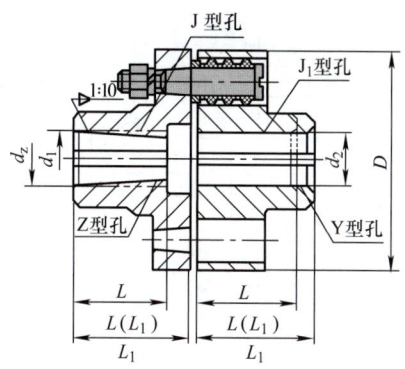

标记示例：LT5 联轴器 $\dfrac{ZC30 \times 60}{J_1 28 \times 44}$ GB/T 4323—2017

主动端：Z 型轴孔，C 型键槽，$d = 30\,\text{mm}$，$L_1 = 60\,\text{mm}$

从动端：J_1 型轴孔，A 型键槽，$d = 28\,\text{mm}$，$L_1 = 44\,\text{mm}$

型号	公称转矩 $T_n/(\text{N·m})$	许用转速 $[n]/(\text{r·min}^{-1})$	尺寸/mm					质量 m /kg	转动惯量 $I/(\text{kg·m}^2)$
			轴孔直径 d_1, d_2, d_z	轴孔长度			D		
				Y 型	J, J_1, Z 型				
				L	L_1	L	$L_{推荐}$		
LT1	6.3	8800	9	20	14	—	25	71	0.82	0.0005
			10、11	25	17					
			12、14	32	20					
LT2	16	7600	12、14	32	20		35	80	1.20	0.0008
			16、18、19	42	30	42				
LT3	31.5	6300	16、18、19	42	30	42	38	95	2.20	0.0023
			20、22	52	38	52				
LT4	63	5700	20、22、24	52	38	52	40	106	2.84	0.0037
			25、28	62	44	62				
LT5	125	4600	25、28	62	44	62	50	130	6.05	0.0120
			30、32、35	82	60	82				
LT6	250	3800	32、35、38	82	60	82	55	160	9.57	0.0280
			40、42							
LT7	500	3600	40、42、45、48	112	84	112	65	190	14.01	0.0550
LT8	710	3000	45、48、50、55、56	112	84	112	70	224	23.12	0.1340
			60、63	142	107	142				
LT9	1000	2850	50、55、56	112	84	112	80	250	30.69	0.2130
			60、63、65、70、71	142	107	142				
LT10	2000	2300	63、65、70、71、75	142	107	142	100	315	61.40	0.6600
			80、85、90、95	172	132	172				

注：1. 本表摘自 GB/T 4323—2017。

2. 质量、转动惯量按材料为铸钢、无孔、$L_{推荐}$ 计算近似值。

附表 13-3 LX 型弹性柱销联轴器

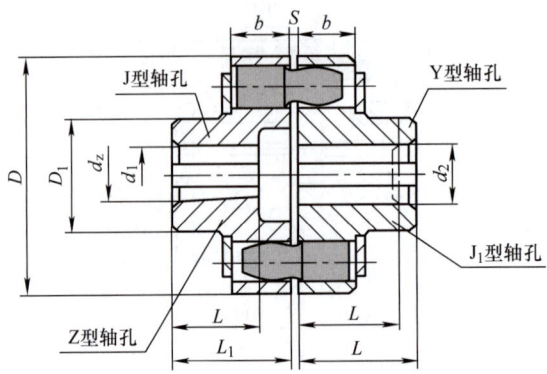

标记示例：LX4 联轴器 $J_1 B_1 45 \times 84$ GB/T 5014—2017
主动端和从动端均为：J_1 型轴孔，B_1 型键槽，$d=45mm$，$L=84mm$

型号	公称转矩 $T_n/(N \cdot m)$	许用转速 $[n]/(r \cdot min^{-1})$	轴孔直径 d_1,d_2,d_z	轴孔长度 L Y型 L	J、J_1、Z型 L	L_1	D	D_1	b	S	质量 m/kg	转动惯量 $I/(kg \cdot m^2)$
LX3	1250	4750	30	82	60	82	160	75	36	2.5	8	0.026
			32									
			35									
			38									
			40	112	84	112						
			42									
			45									
			48									
LX4	2500	3870	40	112	84	112	195	100	45	3	22	0.109
			42									
			45									
			48									
			50									
			55									
			56									
			60	142	107	142						
			63									
LX5	3150	3450	50	112	84	112	220	120	45	3	30	0.191
			55									
			56									
			60	142	107	142						
			63									
			65									
			70									
			71									
			75									

（续）

型号	公称转矩 $T_n/(\text{N·m})$	许用转速 $[n]/(\text{r·min}^{-1})$	尺寸/mm								质量 m/kg	转动惯量 $I/(\text{kg·m}^2)$
			轴孔直径 d_1、d_2、d_z	轴孔长度 L			D	D_1	b	S		
				Y型 L	J、J_1、Z型 L							
						L_1						
LX6	6300	2720	60	142	107	142	280	140	56	4	53	0.543
			63									
			65									
			70									
			71									
			75									
			80	172	132	172						
			85									
LX7	11200	2360	70	142	107	142	320	170	56	4	98	1.314
			71									
			75									
			80	172	132	172						
			85									
			90									
			95									
			100	212	167	212						
			110									
LX8	16000	2120	80	172	132	172	360	200	56	5	119	2.023
			85									
			90									
			95									
			100	212	167	212						
			110									
			120									
			125									
LX9	22400	1850	100	212	167	212	410	230	63	5	197	4.386
			110									
			120									
			125									
			130	252	202	252						
			140									
LX10	35500	1600	110	212	167	212	480	280	75	6	322	9.760
			120									
			125									
			130	252	202	252						
			140									
			150									
			160									
			170	302	242	302						
			180									

注：1. 本表摘自 GB/T 5014—2017。
   2. 质量、转动惯量是按 J/Y 轴孔组合型式和最小轴孔直径计算的。

> **重点学习内容**

1. 弹簧的功用、类型及材料
2. 圆柱螺旋压缩（拉伸）弹簧的结构、制造及设计计算

第一节 弹簧的功用、类型及材料

弹簧是机械设备中广泛应用的一种弹性元件。它是利用材料的弹性和结构特点，通过变形提供弹性力和储存能量来进行工作的。

一、弹簧的功用

弹簧的主要功用有：①控制机构的运动或零件的位置，例如离合器、凸轮机构、阀门及调速器中的弹簧；②缓冲及吸振，例如汽车、火车车厢下的减振弹簧，各种缓冲器中的弹簧；③储存能量作为动力源，例如机械钟表、仪器、玩具等使用的发条，枪栓弹簧；④测量力和力矩，例如弹簧秤、测力器中的弹簧等。

二、弹簧的类型

弹簧的种类很多，按其形状的不同可分为螺旋弹簧、环形弹簧、碟形弹簧、平面涡卷弹簧和板弹簧等。

1. 螺旋弹簧

螺旋弹簧是用金属丝按螺旋线卷绕而成的。按照所能承受载荷的不同，分为拉伸弹簧（图 14-1a）、压缩弹簧（图 14-1b、c、d）、扭转弹簧（图 14-1e）等。按照轴向形状的不同，可分为圆柱形弹簧（图 14-1a、b、c、e）、圆锥形弹簧（图 14-1d）等。圆柱形弹簧因其受力和变形成正比，便于生产，故应用最广；圆锥形弹簧具有防共振的能力，稳定性好，多用于承受较大的载荷和减振。按照金属丝横截面形状的不同，分为圆形截面弹簧（图 14-1a、b、d、e）和矩形截面弹簧（图 14-1c）。在所占空间相同时，后者能吸收的能量多。

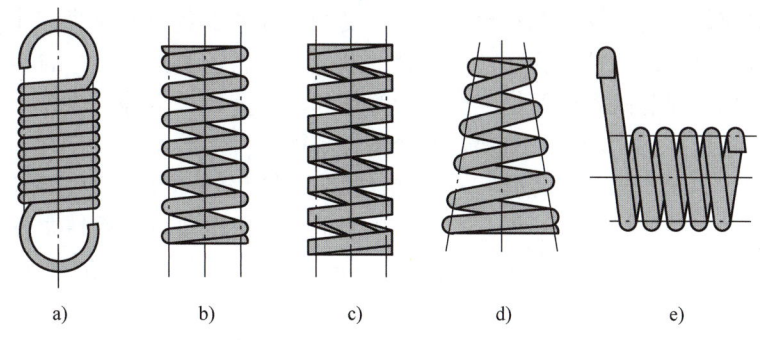

图 14-1 螺旋弹簧

a) 圆柱形拉伸弹簧　b) 圆截面圆柱形压缩弹簧　c) 矩形截面圆柱形压缩弹簧
d) 圆锥形压缩弹簧　e) 扭转弹簧

2. 环形弹簧和碟形弹簧

环形弹簧（图 14-2a）和碟形弹簧（图 14-2b）都是压缩弹簧，在工作过程中，其一部分能量消耗在各圈之间的摩擦上，因此具有很强的缓冲吸振能力，多用于重型机械的缓冲装置。

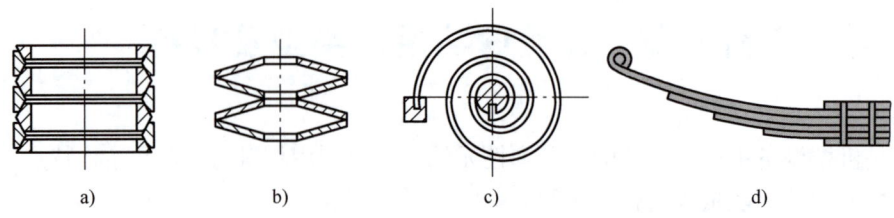

图 14-2　非螺旋弹簧

a）环形弹簧　b）碟形弹簧　c）平面涡卷弹簧　d）板弹簧

3. 平面涡卷弹簧

这种弹簧又称盘簧（图 14-2c），其轴向尺寸很小，常用作仪表和钟表的储能装置。

4. 板弹簧

板弹簧（图 14-2d）是由许多长度不同的钢板叠合而成，主要用作各种车辆的减振装置。

按制作弹簧材料的不同，弹簧还可分为金属弹簧和非金属弹簧。上述弹簧都是金属弹簧，而弹性套柱销联轴器中的弹性套是用橡胶制成的弹簧，图 14-3 所示为单囊式空气弹簧。下面仅介绍广泛使用的金属弹簧材料。

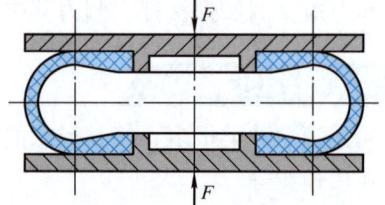

图 14-3　单囊式空气弹簧

三、弹簧的材料及许用应力

1. 弹簧的材料

工作性质和条件对弹簧材料的要求是多方面的。为保证弹簧的变形始终在弹性范围内，弹簧材料必须具有较高的弹性极限；对于经常承受交变或冲击载荷的弹簧，其材料还应具有较高的疲劳极限和足够的韧性；为了便于弹簧的制造，材料还要具有良好的塑性和热处理性能等。弹簧的常用材料有碳素弹簧钢、合金弹簧钢和有色金属合金等。选择弹簧材料时，应充分考虑弹簧的工作条件、功用、重要性和经济性等因素。

碳素弹簧钢，如 65、70、80 钢等，其价格便宜，供应充足，热处理后具有较高的强度、适宜的韧性和塑性，故应用最广。但它的弹性极限低，多次重复变形后易失去弹性，不适合在高于 120℃ 的温度下工作；弹簧钢丝直径 >12mm 时，不易淬透，只适用于制造小尺寸的弹簧。

合金弹簧钢，如硅锰钢和铬矾钢等，用于制作承受变载荷、冲击载荷或工作温度较高的弹簧。

有色金属合金，如硅青铜、锡青铜和铍青铜等，用于制作在潮湿、酸性或其他腐蚀性介质中工作的弹簧。

2. 许用应力

弹簧丝常用材料的许用应力、特点及应用见表 14-1。许用应力与载荷性质有关，作用次数在 10^6 次以上的变载荷属于 Ⅰ 类载荷，如内燃机阀门弹簧、电磁闸瓦制动器弹簧受到的载荷；作用次数在 $10^3 \sim 10^5$ 次的变载荷以及冲击载荷属于 Ⅱ 类载荷，如调速器弹簧、一般车辆弹簧受到的载荷；作用次数在 10^3 次以下的变载荷（即基本为静载荷）属于 Ⅲ 类载荷，如一般溢流阀弹簧、摩托车摩擦式安全离合器弹簧等受到的载荷。碳素弹簧钢丝的许用应力还与其抗拉强度极限有关，其抗拉强度极限见表 14-2。按用于制作低应力、中应力和高应力三种弹簧的情况，应分别选用 B、C 和 D 三个等级的碳素弹簧钢丝。

表 14-1　螺旋弹簧的常用材料和许用应力

材料		许用应力 $[\tau]$/MPa			推荐使用温度/℃	推荐硬度范围	特点及应用
类别	牌号	Ⅰ	Ⅱ	Ⅲ			
碳素弹簧钢丝	B、C、D 级	$0.3R_m$	$0.4R_m$	$0.5R_m$	-40~120		价廉易得，热处理后强度较高，但尺寸大时不易淬透，多用于制作小弹簧
锰钢	65Mn	340	455	570	-40~120		
合金钢丝	60Si2Mn	480	640	800	-40~200	45~50HRC	弹性和回火稳定性好，但易脱碳，适用于制造受重载的大弹簧
	50CrVA	450	600	750	-40~210		有高的疲劳极限，弹性、淬透性和回火稳定性好，常用于制造受变载荷的弹簧
合金钢丝	60Si2CrVA	570	760	950	-40~250	47~52HRC	强度高，弹性好，耐高温，适用于承受重载荷的弹簧
不锈钢丝	40Cr13	450	600	750	-40~300	48~53HRC	耐腐蚀，耐高温，适用于受腐蚀介质影响的弹簧
青铜丝	QSi3-1	270	360	450	-40~120	90~100HBW	耐腐蚀，防磁，适用于机械或仪表中的弹簧
	QSn4-3	270	360	450			

表 14-2　碳素弹簧钢丝的抗拉强度极限　　　　　　　　　　　　　　（MPa）

直径/mm	…	1.0	1.2	1.4	1.6	1.8	2.0	2.2	2.5	2.8	3.0
B 级	…	1660	1620	1620	1570	1520	1470	1420	1420	1370	1370
C 级	…	1960	1910	1860	1810	1760	1710	1660	1660	1620	1570
D 级	…	2300	2250	2150	2110	2010	1910	1810	1760	1710	1710
直径/mm	3.2	3.5	4.0	4.5	5.0	5.5	6.0	6.5	7.0	8.0	…
B 级	1320	1320	1320	1320	1320	1270	1220	1220	1170	1170	…
C 级	1570	1570	1520	1520	1470	1470	1420	1420	1370	1370	…
D 级	1660	1660	1620	1620	1570	1570	1520	—	—	—	…

注：本表摘自 GB/T 23935—2009。

在一般机械中，最常用的是用圆截面金属丝绕成的圆柱螺旋压缩（拉伸）弹簧，故本章只讨论这种弹簧的结构、制造与设计。

第二节　圆柱螺旋压缩（拉伸）弹簧的结构、制造与设计

一、圆柱螺旋压缩（拉伸）弹簧的结构

1. 圆柱螺旋压缩弹簧

如图 14-4 所示，直径为 d 的弹簧丝，沿中径 D 旋绕，旋向为右旋（一般应采用右旋），

螺旋升角 α；在自由状态下，高度为 H_0，节距为 t，各圈之间有适当的间距 δ，以便弹簧受压时有足够的变形空间，即在最大载荷作用下，各圈之间仍保留一定的间距 δ_1，一般推荐 $\delta_1=0.1d \geqslant 0.2 \mathrm{mm}$。

弹簧的端部结构如图 14-5 所示，其中 YⅠ型和 YⅡ型弹簧两端各有 0.75~1.75 圈并紧圈，不参与变形，起支承作用，称为支承圈。弹簧能参与变形的圈数称为有效圈数。在重要的场合下，应采用两端圈并紧并磨平的 YⅠ型端部结构，以保证弹簧轴线与支承面垂直，从而使弹簧受压时不致于歪斜。磨平部分应不少于弹簧圆周长度的 3/4，末端厚度约为 $d/4$，一般端面的表面粗糙度值 $Ra \leqslant 25 \mathrm{\mu m}$。

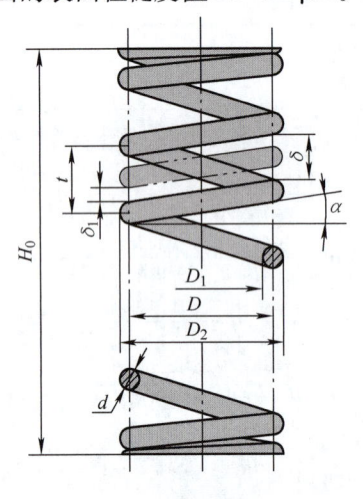

图 14-4　压缩弹簧

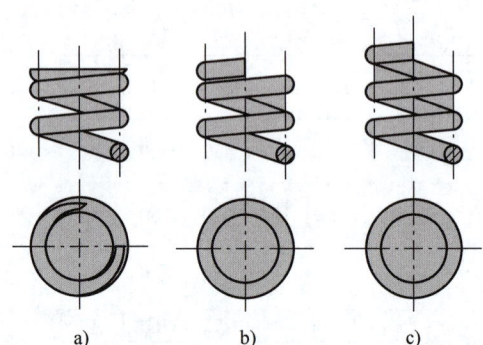

图 14-5　压缩弹簧的端部结构
a) YⅠ型　b) YⅡ型　c) YⅢ型

弹簧的总圈数 n_1 等于有效圈数 n 与支承圈数 n_2 之和，即 $n_1=n+n_2$。为了使弹簧具有稳定的工作性能，设计时应使弹簧的有效圈数 $n \geqslant 2$，支承圈的圈数 n_2 一般取 1.5，2，2.5，推荐总圈数为 0.5 的倍数。

2. 圆柱螺旋拉伸弹簧

其螺旋结构与圆柱螺旋压缩弹簧的基本相同，不同的是：在自由状态下，圆柱螺旋拉伸弹簧各圈相互并拢，即间距 δ 等于零。这类弹簧可分为无预应力和有预应力两种，前者的各圈虽然并紧，但相互间没有压紧力，故在自由状态下弹簧丝中没有预应力；而后者是在卷绕成形时，使弹簧丝绕其自身轴线扭转，制成弹簧的各圈之间具有一定压紧力，故在自由状态下弹簧丝中存在着一定的预应力。有预应力的拉伸弹簧主要用在要求弹簧轴向尺寸较小的场合。

为了便于安装和加载，圆柱螺旋拉伸弹簧端部制有挂钩（图 14-6）。LⅠ、LⅢ型挂钩（图 14-6a，b）制造方便，应用很广，但加载时在挂钩根部的过渡圆角处会产生很大的弯曲应力，所以只适用于簧丝直径 $d \leqslant 10 \mathrm{mm}$ 的弹簧。LⅦ、LⅧ型挂钩（图 14-6c，d）是另外装上去的活动挂钩，所以没有上述缺点，而且挂钩可以绕弹簧轴线转到任意方向，便于安装。LⅦ型挂钩伸出的长度在一定范围内还可调，故在受力较大的场合，最好采用 LⅦ型挂钩，但其价格较贵。对于 LⅠ、LⅢ型拉伸弹簧，总圈数等于有效圈数，即 $n_1=n$。

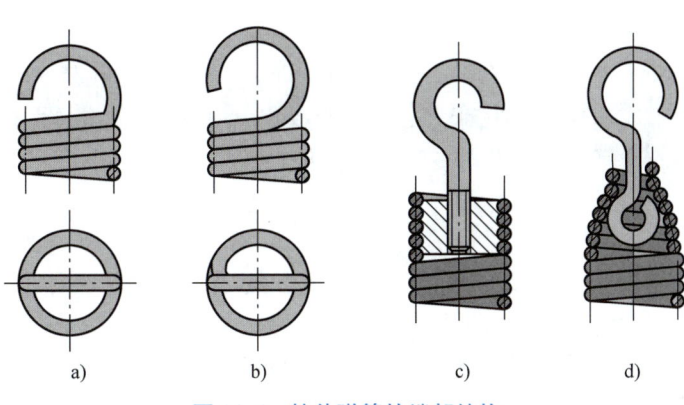

图 14-6 拉伸弹簧的端部结构

a) LⅠ型   b) LⅢ型   c) LⅦ型   d) LⅧ型

二、圆柱螺旋弹簧的制造

圆柱螺旋弹簧的制造过程包括卷制、端面加工或挂钩的制作、热处理及工艺性试验等环节。

螺旋弹簧在大量生产时,卷制工作在自动卷簧机上进行;单件或小批量生产时,则常在卧式车床或手工旋绕器上把弹簧丝卷绕在芯棒上成形。卷制分冷卷和热卷两种。当簧丝直径小,通常在 8~10mm 以下时,或弹簧直径较大易于卷绕时,一般采用冷卷法;冷卷的弹簧多用经过预热处理的冷拉碳素弹簧钢丝。如果簧丝直径大于 8mm,或簧丝直径虽然较小,但弹簧直径也较小,或钢丝太硬,则需采用热卷法。热卷时的温度随簧丝的粗细在 800~1000℃ 的范围内选择。不论采用冷卷或热卷,卷制后均应视其具体情况对弹簧的节距作必要的调整。

对于重要的压缩弹簧,应在专用磨床上磨平端面;对于拉伸弹簧,两端应制出挂钩。

冷卷后的弹簧不再淬火,可经过低温回火消除内应力;热卷后的弹簧则必须经过淬火和回火处理。

弹簧制作完成后,要根据技术条件的规定,进行精度、冲击、疲劳等试验,以检验弹簧是否符合技术要求。弹簧的疲劳强度和抗冲击强度在很大程度上取决于弹簧的表面状态,所以弹簧的表面必须光洁,没有裂纹和伤痕等缺陷,脱碳层深度应符合技术条件的规定。

三、弹簧的特性曲线

工作在弹性变形范围内的弹簧,承受轴向载荷后将发生弹性变形。如图 14-7 所示,圆柱螺旋压缩弹簧受载荷 F 作用而产生压缩变形。若取纵坐标表示弹簧承受的载荷,横坐标表示弹簧的弹性变形,可得到弹簧的载荷—变形曲线,这样的曲线称为弹簧的特性曲线。

为了使弹簧可靠地安装在工作位置上,通常预加一个最小工作载荷 F_1,这时弹簧的变形量为 λ_1,长度为 H_1。当弹簧受到最大工作载荷 F_2 作用时,变形量为 λ_2,长度为 H_2。最大工作载荷下的变形量 λ_2 与最小工作载荷下的变形量 λ_1 之差,称为弹簧的工作行程,用 h 表示,即

$$h = \lambda_2 - \lambda_1 \tag{14-1}$$

使弹簧丝的应力达到材料弹性极限时的载荷 $F_{\lim}$ 称为极限载荷。在其作用下,弹簧的变形量

为 $\lambda_{\lim}$，长度为 $H_{\lim}$。

通常取弹簧的最小工作载荷 $F_1 = (0.1 \sim 0.5)F_2$。最大工作载荷 F_2 由弹簧在机构中的工作条件决定，但不应达到极限载荷 $F_{\lim}$，一般取 $F_2 \leq 0.8F_{\lim}$。在弹性极限范围内，对于节距相等的圆柱螺旋弹簧，其载荷与变形基本成线性关系，即认为

$$\frac{F_1}{\lambda_1} = \frac{F_2}{\lambda_2} = k \tag{14-2}$$

式中，k 称为弹簧的刚度，是表示弹簧特性的主要参数之一。刚度越大，弹簧产生单位变形所需要的力越大，因此弹簧的弹力也越大。

对于受载和变形的关系，圆柱螺旋拉伸弹簧和圆柱螺旋压缩弹簧都是一样的，不同的只是一个受拉力作用，产生拉伸变形，另一个受压力作用，产生压缩变形。图 14-8 所示是圆柱螺旋拉伸弹簧的受载与变形、无预应力的特性曲线、有预应力的特性曲线。对于有预应力的圆柱螺旋拉伸弹簧，受载时先要抵消卷制时在各圈之间产生的预压力 F_0，然后才开始变形。因此，在确定弹簧的最小工作载荷时，应使 $F_1 > F_0$，并以 $F_1 - F_0$ 和 $F_2 - F_0$ 分别代替式（14-2）中的 F_1 和 F_2 计算弹簧的刚度。

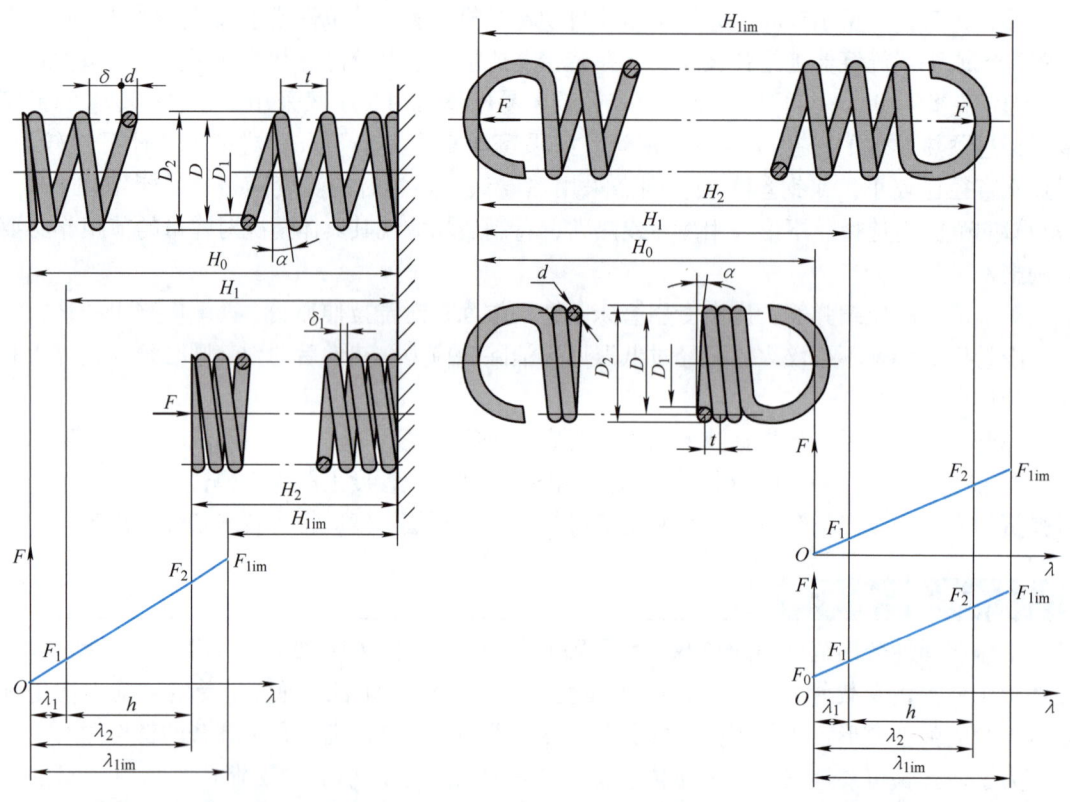

图 14-7　圆柱螺旋压缩弹簧的特性曲线　　　　图 14-8　圆柱拉伸弹簧的特性曲线

弹簧特性曲线应绘在弹簧的零件工作图中，作为检验和试验的依据之一。在设计弹簧时，利用特性曲线分析载荷与变形的关系也比较方便。但是，一般弹簧的特性曲线并非直线，如圆锥弹簧（图 14-1d）和变节距（$t \neq$ 常数）弹簧；圆柱螺旋弹簧的特性曲线只是近

似的直线，矩形截面弹簧的特性曲线近似直线的程度比圆形截面弹簧的还好。

四、弹簧的应力、变形和稳定性计算

下面讨论的是在Ⅲ类载荷（静载荷）作用下弹簧的应力、变形和稳定性计算。

1. 应力计算

应力计算的目的是确定簧丝的直径。图14-9a所示是被截去下部的压缩弹簧，截面通过弹簧的轴线。弹簧在最大工作载荷 F_2 作用下，该截面上作用着剪力 F_2 和扭矩 $T = F_2D/2$。由于弹簧的螺旋升角 α 很小（通常在5°~9°范围内），为简化计算，把该截面作为弹簧丝的法截面，即截面积为圆面积；同时考虑到剪力引起的应力远比扭矩引起的应力小，也将其略去。由材料力学可知，弹簧丝截面上的最大应力为

$$\tau_{\max} = \frac{8F_2 D}{\pi d^3}$$

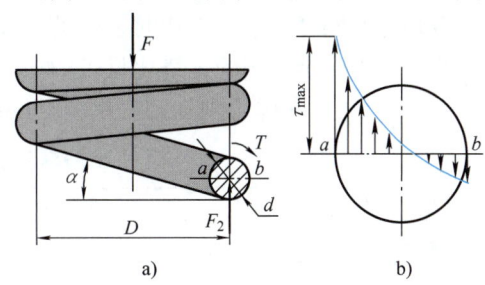

图14-9 弹簧丝的应力分析
a) 截面受力　b) 截面应力

精确的分析应该计入弹簧丝升角和曲率的影响，此时弹簧丝截面上应力分布如图14-9b所示，在其内侧 a 点处有最大值。为补偿上述简化计算带来的误差，引入曲度系数 K；且令 $C = D/d$，C 称为旋绕比，则弹簧丝的强度条件为

$$\tau_{\max} = K\frac{8F_2 D}{\pi d^3} = K\frac{8F_2 C}{\pi d^2} \leqslant [\tau] \qquad (14\text{-}3)$$

于是弹簧丝直径

$$d \geqslant 1.6\sqrt{\frac{KF_2 C}{[\tau]}} \qquad (14\text{-}4)$$

式中，$[\tau]$ 是弹簧材料的许用应力（MPa）；其余各参数的单位为 F_2(N)；D、d(mm)；$\tau_{\max}$(MPa)。

曲度系数 K 为

$$K = \frac{4C-1}{4C-4} + \frac{0.615}{C} \qquad (14\text{-}5)$$

式（14-3）、式（14-4）也适用于拉伸弹簧的计算。

2. 变形计算

变形计算的目的是确定弹簧的有效圈数，即工作圈数。由材料力学可知，有效圈数为 n 的压缩弹簧在载荷 F 的作用下，其轴向变形量为

$$\lambda = \frac{8FD^3 n}{Gd^4} = \frac{8FC^3 n}{Gd} \qquad (14\text{-}6)$$

于是弹簧圈数

$$n = \frac{G\lambda d}{8FC^3} = \frac{Gd}{8kC^3} \qquad (14\text{-}7)$$

式中，λ 是弹簧变形量（mm）；G 是弹簧材料的切变模量（MPa），钢：$G = 8 \times 10^4$ MPa，青

铜：$G = 4 \times 10^4 \text{MPa}$。

式（14-6）、式（14-7）适用于压缩弹簧和无预应力的拉伸弹簧。对于有预应力的拉伸弹簧，应以 $F - F_0$ 代替式中的 F。

旋绕比和弹簧刚度是弹簧设计中的两个重要参数。由式（14-6）可知，弹簧刚度

$$k = \frac{F}{\lambda} = \frac{Gd}{8C^3 n} \tag{14-8}$$

可见，旋绕比 C 对弹簧刚度 k 影响很大。在弹簧丝直径 d 和其他条件相同的情况下，C 值越小，k 越大，弹簧越硬，卷制就越困难，因此 C 值不宜取得过小；反之，C 值也不可取得过大，否则弹簧刚度过小，工作时易颤动。设计时，一般取 $C = 4 \sim 16$，常用范围 $C = 5 \sim 10$。不同弹簧丝直径推荐用的旋绕比见表 14-3。

G、d、C、n 对弹簧刚度都有影响，设计时应综合考虑这些因素。

表 14-3 旋绕比 C 的荐用值

弹簧丝直径 d/mm	0.2~0.4	0.5~1.0	1.1~2.2	2.5~6	7.0~16	≥18
旋绕比 C	7~14	5~12	5~10	4~9	4~8	4~6

3. 压缩弹簧的稳定性计算

对于圆柱螺旋压缩弹簧，当高度较大、弹簧直径较小时，受力后容易失去稳定性而产生较大的侧向弯曲（图 14-10a），使得弹簧不能正常工作。将弹簧的自由高度 H_0 与中径 D 的比值称为高径比 b，即 $b = H_0/D$。为了保证压缩弹簧的稳定性，应校核其高径比：当弹簧两端为固定端（图 14-11a）时，取 $b \leq 5.3$；当弹簧一端为固定端，另一端为自由转动端（14-11b）时，取 $b \leq 3.7$；当弹簧两端均为自由转动端时，取 $b \leq 2.6$。如果不满足上述条件，应重新选取参数计算，也可通过加装导杆或导套来提高弹簧的稳定性（图 14-10b、c）。

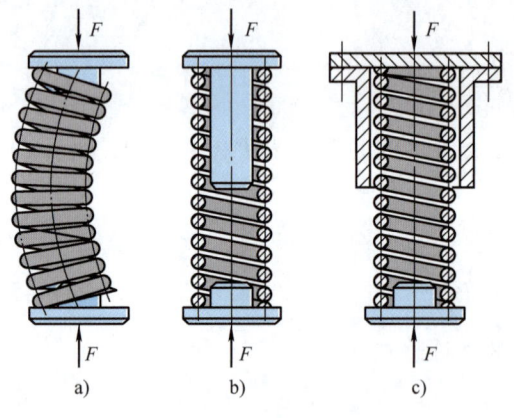

图 14-10 压缩弹簧的稳定性
a) 侧向弯曲　b) 加装导杆　c) 加装导套

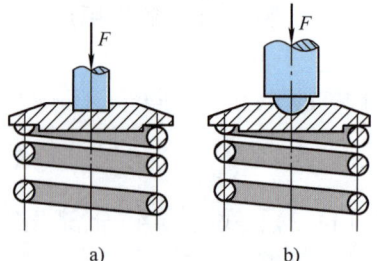

图 14-11 压缩弹簧的支承
a) 固定端　b) 自由转动端

五、弹簧的主要参数及几何尺寸计算

弹簧的几何尺寸如图 14-7 和图 14-8 所示，主要参数及几何尺寸计算公式见表 14-4，部分参数及几何尺寸的标准系列值见表 14-5，设计时应尽量选取标准值。

表 14-4　圆柱螺旋弹簧的主要参数及几何尺寸计算

名称及符号		计算公式		备 注
		压　缩	拉　伸	
弹簧丝直径 d		由式（14-4）计算		按表 14-5 取标准值
中径 D		$D = Cd$ 或按结构尺寸决定		按表 14-5 取标准值
内径 D_1		$D_1 = D - d$		
外径 D_2		$D_2 = D + d$		
旋绕比 C		$C = D/d$		荐用值见表 14-3
有效圈数 n		由式（14-7）计算		按表 14-5 取标准值
支承圈数 n_2	YⅠ型	$n_2 = 1.5,\ 2,\ 2.5$	LⅠ、LⅢ型 $n_2 = 0$	
	YⅡ型	$n_2 = 2,\ 2.5$		
总圈数 n_1		$n_1 = n + n_2$	$n_1 = n$	
间距 δ		$\delta \geq \dfrac{\lambda_2}{n} + 0.1d$	$\delta = 0$	
节距 t		$t = d + \delta$	$t = d$	
自由高度 H_0	YⅠ型	$H_0 = nt + (n_2 - 0.5)d$	$H_0 = nt +$ 两端挂钩的轴向长度	压缩弹簧的 H_0，按表 14-5 取标准值
	YⅡ型 YⅢ型	$H_0 = nt + (n_2 + 1)d$		
螺旋升角 α		$\alpha = \arctan\dfrac{t}{\pi D}$		压缩弹簧一般取 $\alpha = 5° \sim 9°$
弹簧丝展开长度 L		$L = \dfrac{\pi D n_1}{\cos \alpha}$	$L \approx \pi D n_1 +$ 两端钩环的展开长度	

表 14-5　圆柱螺旋弹簧的尺寸系列值

弹簧丝直径 d/mm	第一系列	…	0.25	0.3	0.35	0.4	0.45	0.5	0.6	0.7	0.8	0.9	1
		1.2	1.6	2	2.5	3	3.5	4	4.5	5	6	8	10
		12	15	16	20	25	30	35	40	45	50	60		
弹簧中径 D/mm		…	4	4.2	4.5	5	5.5	6	6.5	7	7.5	8	8.5
		9	10	12	14	16	18	20	22	25	28	30	32
		38	42	45	48	50	52	55	58	60	65	70	75
		80	85	90	95	100	105	110	115	120	125	130	135
		140	145	150	160	170	180	190	200	210	220	230	…
有效圈数 n	压缩弹簧	2	2.25	2.5	2.75	3	3.25	3.5	3.75	4	4.25	4.5	4.75
		5	5.5	6	6.5	7	7.5	8	8.5	9	9.5	10	10.5
		11.5	12.5	13.5	14.5	15	16	18	20	22	25	28	30
	拉伸弹簧	2	3	4	5	6	7	8	9	10	11	12	13
		14	15	16	17	18	19	20	22	25	28	30	35
		40	45	50	55	60	65	70	80	90	100		
自由高度 H_0/mm	压缩弹簧（推荐选用）	…	10	11	12	13	14	15	16	17	18	19	20
		22	24	26	28	30	32	35	38	40	42	45	48
		50	52	55	58	60	65	70	75	80	85	90	95
		100	105	110	115	120	130	140	150	160	170	180	190
		200	220	240	260	280	300	320	340	360	380	400	…

注：本表摘自 GB/T 1358—2009。

六、弹簧的设计计算

设计弹簧时应满足的要求是：有足够的强度，符合载荷—变形特性曲线的要求，压簧不侧弯等。通常的已知条件为：弹簧所承受的最大工作载荷 F_2 和相应的变形量 λ_2，以及空间尺寸的限制、工作温度要求等。

设计弹簧主要应解决的问题是：①根据工作条件选择合适的材料及结构形式；②确定弹簧丝的直径 d 和弹簧的主要几何尺寸；③计算弹簧的刚度 k、有效圈数 n 和总圈数 n_1；④计算弹簧的变形量；⑤对于压缩弹簧，还需检验其稳定性；⑥绘制零件工作图。

对于碳素钢弹簧，许用应力 $[\tau]$ 还与弹簧丝直径 d 有关，所以设计时需要用试算法确定弹簧丝直径。通常是先估取弹簧丝的直径 d，确定 $[\tau]$，然后由式（14-4）试算弹簧丝的直径 d'，若 d 等于或略大于 d'，则 d 就可作为弹簧丝的直径；否则应重新取 D 和 d。具体设计见例14-1。

例 14-1 设计一圆柱螺旋压缩弹簧。已知最小工作载荷 $F_1 = 150\text{N}$，最大工作载荷 $F_2 = 250\text{N}$，工作行程 $h = 5\text{mm}$，要求弹簧外径 $D_2 < 16\text{mm}$。该弹簧为不经常工作的一般用途弹簧，两端为固定支承。

解

计 算 及 说 明		主 要 结 果	
1. 材料及结构形式			
一般用途弹簧，不经常工作，属于Ⅲ类载荷		选 C 级碳素弹簧钢丝，端部结构 YI 型	
2. 确定簧丝直径			
弹簧中径	要求 $D_2 < 16\text{mm}$，由表 14-5 系列值，取	$D = 12\text{mm}$	
初选簧丝直径	由表 14-5，取两种方案计算	$d = 2\text{mm}$	$d = 2.5\text{mm}$
抗拉强度极限	由表 14-2	$\sigma_b = 1710\text{MPa}$	$\sigma_b = 1660\text{MPa}$
许用应力	由表 14-1，$[\tau] = 0.5\sigma_b$	$[\tau] = 855\text{MPa}$	$[\tau] = 830\text{MPa}$
旋绕比	$C = D/d$	$C = 6$	$C = 4.8$
		符合表 14-3 的推荐范围	
曲度系数 K	$K = \dfrac{4C-1}{4C-4} + \dfrac{0.615}{C}$	$K = 1.25$	$K = 1.33$
簧丝计算直径	$d' \geq 1.6\sqrt{\dfrac{KF_2 C}{[\tau]}}$	$d' = 2.37\text{mm}$	$d' = 2.2\text{mm}$
确定簧丝直径	$d = 2\text{mm}$ 不符合强度要求，应取	$d = 2.5\text{mm}$	
弹簧外径	$D_2 = D + d = (12 + 2.5)\text{mm}$	$D_2 = 14.5\text{mm} < 16\text{mm}$，可用	
弹簧内径	$D_1 = D - d = (12 - 2.5)\text{mm}$	$D_1 = 9.5\text{mm}$	
3. 确定弹簧圈数			
切变模量	弹簧材料为钢	$G = 8 \times 10^4 \text{MPa}$	
弹簧刚度	$k = \dfrac{F_2 - F_1}{h} = \dfrac{250-150}{5}\text{N/mm}$	$k = 20\text{N/mm}$	
有效圈数	$n = \dfrac{Gd}{8kC^3} = \dfrac{8 \times 10^4 \times 2.5}{8 \times 20 \times 4.8^3} = 11.3$		
	由表 14-5 系列值，取	$n = 11.5$	
支承圈数	取	$n_2 = 2$	
总圈数	$n_1 = n + n_2 = 11.5 + 2$	$n_1 = 13.5$	

(续)

计 算 及 说 明	主 要 结 果
4. 计算变形量	
极限载荷 $F_{\lim} = \dfrac{F_2}{0.8} = \dfrac{250}{0.8}\text{N}$	$F_{\lim} = 312.5\text{N}$
变形量 $\lambda_1 = \dfrac{8F_1 C^3 n}{Gd} = \dfrac{8 \times 150 \times 4.8^3 \times 11.5}{8 \times 10^4 \times 2.5}\text{mm}$	$\lambda_1 = 7.6\text{mm}$
$\lambda_2 = \dfrac{F_2}{F_1}\lambda_1 = \dfrac{250}{150} \times 7.6\text{mm}$	$\lambda_2 = 12.7\text{mm}$
$\lambda_{\lim} = \dfrac{\lambda_2}{0.8} = \dfrac{12.7}{0.8}\text{mm}$	$\lambda_{\lim} = 15.9\text{mm}$
实际工作行程 $h' = \lambda_2 - \lambda_1 = (12.7 - 7.6)\text{mm}$	$h' = 5.1\text{mm}$
误差分析 $\dfrac{\vert h - h'\vert}{h} \times 100\% = \dfrac{\vert 5 - 5.1\vert}{5} \times 100\% = 2\%$	误差不超过5%,允许
5. 其他几何尺寸计算	
初取节距 $t \geqslant \dfrac{\lambda_2}{n} + 1.1d = \left(\dfrac{12.7}{11.5} + 1.1 \times 2.5\right)\text{mm} = 3.85\text{mm}$	
自由高度 $H_0 = nt + (n_2 - 0.5)d$	
$= [11.5 \times 3.85 + (2 - 0.5) \times 2.5]\text{mm} = 48.03\text{mm}$	
由表14-5系列值,取	$H_0 = 50\text{mm}$
实际节距 $t = \dfrac{H_0 - (n_2 - 0.5)d}{n} = \dfrac{50 - (2 - 0.5) \times 2.5}{11.5}\text{mm}$	$t = 4\text{mm}$
螺旋升角 $\alpha = \arctan\dfrac{t}{\pi D} = \arctan\dfrac{4}{\pi \times 12}$	$\alpha = 6°3'24''$,在 5°~9°之间
弹簧丝长度 $L = \dfrac{\pi D n_1}{\cos\alpha} = \dfrac{\pi \times 12 \times 13.5}{\cos 6°3'24''}\text{mm}$	$L = 512\text{mm}$
6. 检验稳定性	
高径比 $b = \dfrac{H_0}{D} = \dfrac{50}{12}$	$b = 4.2$
两端固定支承 $b < 5.3$	稳定性可靠
7. 绘制零件工作图	图14-12

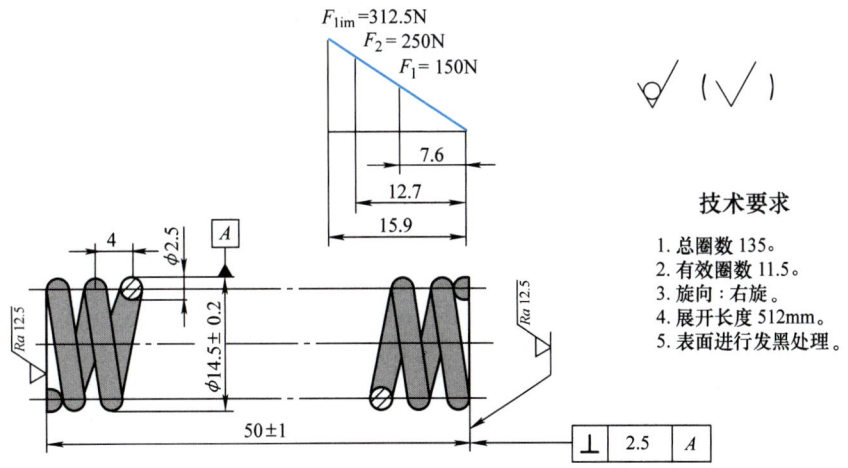

图 14-12   弹簧工作图

习 题

14-1 已知一圆柱螺旋压缩弹簧的参数为：外径 $D_2 = 33\text{mm}$，簧丝直径 $d = 3\text{mm}$，有效圈数 $n = 5$。弹簧材料为 C 级碳素弹簧钢丝，最大工作载荷 $F_2 = 100\text{N}$，按载荷性质，属于 Ⅱ 类载荷。试校核该弹簧的强度并计算在最大工作载荷下弹簧的变形量 λ_2。

14-2 已知一圆柱螺旋压缩弹簧的参数为：中径 $D = 45\text{mm}$，簧丝直径 $d = 6\text{mm}$，有效圈数 $n = 6.5$。弹簧材料为 B 级碳素弹簧钢丝，按载荷性质，属于 Ⅲ 类载荷。试计算该弹簧所能承受的最大工作载荷和相应的变形量。

14-3 试设计一个用于一般溢流阀中的圆柱螺旋压缩弹簧。已知预调压力 $F_1 = 480\text{N}$，变形量 $\lambda_1 = 14\text{mm}$，工作行程 $h = 1.9\text{mm}$，弹簧中径 $D = 20\text{mm}$，两端为固定支承。

14-4 试设计一圆柱螺旋拉伸弹簧。已知在最大工作载荷 $F_2 = 340\text{N}$ 作用下，变形量 $\lambda_2 = 17\text{mm}$，工作行程 $h = 10\text{mm}$；该弹簧为不经常工作的一般用途弹簧，要求弹簧外径 $D_2 < 24\text{mm}$，最小工作载荷 F_1 约为 180N。

第十五章 机械传动装置设计综述

> **重点学习内容**
> 1. 拟定机械传动方案时应注意的问题
> 2. 机械传动的运动和动力计算
> 3. 简单机械传动装置设计的一般程序

第一节 机械设计的基本要求和一般过程

本书在前述各章中介绍了机械中通用零件的设计理论和方法，以及标准件的选用等基本知识。本章是将已学过的知识进行扼要总结，并着重介绍整个机械设计中的一些综合性问题和简单机械传动装置设计的一般程序。对于后面所讲到的非匀速传动机构的设计要求和基本方法也都与之类同。由于其速度和效率都比较低，主要用于改变运动形式或控制系统中，对其中可能出现的特殊结构的零部件设计，如连杆、活塞等，可参阅有关专门的著述。

一、机械设计的基本要求

机械设计可以是应用新原理、新思想、新方法开发创造新的机械，也可以是在原有机械的基础上重新设计或作局部改造，从而改变原有机械的性能。

机械产品的质量基本上取决于设计质量，而制造过程对机械产品质量所起的作用是实现设计所规定的质量。因此，机械设计阶段是决定产品好坏的重要环节。

机械设计应该满足的基本要求是：在实现预期运动和动力功能的前提下，尽可能做到性能好、效率高、成本低，并具有一定的可靠性；而且还应考虑到操作方便、维护简单、造型美观以及便于运输等问题。此外，在机械设计过程中还应尽量采用标准的零部件，以减少重复设计。

二、机械设计的一般过程

机械设计的主要内容包括：确定机械的工作原理，选择适宜的机构和传动，拟定总体设计方案；进行运动和动力分析，计算作用在各个构件上的载荷，进行零部件工作能力计算；完成总体设计和零部件的结构设计，编写技术文件等。各种机械由于复杂程度、结构特点、用途及特性等各有不同，其设计步骤也不完全相同，但一般设计过程都可如图15-1所示。

因为影响机械设计质量的因素很多，所以具体设计很难一次成功。如图15-1所示的机械设计过程是有机联系、相互交叉进行的过程，而且常常需要多次反复，不断修正。即便是在机械制成以后，仍然需要结合制造、使用中出现的问题反复修改设计，以期得到质量优良的机械。近年来，随着科学技术的迅速发展，新的设计方法，如优化设计和模糊优化设计、可靠性设计、计算机辅助设计、系统设计、造型设计等不断出现，并且正在逐步得到广泛的应用，都将促使设计质量不断提高。

机械设备的结构设计灵活性很大，可根据机械零件结构设计的基本要求，参考同类产品的有关资料或图册而进行。本章围绕机械传动装置的设计，重点介绍电动机的选择、机械传动方案的选择、机械传动的运动和动力计算等问题，以及简单机械传动装置设计的一般程序。

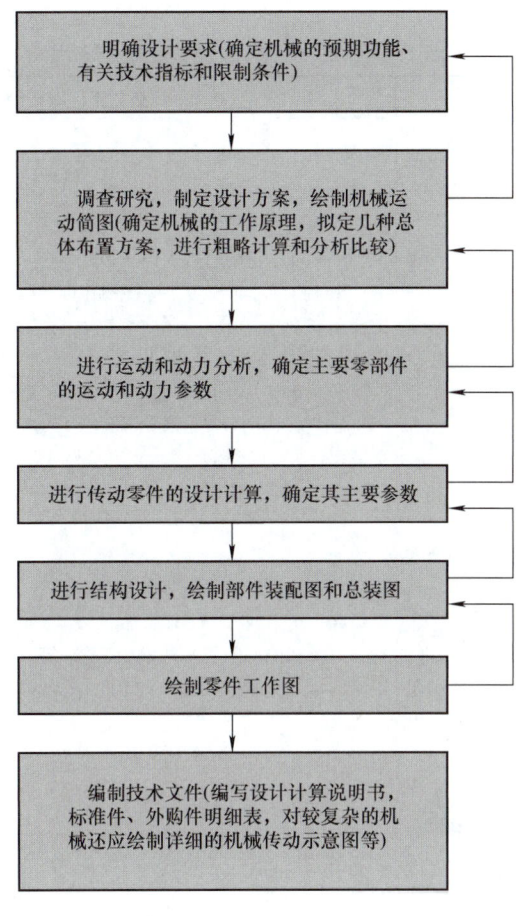

图 15-1 机械设计的一般过程

第二节 电动机的选择

在机械设备中,常以应用最广的电动机作为原动机。选择电动机时,需要根据工作机的要求、工作环境条件以及经济性等,确定电动机的种类、结构形式、功率和转速等。

一、电动机种类的选择

电动机的种类繁多,分类方法也各不相同。按照所需电源的不同,分为直流和交流两大类,交流电动机又分为异步和同步两种。电动机产品的分类、特点及应用见表 15-1。

二、电动机结构形式的选择

电动机的结构形式有开启式、防护式、封闭式以及防爆式等多种,以适应不同工作机和不同工作环境的要求。选择时应考虑工作环境是否潮湿、有无酸性气体、灰尘多少以及工作人员的安全等情况。所选结构形式应能保证电动机安全可靠地运行,避免人身伤亡及其他事故产生。

表 15-1　电动机产品的分类、特点及应用

类型	直流电动机	交流电动机	
		异步	同步
特点	1. 调速平滑、方便、范围广 2. 过载能力大，能承受频繁的冲击负载 3. 可实现频繁的无级快速起动、制动和反转 4. 能满足生产过程自动化系统各种不同的特殊运行要求 缺点是制造成本高，维护工作量大	异步电动机有单相和三相两类。单相一般为1kW以下的小功率电动机，三相电动机的特点为： 1. 结构简单，制造、使用和维护方便 2. 运行可靠 3. 质量轻，成本低 4. 具有较高的效率和接近恒速的负载特性 缺点是调速性能差	1. 运行稳定性高，过载能力大 2. 转速不随负载大小而改变 3. 运行效率高，低速时同步电动机这一优点更突出
应用	广泛用于需要调速范围宽的场合和要求特殊运行性能的自动控制中，如冶金、矿山、交通运输、纺织印染、造纸、印刷以及化工和机床等工业。但是，一般都在交流电动机不能满足使用要求（如调速和起动）时才选用	可作为机床、水泵、鼓风机、起重设备、轻工业和农副业加工设备，以及其他一般机械的动力，最常用的是Y系列三相异步电动机	广泛用于恒速运转的大型机械，如水泵、鼓风机、压缩机以及轧钢机等，或用于驱动功率虽不大但转速较低的各种磨碎机和往复式压缩机等

三、电动机功率的选择

　　电动机功率的选择，首先是根据工作机输出的有效功率并考虑各个摩擦副的效率，通过机械传动的动力计算（见本章第四节），确定电动机的输出功率；然后按电动机的标准选定其额定功率。通常应使电动机的额定功率略大于或等于其输出功率。

　　在选择电动机的功率时，如果额定功率选得过大，则轻载运行时效率低，特别是对于异步电动机，还降低了它的功率因数，增加了电能的非生产性消耗；反之，若额定功率选得过小，电动机过载的几率增加，使用寿命缩短，严重时会被立即烧毁。

四、电动机转速的选择

　　电动机的转速也是根据工作机的要求而定的。对于功率相同的电动机，转速越高，体积越小，价格越低，效率也较高，因此应尽量选用较高转速的电动机。但随着电动机转速的提高，将使传动系统的传动比增大，从而使传动装置的尺寸、质量都增大，导致制造成本提高，传动效率降低。因此，在选择电动机的转速时，应同时考虑传动装置的选择。异步电动机的同步转速（r/min）有 750、1000、1500 和 3000 等。

　　各种型号电动机的额定功率、同步转速及其他技术数据和安装尺寸，均可从机械设计手册或电动机产品样本中查出。本书列出了应用较多的 1000r/min 和 1500r/min 的 Y 系列三相异步电动机的部分技术数据，见附表 15-1，供设计时参考使用。

第三节 机械传动方案的选择

在机械设计过程中,首先是制定设计方案,包括原动机的选择、执行机构和传动系统的确定等。其中,传动系统的选择是一项很重要的工作,它在很大程度上影响着机械产品的质量和制造成本。下面简要介绍确定机械传动方案时应考虑的主要问题。

一、常用机械传动形式及摩擦副的性能与比较

为了便于分析和比较,将常用机械传动形式的基本特性列于表 15-2,将常用单级机械传动的最大传动比及各种摩擦副的效率概略值列于表 15-3,供制订设计方案时参考。

表 15-2 常用机械传动形式的基本特性

传动形式	基本特性			
	主要优点	主要缺点	功率 P/kW	速度 $v/(\mathrm{m}\cdot\mathrm{s}^{-1})$
齿轮传动	外廓尺寸小,效率高,传动比准确,寿命长,适用的功率和速度范围广	要求制造精度高,若制造精度不高,则高速传动时会产生较大噪声,不能缓冲、吸振	可达 10 万	6 级精度直齿 $v \leqslant 15$ 6 级精度非直齿 $v \leqslant 25$ 5 级精度 $v \leqslant 100$
蜗杆传动	传动比大,结构紧凑,外廓尺寸小,传动平稳,噪声低,可设计具有自锁性能的传动	效率低,中速及高速传动蜗轮需用青铜制造,价格贵,制造精度要求高	可达 750,常用在 25~50 以下	滑动速度 $v \leqslant 15 \sim 35$
带传动	结构简单,传动平稳,能缓和冲击、振动,还可起安全装置的作用,适用于大中心距传动	外廓尺寸大,传动比不准确,寿命较短(通常约为 3000~5000h),轴及轴承受力较大	平带:可达 500,常用在 30 以下 V 带:可达 750,常用在 40~75 以下	一般 $v = 5 \sim 25$
链传动	平均传动比准确,比带动承载能力大,中心距变化范围较广,适用于大中心距传动	瞬时传动比不准确,工作时动载荷及噪声较大,在有冲击、振动的情况下工作时,寿命较短	可达 4000,常用在 100 以下	一般 $v \leqslant 15$ 当工作条件与传动质量都很好时,$v_{\max} = 40$

表 15-3 各种单级机械传动的最大传动比 $i_{\max}$ 和摩擦副效率 η 的概略值

传动(或轴承、联轴器、运输机等)的类型			$i_{\max}$	η
齿轮传动	圆柱	开式	8	0.92~0.94
		闭式	6	0.96~0.98
	锥	开式	5	0.90~0.92
		闭式	3	0.95~0.97
蜗杆传动		开式	80	按公式计算
		闭式		
带传动		平带	5	0.97~0.98
		V 带	7	0.95~0.96

（续）

传动（或轴承、联轴器、运输机等）的类型		i_{max}	η
链传动	开 式	6	0.90 ~ 0.92
	闭 式		0.96 ~ 0.97
轴承（一对）	滑动（非液体摩擦）		0.96 ~ 0.97
	滚 动		0.98 ~ 0.99
联轴器	挠性联轴器	—	0.99 ~ 0.995
带式运输机	光面传动滚筒		0.88
	胶面传动滚筒		0.90
链式运输机	埋刮板运输机，水平输送	机槽宽度/mm 120 ~ 400	0.85 ~ 0.65
		500 ~ 600	0.65 ~ 0.55

二、拟订机械传动方案时应注意的问题

在机械设计中，实现同一个预期功能的方案可以有多个，通常是选择几个不同的方案进行比较，以期得到较佳的设计方案。为此，在拟订机械传动方案时应注意以下几个问题。

1. 尽量简化和缩短机械传动系统

机械传动系统一般都是由多个零件组成的传动装置。传动系统越短，使用的传动零件和其他零件越少，制造费用就越低。同时，由于传动环节的减少，既可降低机械运转时能量的损耗，提高机械的效率，又可减少零件制造与安装的累积误差，提高机械的运动精度。简化传动系统的有效方法是合理选择原动机的运动参数。以应用最广的电动机为例，在传动装置输出运动参数一定的情况下，选择转速低的电动机可使传动系统趋于简化。但如前所述，一般电动机的转速越低，其体积越大，价格越贵，故应选择适当的电动机转速。

2. 合理安排传动和机构的位置顺序

在机械传动中，一般应将带传动设置在传动系统的高速级，使之与原动机相连，齿轮或其他传动设置在带传动之后。这样，既可以减小传动的外廓尺寸，又可以起到过载保护的作用，还可以减小机械的振动和噪声。传动系统中若有链传动，一般都应设置在传动系统的低速级，以减小动载荷和噪声。传动系统中若有转换运动形式的机构，如连杆机构、凸轮机构、间歇运动机构等非匀速传动，则应将其设置在传动系统的输出端。如图1-4所示的牛头刨床主传动系统，带传动设置在高速级，与电动机相连；杆机构设置在输出端，直接完成工作任务。

3. 使机械有较高的传动效率

机械的总效率一般等于该机械传动系统中各个摩擦副效率和各级传动效率的连乘积。因此，缩短传动系统、采用效率较高的传动形式和摩擦副都可提高机械的总效率。为了缩短传动系统，还可采用传动比大的传动形式，如蜗杆传动、行星轮系传动等。但是，传动比大的传动形式效率往往较低，这也是设计中需要拟订多种传动方案进行比较的原因之一。

此外，还应考虑传动的外廓尺寸、质量以及制造成本等因素。这些因素不仅与传动形式有关，而且还与各级传动的运动和动力参数有关。

第四节 机械传动的运动和动力计算

由机械设计的过程可知,机械传动的运动和动力计算是进行传动零、部件设计的基础,也是分析比较设计方案优劣的重要依据。

一、机械传动的运动计算

运动计算的目的是确定传动装置的运动参数,即传动比和转速。所谓传动比是指传动系统的主动轴与从动轴,即运动的输入轴与输出轴转速之比。传动系统的实体是传动装置,如图15-2所示的带式运输机、图15-3所示的链式运输机,都是常见的机械传动装置实例。

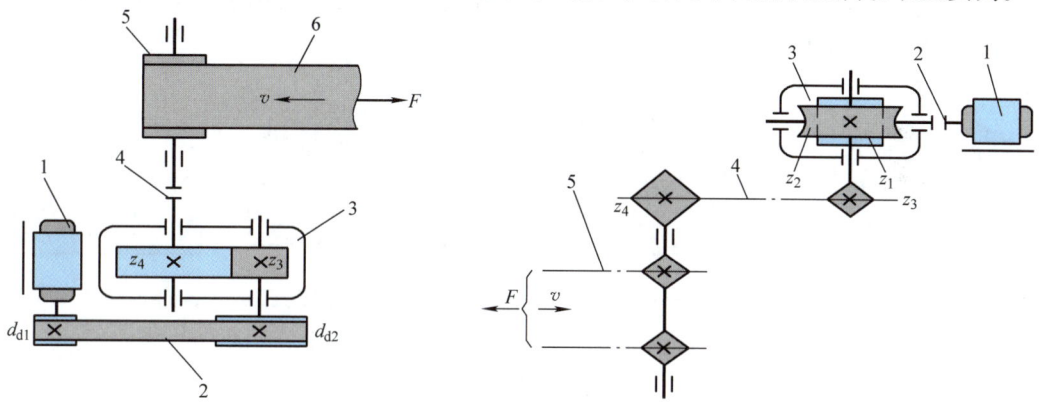

图 15-2　带式运输机
1—电动机　2—V带传动　3—齿轮减速器
4—联轴器　5—卷筒　6—运输带

图 15-3　链式运输机
1—电动机　2—联轴器　3—蜗杆减速器
4—传动链　5—运输链

如图15-2所示传动装置由V带传动和齿轮减速器组成。设主、从动带轮的基准直径分别为 d_{d1} 和 d_{d2},主、从动齿轮的齿数分别为 z_3 和 z_4,相应各轮的转速分别为 n_1、n_2、n_3、n_4,由第七、十章知,传动装置中的各级传动比分别为

带传动
$$i_D = \frac{n_1}{n_2} = \frac{d_{d2}}{d_{d1}}$$

齿轮传动
$$i_C = \frac{n_3}{n_4} = \frac{z_4}{z_3}$$

设传动装置的输入轴转速为 n_d,输出转速为 n_W,这里 $n_d = n_1$,$n_2 = n_3$,$n_W = n_4$,则总传动比为

$$i = \frac{n_d}{n_W} = \frac{n_1}{n_4} = \frac{n_1 n_3}{n_2 n_4} = i_D i_C = \frac{d_{d2} z_4}{d_{d1} z_3}$$

如图15-3所示传动装置由蜗杆减速器和链传动组成。设蜗杆的头数为 z_1,蜗轮的齿数为 z_2,主、从动链轮的齿数分别为 z_3 和 z_4,相应各轮的转速分别为 n_1、n_2、n_3、n_4,蜗杆减速器的传动比为 i_G,链传动的传动比为 i_L。同样,总传动比为

$$i = \frac{n_d}{n_W} = \frac{n_1}{n_4} = \frac{n_1 n_3}{n_2 n_4} = i_G i_L = \frac{z_2 z_4}{z_1 z_3}$$

可见,传动装置的总传动比等于其各级传动比的连乘积,即

$$i = \frac{n_\mathrm{d}}{n_\mathrm{W}} = i_1 i_2 \cdots i_N \tag{15-1}$$

式中，i_1，i_2，$\cdots$，i_N 分别是传动装置中各级传动的传动比。

在机械传动设计中，不单是要从已知的传动参数计算总的传动比，更多的是要把总传动比分解为各级传动比，以确定每个传动零件的参数。如果总传动比的数值不大，则可采用单级或级数较少的传动，而不应当采用级数过多的传动；否则将使结构复杂，成本提高。但在总传动比数值较大的情况下，就需采用多级传动或蜗杆传动等。这时，如不用多级传动而采用一般的单级传动，反而会使体积加大、质量增加，同样要加大制造成本。这是一个优化选择的问题。例如，对于齿轮传动，如要求总传动比 $i=5$，应当采取单级传动（图15-4a）；倘若改用两级传动（图15-4b），其传动比可以取为 $i=i_1 i_2=2.5\times2$（式中，i_1 为高速级传动比，i_2 为低速级传动比），此时质量将增加约 30%。如总传动比加大到 $i=20$，则应采用两级传动（图15-5a），其传动比 $i=i_1 i_2=5\times4$ 就比较恰当；而采用单级传动（图15-5b），其质量将增加约一倍。

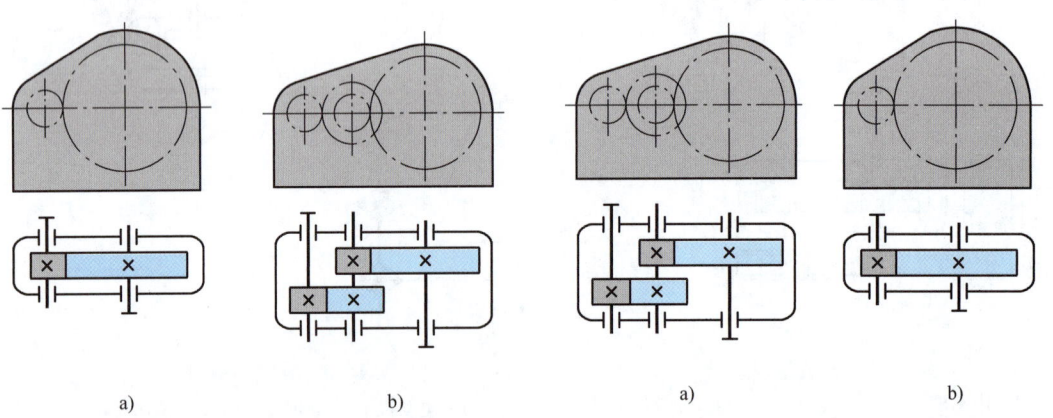

图15-4　总传动比不大时传动级数选择比较　　图15-5　总传动比较大时传动级数选择比较

由此可见，齿轮传动有一个合理、经济的最大单级传动比 $i_{\max}$。如果总传动比小于 $i_{\max}$，应采用单级传动；反之，则应采用两级或多级的传动，其中每一级的传动比应不超过 $i_{\max}$ 值。各种机械传动的最大单级传动比 $i_{\max}$ 值见表15-3。

实际上，满足总传动比要求的方案可能不止一个，对各种方案应分别进行总体计算，然后考虑一些具体情况，如传动性能的优劣、制造与供应的难易、空间布置是否紧凑、成本高低等，进行分析比较，从中确定一种比较好的方案。

有了各级传动比的数值，就可以计算各个传动零件的转速。

应该说明，原动机为电动机时，计算总传动比应取电动机的满载转速。

例 15-1　有一带式运输机，已知运输带的卷筒直径 $D=500\mathrm{mm}$，要求运输带的线速度 $v=0.55\mathrm{m/s}$；原动机为电动机，满载转速 $n=1460\mathrm{r/min}$。试在原动机和工作机之间选择两种可行的传动方案，确定各级传动比，并计算各传动零件的转速。

解

计　算　与　说　明	主　要　结　果
1. 计算传动装置的总传动比 工作机（卷筒轴）转速 $n_\mathrm{W} = \dfrac{v\times60\times1000}{\pi D} = \dfrac{0.55\times60\times1000}{\pi\times500}\mathrm{r/min}$	$n_\mathrm{W}=21\mathrm{r/min}$

（续）

计 算 与 说 明	主 要 结 果
总传动比 $i = \dfrac{n_d}{n_W} = \dfrac{1460}{21}$	$i = 69.52$

2. 选择传动方案
由于总传动比较大，为避免传动件尺寸过大，选取三级传动，两种传动方案及布置为
  方案一：V带传动——两级闭式圆柱齿轮传动（齿轮减速器，见图15-6a）
  方案二：两级闭式圆柱齿轮传动——开式齿轮传动（见图15-6b）
	图 15-6a
	图 15-6b

3. 分配传动比
单级传动比的限定值，由表15-3知
  V带传动
  闭式圆柱齿轮传动
  开式圆柱齿轮传动
影响传动比分配的其他因素有：各级传动的匀称性；传动零件的干涉；减速器中齿轮的润滑等。取各级传动比为
  方案一：$i = i_D i_1 i_2 = 2.5 \times 5.78 \times 4.81$
  方案二：$i = i_1 i_2 i_K = 4.03 \times 3.45 \times 5$
	$i_{max} = 7$
	$i_{max} = 6$
	$i_{max} = 8$
	
	$i = 69.50$
	$i = 69.52$

4. 计算各传动零件的转速 各个传动零件的转速等于其所在轴的转速，转速和传动比见下表（计算过程略）	

轴号	方 案 一		方 案 二	
	转速 n /(r·min^{-1})	传动比	转速 n /(r·min^{-1})	传动比
Ⅰ	1460	2.50	1460	4.03
Ⅱ	584	5.78	362	3.45
Ⅲ	101	4.81	105	5.00
Ⅳ	21		21	

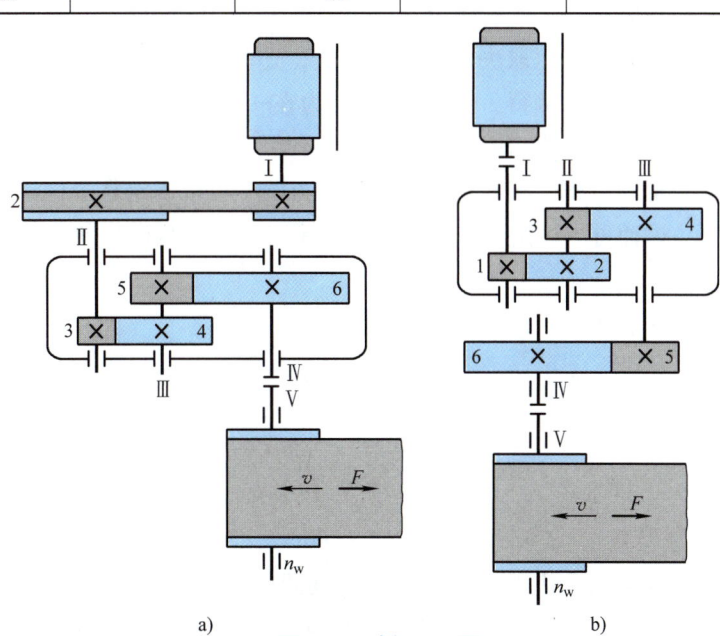

图 15-6　例 15-1 图

a) 方案一：V带——两级闭式齿轮传动　b) 方案二：两级闭式——开式齿轮传动

二、机械传动的动力计算

动力计算的目的是确定传动装置各部分的动力参数,即功率和转矩。以图 15-6a 所示为例,功率由 I 轴输入,经过带传动、两级齿轮传动,由 V 轴输出。如不计摩擦等引起的功率损失,则传送到各个部分的功率应该是相等的。但实际上并不相等,其中一部分损失在相关的传动零件之间,还有一部分损失在轴承及其他摩擦副中,使机械能变为热能被消耗掉,因而引入机械效率的概念。如用 P_d、P_W 分别表示传动装置的输入、输出功率,η 表示传动装置的总机械效率,则

$$P_W = P_d \eta \tag{15-2}$$

η 值恒 <1。这个功率之间的关系,既体现在整个传动装置的总体上,也体现在各个传动零件之间及轴承等局部上。设带传动的输入功率 P_D、齿轮传动的输入功率 P_C…为传动装置中各个传动零件的输入功率,η_Z 为每根轴上一对轴承的机械效率,带传动效率 η_D、齿轮传动效率 η_C…为相应各级传动的机械效率,η_L 为联轴器的效率,η_Y 为运输带的效率,则

$$P_W = P_d \eta_D \eta_C^2 \eta_Z^4 \eta_L \eta_Y$$

显然,传动装置的总效率与各部分效率之间的关系是

$$\eta = \eta_D \eta_C^2 \eta_Z^4 \eta_L \eta_Y$$

将上式推广到一般情况,即有

$$\eta = \eta_1 \eta_2 \cdots \eta_n \tag{15-3}$$

式中,η_1,η_2,…,η_n 分别是传动装置中各级传动或摩擦副的效率。

这样,只要确定了每一对轴承和每一级传动,以及相关摩擦副的机械效率,则不难求出整个传动装置的总机械效率。

轴承和传动的机械效率不但取决于它们的形式,还与加工精度、润滑情况等因素有关。准确的机械效率值只能由试验测得。表 15-3 所列为在一般加工精度和正常润滑情况下各种传动、轴承及联轴器的机械效率概略值。

在机械设计中,通过计算、实测或调查对比等方法,可以确定整个传动装置的输入功率 P_d 或输出功率 P_W,进而可以确定各传动零件的功率,为进一步计算各个零件所受的载荷提供依据。

作用在输入和输出轴上的转矩分别为

$$\left. \begin{aligned} T_d &= 9.55 \times 10^6 \frac{P_d}{n_d} \\ T_W &= 9.55 \times 10^6 \frac{P_W}{n_W} \end{aligned} \right\} \tag{15-4}$$

式中,各参数单位为 $T(\text{N} \cdot \text{mm})$,$P(\text{kW})$,$n(\text{r/min})$。

将 $P_W = P_d \eta$ 和 $n_W = n_d/i$ 代入式 (15-4),经整理得两轴转矩之间的关系为

$$T_W = T_d \eta i \tag{15-5}$$

这个关系对于整个传动装置,以至传动的任何部分都是适用的。对于一般的减速传动,

从动轴转矩 T_W 大于主动轴转矩 T_d，即转速高的轴转矩小，转速低的轴转矩大，这就是所谓"减速增矩"的原理，也是传动装置所能起到的作用之一。例如，卷扬机的电动机必须经过带传动、齿轮传动等减速以提高工作能力，才能拖动重物；同时这又将使传动零件所受的载荷增加，因此零件的尺寸必须相应加大，否则将因强度不足而破坏。在多级传动中，低速级零件的尺寸必然大于高速级零件的尺寸，原因就在于此。

根据上述的运动和动力计算方法确定了机械零件的运动和动力参数之后，可进行零件的设计计算，确定其主要几何尺寸，并进行结构设计。

例 15-2 在例 15-1 的方案一中，设运输带所受的拉力 $F = 5000\text{N}$，全部采用滚动轴承。试求：

1）传动装置的输入功率；
2）高速级主动齿轮传递的功率；
3）高速级主、从动齿轮传递的转矩。

解

计 算 与 说 明		主要结果
1. 求传动装置的输入功率		
运输带输出的功率	$P_W = Fv = \dfrac{5000 \times 0.55}{1000}\text{kW}$	$P_W = 2.75\text{kW}$
各部分机械效率，由表 15-3：	$\eta_D = 0.95$，$\eta_C = 0.96$，	
	$\eta_Z = 0.98$，$\eta_L = 0.99$，	
	$\eta_Y = 0.90$	
传动装置的总效率	$\eta = \eta_D \eta_C^2 \eta_Z^4 \eta_L \eta_Y$	
	$= 0.95 \times 0.96^2 \times 0.98^4 \times 0.99 \times 0.90$	$\eta \approx 0.72$
传动装置的输入功率	$P_1 = P_d = \dfrac{P_W}{\eta} = \dfrac{2.75}{0.72}\text{kW}$	$P_1 = 3.82\text{kW}$
2. 求高速级主动齿轮 3 传递的功率		
电动机至齿轮 3 的效率	$\eta_{1-3} = \eta_D \eta_Z = 0.95 \times 0.98$	$\eta_{1-3} = 0.93$
齿轮 3 传递的功率	$P_3 = P_1 \eta_{1-3} = 3.82 \times 0.93\text{kW}$	$P_3 = 3.55\text{kW}$
3. 求高速级主、从动齿轮传递的转矩		
主动齿轮 3 的转速	等于 Ⅱ 轴的转速，由例 15-1 解知	$n_3 = 584\text{r/min}$
齿轮 3 传递的转矩	$T_3 = 9.55 \times 10^6 \dfrac{P_3}{n_3}$	
	$= 9.55 \times 10^6 \times \dfrac{3.55}{584}\text{N} \cdot \text{mm}$	$T_3 = 5.81 \times 10^4\text{N} \cdot \text{mm}$
高速级齿轮 3 与 4 的传动比	等于 Ⅱ 轴与 Ⅲ 轴的转速比，由例 15-1 解知	$i_{3-4} = 5.78$
从动齿轮 4 传递的转矩	$T_4 = T_3 \eta_{3-4} i_{3-4}$	
	$= 5.81 \times 10^4 \times 0.96 \times 5.78\text{N} \cdot \text{mm}$	$T_4 = 3.22 \times 10^5\text{N} \cdot \text{mm}$

第五节　机械传动装置设计实例解析

按照本章第一节所述机械设计的一般过程，可进行机械传动装置的设计。现以开式齿轮传动为例，说明简单机械传动装置设计的一般程序及设计中应注意的问题。

例 15-3　设计如图15-7所示的传动装置。已知输出功率 $P_W = 3.8 \text{kW}$；输出轴转速 $n_W = 90 \text{r/min}$，传动不逆转，工作中有轻微振动，负载起动，起动载荷为名义载荷的1.5倍；每日两班制工作，要求工作寿命10年。

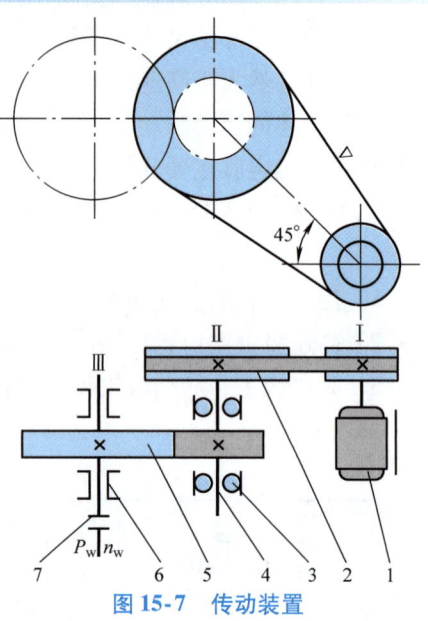

图 15-7　传动装置
1—电动机　2—V 带传动　3—滚动轴承
4—中间轴　5—开式齿轮传动
6—滑动轴承　7—联轴器

一、分析传动方案，明确各个零件的作用

此例是在给定传动方案的基础上进行设计的。作为设计者，仍然需要分析传动方案的优缺点，必要时可以改变传动方案与布局，以求获得最佳的设计结果。对于一个未知的全新传动装置的设计，则需要先作传动方案的设计，并绘制传动系统运动简图。

二、选择电动机，确定各轴的运动和动力参数

选择电动机，即确定电动机的型号、功率和转速。这需要根据工作机所需的功率、转速以及工作条件来选定。

1. 求电动机的输出功率

（1）确定传动装置的总效率 η　由表 15-3 取：V 带传动的效率 $\eta_1 = 0.96$，滚动轴承的效率 $\eta_2 = 0.99$，开式齿轮传动的效率 $\eta_3 = 0.93$，滑动轴承的效率 $\eta_4 = 0.96$，联轴器的效率 $\eta_5 = 0.99$，则

$$\eta = \eta_1\eta_2\eta_3\eta_4\eta_5 = 0.96 \times 0.99 \times 0.93 \times 0.96 \times 0.99 = 0.84$$

（2）计算需要电动机输出的功率 P_d

$$P_d = \frac{P_W}{\eta} = \frac{3.8}{0.84}\text{kW} = 4.52\text{kW}$$

2. 初定电动机的转速

（1）初定各级传动的传动比，求初定总传动比 i'　由表 15-3 取：V 带传动的传动比 $i_1' = 2.5$，开式齿轮传动的传动比 $i_2' = 4$，则

$$i' = i_1'i_2' = 2.5 \times 4 = 10$$

（2）计算所需电动机的转速 n_d'

$$n_d' = i'n_W = 10 \times 90 \text{r/min} = 900 \text{r/min}$$

应当说明，初定各级传动比时，也可以是一定的范围值，进而计算出所需电动机的转速 n_d' 也为一定的范围，这样有时更便于选择电动机的转速。

3. 选择电动机的型号，计算总传动比

（1）选择电动机的型号　根据电动机的额定功率 $P_{ed} \geq P_d$、转速 $n_d \approx n_d'$ 以及工作情况，查附表 15-1，可选择三相异步电动机 Y132M2。其基本参数为：额定功率 $P_{ed} = 5.5\text{kW}$，同步转速 $n_t = 1000\text{r/min}$，满载转速 $n_d = 960\text{r/min}$，最大转矩/额定转矩 $= 2.2$。

（2）计算总传动比 i

$$i = \frac{n_d}{n_W} = \frac{960}{90} = 10.67$$

注意，总传动比的计算取电动机的满载转速。

4. 重新分配传动比，计算各轴的运动和动力参数

（1）重新分配传动比　将总传动比分配到各级传动中，使之满足

$$i = i_1 i_2 \cdots i_N$$

经分析，取 V 带传动的传动比 $i_1 = 2.48$，则齿轮传动的传动比为

$$i_2 = \frac{i}{i_1} = \frac{10.67}{2.48} = 4.30$$

（2）计算各轴的运动和动力参数　计算过程从略，结果列于下表。这里需要说明的是：该传动装置属于专用设备，在进行动力计算时，输入功率是取所需电动机的功率；若设计通用设备，则应取电动机的额定功率作为传动装置的输入功率。

轴　号	输入功率 P_1/kW	转矩 T/(N·m)	转速 n/(r·min^{-1})	传动比
电动机轴	4.52	44.96	960	1
Ⅰ	4.52	44.96	960	2.48
Ⅱ	4.34	107.05	387	4.30
Ⅲ	4.00	423.82	90	

三、设计各级传动

设计各级传动的目的是确定其主要参数、几何尺寸及传动件的结构。

1. 设计 V 带传动

根据上述计算知：输入功率 $P_1 = 4.52\text{kW}$，带轮转速 $n_1 = 960\text{r/min}$，$n_2 = 387\text{r/min}$，负载起动，工作中有轻微振动，每天工作 16h。参照例 10-1（计算过程从略），设计主要结果为：

V 带：A 型，5 根，基准长度 $L_d = 1800\text{mm}$

带轮：小轮基准直径 $d_{d1} = 125\text{mm}$，实心式结构；大轮基准直径 $d_{d2} = 315\text{mm}$，轮辐式结构

实际传动比：$i_1 = 2.52$

中心距：$a = 546\text{mm}$

作用在轴上的载荷：$F_Q = 1773\text{N}$

2. 设计开式齿轮传动

对于开式齿轮传动，只需按照齿根弯曲疲劳强度进行设计，确定其主要参数和几何尺

寸。根据前述已知条件,设计的主要结果为:

齿轮材料:灰铸铁 HT300,小齿轮硬度 240HBW,大齿轮硬度 200HBW

齿数:$z_1 = 21$,$z_2 = 89$

实际传动比:$i_2 = 4.24$

模数:$m = 4\text{mm}$

几何尺寸:$d_1 = 84\text{mm}$,$d_2 = 356\text{mm}$,$d_{a1} = 92\text{mm}$,$d_{a2} = 364\text{mm}$,$b_1 = 82\text{mm}$,$b_2 = 76\text{mm}$

中心距:$a = 220\text{mm}$

齿轮结构:小齿轮实心式;大齿轮腹板式

3. 验算输出轴的转速误差

在机械设计中,一般允许输出轴的实际转速 n_W' 与设计要求值 n_W 有 $\pm(3\sim5)\%$ 的相对误差。由前面的设计可知,实际 V 带传动的传动比 $i_1 = 2.52$,齿轮传动的传动比 $i_2 = 4.24$,故实际总传动比为

$$i = i_1 i_2 = 2.52 \times 4.24 = 10.68$$

输出轴的实际转速为

$$n_\text{W}' = \frac{n_\text{d}}{i} = \frac{960}{10.68}\text{r/min} = 89.89\text{r/min}$$

传动装置的转速误差为

$$\frac{n_\text{W}' - n_\text{W}}{n_\text{W}} \times 100\% = \frac{89.89 - 90}{90} \times 100\% = -0.1\%$$

满足设计要求。

四、轴系结构设计

由于篇幅所限,仅以中间轴 Ⅱ 为例作结构设计示范。略去计算过程,设计步骤如下所述。

1)选取轴的材料。选 45 钢,经调质处理,硬度 240HBW,由表 11-1 知:$[\sigma_{+1\text{W}}] = 215\text{MPa}$,$[\sigma_{0\text{W}}] = 100\text{MPa}$,$[\sigma_{-1\text{W}}] = 60\text{MPa}$。

2)初步估算轴径。用扭转强度条件求轴 Ⅱ 的输入端直径,将其作为进行初步结构设计的依据,即

$$d \geq C\sqrt[3]{\frac{P}{n}} = 115 \times \sqrt[3]{\frac{4.34}{387}}\text{mm} = 25.74\text{mm},取 d = 28\text{mm}$$

3)初选轴承型号。轴上无轴向力,可选深沟球轴承 6307,内孔直径 $d = 35\text{mm}$,外径 $D = 80\text{mm}$,宽度 $B = 21\text{mm}$。

4)作轴系结构设计,画装配草图。画装配草图的目的是确定轴及轴系主要零件的轮廓、尺寸以及支承点位置,如图 15-8 所示。这里采用剖分式轴承座结构,且右端轴承为双向固定支承,左端轴承为游动支承。在确定轴的长度时,还应注意在转动零件与固定轴承座之间留有适当的距离。

5)按弯扭合成强度条件验算轴径。

6)求轴承的实际寿命。

7)验算键连接的工作能力。

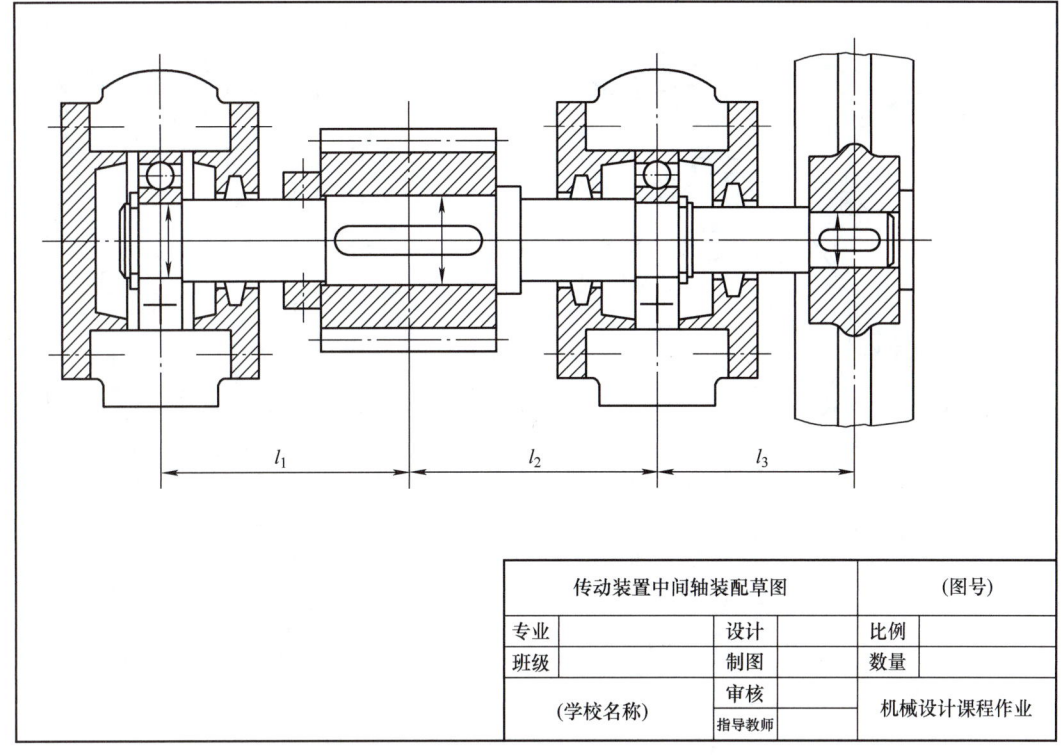

图 15-8 轴系结构装配草图

8) 修改轴的结构设计。根据轴的强度和轴承寿命计算,修改轴的结构设计,直至满足要求为止。

9) 画正式装配图。这是在装配草图的基础上细化轴系结构,完成全部结构设计的过程,如图 15-9 所示。正式装配图应能清晰地表达各个零件的形状和相互关系,并标注必要的尺寸,如配合尺寸、中心高、外廓尺寸以及安装尺寸等。

五、绘制零件工作图

对于非标准零件,如轴、带轮和齿轮等,均应绘制零件工作图(略)。

六、编制设计说明书

凡是在图样上表达不清楚的内容和计算,均应写在说明书中。同时还应统计标准件,注明参考文献,并扼要写出设计总结。

附机械设计课程作业图例,见附录 C。

习 题

15-1 在图 15-2 所示的带式运输机中,已知运输带的曳引力 $F=2100$N,运输带的速度 $v=1.5$m/s,卷筒直径为 400mm,传动不逆转,载荷平稳,起动载荷为名义载荷的 1.25 倍,全部采用滚动轴承,传动装置工作寿命为 5 年,每日工作 24h。要求:

1) 为传动装置选取 Y 系列三相异步电动机(型号、功率、转速)。

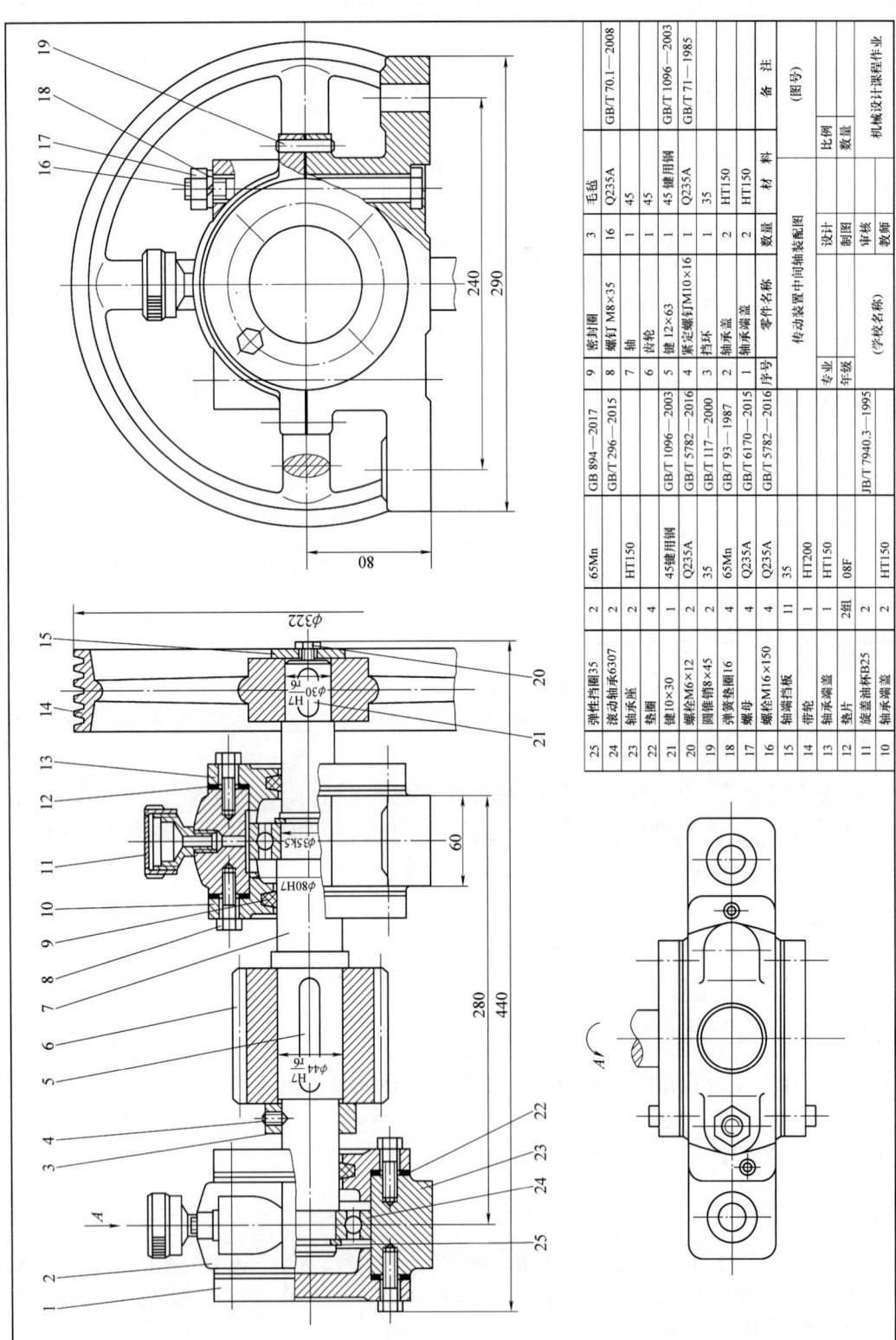

图 15-9 轴系结构装配图

2）计算传动装置的总传动比。

3）初步确定各级传动比（运输带的速度允许有 ±5% 的相对误差）。

4）计算各轴的输入功率和转速。

5）确定各级传动的主要几何尺寸，并粗略分析传动比分配的适宜性。

15-2 图 15-10 所示为螺旋桨搅拌机传动装置。已知搅拌机输出功率 $P_W = 2kW$，转速 $n_W = 120r/min$，传动不逆转，载荷平稳，起动载荷为名义载荷的 1.5 倍，传动装置的工作寿命为 5 年，每日两班制工作。要求：

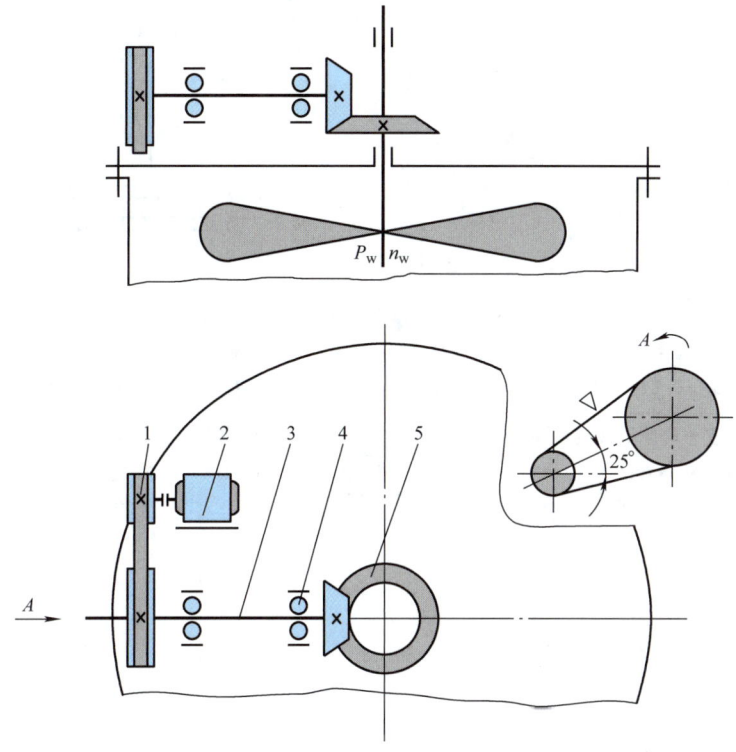

图 15-10 螺旋桨搅拌机传动装置

1—V 带传动 2—电动机 3—中间轴 4—滚动轴承 5—锥齿轮传动

1）为传动装置选择电动机（型号、转速和功率）。

2）计算传动装置的总传动比。

3）初步确定带传动和锥齿轮传动的传动比。

4）计算各轴的输入功率和转速。

5）确定各级传动的主要几何尺寸。

6）参考附录 C 进行中间轴轴系结构设计，并校核轴的强度，计算轴承寿命。

15-3 设计如图 15-11 所示螺旋桨搅拌机的传动装置。已知传动不逆转，载荷平稳，两班制工作，工作寿命为 10 年，传动装置的输出功率和转速有三种方案，见下表：

输 出 参 数	设 计 方 案		
	I	II	III
功率 P_W/kW	2.2	2.6	2.8
转速 $n_W/(r \cdot min^{-1})$	30	35	40

要求完成工作量（任选一种方案）：

1）计算说明书 1 份。

2）中间轴轴系结构装配图 1 张。

3) 中间轴零件图 1 张。

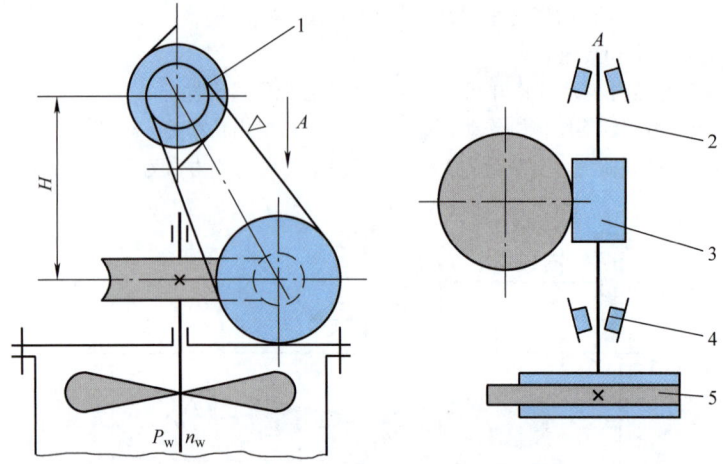

图 15-11 螺旋桨搅拌机传动装置

1—电动机　2—中间轴　3—蜗杆传动　4—滚动轴承　5—V 带传动

附表 15-1　Y 系列三相异步电动机的机座号与转速、功率及其他技术数据

机座号	同步转速 1500/(r·min^{-1}),4 级				同步转速 1000/(r·min^{-1}),6 级			
	额定功率/kW	满载转速/(r·min^{-1})	堵转转矩/额定转矩	最大转矩/额定转矩	额定功率/kW	满载转速/(r·min^{-1})	堵转转矩/额定转矩	最大转矩/额定转矩
80M1	0.55	1390	2.4		—		—	
80M2	0.75							
90S	1.1	1400	2.3		0.75	910		
90L	1.5				1.1			
100L1	2.2	1430			1.5	940		
100L2	3							2.2
112M	4			2.3	2.2		2.0	
132S1	5.5	1440	2.2		3	960		
132S2								
132M1	7.5				4			
132M2					5.5			
160M1	11	1460			7.5			2.0
160M2								
160L	15				11			
180M	18.5	1470	2.0		—	970	—	
180L	22				15			
220L1	30				18.5		1.8	
220L2					22			
225S	37	1480	1.9		—	980	—	2.0
225M	45				30		1.7	
250M	55		2.0	2.2	37		1.8	
280S	75		1.9		45			
280M	90				55			
315S	110	1490	1.8		75	990	1.6	
315M	132				90			
315L1	160				110			
315L2	200				132			

附录

附录 A　钢的常用热处理工艺

在现代机械制造业中，许多重要零件，如机床的主轴、齿轮，发动机的连杆、曲轴等，大都使用钢材制造，而且一般都要进行热处理。通过热处理可以改变钢材的内部组织结构，从而改善其力学性能。因此，钢的热处理对于充分发挥材料的潜力、提高产品质量、延长机械的使用寿命等方面，均具有非常重要的作用。

所谓钢的热处理，就是将钢在固态范围内加热到一定的温度后，保温一段时间，再以一定的速度冷却的工艺过程（图 A-1）。钢的常用热处理工艺有退火、正火、淬火、回火以及渗碳等（GB/T 12603—2005）。

（1）退火　退火是把钢制零件或钢坯加热到临界点温度以上 30～50 ℃，保温一段时间，然后使其随炉冷却到室温的处理过程。退火能使金属晶粒细化，组织均匀，可以消除零件的内应力，降低硬度，提高塑性，使零件便于加工。

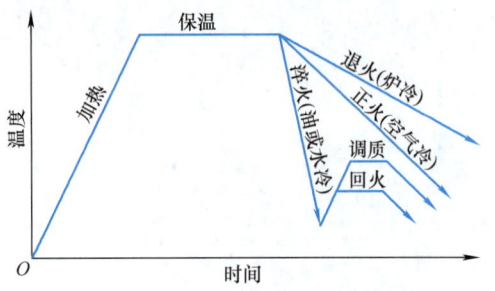

图 A-1　钢的热处理示意图

（2）正火　正火又称正常化处理，其工艺过程与退火相似，不同之处是将零件置于空气中冷却。正火的作用与退火基本相同，但由于零件在空气中冷却速度较快，故可以提高钢的硬度与强度。

（3）淬火　淬火是把零件加热到临界点以上温度，保温一段时间后，将零件放入水（油或水基盐碱溶液）中急剧冷却的处理过程。淬火可以大大提高钢的硬度和强度，但材料的韧性降低，同时产生很大的内应力，使零件有严重变形和开裂的危险。因此，淬火后必须及时进行回火处理。

（4）回火　回火是将经过淬火的零件重新加热到临界点以下适当的温度，保温一段时间，然后置于空气或油中冷却至室温的处理过程。回火不但可以消除零件淬火时产生的内应力，而且可以提高材料的综合力学性能，以满足零件的设计要求。

回火后材料的力学性能与回火温度密切相关。根据回火温度的不同，通常分为低温回火、中温回火和高温回火三种。

1）低温回火（150～250℃），可得到很高的硬度和耐磨性，主要用于各种切削工具、滚动轴承等零件。

2）中温回火（350～500℃），可得到很高的弹性，主要用于各种弹簧等。

3）高温回火（500～650℃），通常把淬火后经高温回火的双重处理称为调质。调质可使零件获得较高的强度与较好的塑性和韧性，即获得良好的综合力学性能。调质处理广泛用于齿轮、轴、蜗杆等零件。适用于这种处理的钢，称为调质钢。调质钢大都是碳的质量分数在 0.35%～0.50% 之间的中碳钢和中碳合金钢。

（5）表面淬火　表面淬火是以很快的速度将零件表层迅速加热到淬火温度（零件内部温度尚很低），然后迅速冷却的热处理过程。表面淬火可使零件的表层具有很高的硬度和耐磨性，而心部由于未被加热淬火，基本上保持材料原有的塑性和韧性，但仍需要进行回火处理。这种方法处理的零件具有较高的抗冲击能力。因此，表面淬火广泛应用于齿轮、轴等零件。

(6) 渗碳　渗碳是化学热处理的一种。化学热处理是使钢表面强化的重要手段。它是把零件置于含有某种化学元素的介质中进行加热、保温，使化学元素的活性原子向零件表层扩散，从而改变钢材表层的化学成分和组织，获得与心部不同的表面性能。

根据扩散元素的不同，化学热处理分渗碳、渗氮和碳氮共渗。其中，应用较多的是渗碳。渗碳零件常用的材料为低碳钢和低碳合金钢。零件经过渗碳后，表层的碳含量增加，再经淬火与回火后，使零件表面达到很高的硬度和耐磨性，而心部又具有很好的塑性和韧性。渗碳常用于齿轮、凸轮、摩擦片等零件。

附录 B　润滑油和润滑脂

一、润滑油

1. 润滑油的性能指标

润滑油的主要性能指标有黏度、倾点（凝点）、闪点、油性等。

(1) 黏度　润滑油的黏度表征润滑油抵抗变形的能力，它表示液体内部产生相对运动时内摩擦阻力的大小。常用的润滑油黏度有动力黏度和运动黏度两种。

1) 动力黏度 η 通常简称黏度。

图 B-1a 所示为被润滑油分隔开的两平行平板。假设润滑油不可压缩，且只能作层流流动，则当下板固定不动、上板在力 F 的作用下以速度 v 作平行移动时，油层间的切应力 τ（图 B-1b）与其速度梯度成正比关系，即

$$\tau = \frac{F}{A} = -\eta \frac{\partial u}{\partial y} \tag{B-1}$$

式中，A 是移动板的面积；$\frac{\partial u}{\partial y}$ 是速度梯度；"−"号表示各层的液体流速 u 随距离 y 的增加而减小；η 是比例常数，称为液体的动力黏度。

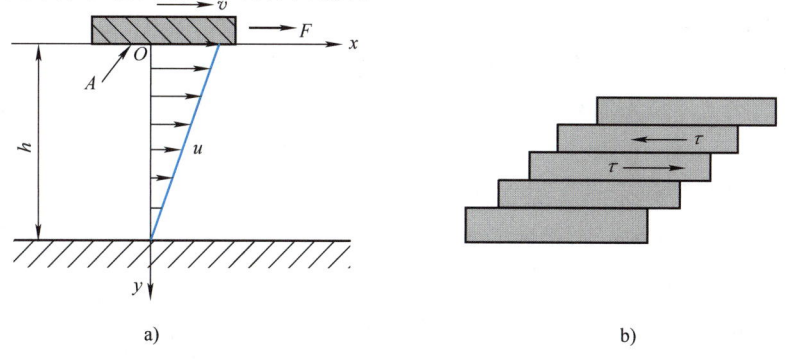

图 B-1　液体流动模型

η 的物理意义相当于固体受剪切变形时的切变模量。η 值大,发生相对运动时液体内部的摩擦阻力就大。在我国的法定计量单位中,动力黏度 η 的单位为 Pa·s,1Pa·s = 1N·s/m²。

2) 运动黏度 ν 是液体动力黏度 η 与同温度下该液体密度 ρ 的比值,即

$$\nu = \frac{\eta}{\rho} \quad (\text{B-2})$$

运动黏度 ν 的量纲为 m²/s(因其量纲中只有运动学中的长度和时间,故称为运动黏度)。由于 m²/s 比较大,通常用 mm²/s 作为运动黏度的单位。我国工业用润滑油牌号中末位数是油品在 40℃时运动黏度的平均值,见表 B-1。

表 B-1 润滑油的黏度等级

黏度等级	2	3	5	7	10	15	22	32	46
中间点运动黏度 /mm²·s⁻¹	2.2	3.2	4.6	6.8	10	15	22	32	46
运动黏度范围 /mm²·s⁻¹	1.98~2.42	2.88~3.52	4.14~5.06	6.12~7.48	9.00~11.0	13.5~16.5	19.8~24.2	28.8~35.2	41.4~50.6
黏度等级	68	100	150	220	320	460	680	1000	1500
中间点运动黏度 /mm²·s⁻¹	68	100	150	220	320	460	680	1000	1500
运动黏度范围 /mm²·s⁻¹	61.2~74.8	90.0~110	135~165	198~242	288~352	414~506	612~748	900~1100	1350~1650

注:本表摘自 GB/T 3141—1994。

除动力黏度和运动黏度外,实际工程中还会遇到各种条件黏度。我国经常用的条件黏度有恩氏黏度和赛氏黏度。各种黏度在数值上的对应关系和换算公式可参阅有关手册和资料。

润滑油黏度的大小取决于其分子结构,同时也受温度和压力的影响。温度升高,黏度显著降低。压力对黏度的影响较温度的影响要小,随着压力的增大,黏度将增大。当压力 $p<5$MPa 时,压力对黏度的影响较小,可忽略不计。

(2)倾点(凝点) 倾点是润滑油冷却到不能流动时的最高温度,它是油在低温下工作的一个重要指标。低温润滑时应选用倾点低的润滑油。

(3)闪点 闪点是润滑油蒸气在火焰下闪烁时的最低温度,它是衡量油的易燃性的尺度。在较高温度及易燃环境中润滑时,应选用闪点高的润滑油。

(4)油性 油性是润滑油湿润或吸附于摩擦表面形成油膜的性能,它是润滑油的一项重要性能。油的吸附能力越强,油性越好。

为了适应一定工作条件的需要,常在润滑油中加入某些添加剂,如极压添加剂、油性添加剂、抗蚀添加剂、消泡添加剂、黏度指数改进剂、降凝剂以及防锈剂等,以改善润滑油在某些方面的性能。

2. 常用润滑油品种和标记

GB/T 7631.1—2008 规定用符号 L 代表润滑剂及其相关产品,其中常用润滑油有:A 组全损耗系统用油、C 组齿轮油、D 组压缩机油、E 组内燃机油、F 组主轴、轴承和离合器油、G 组导轨油、H 组液压系统油、T 组汽轮机油和 Z 组蒸汽气缸油等。

还根据润滑油的特性,将其分为 R&O 油(抗氧缓蚀油)、AW 油(耐磨油)和 EP 油(极压油)。

润滑油的标记为：类别（L）-代号 黏度等级，例如，黏度等级为32、用于汽轮机轴承的汽轮机油的标记为 L-TSA 32。

3. 选用润滑油的几个问题

1）为某一类机器或为某专门用途研制的专用润滑油就冠以该类机器或用途的名称，如齿轮油、汽轮机油、冷冻机油、柴油机油、液压油、导轨油、主轴油等，这些润滑油除用在其指定的场合外，也可用在其他合适的地方，例如，汽轮机油也可用于其他设备的滑动轴承。

2）选润滑油的品种时应考虑润滑油的性能指标，例如：润滑油的最高使用温度必须比闪点低20~30℃；润滑脂的最高工作温度必须比滴点低10℃；环境温度必须高于润滑油倾点10~15℃；载荷较大时必须选用 EP 油；环境潮湿时应该选用含缓蚀添加剂的润滑油；主要处于边界润滑状态下的摩擦副，应该选用含摩擦改进剂的润滑油；摩擦副工作温度范围比较宽时，应该选用含黏度指数改进剂的润滑油，以减少黏度随温度的变化量；润滑方法导致搅动润滑油时，应该选用含抗氧剂和消泡剂的润滑油等。

3）间隙大、载荷重、速度低、工作温度高、摩擦副竖立工作、摩擦表面硬度低、摩擦表面粗糙度参数值大时，选黏度较高的润滑油。

润滑油的品种繁多，使用时应根据工作条件、润滑部位与方式等因素进行选择。常用润滑油的主要性能与用途见表 B-2。

二、润滑脂

润滑脂的基本成分是润滑油、稠化剂和添加剂。稠化剂的质量分数为 10%~20%。它的主要作用是浮悬润滑油，减小油的流动性，提高油与摩擦表面的附着力。

1. 润滑脂的主要性能指标

1）稠度（锥入度）。稠度是在外力作用下润滑脂抵抗变形的能力，表征稠度的指标是锥入度。将规定的圆锥体放在25℃的润滑脂试样上，经5s后所沉入的深度为锥入度，以1/10mm 为单位。

表 B-2 常用润滑油的主要性能与用途

名称	牌号	运动黏度 $\nu/(mm^2 \cdot s^{-1})$		倾点 /℃ ≤	闪点(开口) /℃ ≥	主要用途	说　明
		40℃	100℃				
全损耗系统用油 (GB 443—1989) （原机械油）	L-AN 5	4.14~5.06			80	轻载、老式、普通机械的全损耗润滑系统（包括一次润滑）	用精制矿物油制得，有时加入少量降凝剂。AN 油的技术要求很低，不能用于循环润滑系统
	L-AN 7	6.12~7.48			110		
	L-AN 10	9.00~11.0			130		
	L-AN 15	13.5~16.5					
	L-AN 22	19.8~24.2	—	-5	150		
	L-AN 32	28.8~35.2					
	L-AN 46	41.4~50.6			160		
	L-AN 68	61.2~74.8					
	L-AN 100	90.0~110			180		
	L-AN 150	135~165					

(续)

名称	牌号	运动黏度 $\nu/(mm^2 \cdot s^{-1})$		倾点 /℃ ≤	闪点(开口) /℃ ≥	主要用途	说 明
		40℃	100℃				
车轴油 (SH/T 0139—1995)	L-AY23	30~40	—	-40	145	铁路车辆和蒸汽机车滑动轴承	未精制矿物油,低倾点油
	L-AY44	70~80	—	-10	165		
主轴轴承和有关离合器用油 (SH 0017—1990)	L-FC2	1.98~2.42	—	-18~-6	—	主要用于主轴轴承和离合器,也可用于轻载工业齿轮、液压系统和汽轮机	精制矿物油,抗氧和防锈型
	L-FC3	2.88~3.52					
	L-FC5	4.14~5.06					
	L-FC7	6.12~7.48					
	L-FC10	9.00~11.0					
	L-FC15	13.5~16.5					
	L-FC22	19.8~24.2					
	L-FC32	28.8~35.2					
	L-FC46	41.4~50.6					
	L-FC68	61.2~74.8					
	L-FC100	90.0~110					
工业闭式齿轮油 (GB 5903—2011)	L-CKC 100	90~110		-8	180	适用于煤炭、水泥、冶金工业部门大型封闭式齿轮传动装置的润滑	以矿物油为基础,加入抗氧、防锈、抗磨、极压等添加剂
	L-CKC 150	135~165					
	L-CKC 220	198~242			200		
	L-CKC 320	288~352					
	L-CKC 32	28.8~35.2		-12	180		
	L-CKC 46	41.4~50.6					
	L-CKC 68	61.2~74.8					
	L-CKC 100	90.0~110					
	L-CKC 150	135~165					
	L-CKC 220	198~242		-9	200		
	L-CKC 320	288~352					
	L-CKC 460	414~506					
	L-CKC 680	612~748					
	L-CKC 1000	900~1100		-5			
	L-CKC 1500	1350~1650					
抗氧防锈液压油 (GB 11118.1—2011)	L-HL 15	13.5~16.5	≤140(0℃)	-12	140	适用于机床和其他设备的低压齿轮泵液压系统,也可以用于使用其他抗氧防锈型油的机械设备(如轴承和齿轮等)	具有良好的抗氧和防锈性能的矿物油型液压油,可以在循环液压系统内长期使用
	L-HL 22	19.8~24.2	≤300(0℃)	-9	165		
	L-HL 32	28.8~35.2	≤420(0℃)	-6	175		
	L-HL 46	41.4~50.6	≤780(0℃)		185		
	L-HL 68	61.2~74.8	≤1400(0℃)		195		
	L-HL 100	90.0~110	≤2560(0℃)		205		

(续)

名称	牌号	运动黏度 $\nu/(mm^2 \cdot s^{-1})$ 40℃	运动黏度 $\nu/(mm^2 \cdot s^{-1})$ 100℃	倾点 /℃ ≤	闪点(开口) /℃ ≥	主要用途	说明
涡轮机油 (GB 11120—2011)	L-TSA 32	28.8~35.2	—	-6	186	适用于电力、工业、船舶及其他工业汽轮机组、水轮机组的润滑和密封	由深度精制基础油加入抗氧剂和防锈剂而成
	L-TSA 46	41.4~50.6					
	L-TSA 68	61.2~74.8			195		
	L-TSE 100	90.0~110					
汽油机油 (GB 11121—2006) SE、SF	0W-20	—	5.6~<9.3	-40	—	适用于中等载荷条件下工作的汽油机的润滑	以精制矿物油、合成油或精制矿物油与合成油混合为基础油,加入多种添加剂而成
	0W-30		9.3~<12.5				
	5W-20		5.6~<9.3	-35			
	5W-30		9.3~<12.5				
	5W-40		12.5~<16.3				
	5W-50		16.3~<21.9				
	10W-30		9.3~<12.5	-30			
	10W-40		12.5~<16.3				
	10W-50		16.3~<21.9				
	15W-30		9.3~<12.5	-23			
	15W-40		12.5~<16.3				
	15W-50		16.3~<21.9				
	20W-40		12.5~<16.3	-18			
	20W-50		16.3~<21.9				
	30		9.3~<12.5	-15			
	40		12.5~<16.3	-10			
柴油机油 (GB 11122—2006) CC[①]、CD	0W-30	—	9.3~<12.5	-40	—	适用于高速低增压,或自然吸气非增压的柴油发动机润滑	
	0W-40		12.5~<16.3				
	5W-30		9.3~<12.5	-35			
	5W-40		12.5~<16.3				
	10W-30		9.3~<12.5	-30			
	15W-40		12.5~<16.3	-23			
	20W-40		12.5~<16.3	-18			
	20W-50		16.3~<21.9				
	30		9.3~<12.5	-15			
	40		12.5~<16.3	-10			

① CC 不要求测定高温高剪切黏度。

2)机械安定性。在机械切向力作用下,润滑脂结构破坏后自动恢复原状的能力。

3)胶体安定性(析油率)。润滑油与稠化剂保持不分离,不流失的能力。

4)滴点。将润滑脂放在滴点计的脂杯中,按规定的条件加热,滴落第一滴油时的温度称为滴点,它是表征润滑脂高温性能的指标。

5)抗水性。遇水后不乳化变质流失、稠度不下降的能力。一般非皂基脂比皂基脂抗水性好。

6）极压性。润滑脂抵抗载荷而不被挤出摩擦表面的能力。

2. 润滑脂的分类

根据稠化剂的不同,润滑脂分为:单一金属皂基脂、复合金属皂基脂、混合金属皂基脂、烃基脂、无机基脂和有机基脂。除此之外,还按操作温度范围、抗水性、极压性和稠度等级等进行分类,见表 B-3,表中还给出分类字母代号。

表 B-3 润滑脂的分类及代号

代号字母(1)	使用要求									
	操作温度范围				抗水性	字母(4)	载荷 EP	字母(5)	工作锥入度 /(0.1mm)	稠度等级
	最低温度① /℃	字母(2)	最高温度② /℃	字母(3)						
X	0	A	60	A	干燥环境,不防锈	A	非极压型	A	445~475	000
	-20	B	90	B	干燥环境,在淡水下的防锈	B	极压型	B	400~430	00
	-30	C	120	C	干燥环境,在盐水下的防锈	C			355~385	0
	-40	D	140	D	静态潮湿环境,不防锈	D			310~340	1
	<-40	E	160	E	静态潮湿环境,在淡水下的防锈	E			265~295	2
			180	F	静态潮湿环境,在盐水下的防锈	F			220~250	3
			>180	G	水洗,不防锈	G			175~205	4
					水洗,在淡水下的防锈	H			130~160	5
					水洗,在淡盐水下的防锈	I			85~115	6

注:本表摘自 GB 7631.8—1990。
① 设备起动、运转和泵送润滑脂时所经历的最低温度。
② 在使用时被润滑部件的最高温度。

一种润滑脂的标记是由类别代号 L、组别代号 X 与第 2~第 5 的 4 个字母及稠度等级号组成的,例如:L-XACHB0,这种润滑脂最低操作温度为 0℃、最高操作温度为 120℃、淡水水洗下缓蚀、极压型、稠度等级为 0。

3. 润滑脂的选用

常用润滑脂的主要性能和用途见表 B-4。

表 B-4 常用润滑脂的主要性能和用途

名称	型号	滴点/℃ (不低于)	工作锥入度 (1/10mm)	主要用途
极压锂基润滑脂 (GB/T 7323—2008)	00	165	400~430	具有良好的机械安定性、抗水性、防锈性、极压抗磨性和泵送性,适用于温度范围为 -20~120℃,用于压延机、锻造机、减速器等高负荷机械设备及齿轮、轴承的润滑,0、1 号可用于集中润滑系统
	0	170	355~385	
	1	175	310~340	
	2		265~295	

(续)

名　　称	型号	滴点/℃ (不低于)	工作锥入度 (1/10mm)	主　要　用　途
通用锂基润滑脂 (GB/T 7324—2010)	1	170	310~340	具有良好的抗水性、机械安定性、防锈性和氧化安定性，适用于温度范围为-20~120℃的各种机械设备的滚动轴承、滑动轴承及其他摩擦部位的润滑
	2	175	265~295	
	3	180	220~250	
钠基润滑脂 (GB 492—1989)	2	160	265~295	适用于-10~110℃温度范围的一般中等负荷机械设备的润滑，不适于与水相接触的润滑部位
	3		220~250	
钙钠基润滑脂 (SH/T 0368—1992)	2	120	250~290	用于工作温度在80~100℃、有水分或较潮湿环境中工作的机械润滑，多用于铁路机车、列车、小电动机、发电机滚动轴承（温度较高者）的润滑，不适于低温工作
	3	135	200~240	
石墨钙基润滑脂 (SH/T 0369—1992)		80	—	适用于低速、重载、高压力下的简单机械润滑，如人字齿轮、起重机、挖掘机的底盘齿轮、矿山机械、绞车钢丝绳以及一般开式齿轮润滑、能耐潮湿
滚珠轴承润滑脂	ZGN69—2	120	250~290 (-40℃时为30)	用于机车、汽车、电动机及其他机械的滚动轴承润滑
7407号齿轮润滑脂 (SH/T 0469—1994)		160	75~90	用于各种低速、中载及重载齿轮、链和联轴器等部位的润滑，最高使用温度为120℃，油膜可承受的冲击负荷为25000MPa
工业凡士林 (SH 0039—1990)	1	45~80	140~210	当机械的工作温度不高、载荷不大时，可用作减摩润滑脂
	2		80~140	

附录 C 机械设计课程作业图例

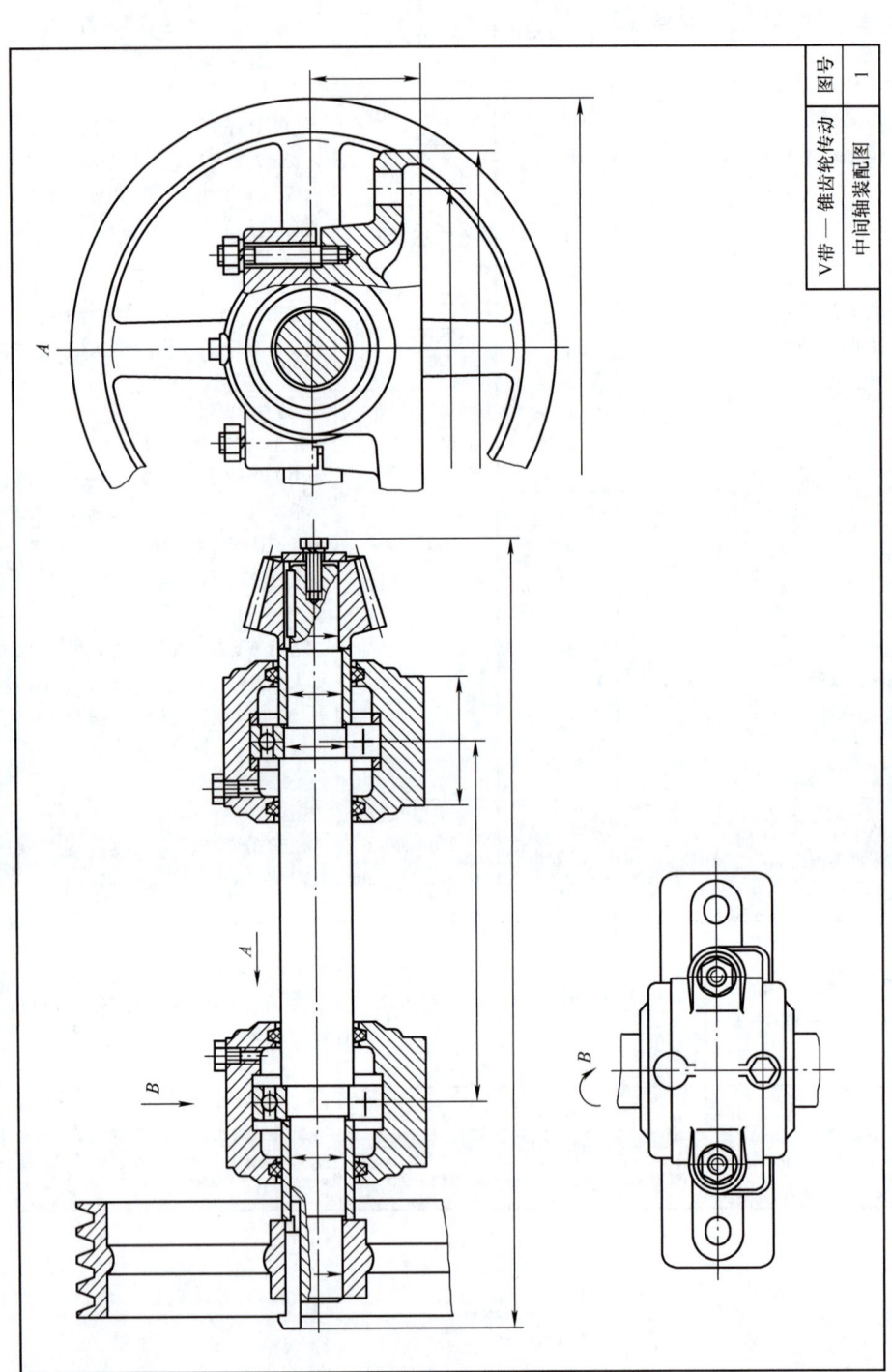

图 C-1 V带—锥齿轮传动中间轴装配图

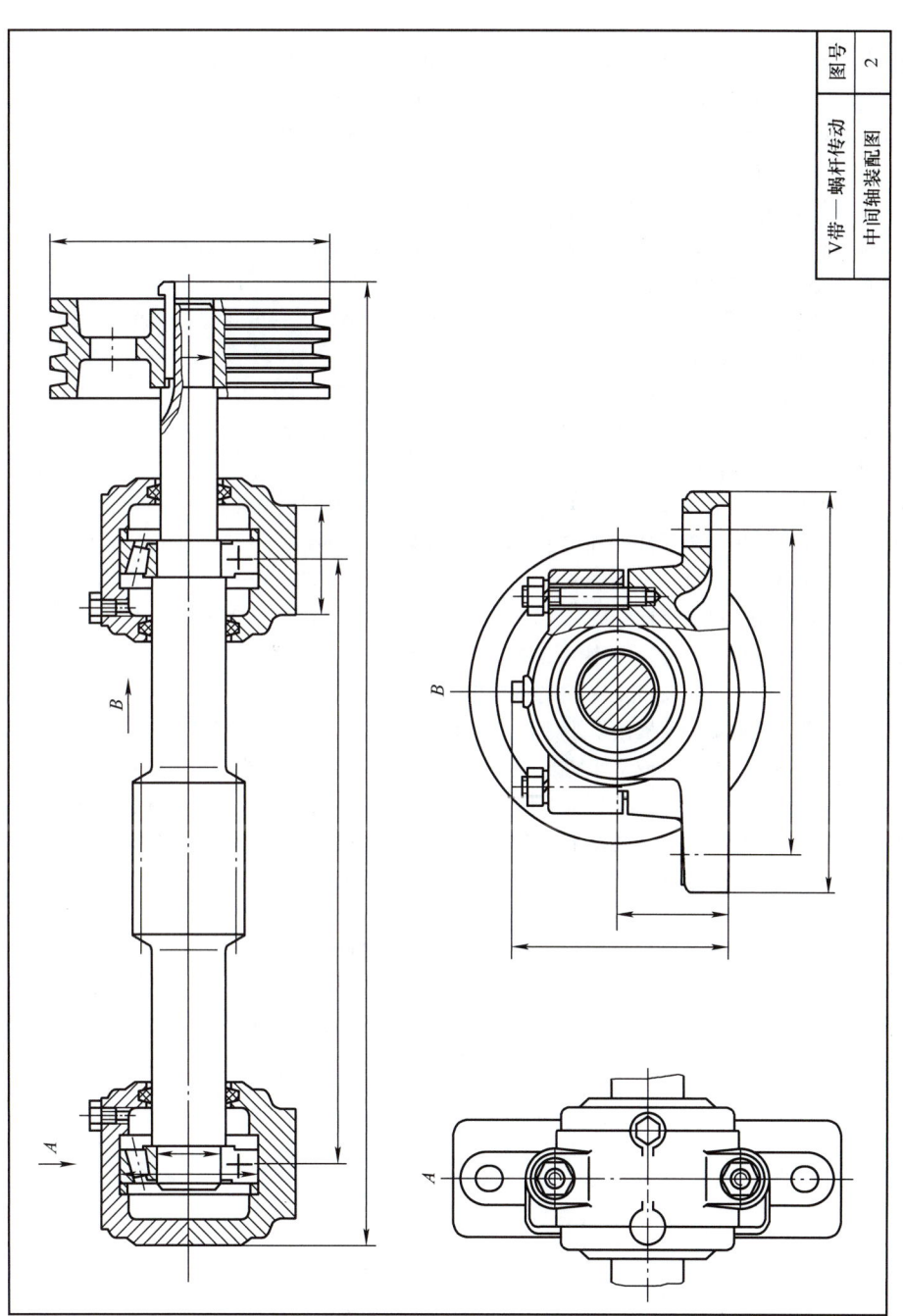

图 C-2 V带—蜗杆传动中间轴装配图

参 考 文 献

[1] 张春林,赵自强. 机械原理 [M]. 2版. 北京:机械工业出版社,2017.
[2] 王德伦,高媛. 机械原理 [M]. 北京:机械工业出版社,2011.
[3] 张策. 机械原理与机械设计 [M]. 2版. 北京:机械工业出版社,2011.
[4] 范思冲. 机械基础 [M]. 4版. 北京:机械工业出版社,2016.
[5] 喻怀正. 机械设计基础 [M]. 2版. 北京:高等教育出版社,1985.
[6] 杨可桢,程光蕴. 机械设计基础 [M]. 4版. 北京:高等教育出版社,1999.
[7] 左宝山,郑启鸿. 机构及机械零件 [M]. 天津:天津大学出版社,1989.
[8] 冯中鉴,沈乐年,范珍良. 机械设计基础 [M]. 北京:清华大学出版社,1989.
[9] 卢玉明. 机械设计基础 [M]. 6版. 北京:高等教育出版社,1998.
[10] 胡西樵. 机械设计基础 [M]. 2版. 北京:高等教育出版社,1990.
[11] 天津大学,等. 机械原理 [M]. 北京:高等教育出版社,1979.
[12] 黄锡恺,郑文纬. 机械原理 [M]. 北京:人民教育出版社,1981.
[13] 孙恒,傅则绍. 机械原理 [M]. 4版. 北京:高等教育出版社,1989.
[14] 申永胜. 机械原理教程 [M]. 北京:清华大学出版社,1999.
[15] 邱宣怀. 机械设计 [M]. 4版. 北京:高等教育出版社,1997.
[16] 濮良贵,纪名刚. 机械设计 [M]. 7版. 北京:高等教育出版社,2001.
[17] 天津大学. 机械零件 [M]. 天津:天津科学技术出版社,1983.
[18] 吴宗泽. 机械设计 [M]. 北京:高等教育出版社,2001.
[19] 秦菱昌,等. 机械原理及机械零件 [M]. 北京:高等教育出版社,1985.
[20] 安东尼,埃斯波西托. 机械设计基础 [M]. 何元庚,译. 北京:机械工业出版社,1986.
[21] 唐蓉城,潘凤章. 机械零件习题作业汇编 [M]. 天津:天津科学技术出版社,1987.
[22] 董刚,李建功,潘凤章. 机械设计 [M]. 3版. 北京:机械工业出版社,1999.
[23] 范顺成,马治平,马洛刚. 机械设计基础 [M]. 3版. 北京:机械工业出版社,1998.
[24] 王树人. 圆弧圆柱蜗杆传动 [M]. 天津:天津大学出版社,1991.
[25] 徐灏. 机械设计手册 [M]. 北京:机械工业出版社,1991.
[26] 彭文生,李志明,黄华梁. 机械设计 [M]. 北京:高等教育出版社,2002.
[27] 周开勤. 机械零件手册 [M]. 5版. 北京:高等教育出版社,2001.
[28] 吴宗泽. 机械设计实用手册 [M]. 2版. 北京:化学工业出版社,2003.